普通高等教育规划教材

传递现象导论
第 二 版

戴干策　任德呈　范自晖　编

化学工业出版社

·北京·

内容提要

本书在第一版基础上修订。全书共 6 章,包括分子传递现象、有限控制体分析、动量传递、能量传递、质量传递及传递现象基本方程及应用。

本书第 3、4、5 章以一维传递现象为基础,通过物理分析,进行薄壳衡算,建立微分方程,解析求得结果,不涉及繁复的数学,而是多次重复"简化过程,建立方程",引导学生实践"从物理到数学"。在基本掌握传递现象主要理论、计算、应用的基础上,第 6 章建立传递现象微分方程组、边界条件、主要数学解法后,给出若干典型实例,结合实际学习方程简化、求解,从而掌握传递规律。本书新增模型法的原理与方法,对简单几何结构基础上建立的各类传递原理,通过模型法,与工程实际装置联通;强调模型法是解决问题的基本方法。

本书特点:以较小的篇幅,论述传递现象的基本理论、计算及其在诸多领域中的应用。作为一个台阶,引导读者进入更新、更高、更广的科学境界。

本书为高等学校化工及相关专业的本科生教材,也适用于化学、药学、生物、环境、材料等相关专业,也可供科研等相关人员参考。

图书在版编目 (CIP) 数据

传递现象导论/戴干策,任德呈,范自晖编. —2 版,
北京:化学工业出版社,2008.5 (2022.8重印)
普通高等教育规划教材
ISBN 978-7-122-02584-5

Ⅰ. 传… Ⅱ. ①戴…②任…③范… Ⅲ. 传递-现
象-高等学校-教材 Ⅳ. TQ012.3

中国版本图书馆 CIP 数据核字 (2008) 第 053237 号

责任编辑:何 丽   文字编辑:张 艳
责任校对:王素芹   装帧设计:韩 飞

出版发行:化学工业出版社(北京市东城区青年湖南街 13 号 邮政编码 100011)
印 装:北京七彩京通数码快印有限公司
787mm×1092mm 1/16 印张 16¼ 字数 418 千字 2022 年 8 月北京第 2 版第 8 次印刷

购书咨询:010-64518888   售后服务:010-64518899
网 址:http://www.cip.com.cn
凡购买本书,如有缺损质量问题,本社销售中心负责调换。

定 价:49.00 元

第二版前言

"传递现象（Transport Phenomena）"作为统一研究动量、热量、质量传递的工程科学，面世至今已近 50 年。该学科的创始人，美国威斯康星大学教授博德，在推出他的新版著作[1]之后，就本学科半个世纪来研究和教学的发展作了较为系统的总结[2]。也许是一种巧合，我国创办化学工程专业（1957 年华东化工学院首办）正是 50 周年。专业创办之初，开设相互衔接的"流体力学"、"传热学"和"物质传递"课程，总学时 120。多年来，在课程设置、教学方式、教材内容、课后习题、实验等各个环节进行了广泛深入的改革实践，目前形成两个层次："传递现象导论"（30 学时）在数学、物理课程之后，化工原理课程之前开设；"高等传递过程"（30 学时），作为化工原理课程之后的选修课和研究生课程。本书一版作为化工原理课程之前的教材，自 1995 年使用，基本实现了预期的改革目标（参见第一版前言），今后还将继续这方面的实践。本书作为"传递现象"的入门书，内容简明、扼要，篇幅较小，在作为教材之外，也受到其他读者的认可和欢迎。

近年来，传递理论（计算）有了很大的发展[2]，需要着重指出的包括：数值传递（Numerical Transport Phenomena），多相与界面传递，复杂物系（含聚合液体悬浮体等非牛顿流体）传递，微尺度传递（Microscale Transport Phenomena）等。应用领域有了新的拓展：含生命科学、生物工程、环境科学、材料科学等领域，其中数值方法和计算机技术相关学科（计算流体力学）的发展，使得传递计算解决实际问题的能力有了极大的提高；特别是微过程工程（Microprocess Engineering）的兴起，对分子传递在传递现象中的作用和地位，需要新的理解。

随着我国经济、技术的发展，对人才的培养有了更新更高的要求，淡化专业，加强基础，着重培养学生分析问题、解决问题、创新实践的能力。教材对此需要有所体现。鉴于上述两方面的思考，我们在保持第一版教材的特点和"导论"性质的前提下，对一版教材进行修订。新版教材有以下特点。

（1）调整体系

传递现象统一研究分子、微元体和设备三个不同尺度上的传递，三者构成传递现象的整体，相互关联，但又各有特点，运用不同的处理方法，分别适用于各自特定的范围。新版教材在保持微元体尺度上的传递作为核心的基础上，将分子传递和有限控制体分析构成独立的章节，而且三种分子传递汇总一并论述，更好地体现两者在传递现象研究中的作用及其在未来可能的发展。尽管对分子传递未能论述更多理论，但给出了符合学科发展应有的整体框架。

（2）更新内容

●分子质量传递，用实例加强对 knudsen 扩散的理解。

●改写有限控制体总体衡算法及其应用。

●动量传递部分，改写边界层理论，充实现代湍流理论，包括充分发展湍流模型、混合层、PIV（粒子图像测速技术）湍流测试等，加强数学模型概念及其应用。

●热量传递，突出能量转化、节能概念，充实强化原理，增加一维非定常导热数值解，扩大传热理论在材料、生物质方面的应用。

●质量传递，概述传质理论的发展，突出传质在分离和化学反应方面的应用。增加控制释放。

● 基本方程部分，强调从一维处理过渡到三维处理，并增加传递现象与聚合物加工，借以连接传递现象与材料工程的相关性。

● 删除圆管进口段传递、撞击射流、热管等部分内容。

（3）强化练习

为了便于理解一些重要理论及相关概念，增加或更新了部分示图；大量增加例题，从原有实例 34 个，新增 43 个，现共有实例 77 个；各章均新给出思考题 87 个，习题 88 个，总数 175 个。大量增加的例题、思考题、习题是新版教材编写中的重点工作，也算是新一轮课程改革的尝试，相信对本课程的学习是有益的。尽管这些题目还远不够精选，但从无到有，有了很大进步。各章均给出主要参考书目，推荐给读者，可供进一步阅读。

使用建议：本书第 1～5 章以一维问题为主，教学中应参照第 6 章论述部分三维问题，防止以偏概全，并对简化、模型、应用之间的关系作必要讨论。

本书的修订大纲及充实、更新的全部内容由编者（主要是戴干策）完成，并负责全书修改、审定。新版教材编写过程中，孙志仁提供了他多年从事本课程教学及使用一版书的经验，同时，负责改写第 1 章、第 3 章（初稿）；陈剑佩负责改写第 2 章和第 4 章（初稿）；博士生黄娟、李光协助第 5 章、第 6 章的改写，并从事文字录入、插图、校对等工作。

化学工业出版社的编辑为本书的再版创造了有利条件，使得本书得以出版，在此一并表示感谢。

对本书存在的不足之处，欢迎批评、指正。

编　者

2008 年 2 月于华东理工大学

[1] R. B. 博德，W. E. 斯蒂特，E. N. 拉特福特. 传递现象（第二版）. 戴干策，戎顺熙，石炎福译. 北京：化学工业出版社，2004.

[2] R. B. Bird. Five Decades of Transport Phenomena. AIChE Journal，2004，50（2）：273-287.

第一版前言

"传递现象"在 20 世纪 60 年代初问世,作为课程最先仅为化工类学生开设,随后像热力学、电子学等课程一样,被机械、环境、电力及冶金类等专业所接受,而成为工科院校的公共课程。为适应不同专业、不同层次教学的需要,国内外有多种"传递过程原理"或"传递现象"教材出版。

"传递现象"在被广泛接受的同时,又颇感教学内容难以处理,即数学推导繁杂,工程应用实例不足,因而时受非难,为解决上述问题,人们开始了新的探索。有的将传递原理与化工原理合并;有的在加强数学教学的基础上,扩充传递课程的内容,将两相过程和一些化工设备的操作原理并入。这些新的尝试,解决了某些方面的问题,但也带来了新的困扰,如篇幅过大,课程的教学时间拖长,甚至难以组织教学等。

传递过程理论和实践的发展,特别是其应用领域(包括高新技术领域)的不断扩大,以及它在培养现代工程技术人才中的重要作用,愈益为人们所认识。使得进一步改革这门课程教学的愿望更为迫切。在这种背景下,经化学工业部化学工程专业教学指导委员会多次酝酿讨论,形成了一种新的方案:将传递现象课程作为物理、数学课程的延伸,置于化工原理课程之前开设。这一方案的好处是:紧接在数学、物理课之后,学生的数理基础较好,"遗忘"较少,为传递课程的教学提供了较好的外部条件;同时,将传递课程作为物理类型的课程进行教学,有利于学生学会现象分析,掌握基本原理,避开冗长而繁杂的数学推演,使教学过程较为"简洁",也便于学生巩固已学的数理知识;突出传递现象的基本理论,不强求与单元操作和设备结合,仅力求为化工原理的学习打下良好基础。为了进行这种教学试点需要相应的教材,这就是我们编写"传递现象导论"的来由。

本书共五章,主要内容是前四章。第一章介绍基本概念和研究传递现象所依据的基本原理和方法,二、三、四章主要以一维流动为基础,分别论述动量、热量、质量传递的基本原理和必要的计算以及若干应用实例,理解这些实例一般不需要很深的工程专业知识,可在一般科学知识的基础上探讨。为使学生不至于"以偏概全",第五章则进一步以三维现象为基础,简要地介绍传递现象的一般化普遍方程的建立及其解析求解的数学方法。全书共约 20 万字,可在 30 学时内教完。

本书对华东理工大学二年级学生进行过 3 届教学实践,效果良好。但毕竟时间较短还需继续探索和完善。我们也热忱希望有更多的院校进行这类尝试,共同努力,把我国"传递过程原理"课程的教学提高到一个新的水平。

鉴于本书对传统的传递现象课程和教材作了较大幅度的变革,难免有失偏颇,加之作者水平和能力有限,对书中存在的缺点,敬请同志们、朋友们批评指正。

本书承蒙陈敏恒教授审阅全稿,作者对他的帮助表示衷心感谢。

编 者
1995 年 3 月

目　　录

第1章 分子传递现象

动量、能（热）量和质量的传递，普遍存在于自然界和工程领域。这三种传递现象既有各自的特点，又有许多共同的规律，这些规律可以在统一的基础上阐述，亦可分别讨论，本书采取统一和分论结合的方式。本章1.1节、1.2节，先介绍一些必需的基本概念，然后重点讨论分子传递现象的基本定律及其应用。

1.1 平衡过程与速率过程

在大量的物理和化学现象中，同时存在着正反两个方向的变化，如固体的溶解和析出、升华与凝华、对峙（可逆）化学反应等。当过程变化达到极限，就构成平衡状态，如化学平衡、相平衡等。这时，正反两个方向上的变化速率相等，净速率为零。不平衡时，两个方向上的速率不等，描述过程的一个或几个变量将随时间变化。物系偏离平衡状态，就会发生某种物理量的转移，使物系趋于平衡。

热力学探讨平衡过程的规律：考察给定条件下过程能否自动进行，进行到什么程度，条件变化对过程有何影响等。

动力学探讨速率过程的规律：化学动力学研究化学变化的速率及浓度、温度、催化剂以及外场（光、电、磁）等因素对化学反应速率的影响；传递动力学研究物理变化的速率及有关影响因素，当然，还会涉及化学反应与传递的关系。

在物理学上，物体质量与速度的乘积被定义为动量。速度可认为是单位质量物体所具有的动量。因此，同一物质，速度不同，所具有的动量也就不同。处于不同速度流体层的分子或微团相互交换位置时，将发生由高速流体层向低速流体层的动量传递；当物系中各部分之间的温度存在差异时，则发生由高温区向低温区的热量传递；介质中的物质存在化学势差异时，则发生由高化学势区域向低化学势区域的质量传递。化学势的差异可以由浓度、温度、压力或电场力产生，而最为常见的是由于浓度差导致的质量传递，此时混合物中某个组分将由其浓度高处向低处扩散传递。

传递过程的速率正比于推动力，反比于阻力，即

$$速率 = \frac{推动力}{阻力}$$ (1-1)

相对而言，各种传递的推动力较易确定，而不同传递的阻力则要复杂得多。本书主要讨论上述动量、能量、质量传递的速率，通过传递机理的探讨，寻求传递阻力之所在，为决定设备大小或生产能力提供必要的分析和计算基础。

1.2 速率过程的基本变量和基本概念

表征传递过程的变量主要是速度-动量、温度-热量、浓度-质量。影响传递过程的速率将涉及物质特性、设备几何结构、操作条件等一系列因素，研究传递现象正是寻求速度、温度和浓度随这些因素的变化规律。为了对这些规律进行定量表示，需要表示流体运动的方法。

传递现象研究的对象多数是流体（液体和气体）以及包含固体的流体，如固-液或气-液-固等各种多相体系。探讨传递现象机理、规律的基本前提是连续介质假定。

为此，本节内容首先阐述这一假定的含义，然后依次介绍传递现象的特征量、流体运动的表示方法、作用力及其效应、传递机理，最后对传递现象作基本分类，以便考察特定条件下的传递规律。

1.2.1 基本假定

流体由运动的分子组成，分子之间有着相当大的空隙，分子的随机运动导致流体在空间上不连续且具有随机性。研究流体运动规律，考察的是由大量分子组成的流体"微团"（或质点）的运动规律。微团尺度相对于分子尺度足够大，这样就可以忽略分子热运动带来的随机性，如图 1-1 所示，当微团尺度在 $\Delta V_0 \sim \Delta V_1$ 的区间内，密度值是常数；为了研究流体在设备内的变化，微团尺度相对于设备尺度充分小，这样就能体现流体特性如密度、速度、温度等在设备内的分布；同时，假定流体微团无任何空隙，连续一片。因此，可以认为流体是由相对于分子尺度足够大、相对于设备尺度充分小且连续一片的微团组成，这就是连续介质假定[1]。

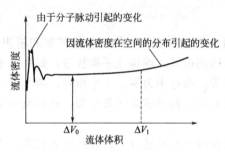

图 1-1 微团尺度对密度的影响

有了这个假定，就能大大简化对于流体平衡及其运动的研究，并可利用基于连续函数的数学工具——微积分。当然，连续介质假定并不是到处都适用。例如，在高空或真空中，气体稀薄，分子间距已与考察流体微团尺度相当，这时的气体就不能再看作是连续介质。

连续介质受力将改变原有运动状态，产生加速度，发生变形。下面将在给出运动表示方法的基础上分别论述这些基本概念。

1.2.2 传递现象特征量

这一节给出传递现象特征量——速度、温度、浓度的定义，它们在某特定条件下的分布，作为表示传递现象规律的若干实例。

1.2.2.1 速度与速度分布

许多传递过程是在流体流动情况下进行的。单位时间内流体通过的量称流率。以体积计量称体积流率，用 V 表示，单位为 m^3/s；以质量计量称质量流率，用 W 表示，单位为 kg/s。两者关系为

$$W = \rho V \tag{1-2}$$

式中，ρ 为流体的密度，是单位体积流体具有的质量，kg/m^3。

由于气体体积随温度、压力变化，对于气体的体积流率必须指明其所处的温度 T 和压力 p；质量流率则不随 T、p 变化。

流动速度是单位时间内流体流动的距离。江河中的水流，中央快，近岸处慢。与此类似，流体在管道和设备中流动时，同一流动截面上各点的流速（称点速度 u）通常也不相等，速度按一定规律随空间位置及时间变化，这就是速度分布。以倾斜壁面上依靠重力流动的液膜为例，壁面附近运动慢，液膜表面附近运动快，垂直于壁面的方向上速度不均匀，数学上表示为 $u_z(y)$ 或 $u_z(y,t)$，下标 z 为速度的方向，y 为离开壁面

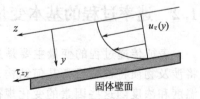

图 1-2 液膜内的速度分布

的距离。几何上如图 1-2 所示。

　　工程上为了简化计算，通常假定流体沿截面作均匀流动。并按照体积流率相等的原则，定义通过流动截面的平均速度为

$$U = \frac{\int_A u\,\mathrm{d}A}{A} = \frac{V}{A} \tag{1-3}$$

式中，A 为流体通道截面积，m^2。

　　单位时间内流体通过单位流动截面的质量称质量流速，以 G 表示，单位为 $\mathrm{kg}/(\mathrm{m}^2 \cdot \mathrm{s})$，因此有

$$G = \rho U$$
$$W = \rho U A = G A \tag{1-4}$$

　　需要指出的是，当应用流体以平均速度沿截面作均匀流动代替沿截面具有速度分布的实际流动时，对某些工程进行运算，如动量、动能等将会产生偏差，其大小与假想的均匀分布偏离实际分布的程度有关，若偏差较大则应进行修正。

　　了解速度分布是研究热量传递、质量传递以及工程上提高过程效率、促使设备内流动流体分布均匀的基础。依据速度分布计算速度梯度又是解析计算某些工程物理量如流动阻力等的主要途径。因此，速度分布将是以后所需讨论的一个重要内容。

例 1-1　容器小孔流速

　　流体自容器下方小孔流出，形成射流，如图 1-3 所示。已知：容器内液位高度 H 恒定，孔口内的速度分布为 $u_x = \sqrt{2g(H-z)}$。试确定：流体通过单位宽度（y 方向）孔口截面的体积流率 V 及平均流速 U。

　　解　由式(1-3) 得体积流率为

$$\begin{aligned} V &= \int_A u_x\,\mathrm{d}A \\ &= \int_{-b}^{b} \sqrt{2g(H-z)}\,\mathrm{d}z \times 1 \\ &= \frac{2}{3}\sqrt{2g}\left[(H+b)^{3/2} - (H-b)^{3/2}\right] \end{aligned}$$

孔口平均流速为

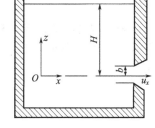

图 1-3　容器小孔流速

$$\begin{aligned} U &= \frac{V}{2b \times 1} \\ &= \frac{\sqrt{2g}}{3b}\left[(H+b)^{3/2} - (H-b)^{3/2}\right] \end{aligned}$$

1.2.2.2　温度与温度分布

　　温度是分子热运动激烈程度的表现，许多流体性质受温度影响，如液体的表面张力、黏度、密度等通常随温度的升高而降低。因此，速率过程都与温度有关，是温度的函数，只有在不计或忽略温度效应作为常规物性处理时才不予考虑。温度又是表示传热过程特性的基本参数，研究传热过程通常就是考察温度随位置或时间的变化。传热过程中的温差或反应过程中的热效应，都会使设备中形成某种温度分布。例如垂直壁面上降膜蒸发的温度分布 $T(y)$，如图 1-4 所示，壁面温度大于溶液饱和温度（即 $T_w > T_s$），蒸发从壁面发生。

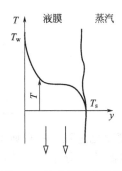

图 1-4　垂直壁面上降膜
蒸发的温度分布

了解各种因素对温度分布的影响，寻求温度分布的规律用于确定合理的工艺条件或改善温度分布以适应工艺要求，这些都是工程上十分关心的问题。

此外，由温度分布计算温度梯度又是解析计算和分析传热速率大小的基础。因此，温度分布是传热研究中的主要内容，将在以后重点讨论。

1.2.2.3 浓度与浓度分布

浓度指的是单位体积混合物中某组分 i 的含量。浓度有多种表达形式。组分含量以质量表示，称质量浓度 ρ_i，单位为 kg/m³；组分含量以物质的量（摩尔数）表示，称物质的量浓度（简称摩尔浓度或浓度）C_i，单位为 kmol/m³。摩尔浓度常用于化学反应或气体定律。两种浓度间的关系为

$$C_i = \frac{\rho_i}{M_i} \tag{1-5}$$

式中，M_i 为组分 i 的摩尔质量，kg/kmol。

气体混合物浓度常以分压 p_i 表示，对于理想气体

$$C_i = \frac{n_i}{V} = \frac{p_i}{RT} \tag{1-6}$$

式中，n_i 为组分 i 的物质的量，mol；V 为气体体积，m³；T 为绝对温度，K；R 为气体常数。

单位体积混合物的总质量称总质量浓度，亦即密度 ρ

$$\rho = \sum_1^n \rho_i \tag{1-7}$$

式中，n 为混合物组分数。

单位体积混合物的总物质的量（摩尔数）称总摩尔浓度 C

$$C = \sum_1^n C_i \tag{1-8}$$

为表示混合物的组成，常用某组分含量占有混合物总量的百分数表示。气体或互溶液体混合时，总体积不能以各组分的体积相加，因此，常用质量分数 w_i 和摩尔分数 $x_i(y_i)$ 表示

$$w_i = \frac{\rho_i}{\sum \rho_i} = \frac{\rho_i}{\rho} \qquad \sum_1^n w_i = 1 \tag{1-9}$$

$$x_i = \frac{C_i}{\sum C_i} = \frac{C_i}{C} \qquad \sum_1^n x_i = 1 \tag{1-10}$$

对于服从理想气体定律的气体混合物，有：

$$C = \frac{n}{V} = \frac{p}{RT} \tag{1-11}$$

式中，p 为总压力，等于各组分分压之和，即

$$p = \sum_1^n p_i \tag{1-12}$$

因此，气相摩尔分数

$$y_i = \frac{C_i}{C} = \frac{p_i/RT}{p/RT} = \frac{p_i}{p} \qquad \sum_1^n y_i = 1 \tag{1-13}$$

无论是质量传递的物理操作还是进行化学反应的场所都存在着浓度变化过程。一种典型的扩散过程如图 1-5 所示，为高温下薄层中氢同位素氚在固体锆中扩散的浓度分布。在核反应堆设计中需要了解这种信息，该分布曲线的数学表达式是 $C(x,t) = \frac{M}{\sqrt{\pi D t}} \exp\left(-\frac{x^2}{4Dt}\right)$。

式中，M 为膜中氚的起始量；D 为扩散系数；x 为距离；t 为时间。

　　研究给定时刻设备空间某区域内浓度随位置的变化即浓度分布规律，是了解传质过程及计算物质传递速率大小的基础，同样将是以后要讨论的主要内容。

　　上述速度、温度、浓度分布虽然不是传递现象特征量的唯一表示，但用微元体衡算法计算这种分布，是传递现象的核心内容。

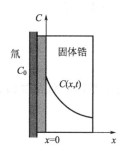

图 1-5　氚在固体锆中扩散的浓度分布

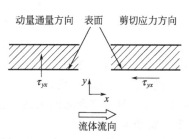

图 1-6　动量通量与剪切应力的方向

1.2.2.4　传递通量

　　单位时间、通过单位面积传递的特征量称为该特征量的通量。对于热量传递，热量通量 q 为单位时间、单位面积传递的热量，其单位为 J/(m²·s)；在质量传递中，i 组分质量通量 j_i 的单位为 kg/(m²·s)。质量与速度的乘积 Mu 为动量，其单位为 kg·m/s。若将剪切应力 τ 的单位 N/m² 改写成 $\dfrac{\text{kg·m/s}}{\text{m²·s}}$，$\tau$ 则为动量通量。通量是表征传递速率的物理量，是以后各章讨论的主要内容。

　　这里需要着重指出动量通量的一些特点：τ_{ij} 是单位面积上的剪切应力，它表示垂直于 i 方向、作用在 j 方向的力；τ_{ij} 表示动量通量，它表示 j 方向的动量，在 i 方向传递。如图1-6所示[2]。

　　在 1.3 节中，式(1-30)、式(1-37)、式(1-40)是传递现象中的通量表达式，又称本构方程，它们和在守恒原理基础上建立的变化方程共同构成传递现象理论计算的基本方程组，详见第 6 章。

1.2.3　流体运动的表示方法

　　描述流体的运动有两种方法：一是拉格朗日法，与刚体力学中所用方法类似；二是欧拉法，与表示电磁场的方法类似。

1.2.3.1　拉格朗日法

　　这种方法着眼于流体个别质点的运动，通过考察空间各个流体质点的位置、速度等随时间的变化了解整个流体质点运动的情况。应用这种方法时，采用"流体坐标"识别各个流体质点。所谓流体坐标是指运动起始时刻（时间 $t=0$）每个流体质点占有的空间位置 (a,b,c)。对于给定的质点，其值为常数，而且在整个运动过程中它始终表示同一个流体质点；对于不同质点，(a,b,c) 有不同值。在任意时刻 t，到达新的位置 (x,y,z)，它们将由 (a,b,c) 及时间 t 决定，即

$$
\begin{cases}
x = f_1(a,b,c,t) \\
y = f_2(a,b,c,t) \\
z = f_3(a,b,c,t)
\end{cases}
\tag{1-14}
$$

　　取不同 a、b、c 及 t 值，可得不同时刻全部流体质点在流动空间的位置分布，由这些函

数求一阶、二阶导数，可得流体质点运动的速度和加速度。

这种跟踪流体质点的方法对分析流体运动比较复杂，在本书中很少采用。

1.2.3.2 欧拉法

欧拉法不跟踪个别流体质点，而是注视空间点，考察速度以及其他物理量如密度、压力等在流体运动的全部空间范围（流场）内的分布，以及这种分布随时间的变化。为了完整地了解流体在同一时刻通过空间各点的运动速度，应建立如下的函数关系式

$$\begin{cases} u_x = F_1(x,y,z,t) \\ u_y = F_2(x,y,z,t) \\ u_z = F_3(x,y,z,t) \end{cases} \tag{1-15}$$

需要指出，式(1-15)中 x、y、z 是空间点的坐标，为独立变量；而在拉格朗日法的式(1-14)中的 x、y、z 是因变数。

本书中对各类传递现象的表述，主要采用欧拉法。

1.2.3.3 轨线与流线

几何上描述流体运动，在拉格朗日法中，应用轨线给出流体质点在一段时间内的运动变化；欧拉法则利用流线，它是同一时刻不同流体质点组成的曲线，其特点是处于曲线上的流体质点的速度方向与该点切线方向相一致。

流线与轨线是两个意义不同的曲线，只有在特定条件即运动与时间无关的定常运动中两者重合。

轨线方程为

$$\frac{\mathrm{d}x}{u_x} = \frac{\mathrm{d}y}{u_y} = \frac{\mathrm{d}z}{u_z} = \mathrm{d}t \tag{1-16}$$

流线方程为

$$\frac{\mathrm{d}x}{u_x} = \frac{\mathrm{d}y}{u_y} = \frac{\mathrm{d}z}{u_z} \tag{1-17}$$

注意：时间 t 在轨线方程中为独立变量，若在流线方程中出现则为参变量。速度场中流线如图 1-7 所示。

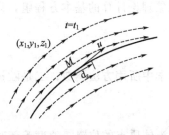

图 1-7　速度场中流线

1.2.4 作用力及其效应

流体无论处于静止还是运动状态，都承受着一定的作用力。了解作用力及其效应是建立传递理论的基础。

作用在流体上的外力有两种：通过直接接触而作用于表面上的力，即表面力，如压力、摩擦力；不与流体接触而施加于整个流体体积（或质量）上的力，即体积力或质量力，重力、离心力、惯性力都是体积力。外力对流体的作用导致变形、加速等效应。下面阐述这种作用机制，并给出必要的数学表达式。

1.2.4.1 外力与内力

力是质量间的相互作用，力平衡的一般原理适用于流体。平衡状态下的体系，外力之和为零，外力形成的力矩亦为零。流体受外力作用后，为抵抗外力的影响，将产生内力。内力是流体内各部分之间互相作用的力，是连续分布于表面上的表面力。为了说明内力的存在，可利用一个想象的截面把内力变为外力，这在力学上称为截面原理，如图 1-8

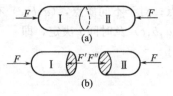

图 1-8　截面原理

所示。即从流体中取出由封闭表面包围的某一任意体积，如图 1-8(a) 所示，为简明起见，设该体积的流体被"刚化"，其上作用着一对平衡的外力 F。设想由一任意截面将该"刚化"流体分成两块。这样，由外力 F 引起的内力 F' 就显现出来，如图 1-8(b) 所示。这是因为在切割处没有相对滑动和分离发生，因而就必须有一外力，它与分割前该处作用的内力大小相等、方向相反。这一力是由右边的流体 Ⅱ 提供而作用在假想截面上的。同样，流体 Ⅰ 也提供力 F'' 作用在假想截面上。内力是和假想截面相联系着的，脱离假想截面则无法讨论内力。显然，根据牛顿第三定律，$F'=F''$，这表明内力总是成对地出现，而方向相反。如果考虑整个体积 Ⅰ＋Ⅱ，把其中的内力合成起来，则内力将完全抵消，只剩下外力作用于所考察的刚化流体上。

1.2.4.2　应力、压力与剪切应力

内力总是作用在一定大小的截面上，因此单纯的内力大小不足以说明流体内部的受力情况。为了描述流体内部各处内力的强度，需要引用应力概念，即单位面积上的内力这一物理量。如图 1-9 所示为流体微元体，在假想截面上任取一点 M，ΔA 为包围该点的微元面积，其法线为 n，Δp 为作用于该微元面上的内力（表面力），则该处的应力为

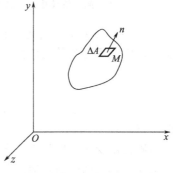

$$\sigma = \lim_{\Delta A \to 0} \left(\frac{\Delta p}{\Delta A} \right) = \frac{\mathrm{d}p}{\mathrm{d}A} \qquad (1\text{-}18)$$

它的大小和方向取决于 M 点的位置和 ΔA 的方向，是坐标和法线的函数

$$\sigma = \sigma(x,y,z,n) \qquad (1\text{-}19)$$

图 1-9　流体微元体

应力的方向一般并不和法线方向一致，可将其分解，在微元面法线方向的投影 σ_n 称为法向应力，在微元面切平面上的投影称为切向应力（或剪切应力）τ_n。

在一个固定点，用不同的截面分割流体块，则不同的截面上应力的大小和方向就是该点的应力状态。

当流体静止时，应力状态十分简单。这时，流体不承受切向应力，所有剪切应力均为零。应力与它所作用的面垂直，法向应力就是向着表面的压力，通常用 p 表示。静压力处处与它的作用面垂直，并指向作用面的内法线方向。另外，静压力在各个方向上相等，即静压力各向同性，无方向特征，是标量。但空间不同位置上可以有不同的静压力，构成一定的压力分布。

在同种静止流体内部，同一水平高度的静压力相等，距离流体自由表面 h 处的压力为

$$p = p_0 + \rho g h \qquad (1\text{-}20)$$

式(1-20) 即为流体静力学的平衡定律（例 1-2 给出证明）。式中，p_0 为作用于流体自由表面上的压力。

在运动流体中，应力分量具有方向特征。因为力是向量，截面也是向量，所以表达这种应力分量必须借助于两个下标 τ_{ij}，第一个下标表明应力的作用面所垂直的坐标轴，第二个下标表明应力所指方向。运动流体中的应力分量是各向异性的，而且应力既是位置的函数又是所在表面方位的函数。

在运动流体中，任意点总应力由各向同性静压力和各向异性应力两部分组成。数学上表示这种复杂的应力分量需采用张量形式。在建立动量传递基本微分方程时，将导出这些表达式（第 6 章）。下面就简单形式下的两种应力作进一步解释。

运动流体中剪切应力的产生，将在探讨传递机理时给予阐释。为初步理解，可借鉴两固体表面滑移，其间存在滑移摩擦，阻碍两表面的相对运动。流体层间有类似现象，即流体层的相对运动决定层间应力。

运动着的流体内部到处存在着静压力。若在管壁开孔并安装玻璃细管，管内流动流体将会在玻璃管内上升一定高度，这是静压力的表现，如图 1-10 所示。压力随距离的变化率称为压力梯度，它决定压力场对流体运动产生的效应。因此压力是一个重要的工程参数。

压力的法定单位为 N/m^2，也称为帕斯卡，符号为 Pa。

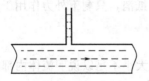

图 1-10 流动液体中存在静压力

图 1-11 剪切应力

如图 1-11 所示，胶黏着的两块状物，下块被夹持固定着，对上块施加力 F，设块的面积为 A，则胶面受到剪切应力

$$\tau_{yx} = \frac{F}{A} \tag{1-21}$$

式中，下标 y 表示受力面垂直于 y 轴，x 表示受力方向。若 F 为 5N，A 为 $2m^2$，则 τ_{yx} 为 $2.5N/m^2$。

而胶面所受压力则为大气压力与块重之和除以截面积 A。

运动流体层间的剪切应力与此类似，均属单位截面上的切向力。不同点在于，流体中的剪切应力与流体抵抗变形率有关，而不是固体块之间的抵抗变形（参见 1.3.1）。

例 1-2 漏斗中液体的压力分布[3]

密度为 ρ 的液体，装在下端为细直圆管的漏斗中，如图 1-12 所示。若堵住细管出口，没有流体流出，管内压力是否处处一致？如果不一致，其压力分布如何？

图 1-12 封闭漏斗中的流体

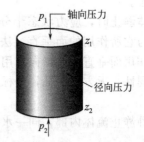

图 1-13 微元体上、下表面上的力

解 取如图 1-13 所示假设的微元体（后面将称其为控制体，参见第 2 章），它是 z_1 和 z_2 处的两个水平面间的直圆柱体，其高度为 $h = z_1 - z_2$，水平截面积为 A。在重力作用下，若 z 方向没有发生运动，那么 z 方向所有作用在流体柱端面的力一定平衡。

流体柱的上表面（图 1-13 中的 z_1 面）受到 z 方向的压力为 p_1。作用在圆柱侧表面的压力垂直于表面，在 z 方向没有分量，因此这些压力不影响 z 方向的力平衡。

z 方向的体积力为流体的重量

$$mg = \rho Ahg \tag{①}$$

式中，ρ 为流体的密度（假定为常数）；A 为垂直于 z 轴的面积。

因此下表面受到两个力的作用，一是压力 p_1，另一个是液体重量，这两者方向向下。为与其平衡，必有向上的力，这就是 z_2 处来自下表面的压力 p_2。由此得到

$$p_2 A = p_1 A + \rho A h g \qquad ②$$

即

$$p_2 = p_1 + \rho g h \qquad ③$$

若 z_1 面固定不变，p_1 保持常数，可见 p_2 随 h 增大而增大。这是不可压缩流体的静力学基本定律。若漏斗中装满液体，底部无液体流出，其压力分布是一直线。如图 1-14 所示

若将漏斗下端管塞拔出，液体就会流出。首先考虑流率很小（管口敞开可能会没有流体流出吗？），漏斗中液体的上表面敞开在大气中，作用在表面上的压力为 p_{atm}。问题是：漏斗出口处，水平截面上的流体压力是多少？

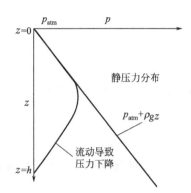

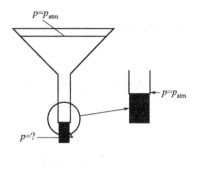

图 1-14　漏斗中有流动和无流动（静压）时的压力分布　　　图 1-15　底部有流动时的敞开漏斗

图 1-15 为底部有流动时的敞开漏斗，观察管外的空气，大气压作用在漏斗出口处。液体离开管口，在液体和周围空气之间的横截面上压力是连续的。如果不是，径向作用力就不平衡，界面就会沿径向移动（事实上毛细管中液体表面张力将起到重要作用，对本题忽略表面张力的影响）。因此，可以断定，至少可以推测，下端口表面流体上的压力等于大气压，与上表面的压力相等。

漏斗上部锥形区有很大的截面（相对于下部圆管），液体向下流动的速度很低，靠近下部圆管进口时才有明显速度。基于上述分析，可以推知，漏斗上部锥形区，因为速度很小，其压力服从流体静力学定律。当流体流进下部圆管时，因流动而使压力损失，沿轴向压力下降，直至达到出口处的大气压。漏斗中有流动和无流动（静压）时的压力分布如图 1-14 所示。

例 1-3　固体边界上的作用力[4]

圆管内充满流体，如图 1-16(a) 所示。流体的压力作用在管壁上，将对管道造成破坏作用，管壁的应力（也称有效工作应力）必须能承受流体的压力。当流体压力为 p（表压）时，长为 L、半径为 R、管壁厚度为 δ 的管壁内所受的应力多大？在实际选管时，管壁厚度如何确定？

解　取长为 L 的管道，沿轴线将管道一剖为二，取其中之一作为控制体，如图 1-16(b) 所示，控制体包括管道壁和其中的流体，轴向剖面由流体剖面（$A_1 = 2RL$）和管壁剖面（$A_2 = 2\delta L$）组成。管内流体压力均匀作用在各个

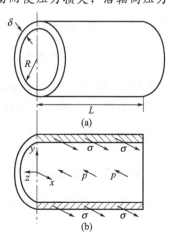

图 1-16　管内流体压力

方向上，管壁上的合力垂直于管中心平面（即 $y-z$ 面）。

假定管内流体压力为 p，在 x 方向上，作用在流体剖面上的合力 F_1 为

$$F_1 = -pA_1 = -2RLp \tag{①}$$

由于所取管道控制体是静止的，作用在其上的力一定平衡，管道外壁面受到大气压作用，由于选用表压，管道外壁面所受压力为零，因此管壁剖面上必有一大小相等、方向相反的力 F_2 与 F_1 平衡。则 F_2 为

$$F_2 = -F_1 = 2RLp \tag{②}$$

若设管壁内所受的应力为 σ，则

$$F_2 = \sigma A_2 = 2\delta L\sigma \tag{③}$$

将上式代入式②得

$$2\delta L\sigma = 2RLp \tag{④}$$

得管壁内所受的应力 σ 为

$$\sigma = \frac{Rp}{\delta} \tag{⑤}$$

在实际选管时，已知管道半径 R、流体压力 p 以及管壁所能承受的应力 σ，则由上式可得管壁厚度 δ 为

$$\delta = \frac{Rp}{\sigma} \tag{⑥}$$

由上式可知，管壁厚度与管径、工作压力成正比，与管道材质的有效工作应力成反比。

1.2.4.3　变形速率

刚体运动一般可分解为平移和旋转，而流体是变形体。取流体微团进行运动分解，依照运动特点，复杂运动包含以下简单的流体微团运动形式（图 1-17）。

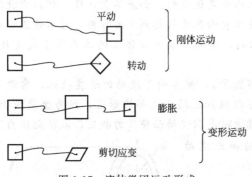

图 1-17　流体微团运动形式

平移：流体微团保持原来的形状、大小和对角线方向，只产生位移。

旋转：流体微团保持其原来的形状，沿对角线的方向产生偏移，发生转动。其特征量为旋转角速度 ω。

线变形：流体微团改变了形状，但各边间的夹角不变。其特征量为线变形速率 $\dot{\varepsilon}$。

角变形：流体微团形状改变，各边间的夹角改变，但微团对角线未变。其特征量为角变形速率 $\dot{\gamma}$，亦称剪切速率。

上述运动形式的特征量通过速度分布计算。变形率与速度梯度（速度随距离变化）的关系，参照如图 1-18 所示的微团变形，可作简单推导。

参照图 1-18(a)，A_1B_1 在 x 方向的速度是 u_x，C_1D_1 的速度是 $u_x + \frac{\partial u_x}{\partial x}\delta x$。经过 δt 时间，由流体质点组成的流体线 C_1D_1 较 A_1B_1 多移动一段距离 $\frac{\partial u_x}{\partial x}\delta x\delta t$，单位时间内长度的相对变化，即单位时间长度的改变与原来长度之比，称为线变形速率（拉伸速率），在 x 方向

$$\dot{\varepsilon}_{xx} = \frac{\frac{\partial u_x}{\partial x}\delta x\delta t}{\delta x\delta t} = \frac{\partial u_x}{\partial x} \tag{1-22}$$

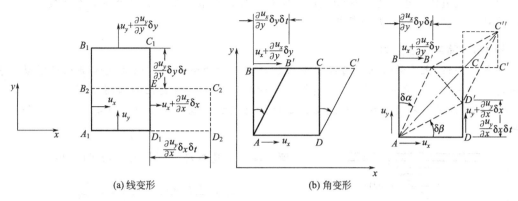

(a) 线变形   (b) 角变形

图 1-18 微团变形

参照图 1-18(b)，AD 的速度是 u_x，BC 的速度是 $u_x + \frac{\partial u_x}{\partial y}\delta y$。经过 δt 之后，距离 BB' 等于 $\frac{\partial u_x}{\partial y}\delta y\delta t$，角变化 $\delta\alpha$ 为

$$\delta\alpha = -\tan^{-1}\frac{\frac{\partial u_x}{\partial y}\delta y\delta t}{\delta y} \approx -\frac{\partial u_x}{\partial y}\delta t \tag{1-23}$$

类似地，角变化 $\delta\beta$ 为

$$\delta\beta = \tan^{-1}\frac{\frac{\partial u_y}{\partial x}\delta x\delta t}{\delta x} \approx \frac{\partial u_y}{\partial x}\delta t \tag{1-24}$$

原来相互垂直的 AB 与 AD，经过 δt 以后，总的角度变化为 $(-\delta\alpha + \delta\beta)$，单位时间内夹角的平均变化——角变形率，即剪切速率以 $\dot{\gamma}$ 表示，在 x-y 平面内

$$\dot{\gamma}_{xy} = \frac{1}{2}\left(\frac{\partial u_y}{\partial x} + \frac{\partial u_x}{\partial y}\right) \tag{1-25}$$

通过对上述分析可知，线变形是由平行于运动方向的速度梯度引起的，而角变形则是由垂直于运动方向的速度梯度引起的。

已知 $\delta\alpha$ 和 $\delta\beta$，不难定义微团的旋转角速度（图 1-19），例如

$$\omega_z = \frac{1}{2}\left(\frac{\partial u_y}{\partial x} - \frac{\partial u_x}{\partial y}\right) \tag{1-26}$$

流体微团的运动特征，是考察流体运动特性的基础，也常是区分运动类型的依据。例如依照是否存在剪切速率，分为剪切运动和均匀运动（剪切速率为零）；依照是否存在旋转角速度，区分流体运动为无旋运动（有势运动）和有旋运动（旋涡运动），而旋涡运动不仅对动量传递（含混合）有重要意义，而且对热量传递和质量传递都有重要意义。了解旋涡运动的起点正是流体微团运动的分解。

固体抵抗变形的力取决于变形量，而流体抵抗变形的力则取决于变形速率。产生一定剪切变形速率所需的剪切应力表现为流体运动的黏性阻力。

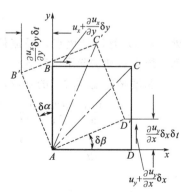

图 1-19 旋转运动

对于一般流体，很少考虑拉伸变形。但对聚合物则很重要，如聚合物熔体破裂造成的产品缺陷就是主要由拉伸应力引起的。

例1-4 简单剪切运动

两平行平板，上面的板在其自身平面内移动，下面的板静止，板间流体层相对滑动，相对速度 δu_x 具有同一方向，而且 u_x 随着 y 方向的距离呈线性变化（如图1-20所示），$u_x = u_x(y) = cy$，这是一种简单的剪切运动，试确定此流场中流体微团是否具有旋转运动和变形运动。

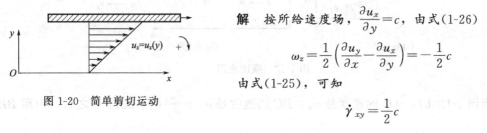

图1-20 简单剪切运动

解 按所给速度场，$\dfrac{\partial u_x}{\partial y} = c$，由式(1-26)

$$\omega_z = \frac{1}{2}\left(\frac{\partial u_y}{\partial x} - \frac{\partial u_x}{\partial y}\right) = -\frac{1}{2}c$$

由式(1-25)，可知

$$\dot{\gamma}_{xy} = \frac{1}{2}c$$

以上结果表明，两平板间的剪切运动是由纯角变形和旋转两种运动形式叠加而成的，流场中的流线虽是直线，但流体微团的局部运动存在旋转。如果有十字形物体放在这种流场中，它将发生旋转。

1.2.4.4 加速度与随体导数

按质点动力学定义，加速度 a 是速度 u 随时间的变化，即

$$a = \frac{\mathrm{d}u}{\mathrm{d}t}$$

而流体微团运动的加速度，如何按这一定义给出确切的表达式，涉及描述流体运动的方法。方法不同，加速度表达式各异。

考察平面上的流动，如图1-21所示。流体质点在 $t=0$ 时，位于 $M(x,y)$，其速度的两个分量为 $u_x(x,y,t)$、$u_y(x,y,t)$。经过 Δt 时间后，该质点达到新的位置 $M'(x+\Delta x, y+\Delta y)$，其速度分量为 $u_x(x+\Delta x, y+\Delta y, t+\Delta t)$、$u_y(x+\Delta x, y+\Delta y, t+\Delta t)$。速度的变化为 $\mathrm{d}u_x$、$\mathrm{d}u_y$。显然，这种变化是由两种原因造成的：一是质点在 M 和 M' 点的速度不同，即随位置变化速度有了增大或减小；二是在质点运动的 Δt 时间内，流场中（包括 M' 点）的速度随时间有了增高或降低。这样可以得出

$$\mathrm{d}u_x = \frac{\partial u_x}{\partial x}\mathrm{d}x + \frac{\partial u_x}{\partial y}\mathrm{d}y + \frac{\partial u_x}{\partial t}\mathrm{d}t$$

$$\mathrm{d}u_y = \frac{\partial u_y}{\partial x}\mathrm{d}x + \frac{\partial u_y}{\partial y}\mathrm{d}y + \frac{\partial u_y}{\partial t}\mathrm{d}t$$

此处 (x,y) 是流体质点，是流体运动轨线上的点，在 Δt 时间内质点运动引起了位移 $\mathrm{d}x$、$\mathrm{d}y$。

加速度是速度对时间的导数，因此

$$a_x = \frac{\mathrm{d}u_x}{\mathrm{d}t} = \frac{\partial u_x}{\partial x} \times \frac{\mathrm{d}x}{\mathrm{d}t} + \frac{\partial u_x}{\partial y} \times \frac{\mathrm{d}y}{\mathrm{d}t} + \frac{\partial u_x}{\partial t}$$

$$a_y = \frac{\mathrm{d}u_y}{\mathrm{d}t} = \frac{\partial u_y}{\partial x} \times \frac{\mathrm{d}x}{\mathrm{d}t} + \frac{\partial u_y}{\partial y} \times \frac{\mathrm{d}y}{\mathrm{d}t} + \frac{\partial u_y}{\partial t}$$

由于

$$\frac{\mathrm{d}x}{\mathrm{d}t} = u_x, \qquad \frac{\mathrm{d}y}{\mathrm{d}t} = u_y$$

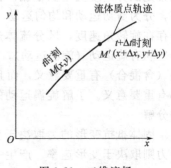

图1-21 二维流场

可得

$$a_x = \frac{\mathrm{d}u_x}{\mathrm{d}t} = \frac{\partial u_x}{\partial x}u_x + \frac{\partial u_x}{\partial y}u_y + \frac{\partial u_x}{\partial t}$$

$$a_y = \frac{\mathrm{d}u_y}{\mathrm{d}t} = \frac{\partial u_y}{\partial x}u_x + \frac{\partial u_y}{\partial y}u_y + \frac{\partial u_y}{\partial t}$$

上述结果可以推广到三维，例如对 x 方向有

$$a_x = \frac{\mathrm{D}u_x}{\mathrm{D}t} = \underbrace{\frac{\partial u_x}{\partial x}u_x + \frac{\partial u_x}{\partial y}u_y + \frac{\partial u_x}{\partial z}u_z}_{①} + \underbrace{\frac{\partial u_x}{\partial t}}_{②} \qquad (1\text{-}27)$$

为引起注意，对速度场中流体质点的加速度采用符号 $\frac{\mathrm{D}u}{\mathrm{D}t}$ 表示，表明这是"追随"流体质点进行的导数计算，称为随体导数。这一导数包括两部分：式(1-27) 中①是因为位置变化引起的，称为变位导数或对流导数，相应的加速度称为变位加速度（或迁移加速度）；②是位置不变因时间变化引起的，称为当地导数或局部导数，相应的加速度称为当地加速度。

1.2.5　传递机理

传递的基本机理是对流传递（convective transport）和分子传递（molecular transport）。前者为主体流体运动（bulk flow）导致的传递；后者是在分子团之间的传递。

熟知的对流是室内热空气上升和冷空气下降；室内一隅的香味，仅依靠分子运动（扩散）传至另一隅，需很长时间，可能需数日，如果有微风，气味的传递几乎是瞬间。这是因为流体分子团能携带它所具有的任何物理、化学性质——固有的内能、动量及其自身质量。运动流体在运动路程中可能相遇其他流体团，从而传递这些性质给相遇的流体。这种主体传递机理是最为有效的传递能量、质量和动量的方法。但是，另一方面，当两流体微团相互趋近，传递机理在分子尺度上时，亦即尽管存在高效的对流传递，最终所有传递必定是依靠分子机理进行，对流运动就不再具有重要意义。

如果物质运动的方向不同于能量（质量、动量）传递发生的方向，那么唯一的传递方法是通过分子机理。另一方面，如果沿传递方向有流体主体运动，那么传递速率将会更快。这种情况下对流传递更为有效的理由是，对流流体运动（或称为混合）使不同能量的流体微团彼此更为靠近，即对流使分子传递发生的距离缩短。

分子传递易于用数学描述，而对流传递（涡流传递）很难进行数学处理，即很难预测对流能使两流体微团接近到何种程度。如果流体运动处于湍流状态，即使主运动方向不同于传递发生的方向，涡流传递也将成为传递的主要机理。分子传递机理将在 1.3、1.4 以及第 3 章进一步阐述，对流传递亦将在后面有关章节详细探讨。

1.2.6　传递现象分类

实际传递现象是复杂的，为了便于研究和进行简化处理，可对不同特征的传递问题进行分类。按物系相的特点可分为均相与非均相；按流动状态可分为定常与非定常；按流体特性可分为可压缩与不可压缩；按流动空间自变量的变化关系又可分为一维与多维等。

（1）均相与非均相　通常物质存在三种状态——气态、液态和固态。一个系统内可有几个液相或固相共存，但气体只能以单一相出现。油加入盛有水的容器内，平衡时分为两个液相，密度大的水相在下，油相在上，液面上方为空气、水和油分子共存的单一蒸气相。系统中有多相存在时称非均相物系，发生在相际的传递要比单一相即均相中的传递复杂得多。例如，流体发生相变时的传热过程有其特殊规律，当多相系统发生质量传递时需考虑相平衡规

律，处于相平衡状态时各相温度、压力均相等，但两相的组成一般不等，两相不平衡时质量传递速率与推动力则取决于偏离平衡的程度。

（2）定常与非定常　根据过程物理量随时间变化的特点，过程有定常与非定常之分。过程物理量不随时间变化称为定常过程，随时间变化称为非定常过程。定常过程的数学特征是 $\frac{\partial(\ )}{\partial t}=0$，显然，其计算要比非定常过程简单。改变参考坐标系，可将非定常过程转化为定常过程处理。如图 1-22 所示，圆球体以恒定速度 U_0 在流体中运动。如果观察者在固定位置观察流体运动，球体前端推开流体，后部拖曳流体一起运动。瞬时流线由封闭曲线组成，如图 1-22(a) 所示，随着圆球向前移动，新位置的流线与前相同，空间流线随时间变化，流动是非定常的。如果观察者随球体一起运动，此时观察到的流线如图 1-22(c) 所示，流线不随时间变化，流动是定常的。

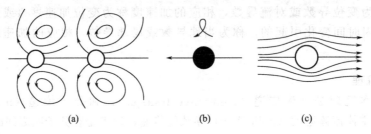

(a)　　　　　　　　(b)　　　　　　　　(c)

图 1-22　坐标系变换

根据相对运动原理，将模型物体固定在称之为"风洞"或"水池"的实验装置中进行试验，然后研究匀速流体绕经模型物体的流动规律，这是一种将非定常过程简化为定常过程处理的常用方法，此时，测取流场中各物理量的变化规律可用于描述匀速物体在静止流体中的运动。

（3）可压缩与不可压缩　压缩性是流体的体积随温度、压力变化的性能。一般来说，液体比气体的压缩性小得多。例如，水在温度不变的情况下，每增加一个大气压，它的体积仅比原来减小 0.005％左右。在相当大的压力范围内，液体的密度几乎是常数，因而可以认为液体是不可压缩的。对于气体，如果气体的速度比音速小得多，压力的改变远比平均压力小，则体积的改变也就很小，为了简化计算可近似地认为气体也是不可压缩的，这样，气体和液体就服从同样的规律。当气体压缩性不可忽略时，需根据具体情况考虑。

（4）一维与多维　过程物理量（如 u、T、C 等）在空间的分布通常是三维的，即在 x，y，z 三个方向上均有变化，是三维函数。当仅沿空间坐标的一个或两个方向变化时，则分别被简化成为一维或二维问题。一维过程的数学特征是，仅在发生变化的方向上（如 x 轴）有 $\frac{\partial(\ )}{\partial x}\neq0$，其余两个方向上则有 $\frac{\partial(\ )}{\partial y}=\frac{\partial(\ )}{\partial z}=0$；二维过程亦然。

显然，一维问题较之多维简单得多。工程上，在保证一定精度的条件下，总是尽可能将三维问题简化为二维、一维，以减少独立的空间变量，简化描述过程的方程，甚至可使某些无法求解的问题得到合理的解答。例如流体在等截面圆管中的流动，采用直角坐标系时，质点速度沿截面两个方向 (x,y) 变化；若选用柱坐标系 (r,θ,z)，由于流动呈现轴对称，流速仅沿半径方向 r 变化，则简化成了一维流动问题。又如流体在锥管中的流动，质点速度沿径向 r 和轴向 z 都是变化的，当采用沿截面的平均速度 U 进行描述时，速度则仅沿 z 轴变化，也简化成了一维流动。再如，流体垂直于圆柱轴即横向绕圆柱体流动，若圆柱体长度远大于直径时，则可不计速度沿圆柱轴方向的变化，从而减少空间独立变量数。

例 1-5　一维流动时加速度的计算

不可压缩流体在收缩通道中的一维定常流动,见图 1-23,已知速度是

$$u_x = u_1\left(1 + \frac{x}{L}\right)$$

u_1 是 x_1 处的流动速度,试求该流场中质点运动的加速度。

解　对于一维定常运动, $u_y = u_z = 0$, 由式(1-27) 得

$$\frac{Du_x}{Dt} = u_x\frac{\partial u_x}{\partial x} = u_1\left(1 + \frac{x}{L}\right)\frac{u_1}{L} = \frac{u_1^2}{L}\left(1 + \frac{x}{L}\right)$$

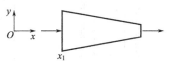

图 1-23　一维定常流动

(5)外部问题与内部问题　流体沿固体壁面流动,依照壁面的性质和形状以及流体和固体的相对关系,可分为外部问题与内部问题两种基本情况。

① 外部问题(绕流)　流体绕过置于无限流体中的物体,或者物体在无界流体中运动,如图 1-24 所示。空气绕过机翼,船舶在海洋中航行,都属于这一类。研究外部问题时,将被绕物体或运动物体的特征尺寸作为描述流体运动的几何特征尺寸。物体的形状是否规则,是否具有对称性;物体在空间的方位,例如圆盘为水平还是垂直,抑或倾斜放置;表面是光滑还是粗糙等都是分析绕流问题时需要考虑的主要几何因素。

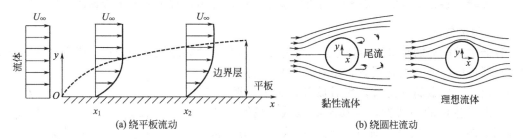

图 1-24　绕流

② 内部问题(管流)　流体处于有限固体壁面限制的空间内流动,称为内部问题(管流),如图 1-25 所示,流体在管道中流动,这时管道的特征尺寸(直径)是描述流体运动的几何特征尺寸。管道截面的几何形状(圆管或非圆管),流动的方向和截面沿管长是否变化,管道表面是否光滑等是分析管流时需要考虑的主要几何因素。

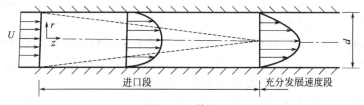

图 1-25　管流

流体绕过处于有界流体中的物体,这是流体在内外边界限定的空间中流动,如图 1-26 所示。图 1-26(a) 是圆柱在同轴圆筒中旋转,流体在其间随圆柱旋转而运动;图 1-26(b) 是流体绕过管内悬浮着的颗粒运动。在这些情况下,物体的几何特征以及物体以外固体壁面的几何特征都将影响流体流动。除非外壁面离开物体很远,作为一种近似,才可以忽略它的存在。

比较上述几种流动情况,值得提出的是:由于流体有黏性以及固体边界的存在,将使流体的运动受到阻滞。因此,在管流时,固体边界对于整个运动流体将有显著影响,阻滞作用遍及整个流动空间。而在绕流时,距物体相当远处的流体实际上将不受物体的影响。在一定条件下,可近似地认为,固体壁的阻滞作用局限在固体壁附近的某一流体薄层(边界层)

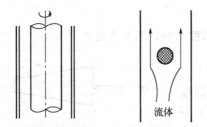

(a) 圆柱在同轴圆筒中旋转 (b) 流体绕悬浮着的颗粒运动
图 1-26 流体在内外边界限定的空间中流动

内，而在沿着物体流动的下游，其影响将加宽，如图 1-24 所示。

除了将流动问题分为外部问题与内部问题两种情况外，还可以依据流体和固体的相对关系，将流动分成壁面流与自由流。壁面流受边界约束，如管内流动以及流体绕流时边界层内流动。自由流不受边界约束，如当流体从管口流出形成射流以及绕流时的尾流。

管流与绕流，壁面流与自由流，都有很多不同的特点，作这样的区分对认识流动的规律是很有好处的。

1.3 分子传递现象（一）

传递机理可分为两类，即分子传递和涡流传递。本节主要讨论分子传递的机理、特性以及支配分子传递速率的基本定律，最后阐述三种传递之间的类似处。在本书中这些定律的导出是以实验观察为基础的，而不是由更为基本的原理导出，常称为分子传递的唯象定律。

1.3.1 动量传递

容器中被搅动的水最终会停止运动，这是流体具有"黏滞性"的表现。库仑曾做如下实验：在圆板中心系一细金属丝，吊在流体中，将圆板旋转一个角度，使金属丝扭转，然后放开，圆板往返旋转摆动。由于流体的黏滞性，摆动不断衰减，最终停止。这种扭摆的衰减速度在气体中很慢，在液体中则很快。实验表明：不同流体具有不同的黏滞性。圆板表面涂蜡或铺上细沙，对衰减影响甚微，表明黏滞性主要取决于流体本身的"内摩擦"特性。

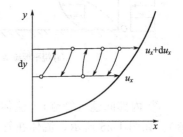

图 1-27 流体层间分子交换

内摩擦的产生与流体层之间的分子动量传递有关。考察图 1-27 所示的流场，流体沿 x 方向运动，在 y 方向上形成速度分布。由于分子的布朗运动，当高速流体层分子与低速流体层分子互换位置并发生碰撞时，动量由高速层流体传给低速层，即快层分子进入慢层推动该层流体流动，慢层分子进入快层将阻碍流体运动。这种流动方向上的动量在其垂直方向的传递导致流体层之间的剪切应力，即流体层相对运动的结果产生了"内摩擦"，使流体呈现出对流动的抵抗，表现出流体的"黏性"。这是流体分子微观运动的宏观表现。

不同流体的黏性有很大差别。水易于从容器中流出，油次之，甘油或树脂则很慢，这就是黏性差异的表现。不同的流体可能呈现出不同的黏性规律。

1.3.1.1 牛顿黏性定律

为考察分子动量传递的规律，可进行如图 1-28 所示的黏性流体内摩擦实验。

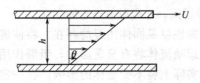

图 1-28 黏性流体内摩擦实验

两块平行平板间充满着静止的不可压缩的流体，下板固定，上板以速度 U 平行下板匀速运动。由于流体对于固体壁面的"粘附性"，紧贴固体壁表面的流体与固体壁面之间不发生相对位移，称为不滑脱或无滑移。这一现象的存在导致紧贴上板的流体层跟着板以相同速度

U 运动。板间流体则在内摩擦作用下随之作平行于平板的运动，各层流体的速度沿垂直于板面的方向逐层减慢，直至下板壁面处速度为零。

流体层之间的速度变化，常用单位法向距离上的速度变化率 $\dot{\gamma}$ 表示。在上述简单剪切流动过程中，流动截面上各点速度 u_x 随距离 y 呈线性变化，因此

$$\dot{\gamma} = \frac{u_x}{y} = \frac{U}{h} = \tan\theta = 常数 \tag{1-28}$$

对于一般情况，u_x 随 y 呈非线性变化，则

$$\dot{\gamma} = \frac{\mathrm{d}u_x}{\mathrm{d}y} \tag{1-29}$$

1687 年牛顿首先根据实验，推测得如下规律：相邻流体层之间的剪切应力，即流体流动时的内摩擦力 τ_{yx}，与该处垂直于流动方向的速度梯度 $\dfrac{\mathrm{d}u_x}{\mathrm{d}y}$ 成正比。数学表达式为

$$\tau_{yx} = \pm\mu\frac{\mathrm{d}u_x}{\mathrm{d}y} \tag{1-30}$$

式中，μ 为动力黏性系数，简称黏性系数或黏度，Pa·s；负号表明剪切应力的方向和流向相反，正号表明两者方向一致。式(1-30) 称为牛顿黏性定律。

牛顿黏性定律揭示了剪切应力与剪切变形速率成正比这一重要规律，遵循该定律的流体称为牛顿流体。流体流动时的剪切应力 τ 和表观黏度 η 与剪切速率 $\dot{\gamma}$ 之间的变化关系称为流体流动曲线，如图 1-29 所示。牛顿流体剪切应力与剪切速率的函数关系是通过坐标原点的直线，如图 1-29(a) 所示。不服从牛顿黏性定律的流体称为非牛顿流体。

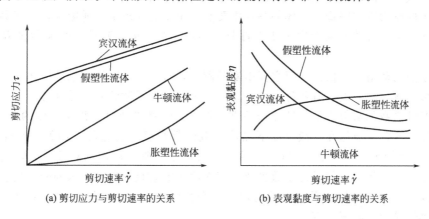

(a) 剪切应力与剪切速率的关系　　　　(b) 表观黏度与剪切速率的关系

图 1-29　流体流动曲线

例 1-6　平行平板间的流体流动功率

两平行平板间的流体流动如图 1-30 所示，板间距为 h，板长为 L，z 方向为单位宽度。当上板以均匀速度 U 运动时，板间定常速度分布为 $\dfrac{u_x}{U} = \dfrac{y}{h}$，试导出作用于流体的功率。

解　由牛顿黏性定律，在 $y=h$ 处，流体的剪切应力为

$$\tau = \mu\frac{\mathrm{d}u_x}{\mathrm{d}y}\bigg|_{y=h} = \mu\frac{U}{h}$$

板与流体的接触面积为 $A = L \times 1$，因此，施加的功

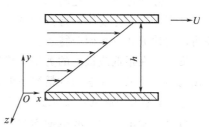

图 1-30　平行平板间的流体流动

率为

$$P=\tau AU=\mu\,\frac{U}{h}LU=\mu U^2\,\frac{L}{h}$$

1.3.1.2 黏性系数

牛顿流体大量存在于自然界和工程领域，如水、空气、甘油以及多数低分子液体等。这类流体流动时，剪切应力与剪切变形速率的比值即黏性系数在一定温度、一定压力下为常数，数值因流体而异，是影响传递过程的重要物理性质，式(1-30) 即为黏性系数的定义式

$$\mu=\frac{\tau_{yx}}{\dfrac{\mathrm{d}u_x}{\mathrm{d}y}}=\frac{\tau_{yx}}{\dot{\gamma}} \tag{1-31}$$

黏性系数的单位为 N·s/m^2 或 Pa·s。在物理单位制中还有 dyn·s/cm^2，称为泊 (P)。1泊等于 100 厘泊（cP），1Pa·s＝1000cP。

在工程计算中，常出现 μ 与 ρ 的比值，定义为运动黏性系数，单位为 m^2/s，以 ν 表示，即

$$\nu=\frac{\mu}{\rho} \tag{1-32}$$

黏性系数是随温度和压力变化的状态函数，液体的黏性系数通常随温度升高而减小，气体反之。液体通常作为不可压缩处理，因此压力对于液体的黏性系数的影响一般可不计。气体的黏性系数，在压力低于 1000kPa 时也基本不随压力变化，在更高的压力下则随压力升高而增大。气体、液体的黏性系数随温度变化规律的不同可从形成黏性的两个原因即分子热运动和分子内聚力得到解释。气体的黏性主要受分子交换的动量传递影响，因而黏性系数随温度上升而增大；液体的黏性则主要来自分子内聚力的影响，致使黏性系数随温度升高而减小。

黏性系数的数值虽可估计，但主要由实验测定，常用的黏度计有毛细管式、落球式、转筒式、锥板式等。工业上还有各种在特定条件下测定黏性系数的专用黏度计。

流体黏性系数的数值可从物性数据手册中查取。附录二列出了常见流体的黏性系数值。然而，记住某些常见流体在一般温度下黏性系数的数量级是有益的。例如，空气的 μ 约为 10^{-5}Pa·s，水约为 $10^{-4}\sim10^{-3}$Pa·s。在工程计算中经常应用运动黏性系数，此时需要注意：在室温和常压下，水的黏性系数虽比空气大两个数量级，但由于水的密度比空气大三个量级，因此空气的运动黏性系数反而比水大一个数量级。对于气体，由于压力对密度的影响，运动黏性系数将随压力变化。

1.3.1.3 非牛顿流体黏性定律

工程上有许多流体并不遵循牛顿黏性定律，这类流体称为非牛顿流体，这种流体的剪切应力与剪切变形速率之间呈非线性关系，其黏性定律有多种经验方程式即模型进行表达。

（1）假塑性流体 在剪切变形速率变化很大的范围内，奥斯特瓦尔德测定了聚合物溶液表观黏度 η 的变化规律，得到如图 1-31 所示的表观黏度与剪切变形速率的关系曲线。曲线表明，这种流体具有两个特点。

第一，在很低或很高的剪切变形速率下，剪切应力与剪切变形速率呈线性关系，即具有牛顿流体的特征，在这两种情况下的表观黏度 η 值均为常数，且剪切变形速率很小时的表观黏度 η_0（称零剪切黏度）要比剪切变形速率很大时的 η_∞（称无限剪切黏度）大几个数量级。

第二，在中等剪切变形速率下，τ 随 $\dot{\gamma}$ 增大而减小的规律可用幂律模型描述，称为幂律指数定律，即

$$\tau_{yx} = \eta \dot{\gamma} = m\left(\frac{\mathrm{d}u_x}{\mathrm{d}y}\right)^n \tag{1-33}$$

$$\eta = m\left(\frac{\mathrm{d}u_x}{\mathrm{d}y}\right)^{n-1} \tag{1-34}$$

式中，m 为稠度系数；n 为流动行为指数。

以幂律指数定律描述的流体常称幂律流体。对于 $n < 1$ 的幂律流体又称为假塑性流体，其流动曲线见图 1-31，n 值通常为 $0.15 \sim 0.6$。

幂律模型广泛应用于工程计算，这是因为幂指数形式便于数学处理，而且应用中（如聚合物加工）出现的剪切变形速率通常正处于呈现幂指数规律的范围。然而，该模型的缺点是不能计算很低和很高剪切变形速率时的恒定黏度 η_0 和 η_∞。此外，由于 m 的单位为 $\mathrm{N} \cdot \mathrm{s}^n / \mathrm{m}^2$，而不同的流体有不同的 n 值，致使稠度系数的单位也因流体而异，这样，就不能对不同流体的稠度系数进行比较，稠度系数的物理意义也难以表达。

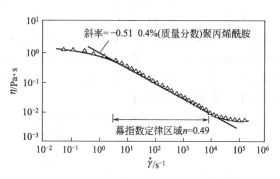

图 1-31　表观黏度与剪切变形速率的关系

工程上多数聚合物溶液或熔体均属于假塑性流体，在分析这类流体的流动情况时就必须十分重视剪切变形速率的分布。剪切变形速率高的区域，表观黏度小，流动情况好；剪切速率低的地方，表观黏度大，流动性差，恶化了流场的均匀性。上述剪切稀化现象是假塑性流体的主要流动特征。故通常将这类流体又称为剪切稀化流体。

（2）胀塑性流体　$n > 1$ 的幂律流体称胀塑性流体，在工程上所见不多，其流动曲线见图 1-29。一般有含固体量较高的悬浮液如淀粉糊、阿拉伯树胶溶液等。这类流体在流动时，表观黏度将随剪切变形速率的增大而增大，其流动行为通常与连续相的溶液无关。

（3）黏塑性流体　这是工程上较为常见的另一类非牛顿流体，主要有泥浆、污水、牙膏、涂料以及中等含固量的悬浮液等。这类流体的主要特征是，只有当所作用的剪切应力超过临界值 τ_0 以后，流体才开始运动，否则将保持静止，有着类似固体的某些性质。

下面介绍两个描述黏塑性流体流动规律的模型。

宾汉模型：流体发生运动后，剪切应力随剪切变形速率成线性变化，这类流体称为宾汉流体。其流动曲线见图 1-29。其模型为

$$\tau_{yx} = \tau_0 + \mu_0 \frac{\mathrm{d}u_x}{\mathrm{d}y} \tag{1-35}$$

式中，τ_0 为屈服应力，在一定温度和压力下为常数，Pa；μ_0 为塑性黏度，在一定温度和压力下也为常数，$\mathrm{Pa} \cdot \mathrm{s}$。

根据宾汉流体的上述流动特点，降低含固量或改变颗粒表面的物理化学性质，可减小屈服应力，改善流动性。这一措施在工业生产中有着一定的实用价值。

凯森模型：流体发生运动后，剪切应力与剪切变形速率呈非线性关系，这类流体称为凯森流体。其模型为

$$\sqrt{\pm\tau_{yx}} = \sqrt{\tau_0} + \sqrt{\mu_0}\sqrt{\pm\frac{\mathrm{d}u_x}{\mathrm{d}y}} \tag{1-36}$$

此模型常用于描述血液、油漆等的流动规律。

1.3.2 能量传递

加热铜棒一端，温度升高，一段时间后，另一端温度也随之上升。表明：当物体中有温差存在时，热量将由高温处向低温处传递。原因是：温度高，物质微观粒子（分子、中子等）热运动激烈，能量大；温度低，则能量小。相互碰撞的结果，导致能量转移，宏观上则表现为物质的导热性。

气态、液态、固态的物质，其传导能量的微观粒子及这些粒子传递能量的方式是不同的。对于气体，主要通过分子作幅度较大的自由运动，分子间相互碰撞而进行导热。对于非金属固体物质，主要通过分子、原子在晶体结构平衡位置附近的振动传递能量而导热。对于金属物质，主要通过结构中大量的自由电子在晶格间运动传递能量而导热。液体的结构介于气体和固体之间，分子可作幅度不大的位移，热量的传递既由于分子的振动又依靠分子间的相互碰撞。综上所述，物质的导热性主要是分子传递现象的表现。

1.3.2.1 傅里叶导热定律

比奥最早认为：对于两侧温度不同的平板，单位时间通过的导热量 q 正比于平板面积和两侧的温差，反比于平板厚度。由于傅里叶将其用于传热分析，故通常称为傅里叶定律。

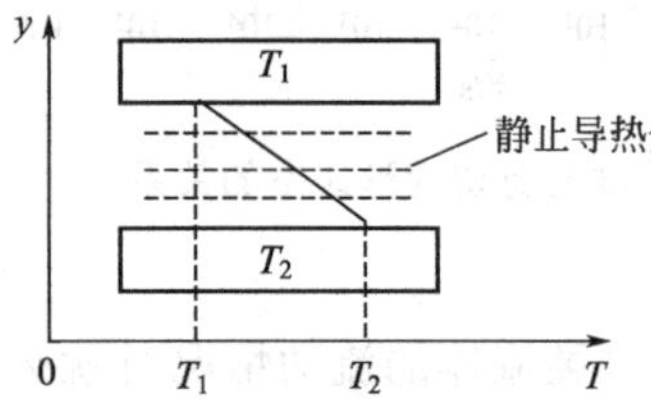

图 1-32 静止介质中的热传导

如图 1-32 所示，两块平板温度均匀，分别保持为 T_1、$T_2(T_2 > T_1)$，其间放置有气态、液态或固态的静止介质。若两板无限大或两端绝热，则在 x、z 方向上不存在温差，没有热量传递，仅在 y 方向上存在着温差而传热。

根据物质的导热性，热量由高温侧向低温侧传递，并形成定态的线性温度分布。当 ΔT 值较小，傅里叶给出

$$q_y = \frac{Q_y}{A} = -k \frac{dT}{dy} \tag{1-37}$$

式中，Q_y 为 y 方向上的导热速率，J/s；q_y 为单位时间、单位面积的导热量，即导热通量（又称热流密度），J/(m² · s)；A 为垂直于热流方向的面积，m²；k 为热导率，W/(m · K)；$\frac{dT}{dy}$ 为 y 方向上的温度梯度，K/m。

式(1-37) 称为傅里叶定律，表明：导热通量与温度梯度成正比。负号表明热量由高温区传向低温区，也就是说导热方向与温度梯度（即温度增加方向上的温度变化率）的方向相反。

1.3.2.2 热导率

热导率的定义式由式(1-37) 得

$$k = -\frac{q_y}{\frac{dT}{dy}} \tag{1-38}$$

热导率是表明物质导热性强弱即导热能力大小的物性参数，为物质结构、温度和压力的函数。其数值通常由实验测得，常见物质热导率见附录三。

气体热导率随温度升高而增大。由于小分子移动快，因此在气体中氢气的热导率最高，1000℃时高达 0.6W/(m · K)，0℃时为 0.17W/(m · K)，与有机苯的热导率相当。

气体的热导率可应用理论方法估算，近似地与绝对温度的平方根成正比，除了高压和真空等特殊情况，压力对热导率影响不大。

对于液体，由于分子间距较小，分子力场的影响较大，热导率难以通过理论计算。其数值随温度升高而减小（水、甘油例外），通常以经验式 $k = a + bT$ 表达，a、b 为经验常数，

随不同液体而异，压力对其影响不大。在液体中，水的热导率最大，20℃时为 0.6W/(m·K)，因此，水是工程上最常用的导热介质。

不同固体的热导率相差很大。金属的热导率比非金属大得多，但含有杂质后热导率将下降。纯金属的热导率随温度升高而减小，合金却相反，但纯金属的热导率通常均高于由其组成的合金。非金属中，石墨的热导率最高，可达 $100\sim200W/(m·K)$，高于一般金属，由于其具有耐腐蚀性能，因而是制作耐腐蚀换热器的理想材料。

温度升高，晶体的热导率减小，非晶体的热导率增大，但非晶体的热导率均低于晶体。

聚合物熔体的热导率相当于甘油，仅是水的 1/3，固体聚合物热导率约为 0.2W/(m·K)。无定形聚合物热导率随固体温度升高而升高，半晶态聚合物热导率随温度升高而降低。

干燥的多孔性固体导热性很差，当 $k<0.23W/(m·K)$ 时通常用作隔热材料。需要注意的是，由于水比空气的热导率大得多，隔热材料受潮后其隔热性能将大幅度下降。因此，露天保温管道必须注意防潮。

金属、非金属与液体、隔热材料和气体热导率的数量级依次为 $10\sim10^2$、$10^{-1}\sim10^0$、$10^{-2}\sim10^{-1}$。其数值大致范围：金属 $50\sim415$，合金 $12\sim120$，隔热材料 $0.03\sim0.17$，液体 $0.17\sim0.7$，气体 $0.007\sim0.17$。

1.3.3 质量传递

将有色晶体物质如蓝色的硫酸铜置于充满水的玻璃瓶底部，开始仅在瓶底呈现出蓝色，随后在瓶内缓慢扩展，一天后向上延伸几厘米，长时间放置瓶内溶液颜色会趋于均匀。这一有色物质的运动过程称为分子扩散，它是分子随机运动的结果。扩散速率对于气体约为每分钟 10cm，对于液体约为 0.05cm，固体中仅为 0.00001cm。为考察分子扩散规律，格雷姆对气体、液体中的扩散进行了大量的观察。后来由费克作了系统整理以及进一步研究，提出了描述分子扩散的基本定律。

1.3.3.1 格雷姆扩散试验

1828～1833 年，格雷姆应用图 1-33 所示的格雷姆气体扩散管进行了试验，充满 H_2 的玻璃管一端以多孔塞塞住，另一端垂直插入水中封闭，H_2 通过塞孔扩散至管外，空气由管外扩散入管内。

由于 H_2 比空气扩散得快，管内的水位上升。降低玻璃管，保持管内水位不变，管内气体体积的变化规律表明了扩散特性。

采用各种气体进行实验，结果表明：扩散速率与气体密度的平方根成反比。

1850 年，格雷姆又以图 1-34 所示的格雷姆液体扩散装置进行了一系列稀溶液液体扩散试验。图 1-34(a) 为对合的两个瓶内各装有浓度不同的溶液，几天后分析两瓶内的含量。图 1-34(b) 为在装有水的容器内放置一个内含已知浓度溶液的小瓶，几天后取出小瓶分析含量。

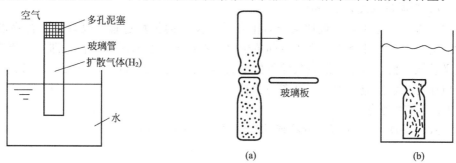

图 1-33 格雷姆气体扩散管   图 1-34 格雷姆液体扩散装置

实验表明：扩散过程是不断减慢的，而且液体的扩散慢于气体，扩散通量正比于溶液中的含盐浓度。如表 1-1 所示。

表 1-1　盐在溶液中的扩散

NaCl(质量分数)/%	1	2	3	4
相对通量	1.00	1.99	3.01	4.00

1.3.3.2　费克扩散定律

基于格雷姆的试验，类似导热的傅里叶定律，费克提出了分子扩散定律。

图 1-35 所示空间充满 A、B 组分组成的混合物，若组分 A 的浓度为 C_A，Ⅰ 处高于 Ⅱ 处，即 $C_{A\,Ⅰ} > C_{A\,Ⅱ}$。分子热运动的结果将导致 A 分子由 Ⅰ 向 Ⅱ 转移的净扩散流动，即由高浓度向低浓度处的分子扩散。在一维定常情况下，经 xOz 平面的扩散通量为

$$J_{Ay} = -CD_{AB}\frac{dx_A}{dy} \tag{1-39}$$

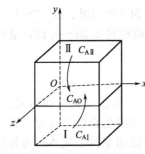

图 1-35　分子扩散示意

式中，J_{Ay} 为单位时间在 y 方向上经单位面积扩散的 A 组分量，即组分 A 在 y 方向上的摩尔扩散通量，$kmol/(m^2 \cdot s)$；C 为混合物的物质的量浓度，$kmol/m^3$；D_{AB} 为组分 A 在组分 B 中的扩散系数，m^2/s；x_A 为组分 A 的摩尔分数；$\dfrac{dx_A}{dy}$ 为 A 组分的浓度梯度，m^{-1}。

式(1-39) 称为费克定律，表明扩散通量与浓度梯度成正比，负号表明组分 A 向浓度减小的方向传递。

当 C 为常数时，由于 $C_A = x_A c$，则式(1-39) 可写为

$$J_{Ay} = -D_{AB}\frac{dC_A}{dy} \tag{1-40}$$

对于液体混合物，常用质量分数表达，则又可写为

$$j_{Ay} = -\rho D_{AB}\frac{dw_A}{dy} \tag{1-41}$$

式中，j_{Ay} 为 y 方向上组分 A 的扩散通量，$kg/(m^2 \cdot s)$；ρ 为混合物的质量浓度，kg/m^3；w_A 为组分 A 的质量分数。

当 ρ 为常数时，由于 $\rho_A = \rho w_A$，上式可简化为

$$j_{Ay} = -D_{AB}\frac{d\rho_A}{dy} \tag{1-42}$$

式中，ρ_A 为质量浓度，kg/m^3。

式(1-39)～式(1-42) 仅适用于静止介质中发生的扩散过程，也就是混合物没有发生净运动的场合。还需注意，浓度取不同单位时，扩散通量具有不同单位，即采用相应的不同单位定义扩散系数，所以扩散系数的单位不受影响。依据处理问题的方便，适当选取单位，例如传质伴有化学反应，则以 mol 单位为佳。

1.3.3.3　扩散系数

由式(1-40) 可得出双组分系统的扩散系数定义式，即

$$D_{AB} = -\frac{J_{Ay}}{\dfrac{dC_A}{dy}} \tag{1-43}$$

扩散系数是表征物质分子扩散能力的物性常数，它是温度、压力和组成的函数，其数值通常由实验测定。附录四给出了某些气体、液体和固体的扩散系数值。对于理想气体及稀溶液，在一定温度、压力下，浓度变化对 D_{AB} 的影响不大；对于非理想气体及浓溶液，D_{AB} 则是浓度的函数。

低密度气体、液体和固体的扩散系数随温度升高而增大，随压力升高而减小。低压下双组分混合物的 D_{AB} 与压力成反比，高压下关系比较复杂。

由于液体的密度、黏度均比气体高得多，溶质在液体中的扩散系数远比在气体中的低。物质在固体中的扩散系数更低，随浓度而异，在不同方向上可能有不同数值，而且各种物质在固体中的扩散系数差别很大。气体、液体和固体的扩散系数的数量级分别为 $10^{-5} \sim 10^{-4}$、$10^{-10} \sim 10^{-9}$、$10^{-14} \sim 10^{-9}$，单位为 m^2/s。

聚合物系的扩散包括两类：聚合物中的扩散和聚合液体（含溶液与熔体）中的扩散。聚合物系的扩散系数一般很小，约 $10^{-10} \sim 10^{-5}\ m^2/s$，通常低分子量液体系统的扩散系数为 $10^{-5} \sim 10^{-4}\ m^2/s$，多数情况下与温度、浓度有较弱的函数关系，但聚合物-溶剂系统的扩散系数有很宽的范围，而且与聚合物状态、温度和浓度有强烈的函数关系。

1.3.4　类似现象

流体流动、热量传递、质量传递是三种截然不同的物理现象，各自具有描述分子传递规律的表达式——牛顿黏性定律、傅里叶定律、费克定律。三种不同的现象又具有共同的物理本质，都是基于分子的热运动。因此，三者有着一致的数学表达式。

改写牛顿黏性定律式(1-30) 为

$$\tau_{yx} = -\mu \frac{\mathrm{d}u_x}{\mathrm{d}y} = -\frac{\mu}{\rho} \frac{\mathrm{d}(\rho u_x)}{\mathrm{d}y} = -\nu \frac{\mathrm{d}(\rho u_x)}{\mathrm{d}y} \tag{1-30a}$$

式中，τ_{yx} 为单位时间通过单位面积的动量，即动量通量，$N/m^2 = \dfrac{kg \cdot m/s}{m^2 \cdot s}$；$\nu$ 为运动黏度，亦称黏性系数，m^2/s；ρu_x 为动量浓度，$(kg/m^3)(m/s) = \dfrac{kg \cdot m/s}{m^3}$。

改写傅里叶定律式(1-37) 为

$$q_y = -k \frac{\mathrm{d}T}{\mathrm{d}y} = -\frac{k}{\rho C_p} \frac{\mathrm{d}(\rho C_p T)}{\mathrm{d}y} = -a \frac{\mathrm{d}(\rho C_p T)}{\mathrm{d}y} \tag{1-37a}$$

式中，q_y 为单位时间通过单位面积的导热量，即导热通量，$J/(m^2 \cdot s)$；a 为热扩散系数（又称导热系数），m^2/s；$\rho C_p T$ 为热量浓度，J/m^3。

费克定律式(1-42) 为

$$j_{Ay} = -D_{AB} \frac{\mathrm{d}\rho_A}{\mathrm{d}y}$$

从量纲上对比以上三式，可得：牛顿黏性定律、傅里叶定律、费克定律在一维系统中有类似的表达形式，即

$$\left.\begin{matrix} 动量 \\ 热量 \\ 质量 \end{matrix}\right\} 传递通量 = \left.\begin{matrix} 动量 \\ 热量 \\ 质量 \end{matrix}\right\} 扩散系数 \times \left.\begin{matrix} 动量 \\ 热量 \\ 质量 \end{matrix}\right\} 浓度梯度$$

由此可见，动量、热量和质量传递现象在一维系统中的表达形式是类似的。

1.3.5　传递性质的分子理论

对于理想气体，根据气体动理论可推导动量、热量和质量传递的分子传递系数。

令相邻气体层 1、2 各以速度 u_{x1}、u_{x2} 沿 x 方向运动，单位体积气体中分子数为 n，其

中有 1/3 分子沿 y 方向运动。若分子平均速度为 $\bar{v}$，则单位时间、单位面积、距离为分子平均自由程 $\bar{l}$ 的相邻气体层之间交换的分子数为 $\frac{1}{3}n\bar{v}$。令分子质量为 m，则传递的动量为

$$\tau_{yx} = \frac{1}{3}nm\bar{v}(u_{x_2} - u_{x_1})$$

由于

$$\frac{u_{x2} - u_{x1}}{\bar{l}} = \frac{\mathrm{d}u_x}{\mathrm{d}y}$$

$$nm = \rho$$

得

$$\tau_{yx} = \frac{1}{3}\rho\bar{v}\bar{l}\frac{\mathrm{d}u_x}{\mathrm{d}y} \tag{1-44}$$

对不可压缩气体有

$$\tau_{yx} = \frac{1}{3}\bar{v}\bar{l}\frac{\mathrm{d}(\rho u_x)}{\mathrm{d}y} \tag{1-45}$$

上式与式(1-30a)对比，不计正负号则有

$$\nu = \frac{1}{3}\bar{v}\bar{l} \tag{1-46}$$

类似地，温度分别为 T_1、T_2 的两层气体，相互间分子交换碰撞则发生热量传递，其热量通量为

$$q = \frac{1}{3}nm\bar{v}C_p(T_2 - T_1) = \frac{1}{3}\rho\bar{v}\bar{l}C_p\frac{\mathrm{d}T}{\mathrm{d}y} \tag{1-47}$$

对不可压缩气体，有

$$q = \frac{1}{3}\bar{v}\bar{l}\frac{\mathrm{d}(\rho C_p T)}{\mathrm{d}y} \tag{1-48}$$

上式与式(1-37a)对比，不计正负号则有

$$a = \frac{1}{3}\bar{v}\bar{l} \tag{1-49}$$

同理，对气体质量扩散也可导得

$$D_{AB} = \frac{1}{3}\bar{v}\bar{l} \tag{1-50}$$

在一般压力、温度下，气体的 ν、a、D_{AB} 的数量级大致相同，为 $(0.5\sim2)\times10^5$，单位为 m^2/s。

以上讨论表明，动量、热量、质量三种分子传递过程具有类似现象，为探讨传递过程的共性规律、处理方法和相互间的借鉴奠定了基础。

1.4 分子传递现象（二）

常见的传递现象往往是两种传递机理并存，但有些情况下可以是以分子传递为主。在1.3节已建立分子传递唯象定律的基础上，本节选择若干典型实例，探讨分子能量、质量传递速率及其与相关因素的关系。基本步骤是：对给定问题进行物理分析，预估传递特征量（温度或浓度）在不同方向上的可能变化，给出简化假定，明确必须获得的信息，建立物理模型，再用数学表达物理问题，即导出数学模型（含方程和边界条件）。前者着重描述系统内的行为，后者指定边界值。在边界约束和启示下，求解建立的微分方程，检验所得结果，使问题的"真实"和"可解"得到完美的结合。

1.3节中，着重介绍了分子传递的基本规律，即牛顿黏性定律、傅里叶定律和费克定

律。本节将在此基础上进一步探讨分子传递规律的应用。

1.4.1 分子能量传递

由于气体、液体很容易流动，较难通过其考察单纯的导热过程，而在固体介质内部只能发生导热。本节将以固体介质作为考察对象，讨论导热规律。

导热介质的几何形状是复杂多样的，为了便于分析，着重讨论三种简单几何体——板、柱、球的导热问题。空间导热通常在三个方向上进行，但有不少可简化为一维处理，即温度仅在一个方向上变化。根据物理变量随时间的变化特性，过程有定常、非定常之分。若介质本身还会均匀地产生热量，如电热器的电热效应、核反应、化学反应的热效应、高速液流的黏性耗散效应等，传热又分为有内热源、无内热源等多种情况。本节将分别对上述典型过程的导热规律进行探讨。

1.4.1.1 定常导热

处于正常运转状态下，连续操作的导热过程，其温度场不随时间变化，为定常导热过程。对于许多实际问题，如大平壁、长柱体的导热，可简化为一维问题。

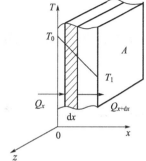

图 1-36 无限大平壁导热

（1）无限大平壁导热 在平壁的长度、宽度与其厚度相比大得多的情况下，通常可忽略温度在长、宽方向上的变化，而将温度仅看作是厚度的函数，即简化为一维导热。

考察图 1-36 所示的无限大平壁，厚度为 δ、面积为 A。平壁内部无内热源，两侧温度分别为 T_0、T_1，且 $T_0 > T_1$。平壁热导率 k 随温度变化很小，可视为常数。

根据热量守恒原理，对所取 $\mathrm{d}x$ 薄层控制体作衡算，即

$$Q_g（生成速率）+Q_i（导入速率）-Q_o（导出速率）=Q_s（累积速率）$$

$$(1-51)$$

若过程无内热源，$Q_g=0$；定常导热，$Q_s=0$。因此，由式（1-51）可得

$$Q_x = Q_{x+\mathrm{d}x} \tag{1-52}$$

根据傅里叶定律，x 方向的导热速率

$$Q_x = q_x A = -kA \frac{\mathrm{d}T}{\mathrm{d}x}$$

$$Q_{x+\mathrm{d}x} = Q_x + \frac{\partial Q_x}{\partial x}\mathrm{d}x = -kA \frac{\mathrm{d}T}{\mathrm{d}x} - kA \frac{\mathrm{d}^2 T}{\mathrm{d}x^2}\mathrm{d}x$$

代入式（1-52），得

$$\frac{\mathrm{d}^2 T}{\mathrm{d}x^2} = 0 \tag{1-53}$$

对式（1-53）进行积分，则

$$\frac{\mathrm{d}T}{\mathrm{d}x} = C_1$$

再积分，得通解

$$T = C_1 x + C_2 \tag{1-54}$$

上式为一维平壁定常导热温度分布的通解。根据不同问题的边界条件可得定解。通常边界条件分为三类：①已知两侧平壁温度，称第一类边界条件；②已知热流强度及一侧壁温，称第二类边界条件；③已知两侧流体温度及对流传热系数，称第三类边界条件。

已知平壁两侧温度分别为 T_0、T_1，即第一类边界条件，由

$$\begin{cases} x=0, T=T_0 \\ x=\delta, T=T_1 \end{cases}$$

代入式(1-54)，得积分常数 C_1、C_2 分别为

$$C_1 = \frac{T_1 - T_0}{\delta}$$

$$C_2 = T_0$$

再代入式(1-54)，得

$$T = \frac{T_1 - T_0}{\delta} x + T_0 \tag{1-55}$$

无量纲化，得

$$\frac{T - T_0}{T_1 - T_0} = \frac{x}{\delta} \tag{1-56}$$

式(1-56)表明：平壁内沿 x 方向的温度呈线性分布。由温度分布可得温度梯度为

$$\frac{dT}{dx} = -\frac{T_0 - T_1}{\delta}$$

根据傅里叶定律，其导热通量为

$$q_x = -k\frac{dT}{dx} = k\frac{T_0 - T_1}{\delta} = \frac{T_0 - T_1}{\dfrac{\delta}{k}} \tag{1-57}$$

因此，通过平壁的导热速率

$$Q_x = q_x A = \frac{T_0 - T_1}{\dfrac{\delta}{kA}} \tag{1-58}$$

式(1-58)表明了传递过程的基本规律，即

$$热传递速率 = \frac{热过程推动力}{热过程阻力} \tag{1-59}$$

平壁两侧温度差 $(T_0 - T_1)$ 为过程推动力，$\dfrac{\delta}{kA}$ 称为导热热阻，是过程阻力。它与电学中的欧姆定律相类似。根据电阻串联规律，对于 n 层串联的复合平壁，有

$$Q = \frac{T_0 - T_n}{\displaystyle\sum_1^n \frac{\delta_i}{k_i A}} \tag{1-60}$$

需要指出，上述复合壁面指的是相邻平壁之间紧密连接，不存在热阻的情况。若层间仅几点接触，热阻将显著增加。

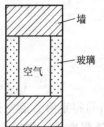

图 1-37 夹层保温玻璃窗

例 1-7 平壁散热强度

由间隔距离为4cm的两块玻璃组成夹层保温玻璃窗，如图 1-37 所示。玻璃厚0.5cm，墙体厚10cm，室内壁温20℃，室外壁温−10℃，已知玻璃热导率为 0.669W/(m·℃)，墙体热导率为 0.087W/(m·℃)，空气热导率为0.023W/(m·℃)。

试计算并作对比：(1) 墙体和单层玻璃窗的散热强度；(2) 安装夹层保温玻璃窗的散热强度。

解 (1) 由式(1-57)，得

墙体的散热强度：$q_1 = \dfrac{T_0 - T_1}{\dfrac{\delta}{k}} = \dfrac{20 - (-10)}{\dfrac{10 \times 10^{-2}}{0.087}} = 26.1$　（W/m^2）

单层玻璃窗的散热强度：$q_2 = \dfrac{20 - (-10)}{\dfrac{0.5 \times 10^{-2}}{0.669}} = 4014$　（W/m^2）

可见，单层玻璃窗的散热强度是墙体的 153.8 倍。

（2）由式(1-60)，得夹层保温玻璃窗的散热强度

$$Q = \frac{T_0 - T_3}{\sum\limits_1^3 \dfrac{\delta_i}{k_i}} = \frac{20 - (-10)}{\dfrac{0.5 \times 10^{-2}}{0.669} + \dfrac{4 \times 10^{-2}}{0.023} + \dfrac{0.5 \times 10^{-2}}{0.669}} = 17.1 \quad (\text{W/m}^2)$$

可见，夹层保温玻璃窗的散热强度比墙体减少 $\dfrac{26.1 - 17.1}{26.1} = 34.5\%$。

（2）**圆柱体导热**　细长圆柱体或圆管，如工程上常遇的电线、电热棒、蒸汽管、水管、油管、管式反应器等的径向导热是一维导热的又一典型。其中涉及电线、电热棒、管式反应器的是具有内热源的导热问题。这里以具有内热源的电热棒作为典型展开讨论，如图 1-38 所示。细而长的圆柱形电热棒半径为 R，单位为 m；电导率为 K_e，单位为 $(\Omega \cdot m)^{-1}$；通过棒体的电流强度为 I，单位为 A/m^2。则内热源的单位体积发热率为

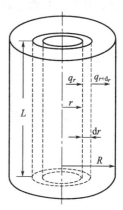

$$\dot{q} = \frac{I^2}{K_e}$$

假设热导率 k 和电导率 K_e 在棒体温度变化范围内近似为常数，棒体表面温度保持为 T_W，棒体直径相比于长度很小。对于圆柱体，选用柱坐标，根据轴对称原理，温度仅在径向存在分布，即 $\dfrac{\partial T}{\partial \theta} = 0$，可简化为一维问题。应用能量守恒原理，对厚度为 dr、长度为 L 的圆筒薄壳控制体作热量衡算，由式(1-51) 得

$$Q_g(\text{生成速率}) + Q_i(\text{导入速率}) = Q_o(\text{导出速率})$$

可得

图 1-38　圆柱体导热薄壳控制体示意

$$2\pi r \mathrm{d}r L \dot{q} + 2\pi r L q_r = 2\pi (r + \mathrm{d}r) L \left(q_r + \frac{\partial q_r}{\partial r} \mathrm{d}r \right)$$

经整理，忽略高阶小量，得

$$q_r + r \frac{\partial q_r}{\partial r} = \dot{q} r$$

即

$$\frac{\mathrm{d}}{\mathrm{d}r}(r q_r) = \dot{q} r \tag{1-61}$$

由柱坐标系中的一维傅里叶定律 $q_r = -k \dfrac{\mathrm{d}T}{\mathrm{d}r}$，得

$$\frac{\mathrm{d}}{\mathrm{d}r}\left(r \frac{\mathrm{d}T}{\mathrm{d}r} \right) = -\frac{\dot{q}}{k} r \tag{1-62}$$

积分式(1-62)，得

$$\frac{\mathrm{d}T}{\mathrm{d}r} = -\frac{\dot{q}}{2k} r + \frac{C_1}{r} \tag{1-63}$$

再积分，得通解

$$T = -\frac{\dot{q}}{4k}r^2 + C_1 \ln r + C_2 \tag{1-64}$$

根据棒体发热量＝表面散热量，定解条件有

$$\pi R^2 L\dot{q} = -2\pi R L k \frac{dT}{dr}\bigg|_{r=R}$$

$$\frac{dT}{dr}\bigg|_{r=R} = -\frac{\dot{q}}{2k}R \tag{1-65}$$

由式(1-63)，$r=R$，有

$$\frac{dT}{dr}\bigg|_{r=R} = -\frac{\dot{q}}{2k}R + \frac{C_1}{R} \tag{1-66}$$

对比式(1-65)、式(1-66)，得 $C_1 = 0$

由边界条件 $r=R$，$T=T_w$，代入式(1-64)，有

$$C_2 = \frac{\dot{q}}{4k}R^2 + T_w$$

因此，具有内热源圆柱体内的径向温度分布为

$$T - T_w = \frac{\dot{q}}{4k}(R^2 - r^2) \tag{1-67}$$

热流强度

$$q_r = -k\frac{dT}{dr} = \frac{\dot{q}}{2}r \tag{1-68}$$

$r=0$，$T=T_0$（中心温度），由式(1-67) 得最大温升

$$T_0 - T_w = \frac{\dot{q}}{4k}R^2 \tag{1-69}$$

对比式(1-67)、式(1-69)，并定义过余温度 $\theta = T - T_w$，可得无量纲温度分布

$$\Theta = \frac{\theta}{\theta_0} = \frac{T - T_w}{T_0 - T_w} = 1 - \left(\frac{r}{R}\right)^2 \tag{1-70}$$

定义平均温度 $T_{av} = \frac{1}{\pi R^2}\int_0^R T(2\pi r)dr$，得

$$\frac{\theta_{av}}{\theta_0} = \frac{T_{av} - T_w}{T_0 - T_w} = \frac{1}{2} \tag{1-71}$$

(3) 管道保温　热导率为 k_1 的裸管外，包有热导率为 k_2 的隔热层，如图 1-39 所示，管道内、外半径和隔热层外半径分别为 R_1、R_2、R_3，温度分别为 T_1、T_2、T_3，长为 L。若半径 r 远小于长度，则仅需考虑径向温度变化。管道内无内热源，$\dot{q}=0$。

由式(1-62)，一维圆柱导热微分方程简化为

$$\frac{d}{dr}\left(r\frac{dT}{dr}\right) = 0$$

上式积分，有

$$r\frac{dT}{dr} = C$$

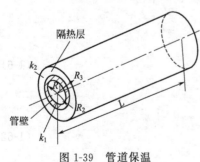

图 1-39　管道保温

再积分，并由边界条件

$$\begin{cases} r = R_1, T = T_1 \\ r = R_2, T = T_2 \end{cases}$$

确定积分常数后得温度分布

$$T = T_1 - \frac{T_1 - T_2}{\ln(R_2/R_1)} \ln \frac{r}{R_1}$$

$$\frac{T - T_1}{T_2 - T_1} = \frac{\ln \dfrac{r}{R_1}}{\ln \dfrac{R_2}{R_1}} \tag{1-72}$$

由式 (1-72) 可知，圆管壁内的温度是半径 r 的对数函数，不同于平壁内导热的直线分布，表明不同的几何特征将有不同的结果。由温度分布又可导得

$$Q = \frac{2\pi k_1 L}{\ln(R_2/R_1)} (T_1 - T_2) \tag{1-73}$$

依据式 (1-59)，上式中 $T_1 - T_2$ 为推动力，$\dfrac{\ln(R_2/R_1)}{2\pi k_1 L}$ 则为管壁阻力。

令 T_f 为环境温度，隔热层两侧的温差为 $T_2 - T_f$，此即管道向周围环境散热的推动力。与之相应的阻力有两部分：一是类似管壁热阻的隔热层导热热阻 $\dfrac{\ln(R_3/R_2)}{2\pi k_2 L}$；另一热阻是由空气膜对流产生的对流热阻 $\dfrac{1}{2\pi h R_3 L}$，h 为对流传热系数（将在第 4 章给出）。因而通过隔热层的散热速率

$$Q = \frac{(T_2 - T_f) \times 2\pi L}{\dfrac{\ln(R_3/R_2)}{k_2} + \dfrac{1}{h R_3}} \tag{1-74}$$

式 (1-74) 表明，隔热层外表面向环境的散热速率并不随 R_3 单调变化。R_3 增大，隔热层内部导热热阻呈对数规律增大，而对流热阻却因表面积增大，呈线性减小。因此取决于 R_3 的隔热层厚度将出现临界值，即对于给定半径的圆管，必然有一散热量为最大的临界半径。若 L、T_2、T_f、k_2、h 均为常数，对式 (1-74) 微分求取极值，有

$$\frac{\mathrm{d}Q}{\mathrm{d}R_3} = \frac{2\pi L (T_2 - T_f) \left(\dfrac{1}{k_2 R_3} - \dfrac{1}{h R_3^2} \right)}{- \left(\dfrac{\ln(R_3/R_2)}{k_2} + \dfrac{1}{h R_3} \right)^2} = 0 \tag{1-75}$$

由 $\dfrac{1}{k_2 R_3} - \dfrac{1}{h R_3^2} = 0$，得最大散热的临界半径

$$R_{cr} = \frac{k_2}{h} \tag{1-76}$$

当隔热层半径小于临界半径 R_{cr} 时，加厚隔热层，反而会增大散热量，不利于保温。R_3 大于 R_{cr}，散热量虽随隔热层的加厚而减小，然而，只有当加厚至使 R_3 大于图 1-40 所示的 C 点以后，才能有效地对裸管起到保温作用。

电线的直径通常均低于临界半径，因此金属线外所包的绝缘层，实际上还起到散热作用。

例 1-8　具有内热源的导热

导线直径 $D = 0.003\mathrm{m}$，长 $L = 1\mathrm{m}$，通过电流 $I =$

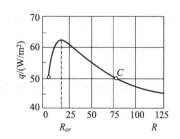

图 1-40　临界半径

200A，已知电阻 $R = 0.126\Omega$，热导率 $k = 22.5 \ \text{W/(m·℃)}$。若表面温度保持为 $T_{\text{w}} = 150℃$，试计算导线中心温度 T_0。

解 导线通电发热，得

$$\frac{1}{4}\pi D^2 L\dot{q} = I^2 R$$

$$\dot{q} = \frac{4I^2 R}{\pi D^2 L} = \frac{4 \times 200^2 \times 0.126}{\pi \times 0.003^2 \times 1} = 7.1 \times 10^8 \quad (\text{W/m}^3)$$

由式(1-69) 得

$$T_0 = T_{\text{w}} + \frac{\dot{q}}{4k}R^2 = 150 + \frac{7.1 \times 10^8 \times 0.0015^2}{4 \times 22.5} = 167.8 \quad (℃)$$

结果表明：尽管导线很细，中心温度仍比表面温度高很多。

例 1-9 圆柱形散热翅片中的温度分布

为提高散热效果，通常在加热器的金属壁上增加散热翅片，增加金属壁和导热不良流体（通常是气体）之间的传热面积。以圆柱形散热翅片为例，如图 1-41 所示，试求其中的温度分布。

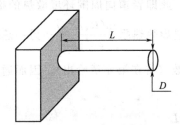

图 1-41 圆柱形散热翅片

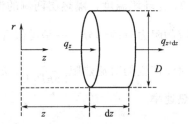

图 1-42 圆盘薄壳微元控制体

解 已知：散热翅片的热导率为 k，直径为 D，长为 $L(D \ll L)$；翅片与金属壁连接处的温度为 T_0，流体的温度为 T_{f}；流体与翅片表面的对流传热系数为 h。

根据 $D \ll L$，可假定圆柱体的横截面上温度均匀，温度只沿轴向变化，且翅片末端导热通量为零。再假定定常传热，可将复杂问题简化为一维问题。在柱坐标系中，取直径为圆柱直径 D、厚度为 $\text{d}z$ 的圆盘薄壳微元控制体，如图 1-42 所示，对控制体作热量衡算。

控制体内热量的累积速率：$\qquad Q_s = 0$

从 z 面导入的导热速率：$\qquad Q_i = q_z \dfrac{\pi D^2}{4}$

从 $z + \text{d}z$ 面导出的导热速率：$\qquad Q_o = q_{z+\text{d}z} \dfrac{\pi D^2}{4}$

控制体外表面传给流体的散热速率：$Q_g = -h \dfrac{\pi D^2 \text{d}z}{4}(T - T_{\text{f}})$

将以上各项代入热量守恒式(1-51)，整理得

$$\frac{\text{d}q_z}{\text{d}z} + h(T - T_{\text{f}}) = 0 \qquad \qquad ①$$

在定常条件下，热量通量与一维温度梯度的关系 $q_z = -k \dfrac{\text{d}T}{\text{d}z}$ 代入式①，得

$$-k \frac{\text{d}^2 T}{\text{d}z^2} + h(T - T_{\text{f}}) = 0$$

引入过余温度 $\theta = T - T_{\text{f}}$，改写上式为

$$-\frac{d^2\theta}{dz^2}+(\Gamma_h)^2\theta=0 \qquad ②$$

方程中 $\Gamma_h=\sqrt{\dfrac{h}{k}}$。

其边界条件为

$$\begin{cases} z=0, \ \theta=\theta_0 \\ z=L, \ \dfrac{d\theta}{dz}=0 \end{cases}$$

解方程，可得圆柱形散热翅片内的温度分布

$$\frac{T-T_f}{T_0-T_f}=\cosh(\Gamma_h z)-\tanh(\Gamma_h L)\sinh(\Gamma_h z) \qquad ③$$

1.4.1.2 非定常导热

工程上常遇到催化剂升温、金属热处理、物体突然加热或冷却过程、模压塑料或橡胶制品的固化时间或硫化时间、传热设备的操作启动或停止阶段或负荷变动时的导热，均属非定常导热过程。此时，导热物体内的温度既是空间位置的函数又是时间的函数，即 $T=f(x, y, z, t)$。因此，非定常导热要比定常导热复杂得多。

在导热介质的加热或冷却过程中，导热速率同时取决于介质内部的导热热阻以及与环境间的外部对流热阻。但为了简化，作为极限情况，不少问题可以忽略两者之一进行处理。

（1）颗粒升温 用热气流对反应装置中的催化剂颗粒加热，催化剂颗粒的温度随时间增加而上升。为了获得大的比表面积，催化剂颗粒体积通常很小。作为一种最简单的物理模型，假定整个催化剂颗粒的温度均匀一致，其温度仅为时间的函数，即 $T=f(t)$。

这种将系统简化为具有均一性质进行处理的方法，称为集总参数法。然而能否简化（其误差在工程许可范围内），需要确定一个判据。通常定义无量纲的比奥数 Bi，即物体内部导热热阻与物体外部对流热阻之比

$$Bi=\frac{hV}{kA}=\frac{\dfrac{\delta}{k}}{\dfrac{1}{h}}=\frac{\text{内部导热热阻}}{\text{外部对流热阻}} \qquad (1-77)$$

式中，$\delta=\dfrac{V}{A}$ 为特征尺寸，对于球体为 $\dfrac{R}{3}$，圆柱体为 $\dfrac{R}{2}$；k 为物体的热导率；h 为物体与环境间的对流传热系数。

若 Bi 很小，$\dfrac{\delta}{k}\ll\dfrac{1}{h}$，表明内部导热热阻≪外部对流热阻，此时，可忽略内部导热热阻，认为物体温度均匀一致。实验表明，对于平壁、圆锥、圆球一类简单几何体的非定态导热，只要 $Bi<0.1$，忽略内部导热热阻进行计算，误差不大于 5%，通常为工程计算所允许。

当体积为 V、表面积为 A、起始温度为 T_0 的球形催化剂颗粒置于温度为 T_f 的环境中加热时，根据热量守恒原理，球体热量随时间的变化量 Q_1 应等于通过环境加热球体的传热速率 Q_2。有

$$Q_1=\rho C_p V \frac{dT}{dt}$$

$$Q_2=hA(T_f-T)$$

由 $Q_1=Q_2$，整理得

$$\frac{d(T-T_f)}{T-T_f}=-\frac{hA}{\rho C_p V}dt \qquad (1-78)$$

由起始条件：$t=0$，$T-T_f=T_0-T_f$

积分上式得

$$\frac{T-T_f}{T_0-T_f}=e^{-\frac{hA}{\rho C_p V}t} \tag{1-79}$$

剖析式(1-79)中指数值很有意义，$\dfrac{hA}{\rho C_p V}t=\dfrac{hV}{kA}\times\dfrac{\frac{k}{\rho C_p}t}{\left(\frac{V}{A}\right)^2}=\dfrac{hV}{kA}\times\dfrac{at}{\left(\frac{V}{A}\right)^2}=Bi\times Fo$

式中，a 为热扩散系数，m^2/s；Fo 为无量纲数，称为傅里叶数。式(1-79)可改写成

$$\frac{T-T_f}{T_0-T_f}=e^{-Bi\times Fo} \tag{1-80}$$

式(1-80)表明，$Bi<0.1$ 时，温度变化受两个无量纲数的影响。

Bi 是判别两个热阻相对重要性的比值，其数值大小反映了忽略内部热阻应用集总参数法的精确程度。因此，在分析非定态导热问题时，应先计算 Bi，Bi 比 0.1 小的越多，忽略内部导热热阻进行简化计算的精度越高。测量温度用的热电偶，通常 $Bi<0.001$，因此允许不计探头热接触点的内部热阻，可认为热电偶的中心温度、表面温度、流体温度三者相等，热电偶的指示温度即为测点处的流体温度。

Fo 改写为 $Fo=\dfrac{t}{\left(\frac{V}{A}\right)^2/a}$，由于 $\left(\dfrac{V}{A}\right)^2/a$ 具有时间的量纲，无量纲 Fo 可看作是两个时间的比值。

热扩散系数 $a=\dfrac{k}{\rho C_p}$，表明了物体导热与储热能力的比值，是衡量物体内部传播温度快慢的指标，$\left(\dfrac{V}{A}\right)^2/a$ 则为物体表面温度变化后热扰动传播至 $\left(\dfrac{V}{A}\right)^2$ 这一特征面所需的时间。因此，Fo 的物理意义即为物体与环境之间发生热交换的时间 t 与热扰动传播时间的比值，表明了物体大小及其物性对温度变化的影响。Fo 数值越大，传播热扰动愈快，物体内部各点温度接近周围介质的温度愈迅速。

了解物体在非定常导热过程中经历多长时间后就可作为定常处理，是工程上关心的问题。利用上述规律，并定义式(1-79)指数项中的 $\dfrac{\rho C_p V}{hA}$ 为时间常数，分析该式可知，当物体与环境之间的热交换经历了四倍于时间常数的时间后，由于 $e^{-4}=0.018$，表明过余温度 $(T-T_f)$ 的变化已达到 98.2%，往后的变化将很小，仅 1.8%，对于工程计算，允许认为此时的温度不再随时间变化，再往后可近似作定常处理。上述规律可用于分析其他类似的过程，如薄壁金属容器内的流体在强烈搅拌下传热时，由于槽内侧对流传热系数很大，流场温度可看作基本均一，此时应用集总参数法计算将很方便。

此外，当需要了解导热介质的温度场时，可将介质划分为 n 个允许不计内部热阻的微小单元，因此每个小单元具有一个均匀一致的温度，应用集总参数法列出 n 个方程，进行数值求解，则可得导热介质内的温度分布。

例 1-10 热电偶测量温度

用热电偶测量流体温度,若热电偶探头圆接点直径为 $d=0.5\times10^{-3}$ m，初始温度为 20℃，当置于温度为 300℃的流体中测温时：①计算经历多长时间可作为定常处理；②若要达 99.99%流体温度，需经历多久？已知：接点 $k=22.5$W/(m·℃)，$C_p=397$J/(kg·℃)，

$\rho = 8600\mathrm{kg/m^3}$，流体对接点的对流传热系数 $h = 200\mathrm{W/(m^2 \cdot ℃)}$。

解　① $Bi = \dfrac{hV}{kA} = \dfrac{h\dfrac{\pi}{6}d^3}{k\pi d^2} = \dfrac{hd}{6k} = \dfrac{200 \times 0.5 \times 10^{-3}}{6 \times 74} = 0.225 \times 10^{-3}\ (< 0.1)$

可用集总参数法计算求解。

时间常数为

$$\frac{\rho C_p V}{hA} = \frac{\rho C_p d}{6h} = \frac{8600 \times 397 \times 0.5 \times 10^{-3}}{6 \times 200} = 1.42 \quad (\mathrm{s})$$

经历 4 倍时间常数，即 $4 \times 1.42 = 5.7\ (\mathrm{s})$ 后，可作为定常处理。

② 为使接点温度达到 99.99% 的流体温度，即 $T = 300 \times 99.99\% = 299.97\ (℃)$ 由式(1-79) 得

$$\frac{T - T_f}{T_0 - T_f} = \frac{299.97 - 300}{20 - 300} = \mathrm{e}^{-\frac{t}{1.42}}$$

$$t = 9.14 \times 1.42 = 13 \quad (\mathrm{s})$$

（2）半无限大平壁升温　所谓半无限大平壁，如图 1-43 所示，平壁在 y、z 方向的两端无限大或绝热，在 x 方向由表面向无限远处另一端延伸。其 $Bi \to \infty$，根据 Bi 的物理含义，可忽略外部热阻。因此，对半无限大平壁导热，可以简化为温度只沿一维方向变化的非定常导热过程。

若半无限大平壁起始温度为 T_0、热扩散系数为 a，当表面温度瞬时变化为 T_s，并保持不变，温度仅沿 x 方向和时间变化，对所取 $\mathrm{d}x$ 薄层控制体作热量衡算，由式(1-51) 得

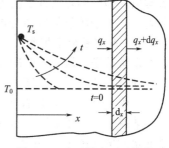

图 1-43　半无限大平壁导热

$$-kA\frac{\mathrm{d}T}{\mathrm{d}x} - \left(-kA\frac{\mathrm{d}T}{\mathrm{d}x} - kA\frac{\mathrm{d}^2 T}{\mathrm{d}x^2}\mathrm{d}x\right) = \rho C_p A\,\mathrm{d}x\frac{\partial T}{\partial t}$$

即

$$\frac{\partial T}{\partial t} = a\frac{\partial^2 T}{\partial x^2} \tag{1-81}$$

式(1-81) 为一维非定常导热微分方程。

依据定解条件

$$t = 0, T = T_0$$

$$t > 0, \begin{cases} x = 0, T = T_s \\ x \to \infty, T = T_0 \end{cases}$$

求解方程，可得不同时间、不同位置处的无量纲温度分布为

$$\Theta = \frac{T - T_s}{T_0 - T_s} = \frac{2}{\sqrt{\pi}}\int_0^\eta \mathrm{e}^{-\eta^2}\,\mathrm{d}\eta = \mathrm{erf}(\eta) = \mathrm{G}(\eta) \tag{1-82}$$

式中，$\eta = \dfrac{x}{\sqrt{4at}}$；$\mathrm{erf}(\eta)$ 或 $\mathrm{G}(\eta)$ 为高斯误差函数，由 η 值则可从本书附录五表中查得对应的 $\mathrm{erf}(\eta)$，即 Θ 值。

任意时间的散热强度则可由表面处的温度梯度求得

$$q_{t, x=0} = -k\frac{\partial T}{\partial x}\bigg|_{x=0} = \frac{k(T_s - T_0)}{\sqrt{\pi at}} \tag{1-83}$$

在 t 时间内通过单位面积传入的总热量

$$Q = \int_0^t q_{t, x=0}\,\mathrm{d}t = \int_0^t \frac{k(T_s - T_0)}{\sqrt{\pi at}}\mathrm{d}t = 2k(T_s - T_0)\sqrt{\frac{t}{\pi a}} \tag{1-84}$$

由高斯误差函数表查得 $\eta=2$，$\mathrm{erf}(\eta)=0.995$，即 $\Theta\approx1$，$T\approx T_0$。这个结果提供了一个有价值的结论：当 $\eta=x/\sqrt{4at}=2$ 时，经历时间 t、深度为 x 处的温度基本保持着起始温度 T_0，更远处的温度可看作均未改变。

例 1-11 大地降温

温度为15℃的土壤受寒流侵袭，大地表面温度下降至-10℃，并在15h内维持不变，土壤热扩散系数 $a=4.65\times10^{-7}\,\mathrm{m^2/s}$。试问水管埋于离表面多深处，15h内不致结冰。

解 视土壤为一半无限大平壁，由式(1-82)

$$\Theta=\frac{T-T_s}{T_0-T_s}=\frac{0-(-10)}{15-(-10)}=0.4=\mathrm{erf}(\eta)$$

由附录五表查得 $\eta=\dfrac{x}{\sqrt{4at}}=0.375$，则

$$x=0.375\sqrt{4\times4.65\times10^{-7}\times15\times3600}=0.12\quad(\mathrm{m})$$

计算表明：埋于0.12m深处的水管不致结冰。

1.4.2 分子质量传递

质量传递发生于混合物中，浓度单位不同，导致扩散通量的表示不同；扩散中存在组分的移动，从而可能在宏观上"静止"的流体中引起运动。分子质量传递与分子热量传递固然有着类似，但不同点或许更值得关注。本节给出4个实例，有的与导热类似，而有的则有明显的差异。关于质量传递的特点，在第5章还将进一步展开。

1.4.2.1 非定常分子扩散

在定常分子扩散中，浓度和扩散通量均不随时间变化。但有些过程，例如烟囱排气，江河污染却经历从发生、扩展、衰退至消失等随时间变化的扩散过程。作为一种简化，作如下考虑：无限平壁（薄膜）置于溶液中，两侧均为含A物质的稀溶液且浓度相等［图1-44(a)］；某瞬时，左侧浓度突然升高，A物质向薄膜渗透进行扩散，在一定时间内这一扩散过程是非定常的［图1-44(b)］；经相当时间后，薄膜内达定常扩散过程［图1-44(c)］。

(a) 膜内平衡时浓度分布　(b) 左侧浓度刚升高时浓度分布　(c) 较长时间后达稳定的浓度分布

图1-44 非定常-定常扩散

通过质量衡算，建立非定常分子扩散微分方程，根据初始条件和边界条件求解方程，可得浓度分布以及扩散通量。

在扩散方向上取一厚度为 $\mathrm{d}y$、长度为 L、单位宽度的薄壳体（图1-45），依据质量守恒定律，对组分A进行衡算，有

W_g（生成速率）$+W_i$（输入速率）$-W_o$（输出速率）$=W_s$（累积速率）

$$(1\text{-}85)$$

若扩散过程中无质量生成，$W_g=0$。由式(1-85)可得

$$J_{Ay}\times1\times L-\left(J_{Ay}+\frac{\partial J_{Ay}}{\partial y}\mathrm{d}y\right)\times1\times L=\frac{\partial C_A}{\partial t}\times1\times L\mathrm{d}y$$

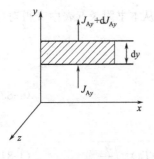

图1-45 薄壳质量衡算示意　则得

$$\frac{\partial C_A}{\partial t} = -\frac{\partial J_{Ay}}{\partial y} \tag{1-86}$$

将费克定律式(1-40)，代入上式，可得

$$\frac{\partial C_A}{\partial t} = D_{AB}\frac{\partial^2 C_A}{\partial y^2} \tag{1-87a}$$

式(1-87a) 即为一维非定常分子扩散微分方程，又称费克第二定律。对不同的浓度表达形式，其方程也可表示为

$$\frac{\partial x_A}{\partial t} = D_{AB}\frac{\partial^2 x_A}{\partial y^2} \quad \text{或} \quad \frac{\partial \rho_A}{\partial t} = D_{AB}\frac{\partial^2 \rho_A}{\partial y^2} \quad \text{或} \quad \frac{\partial w_A}{\partial t} = D_{AB}\frac{\partial^2 w_A}{\partial y^2} \tag{1-87b}$$

式中，C_A、x_A、ρ_A、w_A 依次为 A 组分的物质的量浓度、摩尔分数、质量浓度和质量分数。其定解条件

$$t=0, C_A = C_{A0}$$

$$t>0, \begin{cases} y=0, C_A = C_{Aw} \\ y \to \infty, C_A = C_{A0} \end{cases}$$

式中，C_{A0} 为起始浓度；C_{Aw} 为壁面浓度。

对比式(1-81) 和式(1-87a)，可见其形式一致，其定解条件也相似。表明：非定常分子扩散规律与非定常导热类似，因此解的形式也类似，即有

$$\frac{C_A - C_{Aw}}{C_{A0} - C_{Aw}} = \mathrm{erf}(\eta) \tag{1-88a}$$

式(1-88a) 为不同时间、不同位置处的无量纲浓度分布。式中 $\eta = \dfrac{y}{\sqrt{4D_{AB}t}}$。为了区别于导热，通常表示为

$$\frac{C_A - C_{A0}}{C_{Aw} - C_{A0}} = \mathrm{erfc}(\eta) = 1 - \mathrm{erf}(\eta) \tag{1-88b}$$

由式(1-88a) 可计算任一时刻的浓度分布，如图 1-46 所示。

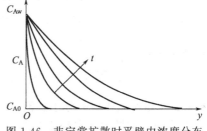

图 1-46 非定常扩散时平壁内浓度分布

非定常分子扩散规律与非定常导热的类似，可类推出，对分子动量传递的类似问题也有类似的规律。

例 1-12 湖水中含氧量变化

湖面冰冻，湖水中氧含量渐趋减少。冰面刚融化时，经测定湖水中含氧浓度为 $3.0 \times 10^{-5} \mathrm{kmol/m^3}$。由于水面与空气接触，湖水中氧含量增加。若湖面位于海拔 2133m 处（对应压力为 0.77atm，$1\mathrm{atm} = 101.325\mathrm{kPa}$），假定湖表面水中的含氧浓度与空气中的平衡，已知湖水温度均匀为 5℃，氧在水中的扩散系数为 $1.58 \times 10^{-9} \mathrm{m^2/s}$。试确定：(1) 1d 后，离湖面 0.06m 深处的含氧浓度；(2) 3d 后，此处的含氧浓度；(3) 30d 后，氧的渗透距离。

解 根据假定，由相平衡可计算湖表面水中的含氧浓度 C_{O_2w}。

已知：空气中氧气含量的体积分数约为 21%，则湖面上空气中的氧气分压为

$$p_{O_2} = 0.21p = 0.21 \times 0.77 = 0.16 \quad \text{(atm)}$$

对稀溶液，其相平衡服从亨利定律 $p_{O_2} = mx_{O_2}$

查得氧气溶于水的亨利系数 $m = 2.91 \times 10^4 \left[\mathrm{atm} / \left(\dfrac{\mathrm{kmolO_2}}{\mathrm{kmol\ 溶液}} \right) \right]$

湖表面水中的氧气含量

$$x_{O_2} = \frac{p_{O_2}}{m} = \frac{0.16}{2.91 \times 10^4} = 5.5 \times 10^{-6} \left(\frac{\mathrm{kmolO_2}}{\mathrm{kmol\ 溶液}} \right)$$

湖表面水中的含氧气浓度

$$C_{O_2 w} = x_{O_2} C = x_{O_2} \frac{\rho}{M_{H_2 O}} = 5.5 \times 10^{-6} \times \frac{1000}{18} = 3.06 \times 10^{-4} \quad (\mathrm{kmol/m^3})$$

(1) 1d 后，离湖面 0.06m 深处的含氧浓度

$$\eta = \frac{y}{\sqrt{4 D_{AB} t}} = \frac{0.06}{\sqrt{4 \times 1.58 \times 10^{-9} \times 24 \times 3600}} = 2.57$$

查附录五表得 $\mathrm{erf}(\eta) = 0.9997$

由式(1-88a)，得

$$\frac{C_A - C_{Aw}}{C_{A0} - C_{Aw}} = \frac{C_{O_2} - 3.06 \times 10^{-4}}{3.0 \times 10^{-5} - 3.06 \times 10^{-4}} = 0.9997$$

$$C_{O_2} = 3.01 \times 10^{-5} \quad (\mathrm{kmol/m^3})$$

(2) 3d 后，同理可得

$$\eta = 1.48$$

查表得 $\mathrm{erf}(\eta) = 0.9633$ 则

$$C_{O_2} = 4.01 \times 10^{-5} \quad (\mathrm{kmol/m^3})$$

(3) 30d 后，氧的渗透距离处氧浓度 $C_{O_2} = 3.0 \times 10^{-5}$ $(\mathrm{kmol/m^3})$。由式(1-88a)，得

$$\frac{C_A - C_{Aw}}{C_{A0} - C_{Aw}} = \frac{3.0 \times 10^{-5} - 3.06 \times 10^{-4}}{3.0 \times 10^{-5} - 3.06 \times 10^{-4}} = 1 = \mathrm{erf}(\eta)$$

查附录五表得 $\eta = 2.8$ 则

$$y = \eta \sqrt{4 D_{AB} t} = 2.8 \times \sqrt{4 \times 1.58 \times 10^{-9} \times 24 \times 3600 \times 30} = 0.358 \quad (\mathrm{m})$$

1.4.2.2 运动流体中的分子扩散

上述分子扩散发生在静止介质中，即混合物无净运动或对流运动。实际传质过程中，分子扩散往往是伴随着混合物流动进行的，因而扩散组分的总通量将由两部分组成，即流动所造成的对流通量和叠加于流动之上的由浓度梯度引起的分子扩散通量。

扩散时流体混合物内各组分的运动速度是不同的，为了表达混合物的总体流动，需引入平均速度。由于组分浓度有质量浓度和物质的量浓度之分，相应地有两种平均速度，即质量平均速度和摩尔平均速度。

对双组分混合物，质量平均速度为

$$u = \frac{\rho_A u_A + \rho_B u_B}{\rho} = w_A u_A + w_B u_B \tag{1-89a}$$

摩尔平均速度为

$$u_M = \frac{C_A u_A + C_B u_B}{C} = x_A u_A + x_B u_B \tag{1-89b}$$

式中，u_A、u_B 为组分 A、B 的宏观运动速度，可由压差造成，也可由扩散造成。

因此，流体混合物的流动是以各组分的运动速度取某种平均值的平均流动，也称总体流动。

对于多组分混合物，组分 i 的速度除了以相对于固定坐标系的绝对速度 u_i 表示外，还

可选择相对于运动坐标系（速度为 u 或 u_M）的相对速度 u_{iD} 表示，即

$$u_{iD}=u_i-u \text{ 或 } u_{iD}=u_i-u_M \quad (i=A,B,\cdots) \tag{1-90}$$

这种相对速度称为扩散速度，它表明组分 i 因分子扩散造成的扩散运动。

按浓度的单位以及参照的坐标系，扩散通量有不同的表达形式。相对于固定坐标系，组分 i 的质量对流通量或摩尔对流通量为

$$n_i=\rho_i u_i \text{ 或 } N_i=u_i C_i \tag{1-91}$$

式(1-91)表明：组分 i 的运动速度 u_i 引起质量传递。则总质量对流通量或总摩尔对流通量为

$$n=\sum n_i=\rho u \text{ 或 } N=\sum N_i=u_M C \tag{1-92}$$

相对于运动坐标系（平均速度为 u 或 u_M），组分 i 的质量扩散通量或摩尔扩散通量为

$$j_i=\rho_i u_{iD}=\rho_i u_i-\rho_i u \text{ 或 } J_i=u_{iD}C_i=u_i C_i-u_M C_i \tag{1-93}$$

式中，$\rho_i u$ 或 $u_M C_i$ 为总体流动带动组分 i 的对流通量。

将式(1-91)、式(1-92)代入式(1-93)，可得双组分混合物中组分 A 的通量关系式

$$n_A=j_A+\rho_A u=j_A+w_A n=j_A+w_A(n_A+n_B) \tag{1-94a}$$

$$N_A=J_A+u_M C_A=J_A+x_A N=J_A+x_A(N_A+N_B) \tag{1-94b}$$

式(1-94a)和式(1-94b)表明：相对于固定坐标系的扩散通量由两部分组成，即公式右侧第一项的分子扩散通量和第二项的总体流动带动的物质对流通量，两者方向一致。

例 1-13　通过静止气膜的扩散

液体 A 自小直径管蒸发通过静止气体 B，如图 1-47 所示。若 $D_1 \ll D_2$，容器内液面保持恒定，在界面上气液两相达到平衡，气体不溶于液体，且为理想气体。假定扩散系统维持恒温恒压，试导出组分 A 通过静止气膜的扩散速率表达式。

解　蒸发表面仅有组分 A 的净流动，当蒸发达到定常时，即每一截面上 A 组分通量相同，有

$$\frac{dN_A}{dy}=0 \qquad\text{①}$$

由式(1-94b)和式(1-39)，得

$$N_A=-CD_{AB}\frac{dx_A}{dy}+x_A(N_A+N_B) \qquad\text{②}$$

由于气体是静止的，B 组分的净传递通量 $N_B=0$，因此，由上式得

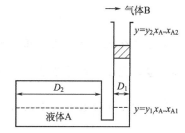

图 1-47　通过静止气膜的扩散

$$N_A=-\frac{CD_{AB}}{1-x_A}\times\frac{dx_A}{dy} \qquad\text{③}$$

将上式代入式①，对恒定温度和压力下的气体混合物，总物质的量浓度 C 和扩散系数 D_{AB} 均可视为常数，则上式可写成

$$\frac{d}{dy}\left(\frac{1}{1-x_A}\times\frac{dx_A}{dy}\right)=0 \qquad\text{④}$$

积分得通解为

$$-\ln(1-x_A)=C_1 y+C_2 \qquad\text{⑤}$$

由边界条件

$$\begin{cases} y=y_1,x_A=x_{A1} \\ y=y_2,x_A=x_{A2} \end{cases}$$

确定积分常数 C_1、C_2，为

$$C_1 = -\frac{\ln\dfrac{1-x_{A2}}{1-x_{A1}}}{y_2 - y_1}, C_2 = \frac{y_1 \ln\dfrac{1-x_{A2}}{1-x_{A1}}}{y_2 - y_1} - \ln(1-x_{A1})$$

将 C_1、C_2 代入式⑤，得组分 A 的浓度分布为

$$\ln\frac{1-x_A}{1-x_{A1}} = \frac{y-y_1}{y_2-y_1}\ln\frac{1-x_{A2}}{1-x_{A1}} \tag{⑥}$$

由式③可得组分 A 相对于静止气膜的物质的量通量为

$$N_A \bigg|_{y=y_1} = -\frac{CD_{AB}}{1-x_{A1}}\frac{dx_A}{dy}\bigg|_{y=y_1} = \frac{CD_{AB}}{y_2-y_1}\ln\frac{1-x_{A2}}{1-x_{A1}} \tag{⑦}$$

将 $x_A + x_B = 1$ 代入式⑦，有

$$N_A \bigg|_{y=y_1} = \frac{CD_{AB}}{y_2-y_1}\ln\frac{x_{B2}}{x_{B1}} \tag{⑧}$$

定义摩尔分数对数平均值为

$$x_{B,ln} = \frac{x_{B2}-x_{B1}}{\ln\dfrac{x_{B2}}{x_{B1}}} \tag{⑨}$$

将式⑨代入⑧，有

$$N_A \bigg|_{y=y_1} = \frac{CD_{AB}}{(y_2-y_1)x_{B,ln}}(x_{B2}-x_{B1}) = \frac{CD_{AB}}{(y_2-y_1)x_{B,ln}}(x_{A1}-x_{A2}) \tag{⑩}$$

扩散速率式可以传质系数和浓度推动力表示

$$N_A \bigg|_{y=y_1} = k_x(x_{A1}-x_{A2})$$

传质系数

$$k_x = \frac{CD_{AB}}{(y_2-y_1)x_{B,ln}}$$

对于气体混合物，用分压表示更为方便。理想气体定律 $pV=nRT$，n 是体积 V 中气体物质的量，总物质的量浓度 $C=\dfrac{n}{V}=\dfrac{p}{RT}$，气体混合物中组分 i 的摩尔分数用分压 p_i 表示为 $x_i = \dfrac{p_i}{p}$，则摩尔分数对数平均值可写为

$$x_{B,ln} = \frac{p_{B2}-p_{B1}}{p\ln\dfrac{p_{B2}}{p_{B1}}} = \frac{p_{B,ln}}{p}$$

用分压表示式⑩，有

$$N_A \bigg|_{y=y_1} = \frac{pD_{AB}}{(y_2-y_1)RTp_{B,ln}}(p_{A1}-p_{A2})$$

基于压力差的传质系数和压力推动力表示

$$N_A \bigg|_{y=y_1} = k_G(p_{A1}-p_{A2})$$

基于压力差的传质系数则为

$$k_G = \frac{pD_{AB}}{(y_2-y_1)RTp_{B,ln}}$$

例 1-14　颗粒溶解

球形颗粒中含有微量可溶物质 A，将其浸没在大量溶剂中。假定溶解过程中颗粒大小可视为不变，物质很快溶解于周围溶剂，且在颗粒表面达到饱和（饱和浓度为 C_{As}）。若远离

颗粒处的浓度为零，试求物质溶解速率以及颗粒周围的浓度分布。

解　以球心为球坐标原点，在任意球半径 r 处取厚度为 $\mathrm{d}r$ 的球壳体为控制体，根据式 (1-85) 作质量衡算。扩散过程中无质量生成 $W_g=0$，定常 $W_s=0$，则有

$$J_{Ar}\times 4\pi r^2-\left(J_{Ar}+\frac{\partial J_{Ar}}{\partial r}\mathrm{d}r\right)\times 4\pi (r+\mathrm{d}r)^2=0$$

展开，忽略高阶小量，整理得

$$\frac{\mathrm{d}}{\mathrm{d}r}(r^2 J_{Ar})=0$$

将费克定律式 (1-40) 代入上式，可得

$$\frac{\mathrm{d}}{\mathrm{d}r}\left(r^2\frac{\mathrm{d}C_A}{\mathrm{d}r}\right)=0$$

上式积分，得通解

$$C_A=-\frac{C_1}{r}+C_2$$

由边界条件

$$\begin{cases} r=R, C_A=C_{As} \\ r\rightarrow\infty, C_A=0 \end{cases}$$

确定积分常数 $C_2=0$，$C_1=-RC_{As}$，得球形颗粒周围的浓度分布为

$$C_A=C_{As}\frac{R}{r}$$

因此，球形颗粒表面上的扩散通量为

$$J_{Ar}\bigg|_{r=R}=-D_{AB}\frac{\mathrm{d}C_A}{\mathrm{d}r}\bigg|_{r=R}=\frac{D_{AB}C_{As}}{R}$$

物质溶解速率为

$$W=J_{Ar}\big|_{r=R}\times 4\pi R^2=4\pi R D_{AB}C_{As}$$

由上述计算可见：球形颗粒半径加倍，物质溶解速率随之加倍，但单位面积上的物质溶解速率只有原来的 $1/2$。

1.4.2.3　固相中分子扩散

溶质（气体、液体或固体）在固体中的扩散应用广泛，如固体的浸沥、固体干燥、固相催化反应等，是研究固相扩散的重点。近年来，聚合物中的扩散又成了一个活跃的研究领域，通过聚合物膜进行物质的富集、分离、提纯，纺织品的干燥、染色，包装材料的透气、透水，增塑剂的迁移等都与此有关。此外，金属脱气，钢的渗碳、渗氮、磷化等都属于固相扩散问题，固相扩散对材料工程有重要意义。

固相扩散有两类：第一类是与固相结构无关的扩散，是指溶质均匀地溶解在固体中，如金属的自扩散（铜-锌系、铝-镍系等）是典型的例子，某些情况下粮食中水分的扩散亦属此类；第二类是与固相结构有关的扩散，是指气体或液体流经固体空隙及毛细管通道即多孔介质中的扩散，如图 1-49 所示。下面着重分析第二类扩散。

通过多孔介质的扩散，因通道结构的大小及形状不同而具有不同的机理。可分为普通分子扩散、纽特逊扩散和表面扩散。其中表面扩散与物质表面的吸附有关，其机理目前尚未认清，这里不作进一步探讨。

气体组分 A 通过直径为 d 的毛细管通道扩散，若定义 $kn=\dfrac{\bar{\lambda}}{2r}$ 为纽特逊数，当毛细管通

道直径 $d(=2r)$ 远大于气体分子平均自由程 $\bar{\lambda}$，即 $kn \leqslant 0.01$ 时，毛细管通道内主要是气体分子间的碰撞，而分子与壁面的碰撞很少发生［图 1-48(a)］，这种扩散仍可服从费克定律即普通分子扩散。

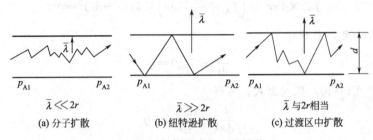

图 1-48　气体在小孔中的扩散

当分子平均自由程与系统尺寸有相同的量级，如图 1-48(b) 所示，气体分子间的碰撞不再是主要的，而分子与壁面的碰撞占主导地位，因此碰撞的分子将沿任意方向弹回，这是纽特逊扩散。

下面给出两种扩散的通量表达式。

(1) 普通分子扩散　多孔介质内溶质 A 的扩散面积是多孔介质的自由截面积（孔截面积），而不是多孔介质的总表面积，扩散途径是曲折的毛细管通道，其长度大于垂直距离 y，如图 1-49 所示。多孔介质内的扩散通量可由下式表示

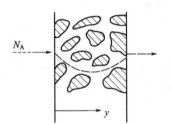

图 1-49　多孔介质截面

$$J_A = -D_{AB,e} \frac{dC_A}{dy} \tag{1-95}$$

式中，$D_{AB,e}$ 为有效扩散系数，与扩散路径的曲折程度以及通道的自由截面积有关，m^2/s。

可表示为

$$D_{AB,e} = D_{AB} \frac{\varepsilon}{\tau} \tag{1-96}$$

式中，D_{AB} 为双组分混合物的扩散系数，m^2/s；ε 为多孔介质的空隙率，由实验测定；τ 为曲折因子，由固体内部结构而定。

(2) 纽特逊扩散　纽特逊扩散通量为

$$J_A = -D_{AK} \frac{dC_A}{dy} \tag{1-97}$$

式中，D_{AK} 为纽特逊扩散系数，m^2/s。

由气体分子动理论给出，为

$$D_{AK} = \frac{2}{3} \bar{v} r \tag{1-98}$$

将气体分子平均速度 $\bar{v} = \sqrt{\dfrac{8RT}{\pi M_A}}$ 代入式(1-98)，对于圆形直通道，有

$$D_{AK} = 97.0 r \sqrt{\frac{T}{M_A}} \tag{1-99}$$

由式(1-99) 可见：D_{AK} 是孔道半径 r 的函数，与 $T^{1/2}$ 成正比，与压力无关。孔道半径 r 可由固体堆积密度 ρ_p、多孔介质的表面积 S 及空隙率 ε 得出

$$r=\frac{2\varepsilon}{\rho_p S}=\frac{2V_p}{S} \tag{1-100}$$

式中，V_p 为固体颗粒表观孔体积，即颗粒堆积体积。

对纽特逊扩散，引入有效扩散系数，则有

$$D_{AK,e}=D_{AK}\frac{\varepsilon}{\tau} \tag{1-101}$$

在一定压强和孔径范围内，孔内分子之间的碰撞以及分子与壁面的碰撞都起作用，此时扩散系数 $D_{AB,p}$ 可由阻力加和形式表示

$$\frac{1}{D_{AB,p}}=\frac{1}{D_{AB,e}}+\frac{1}{D_{AK,e}} \tag{1-102}$$

在多孔介质中，传递主要依靠纽特逊扩散。气体的普通分子扩散的有效扩散系数受压力影响，而纽特逊扩散的有效扩散系数与压力无关。典型的纽特逊扩散与普通分子扩散相比，其有效扩散系数要小一个数量级（特别是低压下）。

1.4.2.4　圆柱孔中的扩散——质量传递与化学反应

本节将分析催化剂颗粒内圆柱形孔中的扩散现象，其质量传递与前面论述的分子能量传递类似。球形多孔催化剂和催化剂中典型孔隙的放大如图 1-50 所示。非均相催化剂（此处为颗粒）用于加速一定操作温度和压力下缓慢的反应速率。一种良好催化剂的关键性能之一是能够将少量"活性"物质（通常是贵金属）分散到其表面上。为此，活性物质将被固定在多孔载体的表面上。载体通常有良好的热稳定性，并且其比表面积很大，可能超过 $1000\mathrm{m^2/g}$。巨大的比表面积是由于催化剂载体内存在微孔，其直径达到微

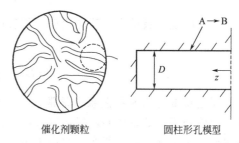

催化剂颗粒　　　　圆柱形孔模型

图 1-50　多孔催化剂颗粒

米级。当活性物质被成功地分散到载体上后，还需要反应物质能够到达活性点。在许多催化系统中，这些小孔既细又长，反应物的分子传递（扩散）有可能成为控制步骤。

应该承认，将复杂的弯曲空隙简化为直圆柱孔是理想化的，但考察这种系统的质量传递对了解影响催化反应总速率的参数仍很有价值，甚至可以提供改进过程的建议。

假定化学反应 A→B，反应速率为 $(R_A)_s$，是物质 A 在单位时间单位孔表面积反应的物质的量 $\mathrm{mol/(m^2 \cdot s)}$，其与物质 A 的浓度和催化剂的表面积成正比。由于孔径非常小，可以假定无径向浓度梯度。催化反应实际上发生在孔壁，因而物质 A 扩散进小孔中，在壁面上反应而转化成物质 B。

就像例 1-9 的散热片问题，因为忽略径向浓度梯度，孔截面上浓度均匀，可认为反应在圆柱孔内均匀发生，物质 A 均匀消耗，由此得到

$$(R_A)_v=(R_A)_s\frac{\pi D dz}{\frac{1}{4}\pi D^2 dz}=\frac{4k_r}{D}C_A \tag{1-103}$$

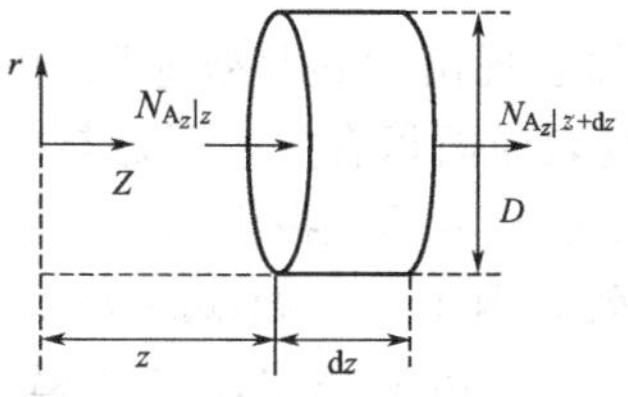

式中，k_r 为反应速率常数；$(R_A)_v$ 为物质 A 在单位时间单位孔体积反应的物质的量，即基于孔体积的反应速率，$\mathrm{mol/(m^3 \cdot s)}$；$(R_A)_s$ 为基于孔表面积的反应速率。

有了这些假定，可将复杂问题简化为一维问题。在柱坐标系中，取直径为 D、厚度为 dz 的圆盘薄壳微元控制体，如图 1-51 所示。定常条件下，物质 A 的各项质量变化量

图 1-51　圆盘薄壳微元控制体

如下。

物质 A 的质量累积速率： $\qquad W_s = 0$

物质 A 从 z 面输入的质量速率： $\qquad W_i = N_{A_z}|_z \dfrac{\pi D^2}{4}$

物质 A 从 $z+dz$ 面输出的质量速率： $\qquad W_o = N_{A_z}|_{z+dz} \dfrac{\pi D^2}{4}$

物质 A 反应消耗的速率： $\qquad W_g = -(R_A)_v \dfrac{\pi D^2 dz}{4}$

将以上各项代入质量守恒式(1-85)，整理得

$$\frac{dN_{A_z}}{dz} + (R_A)_v = 0 \tag{1-104}$$

在定常状态下，对反应 A→B，N_{A_z} 等于 $-N_{B_z}$，通量与一维浓度梯度的关系是 $N_{A_z} = -CD_{AB}\dfrac{dx_A}{dz}$，代入式(1-104)，得

$$-\frac{d}{dz}\left(CD_{AB}\frac{dx_A}{dz}\right) + (R_A)_v = 0$$

该反应是一级反应，反应速率只与反应物浓度 C_A 有关。将式(1-103)代入上式，得到关于 C_A 的方程

$$-D_{AB}\frac{d^2 C_A}{dz^2} + \frac{4k_r}{D}C_A = 0 \tag{1-105}$$

假定总浓度 C 和扩散系数是常数。这里需要进一步讨论扩散系数，虽然是处理二元系统，但用分子扩散系数 D_{AB} 仍不够合理，理由有二：一是孔径非常小，A 分子与壁面碰撞的概率比与其他分子高，那么，存在 Knudsen 扩散，而且扩散系数与孔径相关；二是将不规则、弯曲的通道理想化成直圆柱孔。因此，通常用有效扩散系数 D_{eff} 来进行校正。D_{eff} 除了与分子扩散有关，还与孔的物理性能有关。用 D_{eff} 替代 D_{AB}，式(1-105)变为

$$-\frac{d^2 C_A}{dz^2} + (\Gamma_c)^2 C_A = 0 \tag{1-106}$$

方程中 $\Gamma_c = \sqrt{\dfrac{4k_r}{DD_{eff}}}$。

这是二阶微分方程，需要两个边界条件。在直圆柱孔进口处，物质 A 的浓度不变；末端 L 处，质量通量为零。即

$$\begin{cases} z=0, \ C_A = C_{A0} \\ z=L, \ \dfrac{dC_A}{dz} = 0 \end{cases}$$

解方程，得到

$$\frac{C_A}{C_{A0}} = \cosh(\Gamma_c z) - \tanh(\Gamma_c L)\sinh(\Gamma_c z) \tag{1-107}$$

与散热翅片中的导热进行比较，不仅浓度分布相似，而且都表现出"翅片效应"，在催化剂术语中称为效率因子，两者含义相同。效率因子是与催化剂表面面积有关，还是与内孔面积有关呢？如果所有反应发生在孔进口处，那么，孔内的催化剂基本不发挥作用。如果正好所用的催化剂是一种贵金属，那么节省催化剂费用就变成高效率因子了。如果将 Γ_c 理解为扩散速率与反应速率的关系，Γ_c 值小（k_r 小，D_{eff} 大，L 小），扩散速率比反应速率大，效率因子就高。在催化剂设计中，影响 k_r 和 D_{eff} 难有作为。前者是由于使用活性物质，后

者是由于载体高表面积。减少哪一个都会降低固有的催化速率，这不是催化剂设计的目标，然而，可以对孔的长度进行控制，孔的长度近似与球形催化剂颗粒的大小成比例。换句话说，小颗粒就意味着较短的扩散路径、较高的效率因子。

1.4.3　分子动量传递

分子能量与质量传递现象已在前面论述，分子动量传递的一些规律与其类似。鉴于静止流体中不存在剪切应力，因此，探讨分子动量传递是在充分发展的层流运动中。为叙述方便，分子动量传递将在第 3 章"动量传递"中阐述。

本章主要符号

A	面积，m^2；截面积，m^2；表面积，m^2	$(R_A)_v$	基于孔体积的反应速率，$mol/(m^3 \cdot s)$
B	宽度，m		
Bi	比奥数	R_{cr}	临界半径，m
C	混合物摩尔浓度，$kmol/m^3$；常数	S	表面积，m^2
C_{As}	组分 A 的饱和浓度，$kmol/m^3$	T	温度，℃ 或 K；绝对温度，K
C_i	组分 i 的摩尔浓度，$kmol/m^3$	T_w	壁面温度，℃ 或 K
C_p	定压热容，$J/(kg \cdot K)$	T_s	溶液饱和温度，℃ 或 K
D	扩散系数，m^2/s；直径 m	U	截面的平均速度，m/s
D_{AB}	组分 A 在组分 B 中的扩散系数，m^2/s	V	气体体积，m^3；体积流率，m^3/s
$D_{AB,e}$	双组分混合物有效扩散系数，m^2/s		
D_{AK}	纽特逊扩散系数，m^2/s	V_p	颗粒堆积体积，m^3
D_{eff}	有效扩散系数，m^2/s	W	质量流率，kg/s
$\dfrac{Du}{Dt}$	随体导数，m/s^2	a, b, c	空间位置
F	力，N	a	加速度，m/s^2；热扩散系数，m^2/s
Fo	傅里叶数		
G	质量流速，$kg/(m^2 \cdot s)$	b	间距，m
H	高度，m	c	常数
I	电流强度，A/m^2	d	直径，m
J	摩尔扩散通量，$kmol/(m^2 \cdot s)$	$erf(\eta)$ 或 $G(\eta)$	高斯误差函数
J_{Ay}	组分 A 在 y 方向上的摩尔扩散通量，$kmol/(m^2 \cdot s)$	g	重力加速度，m/s^2
J_i	组分 i 相对于运动坐标系的摩尔扩散通量，$kmol/(m^2 \cdot s)$	h	高度，m；间距，m；对流传热系数，$W/(m^2 \cdot K)$
K_e	电导率，$(\Omega \cdot m)^{-1}$	j	质量扩散通量，$kg/(m^2 \cdot s)$
L	长度，m	j_i	组分 i 相对于运动坐标系的质量扩散通量，$kg/(m^2 \cdot s)$
M_i	组分 i 的摩尔质量，g/mol		
N	相对于固定坐标系的总摩尔通量，$kmol/(m^2 \cdot s)$	k	热导率，$W/(m \cdot K)$；传质系数，m/s
N_i	组分 i 相对于固定坐标系的摩尔通量，$kmol/(m^2 \cdot s)$	k_G	基于压力差的传质系数，$kmol/(m^2 \cdot s \cdot Pa)$
P	功率，W	kn	纽特逊数
Q	导热速率或热传递速率，J/s	k_r	反应速率常数，m/s
R	气体常数，$Pa \cdot m^3/(kmol \cdot K)$；半径，m；电阻，$\Omega$	$k_x、k_y$	液相、气相传质系数，$kmol/(m^2 \cdot s)$
$(R_A)_s$	基于孔表面积的反应速率，$mol/(m^2 \cdot s)$	$\bar{l}$	分子平均自由程，m
		m	质量，kg；稠度系数，$N \cdot s^n/m^2$；

	享利系数，atm/$\left(\dfrac{\text{kmol 溶质}}{\text{kmol 溶液}}\right)$	$\dot{\gamma}$	角变形速率（或剪切速率），s^{-1}
n	混合物组分数；法线；流动行为指数；相对于固定坐标系的总质量对流通量，kg/(m²·s)	δ	管壁厚度，m
		ε	多孔介质的空隙率
		$\dot{\varepsilon}$	线变形速率，s^{-1}
n_i	组分 i 的物质的量，mol；组分 i 相对于固定坐标系的质量对流通量，kg/(m²·s)	η	表观黏度，Pa·s
		η_0	零剪切黏度，Pa·s
		η_∞	无限剪切黏度，Pa·s
p	压力，N/m² 或 Pa	θ	过余温度，℃ 或 K
p_{atm}	大气压，N/m² 或 Pa	$\bar{\lambda}$	气体分子平均自由程，m
p_i	气体组分 i 的分压，N/m² 或 Pa	μ	动力黏性系数（简称黏性系数或黏度系数），Pa·s
q	导热通量，J/(m²·s)；散热强度，J/(m²·s)	μ_0	塑性黏度，Pa·s
$\dot{q}$	单位体积发热率，J/m³	ν	运动黏性（度）系数，m²/s
r	半径，m	π	圆周率
t	时间，s；参变量	ρ	密度，kg/m³；质量浓度，kg/m³
u	点速度，m/s；质量平均速度，m/s	ρ_i	组分 i 的密度，kg/m³
u_i	组分 i 的绝对速度，m/s	ρ_p	固体堆积密度，kg/m³
u_{iD}	组分 i 的扩散速度，m/s	σ	应力，N/m² 或 Pa
u_M	摩尔平均速度，m/s	σ_n	法向应力，N/m² 或 Pa
u_x, u_y, u_z	x、y、z 方向上的速度，m/s	τ	切向应力（或剪切应力），N/m² 或 Pa；动量通量，$\dfrac{\text{kg·m/s}}{\text{m}^2\cdot\text{s}}$
$\bar{v}$	分子平均速度，m/s		
w_i	组分 i 的质量分数	τ_{ij}	曲折因子，垂直于 i 方向，作用在 j 方向的单位面积的剪切应力，N/m² 或 Pa
x、y、z	直角坐标		
x_i	液相组分 i 的摩尔分数		
y	离开壁面的距离，m	τ_0	屈服应力，N/m² 或 Pa
y_i	气相组分 i 的摩尔分数	ω	旋转角速度，s^{-1}
Θ	无量纲温度分布		
α、β、γ	角度		

思 考 题

1. 比较平衡过程与速率过程，理解"系统趋近于平衡的速率正比于推动力"，了解传递过程的推动力（注意不同表达方式时的单位）。

2. 理解流体运动的表示方法，定义流体运动速度，了解点速度、截面平均速度与流量之间的相互关系以及所用量纲。

3. 流体受力运动时，流体微团会发生剪切变形和拉伸变形，如何描述两种变形速率？

4. 通过对动量通量、热量通量和质量通量的量纲分析，理解通量是表征传递速率的物理量。

5. 定常问题与非定常问题的区别和联系。

6. 流线与轨线的区别与联系。

7. 比较牛顿黏性定律与虎克弹性定律。

8. 气体和液体的黏度与温度的依从关系是否相同？解释其原因。

9. 牛顿流体与非牛顿流体的主要区别是什么？

10. 常见流体水的热导率与温度的关系如何？

11. 采用不同浓度单位的费克扩散定律，其扩散系数的量纲是否相同？

12. 动量、热量和质量传递之间类似的依据何在？理解类似现象有何重要意义？

13. 比较热阻的加和性与电阻串联规律的类似性。

14. 管道外包保温层就能起保温作用吗？

15. 就分子导热与分子扩散，寻求类似现象。

16. 比较等分子逆向扩散与通过静止气膜扩散。

习　题

1-1　水流进高为 $h=0.2m$ 的两块宽平板之间的通道，如图1-52所示。已知：通道截面具有速度分布 $u_x=0.075-7.5y^2$。求：通道截面平均速度 U。

1-2　如图1-53所示，在一密闭容器内装有水及油，密度分别为 $\rho_{水}=998.1kg/m^3$、$\rho_{油}=850kg/m^3$，油层高度 $h_1=350mm$，容器底部装有水银（$\rho_{水银}=13600kg/m^3$）液柱压力计，读数为 $R=700mm$，水银面的高度差 $h_2=150mm$，求容器上方空间的压力 p。

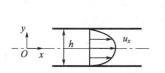

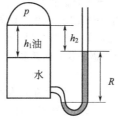

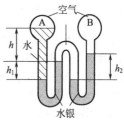

图1-52　习题1-1附图　　　　图1-53　习题1-2附图　　　　图1-54　习题1-3附图

1-3　如图1-54所示，已知容器A中水面上的压力为 $p_A=1.25atm$，压力计中水银面的差值 $h_1=0.2m$，$h_2=0.25m$，$h=0.5m$，$\rho_{H_2O}=1000kg/m^3$，$\rho_{Hg}=13550kg/m^3$。求：容器B中压力 p_B。

1-4　证明：单位时间单位面积动量的量纲与单位面积力的量纲相同。

1-5　已知流场速度分布为 $u_x=yzt$，$u_y=xzt$，$u_z=0$。问：当 $t=10$ 时，质点在（2,5,3）处的加速度是多少？

1-6　有两根圆管，一根是等截面的，另一根是变截面的，已知通过两管的流量都是 V，$V=AU$，A 是管截面面积，假定截面上速度均匀，其值为 U。试求：（1）若 V 为常量，两管内流体质点的加速度；（2）若 V 随时间变化，即 $V=V(t)$，两管内流体质点的加速度。

1-7　已知二维流场速度分布为 $u_x=at+b$，$u_y=c$，a、b、c 为常数，试求流线和轨线方程。

1-8　流体以 $u_x=\dfrac{3}{4}y-y^2$ 流过平板，试求距板面0.15m处的切应力。已知 $\mu=3.3\times10^{-4}Pa\cdot s$。

1-9　润滑系统简化为两平行金属平面间的流动，其间润滑油的黏度为10.0cP（1cP＝1mPa·s）。下表面以力0.45N拖动，作用面积为 $4.6m^2$，板间距为3.1mm，运动定常。试求：

（1）计算下表面上的剪切应力；（2）若上表面静止，计算下表面处流体的运动速度；（3）若板间流体改为20℃的水或空气，重复上述计算（20℃的水黏度为1.0cP，空气黏度为0.018cP）；（4）用简图表示速度分布；（5）根据计算和简图，对黏度在动量传递中的作用作简单结论。

1-10　血液的黏性可用凯森方程表示，即 $\sqrt{\tau}=\sqrt{\tau_0}+\sqrt{\mu_0\dot{\gamma}}$。若 $\tau_0=3\times10^{-3}Pa$，$\mu_0=4cP$，在 $0.01s^{-1}<\dot{\gamma}<100s^{-1}$ 范围内，试就剪切应力-剪切变形速率、表观黏度-剪切变形速率作图，并分析讨论。

1-11　对正在加热中的钢板，其尺寸（长×宽×厚）为 $1.5m\times0.5m\times0.025m$，两侧温度分别为15℃和95℃，试求温度梯度。如果改为铜板和不锈钢板，假定通过壁面传热量相同，则温度梯度又将如何变化？

1-12　大平板厚为 $2L$，表面温度维持为 T_L，内热源体积发热率为 $\dot{q}$，设温度只沿厚度 x 方向变化，计算平板内温度分布 T_x。

1-13　输送蒸汽的2in钢管，内径0.052m，壁厚0.004m，外包0.0508m厚85％氧化镁，再包0.0508m厚软木。若管内表面温度为394.3K，软木外表面温度为305.4K，试求每小时单位管长的热损失。已知热导率：钢45.17W/(m·K)，氧化镁0.069W/(m·K)，软木0.052W/(m·K)。

1-14 一内、外半径为 R_1、R_2 的无限长圆管,管壁内具有均匀的内热源,发热率为 $\dot{q}$。外表面绝热,温度为 T_2,壁内发出的热量由沿内表面流动的流体带走。求证壁内温度分布:

$$T = T_2 - \frac{\dot{q} R_2^2}{4k} \left[2\ln\frac{R_2}{r} + \left(\frac{r}{R_2}\right)^2 - 1 \right]$$

1-15 半径为 R 的热圆球悬浮在大量静止流体中,球体壁面处的流体温度为 T_w,无穷远处的流体温度为 T_f。考察圆球周围流体中的导热,忽略自然对流影响,试用球壳体作热量衡算,证明:球体附近流体中的温度分布为 $\dfrac{T - T_f}{T_w - T_f} = \dfrac{R}{r}$。

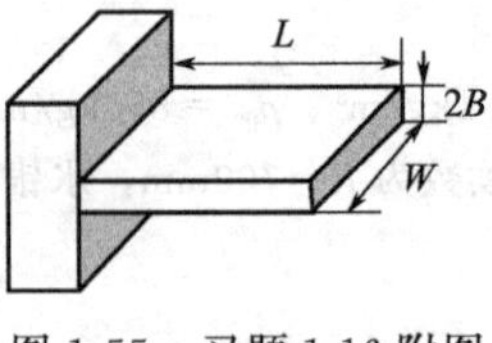

图 1-55 习题 1-16 附图

1-16 加热器的金属壁上有一矩形散热翅片,如图 1-55 所示,翅片的长为 L,宽为 W,厚为 $2B(B \ll L, B \ll W)$,热导率为 k。翅片与金属壁连接处的温度为 T_0,流体的温度为 T_f,流体与翅片表面的对流传热系数为 h,并假定翅片的两侧和末端无热损失。试导出定常下翅片中的温度分布。

1-17 直径为 0.7mm 的热电偶球形接点,其表面与被测气流间的对流传热系数为 $400\text{W}/(\text{m}^2 \cdot \text{K})$,计算初始温度为 25℃ 的接点置于 200℃ 的气流中需多长时间其温度才能达到 199℃。[已知接点 $k = 20\text{W}/(\text{m} \cdot \text{K})$,$C_p = 400\text{J}/(\text{kg} \cdot \text{K})$,$\rho = 8500\text{kg}/\text{m}^3$]

1-18 一半无限大铝板,初始温度为 450℃,突然将其表面温度降低到 150℃,试计算离铝板表面 40mm 处温度达到 250℃ 时所需的时间以及在此期间内单位表面传出的热量。[已知 $k = 430\text{W}/(\text{m} \cdot \text{K})$,$a = 0.3\text{m}^2/\text{h}$]

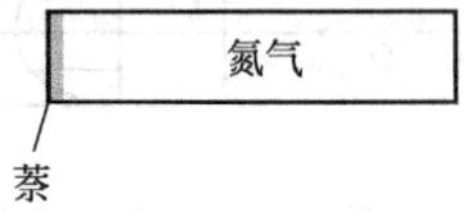

氮气

萘

图 1-56 习题 1-19 附图

1-19 一端塞满固体萘、空管长为 10cm 的细管,另一端敞开在氮气中,如图 1-56 所示。在 24℃、1atm 下,萘蒸气在细管通过静止的氮气扩散到管外。已知:固体萘表面的萘蒸气分压为 9.6Pa,萘蒸气在氮气中的扩散系数为 $8 \times 10^{-2}\text{cm}^2/\text{s}$,试求萘的扩散速度。

参 考 文 献

[1] 戴干策,陈敏恒. 化工流体力学. 第二版. 北京:化学工业出版社,2005.

[2] William J. Thomson. Introduction to Transport Phenomena. New Jersey:Prentice Hall,Inc.,2000.

[3] Stanley Middleman. An Introduction to Fluid Dynamics. New York:John Wiley & Sons,Inc.,1998.

[4] Ron Darby. Chemical Engineering Fluid Mechanics. New York:Marcel Dekker,Inc.,1996.

第2章 有限控制体分析

传递现象可以在三种尺度上发生，即分子尺度、微团尺度和设备尺度。在不同尺度上运用守恒原理分析传递规律，构成传递现象研究的核心。分子尺度上的传递是由分子运动引起的，所得经验规律表现在三个传递性质——黏度、热导率和扩散系数，并分别以牛顿黏性定律、傅里叶导热定律和费克扩散定律形式在前一章中给出。理论上的研究需用统计方法，可参阅专门著作。

微团尺度上的传递是由大量分子组成的"微团"运动造成的。依据连续介质模型，在流场中取微元体，应用质量、能量和动量守恒原理进行微元衡算，建立数学模型，可分别导得连续性方程、扩散方程、能量方程和运动方程，解这些微分方程则可得到速度分布、温度分布和浓度分布，从而详尽地了解传递规律。这是"传递现象"的核心内容，以后章节将分别进行论述。

设备尺度（宏观尺度）上的传递，通常以工程上的某种设备——有限体积作为考察对象，讨论流体平均运动引起的传递。研究的方法是，针对整个设备或代表性的单元，应用守恒原理进行总体衡算。这种方法通常只考虑流体在主运动方向上流动参数的变化，了解系统进出口的相关信息，而不能揭示空间点上的变化。总体衡算方法是取有限控制体进行分析，这是本章所要讨论的主要内容。对于定常系统，衡算给出一组代数方程；对于非定常系统，则给出以时间为独立变量的常微分方程。过程控制论认为这种模型是集中参数模型。

宏观尺度模型引入三个传递系数：动量传递系数（阻力系数），热量传递系数（传热系数），质量传递系数（传质系数）。这是传递现象的工程处理方法，在设备设计上有广泛的应用。简单几何条件下，这些传递系数可由微元体衡算给出的传递特征量分布计算得到，由此表明它们之间的关联。这部分内容将在后续章节中展开。

三种尺度上的传递相互紧密联系，一种尺度上的规律是理解下一级更大尺度上传递现象的基础。

本章首先介绍控制体的概念，作为传递现象分析的基础，然后分别讨论质量、能量、动量衡算，最后对有限控制体分析法即总体衡算法的应用作简短评价。

2.1 控制体与控制面

进行衡算必须确定对象和范围，由于相对于静止（固定）坐标运动的流体不能保持位置和形状，因此，通常选用空间中一个明确的某固定体积或区域，即控制体作为考察对象。应用守恒原理进行总体衡算时，可根据流动情况、边界位置和讨论的问题选取控制体。选取控制体无正确、错误之分，但有计算方便与否的问题。多数情况下所选控制体是固定的不变形体积。有时控制体可以恒定速度移动。控制体选定以后就不能改变。此时，仅是进出其间的流体微团随时间变化，即控制体中的流体是变化的，组成控制体的封闭边界称为控制面。利用有限体积衡算法求解的问题，常涉及决定流场中某点的速度、压力或作用力，为此力求该点处于控制面上，而不是"隐藏"在体积内。通过控制面发生质量、能量和动量的传递。对于确定的控制体，守恒原理的一般表达式为

$$\boxed{\begin{array}{c}\text{特征量的}\\\text{变化速率}\end{array}}=\boxed{\begin{array}{c}\text{特征量的}\\\text{输入速率}\end{array}}-\boxed{\begin{array}{c}\text{特征量的}\\\text{输出速率}\end{array}}$$

因此，在总体衡算中，无需分析控制体内部过程的变化细节，只要测定控制面上的参数值，就可计算经过控制体过程前后的变化。

下面分别讨论应用总体衡算法建立的质量、能量和动量守恒原理表达式以及若干重要结论。

2.2 质量守恒

流动流体通过如图 2-1 所示系统，取 1-2-2'-1'-1 组成的区域作为控制体，该控制体由管内表面、出口端截面 2-2'、进口端截面 1-1'组成。控制面的一部分为物体表面（管表面），其余则为空间表面，流体通过部分控制面。根据质量守恒原理，对所选控制体作总体衡算，有

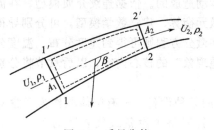

图 2-1　质量衡算

$$W_1 - W_2 = \frac{\mathrm{d}m}{\mathrm{d}t} = \frac{\mathrm{d}}{\mathrm{d}t}\int_V \rho\,\mathrm{d}V \tag{2-1}$$

式中，W_1，W_2 分别为输入、输出控制体的质量流率；$\dfrac{\mathrm{d}m}{\mathrm{d}t}$ 为控制体内质量变化率。

由

$$W = \rho U A \tag{2-2}$$

得

$$\rho_1 U_1 A_1 - \rho_2 U_2 A_2 = \frac{\mathrm{d}}{\mathrm{d}t}\int_{x_1}^{x_2} \rho A\,\mathrm{d}x \tag{2-3}$$

式(2-3) 称为一维连续性方程。式中，U_1、U_2 分别为截面 A_1、A_2 处的平均速度；ρ_1、ρ_2 是相应的流体密度。对于定常流动，等式右边为零，式(2-3) 可简化为

$$\rho_1 V_1 = \rho_2 V_2$$

或

$$\rho_1 U_1 A_1 = \rho_2 U_2 A_2 , \quad W_1 = W_2 \tag{2-4}$$

该式通常称为流率不变方程。对于不可压缩流体，ρ 为常数，则简化为

$$U_1 A_1 = U_2 A_2 , \quad V_1 = V_2 \tag{2-5}$$

式(2-5) 表明：不可压缩流体作定常流动时，截面平均速度与流动截面积的大小成反比，截面小处流速大，截面大处流速小，管道截面积相等则平均流速不变。

例 2-1　天然气管道输送[1]

在一根天然气管道内，状态 1 的流动条件：管径 0.61m，压力 800Pa，温度 15.6℃，流速 15.2m/s；状态 2 的流动条件：管径 0.914m，压力 500Pa，温度 15.6℃。问：状态 2 流速是多少？质量流率是多少？

解　质量守恒：　　　　　$U_1\rho_1 A_1 = U_2\rho_2 A_2$

天然气密度：　$p_1 = 800\mathrm{Pa}$，　$T_1 = 15.6℃$，　$\rho_1 = 41.4\mathrm{kg/m^3}$

　　　　　　　$p_2 = 500\mathrm{Pa}$，　$T_2 = 15.6℃$，　$\rho_2 = 24.7\mathrm{kg/m^3}$

$$U_2 = U_1\frac{\rho_1}{\rho_2}\times\frac{A_1}{A_2} = 15.2\times\frac{41.4}{24.7}\times\frac{\frac{\pi}{4}\times 0.61^2}{\frac{\pi}{4}\times 0.914^2} = 11.3 \quad (\mathrm{m/s})$$

$$W = U_1\rho_1 A_1 = 15.2\times 41.4\times\frac{\pi}{4}\times 0.61^2 = 184 \quad (\mathrm{kg/s})$$

例 2-2　水槽中水位上升速率[2]

直径 5m 贮水槽，注水管直径 10cm，流速 3m/s；出水管直径 6cm，流速 2m/s，见图 2-2。计算：槽中水面上升速率。

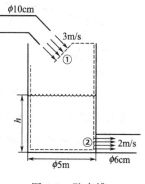

解　流入质量－流出质量＝累积量

$$\rho U_1 A_1 - \rho U_2 A_2 = \rho A_{tank} \frac{\mathrm{d}h}{\mathrm{d}t}$$

$$U_1 A_1 - U_2 A_2 = A_{tank} \frac{\mathrm{d}h}{\mathrm{d}t}$$

$$3 \times \frac{\pi}{4} \times 0.1^2 - 2 \times \frac{\pi}{4} \times 0.06^2 = \frac{\pi}{4} \times 5^2 \, \mathrm{d}h/\mathrm{d}t$$

$$\mathrm{d}h/\mathrm{d}t = 9.12 \times 10^{-4} \quad (\mathrm{m/s})$$

图 2-2　贮水槽

例 2-3　贮槽抽空[3]

贮槽如图 2-3 所示，体积 $V = 1\mathrm{m}^3$，含与周围环境热平衡的恒定温度空气。如果初始绝对压力 $p_0 = 1\mathrm{atm}$，空气流量与槽压无关并以恒定体积流率 $Q = 0.001\mathrm{m}^3/\mathrm{s}$ 被抽出。求：当压力下降到 $p = 0.0001\mathrm{atm}$ 时所需要的时间。

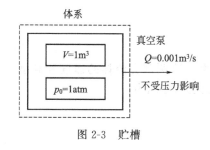

图 2-3　贮槽

解　以槽为系统，只有抽出，没有进入，系统质量平衡为：

质量输出速率＝质量积累速率

$$-Q\rho = \frac{\mathrm{d}}{\mathrm{d}t}(V\rho)$$

$$-Q\rho = V \frac{\mathrm{d}\rho}{\mathrm{d}t} + \rho \frac{\mathrm{d}V}{\mathrm{d}t} = V \frac{\mathrm{d}\rho}{\mathrm{d}t}$$

由于槽体积 V 不变，$\frac{\mathrm{d}V}{\mathrm{d}t} = 0$，对理想气体：

$$\rho = \frac{Mp}{RT}$$

所以

$$-Q \frac{Mp}{RT} = V \frac{M}{RT} \times \frac{\mathrm{d}p}{\mathrm{d}t}$$

$$\frac{\mathrm{d}p}{\mathrm{d}t} = -\frac{Q}{V} p$$

积分，得

$$\int_{p_0}^{p} \frac{\mathrm{d}p}{p} = -\frac{Q}{V} \int_0^t \mathrm{d}t$$

$$p = p_0 e^{-Qt/V}$$

当 $p = 0.0001\mathrm{atm}$ 时

$$t = -\frac{V}{Q} \ln \frac{p}{p_0} = -\frac{1}{0.001} \ln \frac{0.0001}{1} = 9210 \quad (\mathrm{s}) = 153.5 \quad (\mathrm{min})$$

2.3　机械能守恒

在流体作一维流动的系统中，若不发生或不考虑其内能的变化、无传热过程、无外功加入、不计黏性摩擦、流体不可压等，此时机械能是主要的能量形式。对这种系统进行机械能量衡算，可以得到流体流动过程中压力、速度和液位高度等参数之间的关系。

机械能通常包括位能、静压能和动能，建立这三种能量之间的守恒关系，可通过理想流体运动方程，在一定条件下积分或由热力学第一定律导得，也可直接应用物理学原

图 2-4 能量衡算

理——外力对物体所做的功等于物体能量的增量进行推导。

如图 2-4 所示，取任意一段管道 I-II，压力、速度、截面积和距离基准面高度分别为 p、U、A、Z_1，经历瞬时 t，该段流体流动至新的位置 I'-II'，由于时间间隔很小，流动距离很短，I 与 I'处的速度、压力、截面积变化均可忽略不计。II-II'亦然。

I-II 段流体分别受到旁侧流体的推力 F_1 和阻力 F_2，前者与运动方向相同，后者相反，且

$$F_1 = p_1 A_1, \quad F_2 = p_2 A_2$$

这一对力在流体段 I-II 运动至 I'-II'过程中所做的功为

$$W = F_1 U_1 t - F_2 U_2 t = p_1 A_1 U_1 t - p_2 A_2 U_2 t$$

由流率不变方程

$$V = A_1 U_1 = A_2 U_2$$

时间 t 内流过的流体体积

$$\overline{V} = Vt = A_1 U_1 t = A_2 U_2 t$$

因此

$$W = p_1 \overline{V} - p_2 \overline{V} \tag{2-6}$$

该段流体的流动过程相当于将流体从 I-I'移至 II-II'，由于这两部分流体的速度和高度不等，动能和位能也不相等。I-I'和 II-II'处的动能和位能之和分别为

$$E_1 = \frac{1}{2} m U_1^2 + mgZ_1$$

$$E_2 = \frac{1}{2} m U_2^2 + mgZ_2$$

能量的变化

$$\Delta E = E_2 - E_1 = \left(\frac{1}{2} m U_2^2 + mgZ_2\right) - \left(\frac{1}{2} m U_1^2 + mgZ_1\right) \tag{2-7a}$$

式中，m 为质量。根据系统内能的增量等于外力所做的功，即 $\Delta E = W$

$$\left(\frac{1}{2} m U_2^2 + mgZ_2\right) - \left(\frac{1}{2} m U_1^2 + mgZ_1\right) = p_1 \overline{V} - p_2 \overline{V}$$

$$p_1 \overline{V} + \frac{1}{2} m U_1^2 + mgZ_1 = p_2 \overline{V} + \frac{1}{2} m U_2^2 + mgZ_2$$

$p\overline{V}$ 表示一种能量，称为静压能。

由于 I、II 两个截面是任意选取的，因此，对整个管段的一般式为

$$p\overline{V} + \frac{1}{2} m U^2 + mgZ = 常数 \tag{2-7b}$$

将 $m = \rho\overline{V}$ 代入式(2-7b) 得

$$p + \frac{1}{2}\rho U^2 + \rho gZ = 常数 \tag{2-7c}$$

或

$$\frac{p}{\rho g} + \frac{1}{2g} U^2 + Z = 常数 \tag{2-7d}$$

或

$$\frac{p}{\rho} + \frac{1}{2} U^2 + gZ = 常数 \tag{2-7e}$$

式(2-7e) 即为理想流体流动的机械能守恒式，称为伯努利方程。方程各项均为单位

质量流体所具有的机械能，依次称为静压能、动能和位能，单位为 N·m/kg。式（2-7c）和式（2-7d）中各项的单位分别为 N·m/m³ 和 m，即单位体积流体所具有的机械能或流体柱的高度。

伯努利方程表明，三种能量之间可以相互转换，但总和保持不变。适用于无支流、无外功输入的不可压缩理想流体作等温定常流动。

当流体在水平管道中流动时，Z 不变，上式可简化为

$$\frac{p}{\rho} + \frac{1}{2}U^2 = 常数$$

此式描述了流速与压力之间的关系，即速度增加，压力将减小，但并不是反比关系。与一维连续性方程结合起来，对于分析流体流动过程十分重要。例如，由一维连续性方程可知，流动通道截面的减小必然导致流速的加快，根据伯努利方程，此处的静压力则将减小，工程上常见的喷射减压就是这个原理。一个简单而形象的实验对此作出了证明。如图 2-5 所示，该图为过热水通过玻璃管从左至右流动，由于管道收缩，速度增加，压力降低，液体汽化。压降使充满蒸汽的气泡有序连续地集结，并在流向下游时气泡尺寸长大。

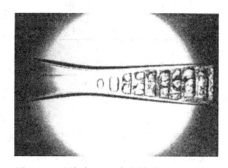

图 2-5　过热水通过玻璃管从左至右流动

若考虑流体由 Ⅰ 处流至 Ⅱ 处时，流动过程的能量损耗为 $\sum h_f$，则机械能守恒方程的形式为

$$\frac{p_1}{\rho} + \frac{1}{2}U_1^2 + gZ_1 = \frac{p_2}{\rho} + \frac{1}{2}U_2^2 + gZ_2 + \sum h_f \tag{2-8}$$

机械能守恒方程所揭示的流动过程中压力与速度的关系有重要意义。工程计算中经常用于已知速度计算压力，反之亦然。而且该方程的应用亦基于这种关系。鉴于它在工程上的重要性，下面给出各种实例：定态、非定态流；不可压缩流体和可压缩流体；孔口流与喷嘴流；堰流、明渠流；用于寻求泵功率，进行流量测量等。

例 2-4　喷嘴射流

如图 2-6 所示，水流经过水平喷嘴，形成射流进入大气，$D_1 = 3D_2$，测得 p_1（表压）为 4×10^4 Pa，试计算射流速度 U_2（不计黏性影响）。

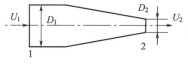

图 2-6　喷嘴射流

解　根据伯努利方程式（2-7e），对于截面 1、2 有

$$\frac{p_1}{\rho} + \frac{1}{2}U_1^2 + gZ_1 = \frac{p_2}{\rho} + \frac{1}{2}U_2^2 + gZ_2$$

p_2 为大气压，以表压表示则为零。水平流动，$Z_1 = Z_2$，上式为

$$\frac{p_1}{\rho} + \frac{1}{2}U_1^2 = \frac{1}{2}U_2^2 \tag{①}$$

由一维连续性方程 $U_1 A_1 = U_2 A_2$，得

$$U_1 = \frac{U_2 A_2}{A_1} = U_2 \left(\frac{D_2}{D_1}\right)^2 \tag{②}$$

将式②代入式①得

$$\frac{1}{2}U_2^2 \left[1 - \left(\frac{D_2}{D_1}\right)^4\right] = \frac{p_1}{\rho}$$

$$U_2 = \sqrt{\frac{2p_1}{\rho[1-(D_2/D_1)^4]}} = \sqrt{\frac{2\times 4\times 10^4}{1000[1-(1/3)^4]}} = 9 \quad (\text{m/s})$$

例 2-5　重力射流

如图 2-7 所示，容器下部有一相距液面为 h 的小孔，液面保持恒定，液体在重力下自小

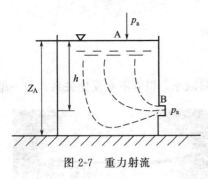

图 2-7　重力射流

孔流出。液面处受到压强 p_a 的作用，B 处液体成自由射流从小孔流出，该处压力也为大气压。器底距小孔的中心距离为 Z_B。求 B 处速度。

解　设截面 A 处的速度为 U_A，B 处的速度为 U_B，Z_A、Z_B 分别为 A、B 面的高度。如果忽略小孔处流动不均匀的影响，则根据伯努利方程

$$gZ_A + p_a/\rho + U_A^2/2 = gZ_B + p_a/\rho + U_B^2/2$$

如果容器截面积为 A_1，小孔截面积为 A_0，则根据连续性方程，有 $A_1 U_A = A_0 U_B$，或 $U_A/U_B = A_0/A_1$。由于 $A_1 \gg A_0$，因此 $U_A \ll U_B$，与 $U_B^2/2$ 相比，$U_A^2/2$ 可以忽略，于是

$$U_B = \sqrt{2g(Z_A - Z_B)} = \sqrt{2gh}$$

此例表明位能和动能的相互转化关系，按已知的位差可以计算流体流动所能达到的速度，反之可以根据速度决定应该给予的位差。

例 2-6　非定常流[4]

如图 2-8 所示，一个圆柱形水池，水深 $H=3\text{m}$，池底面直径 $D=5\text{m}$，在池底侧壁开设一个直径为 $d=0.5\text{m}$ 的孔口，水从孔口流出时水池液面逐渐下降。试求水池中水全部泄空所经历的时间 T。

解　设在时刻 t，池中水位是 $h(t)$，显然，出流速度为 $u=\sqrt{2gh}$。连续性方程是

$$u_0\,\frac{\pi D^2}{4} = u\,\frac{\pi d^2}{4} \qquad ①$$

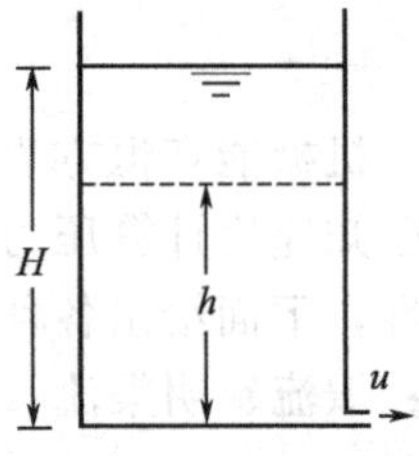

式中，u_0 为水池液面下降的速度，即

$$u_0 = \frac{\text{d}h}{\text{d}t}$$

图 2-8　非定常流

代入式①并积分得

$$\int_0^T \text{d}t = -\left(\frac{D}{d}\right)^2 \int_H^0 \frac{\text{d}h}{\sqrt{2gh}} \qquad ②$$

$$T = \left(\frac{D}{d}\right)^2 \sqrt{\frac{2H}{g}}$$

代入数据得到水池的泄空时间 $T=78.22\text{s}$。

孔口和管嘴是在流体输出过程中测定过流能力的装置，会产生局部能量损耗。根据孔口管嘴结构和出流条件，分为自由出流和淹没出流。如果流体从孔口流出后进入大气，称自由出流；如果流体从孔口流出后仍进入充满液体的空间，则称淹没出流。相应的孔口称自由或淹没出流口。

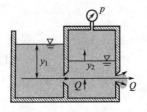

图 2-9　孔口流

例 2-7　孔口流[5]

在槽壁距相等釜底高度有两个相同的孔，见图 2-9。当定态流时，孔中心的水深分别为 $y_1=6\text{m}$，$y_2=2\text{m}$。求表压。

解　当一个孔为自由流时，另一个孔为浸没流，忽略槽内速度头，可以得到

$$Q_1 = C_0 A \sqrt{2g\left[(y_1 - y_2) - \frac{p}{\rho g}\right]} \qquad (C_0 \text{为孔口流系数})$$

$$Q_2 = C_0 A \sqrt{2g\left[\frac{p}{\rho g} + y_2\right]}$$

由于定态流时，$Q_1 = Q_2$

$$(y_1 - y_2) - \frac{p}{\rho g} = \frac{p}{\rho g} + y_2$$

$$p = \frac{\rho g}{2}(y_1 - 2y_2) = \frac{9800}{2}(6 - 2 \times 2) = 9800 \quad (\text{Pa})$$

例 2-8　速度分布均匀性影响（一）

如图 2-10 所示，风机以 0.1kg/min 的质量流率输送空气。进口管径 60mm，层流流动，速度分布为抛物线型，动能系数 $\alpha_1 = 2.0$；出口管径 30mm，湍流流动，速度是均匀的，动能系数 $\alpha_2 = 1.08$。如果风机使静压上升 0.1kPa，电机吸取功率 0.14W，比较计算损耗值：（1）假定均匀速度分布；（2）考虑实际速度分布。

注：动能系数为速度的平方均值与速度的均方值的比值，即 $\alpha = \left(\dfrac{\overline{u_x^2}}{2}\right) \bigg/ \left(\dfrac{\overline{u_x}^2}{2}\right)$。

解　考虑如图 2-10 所示控制面，列出方程

$$\frac{p_2}{\rho} + \frac{\alpha_2 U_2^2}{2} + gZ_2 = \frac{p_1}{\rho} + \frac{\alpha_1 U_1^2}{2} + gZ_1 + W_{输入} - W_{损耗} \quad ①$$

（忽略 gz 变化）

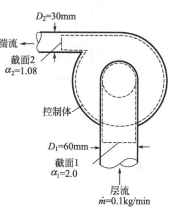

图 2-10　速度分布均匀性影响（一）

得：

$$W_{损耗} = W_{输入} - \left(\frac{p_2 - p_1}{\rho}\right) + \frac{\alpha_1 U_1^2}{2} - \frac{\alpha_2 U_2^2}{2} \qquad ②$$

$$W_{输入} = \frac{电机功率}{质量流率} = \frac{(0.14\text{W})\left[(1\text{N} \cdot \text{m/s})/\text{W}\right]}{0.1\text{kg/min}} \times 60\text{s/min} = 84.0\text{N} \cdot \text{m/kg}$$

$$U_1 = \frac{w_1}{\rho A_1} = \frac{0.1/60}{1.23 \times \frac{\pi}{4} \times 0.06^2} = 0.479 \quad (\text{m/s})$$

$$U_2 = \frac{w_2}{\rho A_2} = \frac{0.1/60}{1.23 \times \frac{\pi}{4} \times 0.03^2} = 1.92 \quad (\text{m/s})$$

（1）假定均匀速度分布

$$\alpha_1 = \alpha_2 = 1.0$$

则：

$$W_{损耗} = W_{输入} - \left(\frac{p_2 - p_1}{\rho}\right) + \frac{U_1^2}{2} - \frac{U_2^2}{2}$$

$$= 84 - \frac{0.1 \times 10^3}{1.23} + \frac{0.479^2}{2} - \frac{1.92^2}{2}$$

$$= 0.971 \quad (\text{N} \cdot \text{m/kg})$$

（2）考虑实际速度分布

$\alpha_1 = 2$，$\alpha_2 = 1.08$

$$W_{损耗} = 84 - \frac{0.1 \times 10^3}{1.23} + \frac{2 \times 0.479^2}{2} - \frac{1.08 \times 1.92^2}{2} = 0.938 \quad (\text{N} \cdot \text{m/kg})$$

在此情况下，两者相差不大。

例 2-9　速度分布均匀性影响（二）

应用例 2-8 方程式①，对如图 2-11 所示流动，导出截面 1 和 2 间的流体压力降的表达式。

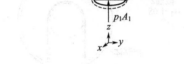

图 2-11　速度分布均匀性影响（二）

解　$\dfrac{p_2}{\rho} + \dfrac{\alpha_2 U_2^2}{2} + gZ_2 = \dfrac{p_1}{\rho} + \dfrac{\alpha_1 U_1^2}{2} + gZ_1 - W_{损耗} +$

$W_{输入}$ ①

因为　　　　　　　　$W_{输入} = 0$

$$p_1 - p_2 = \rho\left[\frac{\alpha_2 U_2^2}{2} - \frac{\alpha_1 U_1^2}{2} + g(Z_2 - Z_2) + W_{损耗}\right] \quad ②$$

因为截面 1 处 u_1 速度分布均匀，$u_1 = U_1$，$\alpha_1 = 1.0$
截面 2 处存在速度分布

$$u_2 = 2U_1\left[1 - \left(\frac{r}{R}\right)^2\right]$$

速度不均匀，经计算

$$\alpha_2 = \frac{\displaystyle\int_{A_2} \rho u_2^3 \mathrm{d}A_2}{\dot{m}U_2^2} = \frac{\rho\displaystyle\int_0^R (2U_1)^3\left[1 - \left(\frac{r}{R}\right)^2\right]^3 2\pi r \mathrm{d}r}{(\rho A_2 U_2)U_2^2} \quad ③$$

$$A_1 = A_2，\quad U_2 = U_1 \quad ④$$

则

$$\alpha_2 = \frac{\displaystyle\int_{A_2} \rho u_2^3 \mathrm{d}A_2}{\dot{m}U_2^2} = \frac{\rho 8 U_2^3 2\pi\displaystyle\int_0^R\left[1 - \left(\frac{r}{R}\right)^2\right]^3 r \mathrm{d}r}{\rho\pi R^2 U_2^3}$$

$$= \frac{16}{R^2}\int_0^R\left[1 - 3\left(\frac{r}{R}\right)^2 + 3\left(\frac{r}{R}\right)^4 - \left(\frac{r}{R}\right)^6\right]^3 r \mathrm{d}r = 2.0 \quad ⑤$$

将 $\alpha_1 = 1.0, \alpha_2 = 2.0$ 代入方程式①，得

$$p_1 - p_2 = \rho\left[\frac{2.0 U_2^2}{2} - \frac{1.0 U_1^2}{2} + g(Z_2 - Z_2) + W_{损耗}\right] \quad ⑥$$

因为质量守恒　　　　　　　　$U_2 = U_1 = U$

所以　　　　　$p_1 - p_2 = \dfrac{\rho U^2}{2} + \rho g(Z_2 - Z_1) + \rho W_{损耗}$ ⑦

与位置变化有关的能量等于任意时刻截面 1-2 间所含单位面积重量，即

$$\rho g(Z_2 - Z_1) = \frac{W}{A} \quad ⑧$$

式⑦与式⑧结合，给出

$$p_1 - p_2 = \frac{\rho U^2}{2} + \frac{W}{A} + \rho W_{损耗} \quad ⑨$$

截面 1、2 之间的压降是由于黏性损耗、液柱重量（静压效应）以及由均匀速度分布发展为抛物线分布所致。

$$\frac{\rho U^2}{2}+\frac{W}{A}+\rho W_{损耗}=\frac{\rho U^2}{3}+\frac{R_z}{A}+\frac{W}{A}$$

或

$$W_{损耗}=\frac{R_z}{\rho A}-\frac{U^2}{6}$$

由此可得结论：尽管一些壁面摩擦力造成有效能损失，也正是这部分摩擦力导致速度分布变化。

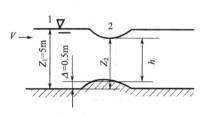

图 2-12　明渠流

例 2-10　明渠流

水流经图 2-12 所示底面有凸起高度 $\Delta=0.5$m 的水平明渠，单位宽度流量为 10m^3/s，试计算凸起处液面高度 h。

解　由题意得

$$p_1=p_2=p_{atm}$$

$$U_1=\frac{V}{A_1}=\frac{10}{5\times1}=2 \quad (m/s)$$

$$U_2=\frac{V}{A_2}=\frac{10}{h\times1}=\frac{10}{h}$$

$$Z_1=5m, Z_2=h+\Delta=h+0.5$$

对表面水流应用伯努利方程，则 1、2 处有

$$\frac{p_1}{\rho}+\frac{1}{2}U_1^2+gZ_1=\frac{p_2}{\rho}+\frac{1}{2}U_2^2+gZ_2$$

$$\frac{2^2}{2}+5g=\frac{1}{2}U_2^2+(h+0.5)g$$

$$\frac{1}{2}U_2^2+9.8h=46.1 \qquad ①$$

由一维连续性方程式

$$U_1Z_1=U_2(Z_2-\Delta)$$

$$U_2=\frac{U_1Z_1}{Z_2-\Delta}=\frac{2\times5}{h}=\frac{10}{h} \qquad ②$$

将式②代入式①，得

$$46.1h^2-9.8h^3=50 \qquad ③$$

求解式③，得

$$h_1=4.45m, \quad h_2=1.21m$$

例 2-11　堰流[6]

堰是流动渠道底面上的一个障碍物，如图 2-13 所示，实际上可以是一块垂直的锐边平板，流体从其顶端越过，简单地测量液体深度即可得知明渠中的流率，所以这是一种简便的流量测量方法。典型堰板的形状有矩形、三角形和梯形，见图 2-14。

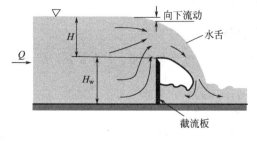

图 2-13　堰流

堰顶溢流颇为复杂，流动结构远非一维。流动与有关参数如堰高、上游液深、堰板的几何形状等的函数关系还难以获得解析表达式。支配堰流的主要机理是重力和惯性。简化而言，由于堰上游自由面抬高，重力使流体加速，以较大速度从堰顶下泻，形成水舌。黏性和表面张力效应虽然通常是次要的，但仍不宜完全忽略，可借试验测定的系数予以

考虑。

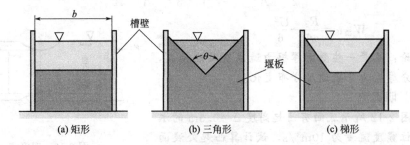

(a) 矩形   (b) 三角形   (c) 梯形

图 2-14 典型堰板的形状

作为一级近似，假定堰板上游的速度分布是均匀的。水舌压力是大气压。其次，假定流体水平流过堰板的速度分布不均匀，见图 2-15。沿着任意流线 A-B 列出伯努利方程，$p_B = 0$，有

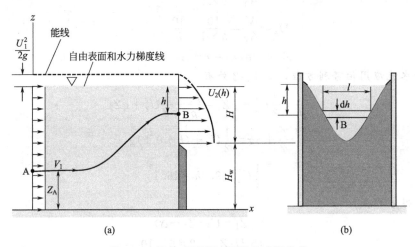

图 2-15 流体水平流过堰板的速度分布

$$\frac{p_A}{\rho g} + \frac{U_1^2}{2g} + Z_A = (H + H_w - h) + \frac{U_2^2}{2g} \qquad ①$$

h 是点 B 离自由面的距离，流过堰顶 B 处的流体来自何处（A）并不确切知晓，但这并不重要，因为垂直截面 A 任意点处总压头相同，即

$$Z_A + \frac{p_A}{\rho g} + \frac{U_1^2}{2g} = H + H_w + \frac{U_1^2}{2g}$$

流过堰的流体速度由式①得

$$U_2 = \sqrt{2g\left(h + \frac{U_1^2}{2g}\right)} \qquad ②$$

流率亦可写成

$$Q = \int_{h=0}^{h=H} U_2\, l\, \mathrm{d}h \qquad ③$$

式中 $l = l(h)$ 是堰狭条面积的截面宽度，如图 2-15 所示。对于矩形堰，l 为常数，$l = b$，流率成为

$$Q = \sqrt{2g}\, b \int_0^H \left(h + \frac{U_1^2}{2g}\right)^{1/2} \mathrm{d}h$$

或

$$Q = \frac{2}{3} \sqrt{2g}\, b \left[\left(H + \frac{U_1^2}{2g}\right)^{3/2} - \left(\frac{U_1^2}{2g}\right)^{3/2}\right] \qquad ④$$

当 $H_w \gg H$，上游速度可以忽略，$\dfrac{U_1^2}{2g} \ll H$，于是式④简化为

$$Q = \frac{2}{3}\sqrt{2g}\, b H^{3/2} \qquad\qquad ⑤$$

由于作了许多简化，为更好地符合实际，引入堰流系数 C_w，

$$Q = C_w \frac{2}{3}\sqrt{2g}\, b H^{3/2} \qquad\qquad ⑥$$

C_w 由试验决定。

例 2-12 毕托管测量流速

如图 2-16 所示为用于测量流动截面上点速度的毕托管。水流经管道，管中置有一 90° 细弯管，细管一端（称毕托管头部）平行管轴并指向流动上游方向。另一端通过 U 形管与壁面测压孔相连，U 形管内指示液的密度为 ρ_M，若测得两侧指示液高度差为 R，流体密度为 ρ，试列出该点速度计算式。

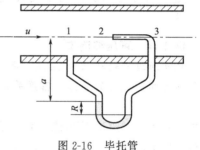

图 2-16 毕托管

解 根据伯努利方程，对于点 1、2 有

$$\frac{p_1}{\rho} + \frac{1}{2}U_1^2 = \frac{p_2}{\rho} + \frac{1}{2}U_2^2 \qquad\qquad ①$$

水流动至毕托管头部处（称为驻点）速度为零，即 $U_2 = 0$，此处压力 p_2 称驻点压力。

根据静力学平衡定律，U 形管两侧有

$$p_1 + a\rho g + R\rho_M g = p_3 + a\rho g + R\rho g$$
$$p_2 = p_3$$
$$p_2 - p_1 = Rg(\rho_M - \rho) \qquad\qquad ②$$

式②代入式①得

$$U_1 = \sqrt{\frac{2R(\rho_M - \rho)g}{\rho}}$$

若在垂直于管轴的方向上上下移动毕托管至不同位置，则可测得沿截面流体点速度的分布。

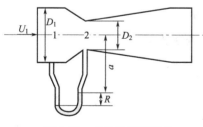

图 2-17 文丘里管测流量

例 2-13 文丘里管测流量

如图 2-17 所示为测量流量的文丘里管，管径为 D_1，喉管直径为 D_2，流体密度为 ρ，测压管指示液密度为 ρ_M，试计算流体流率 V。

解 根据伯努利方程，对于截面 1、2 的中心点有

$$\frac{p_1}{\rho} + \frac{1}{2}U_1^2 = \frac{p_2}{\rho} + \frac{1}{2}U_2^2 \qquad\qquad ①$$

由一维连续性方程得 $U_1 D_1^2 = U_2 D_2^2$，代入式①得

$$p_1 - p_2 = \frac{1}{2}\rho U_1^2 \left[\left(\frac{D_1}{D_2}\right)^4 - 1 \right] \qquad\qquad ②$$

根据静力学定律，U 形管两侧有

$$p_1 + a\rho g + R\rho g = p_2 + a\rho g + R\rho_M g$$
$$p_1 - p_2 = R(\rho_M - \rho)g \qquad\qquad ③$$

将式②代入式③得

$$\frac{1}{2}\rho U_1^2 \left[\left(\frac{D_1}{D_2}\right)^4 - 1 \right] = R(\rho_M - \rho)g$$

$$U_1 = \sqrt{\frac{2R(\rho_M/\rho - 1)g}{(D_1/D_2)^4 - 1}}$$

$$V = \frac{\pi}{4}D_1^2 U_1 = \frac{\pi}{4}D_1^2 \sqrt{\frac{2R(\rho_M/\rho - 1)g}{(D_1/D_2)^4 - 1}}$$

例 2-13 表明：测得 U 形管两侧指示液高度差 R，就可算得管内流体流率 V。

文丘里管垂直或倾斜放置，所得结果相同。值得注意的是，当 $D_1 > D_2$ 使 $U_2 > U_1$ 且达一定值时，喉径处压力 p_2 将低于大气压，出现负压，此时喉管若与大气或开口容器相通，则可将容器内流体或大气抽吸入文丘里管。此技术又常用于两种流体的混合或传热。

例 2-14 可压缩流体[7]

氮气通过涡轮从压力 5atm、温度 450K 膨胀，直到压力变为 0.75atm。已知此膨胀过程的任何时间段氮气的压力和密度关系满足：

$$p(1/\rho)^\gamma = C \qquad \qquad ①$$

式中，γ 为 C_p 与 C_V 的比值，并且等于 1.4。方程式①中的常数 C 有单位，以便方程的量纲一致。假定理想气体定律适用，求系统做的轴功，其单位为 J/kmol。

解 变密度的机械能守恒式：

$$\int_{p_1}^{p_2} \frac{\mathrm{d}p}{\rho} + g(Z_2 - Z_1) + \frac{1}{2}\left(\frac{U_{2,\mathrm{ave}}^2}{a_2} - \frac{U_{1,\mathrm{ave}}^2}{a_1}\right) + W_f + W_s = 0 \qquad ②$$

方程②中系统所做的轴功 W_s 很大，动能、势能和流体摩擦（W_f）可忽略，于是方程②简化为：

$$-\int \frac{\mathrm{d}p}{\rho} = W_s \qquad \qquad ③$$

方程式①解出 $1/\rho$：

$$1/\rho = (C)^{1/\gamma} p^{-1/\gamma} \qquad \qquad ④$$

结果代入方程③：

$$W_s = -(C)^{1/\gamma} \int p^{-1/\gamma} \mathrm{d}p \qquad \qquad ⑤$$

求上述方程的积分，积分上下限是入口处压力 p_1 到出口处压力 p_2：

$$W_s = -\frac{C^{1/\gamma}}{1 - 1/\gamma}(p_2^{1-1/\gamma} - p_1^{1-1/\gamma}) \qquad \qquad ⑥$$

利用下面的恒等式：

$$1 - 1/\gamma = (\gamma - 1)/\gamma \qquad \qquad ⑦$$

由方程①得：

$$C^{1/\gamma} = p_1^{1/\gamma}(1/\rho_1) \qquad \qquad ⑧$$

利用所得结果改写方程⑥如下：

$$W_s = -\frac{\gamma}{\gamma - 1} \times \frac{p_1^{1/\gamma}}{\rho_1}(p_2^{1-1/\gamma} - p_1^{1-1/\gamma})$$

$$= -\frac{\gamma}{1 - \gamma}\left(\frac{p_1^{1/\gamma} p_2^{1-1/\gamma}}{\rho_1} - \frac{p_1}{\rho_1}\right) \qquad \qquad ⑨$$

如果方程⑨中带有指数的 p_1 和 p_2 的乘积乘以 $p_1^{1-1/\gamma}/p_1^{1-1/\gamma}$，则方程⑨可以被简化。其结

果是：

$$\frac{p^{1/\gamma}(p_2^{1-1/\gamma})}{\rho_1}\times\frac{p_1^{1-1/\gamma}}{p_1^{1-1/\gamma}}=\frac{p_1}{\rho_1}\left(\frac{p_2}{p_1}\right)^{1-1/\gamma} \qquad ⑩$$

方程⑨和⑩结合，可得：

$$W_{\mathrm{s}}=-\frac{\gamma}{1-\gamma}\times\frac{p_1}{\rho_1}\left[\left(\frac{p_2}{p_1}\right)^{1-1/\gamma}-1\right]=-\frac{\gamma}{\gamma-1}\times\frac{p_1}{\rho_1}\left[\left(\frac{p_2}{p_1}\right)^{(\gamma-1)\gamma}-1\right] \qquad ⑪$$

方程⑪在估算压力功方面非常有用。方程①包含的假设是：理想气体，没有摩擦损失，没有热量损失，C_p 与 C_V 的比值为常数。

方程⑪包含比值 p_1/ρ_1，它决定功的单位。

$$p_1/\rho_1=RT/M=8314\times450/29=1.29\times10^5 \quad (\mathrm{J/kmol}) \qquad ⑫$$

现在，方程⑪中所有的量都已知道，气体经涡轮膨胀，传输其分子能给旋转叶片，可得轴功为：

$$W_{\mathrm{s}}=-\left(\frac{1.4}{0.4}\right)\times(1.29\times10^5)\times\left[\left(\frac{0.75}{5.0}\right)^{(0.4/1.4)}-1.0\right]$$

$$=1.89\times10^5 \quad (\mathrm{J/kmol}) \qquad ⑬$$

例 2-15　泵功率

水泵以恒定的流量 18.9L/s 送水，见图 2-18。泵上游段（截面 1）管道直径为 8.9cm，压力是 124kPa，下游段（截面 2）的管道直径为 2.5cm，压力是 414kPa。水流水平通过管道，即水平液位降为 0。与管道内水流温度上升相关的内能的上升值 ΔE 为 278J/kg，假定水的泵送过程是绝热的，求解泵所需要的功率。

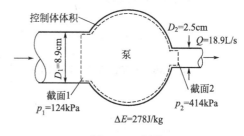

图 2-18　水泵

解　取包含泵在内的进口和出口的一段管道作控制体，对控制体进行能量衡算：

$$W\left[\Delta E+\left(\frac{p}{\rho}\right)_2-\left(\frac{p}{\rho}\right)_1+\frac{u_2^2-u_1^2}{2}+g(z_2-z_1)\right]=\dot{q}+\dot{W} \qquad ①$$

式①中：因为垂直方向水的液位降为 0，所以 $g(z_2-z_1)=0$，因为水的流动过程是绝热的，所以 $\dot{q}=0$。

现在确定质量流率 W、流入泵的流体速度 U_1、流出泵的流体速度 U_2。式①所有其他量在题中已给出，至此可以从方程①直接解出泵所需要的功率 $\dot{W}$。

$$W=\rho Q=(1000\mathrm{kg/m^3})(18.9\times10^{-3}\,\mathrm{m^3/s})=18.9\mathrm{kg/s} \qquad ②$$

$$U=\frac{Q}{A}=\frac{Q}{\pi D^2/4}$$

所以

$$U_1=\frac{Q}{A_1}=\frac{18.9\times10^{-3}\,\mathrm{m^3/s}}{\pi(0.089\mathrm{m})^2/4}=3.04\mathrm{m/s} \qquad ③$$

$$U_2=\frac{Q}{A_2}=\frac{18.9\times10^{-3}\,\mathrm{m^3/s}}{\pi(0.025\mathrm{m})^2/4}=38.5\mathrm{m/s} \qquad ④$$

将式②～④和题中给出的值代入式①可得：

$$\dot{W}=18.9\times\left[278+\frac{414}{1000}-\frac{124}{1000}+\frac{(38.5)^2-(3.04)^2}{2}\right]$$

$$=24.7 \quad (\mathrm{kW})$$

在总的 24.7kW 中，考虑内能变化 5.26kW，压力上升 5.48kW，动能增长 13.96kW。

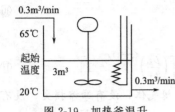

图 2-19　加热釜温升

例 2-16　非定常能量衡算——加热釜温升

如图 2-19 所示，用蛇管加热反应釜中液体，釜内为理想混合。水流进出流量相同，$0.3m^3/min$，进水温度为 $65℃$，釜中水体积 $3m^3$，起始温度 $20℃$，加热器供热 $5275kJ/min$，搅拌器功率 $4kW$，试求釜中温度与时间的关系 $[C_p=4186J/(kg·℃)]$。

解　釜内物料进出相同，无积累，从质量衡算考虑，属定常工况。

假定轴功全部转换成热量，反应器无热量损失

$$Q_{加热}+W_{轴功}+Q_{输入}-Q_{输出}=Q_{累积}$$

$$Q_{加热}+W_{轴功}+\rho C_p V_{进} T_{进}-\rho C_p V_{出} T=\rho C_p V_{反应器}\frac{dT}{dt}$$

$$5275000/60+4000+1000\times4186\times0.3/60\times65-1000\times4186\times0.3/60\,T$$

$$=1000\times4186\times3\frac{dT}{dt}$$

$$87917+4000+1360000-20930T=12558000\frac{dT}{dt}$$

$$1452367-20930T=12558000\frac{dT}{dt}$$

$$0.116-0.00167T=\frac{dT}{dt}$$

$$\int_0^t dt=\int_{20}^T \frac{dT}{0.116-0.00167T}$$

$$t=-599\ln(1.4-0.02T)$$

$$T=70-50\exp\left(-\frac{t}{599}\right)$$

当 t 趋于无限时，釜温接近 70℃。

例 2-17　理想气体的冷却

每小时 900g 的干空气进入如图 2-20 所示换热器的内管中，空气入口温度为 $150℃$，压强为 $30psia$ $(1psia=6.89\times10^{-3}MPa)$，速度为 $30m/s$。空气在换热器进口上方 3m 处离开，此时温度为 $-20℃$，压强为 $15psia$。计算通过管壁移去热量的速率。空气的热容可用下列表达式：

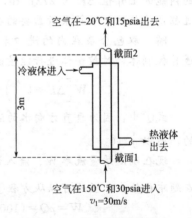

图 2-20　理想气体的冷却

$$C_p=26.7+(7.39\times10^{-3})T-(1.11\times10^{-6})T^2 \qquad ①$$

式中，C_p 的单位为 $J/(g·K)$，T 的单位为 K。

解　对此系统，宏观能量衡算，得

$$(H_2-H_1)+\frac{1}{2}(u_2^2-u_1^2)+g(h_2-h_1)=Q \qquad ②$$

焓差 (H_2-H_1) 可由下式得到 $H_2-H_1=\int_{T_1}^{T_2}C_p dT+\int_{p_1}^{p_2}\left[V-T\left(\frac{\partial V}{\partial T}\right)_p\right]dp$

速度可通过宏观质量衡算 $\rho_1 u_1=\rho_2 u_2$ 和理想气体定律 $p=\rho RT/M$ 由温度和压强来表示。这样可将式②改写成

$$\frac{1}{M}\int_{T_1}^{T_2} C_p dT + \frac{1}{2}u_1^2\left[\left(\frac{p_1 T_2}{p_2 T_1}\right)^2 - 1\right] + g(h_2 - h_1) = Q \qquad ③$$

将 C_p 的表达式①代入式③中，并进行积分。然后代入数值，即可得每克流体通过换热器移去的热量：

$$-Q = \frac{1}{29}\left[26.7 \times 170 + \frac{1}{2} \times 7.39 \times 10^{-3} \times (423.15^2 - 253.15^2)\right.$$

$$\left. -\frac{1}{3} \times 1.11 \times 10^{-6} \times (423.15^3 - 253.15^3)\right] +$$

$$\frac{1}{2} \times 30^2 \times \left[1 - \left(\frac{30 \times 253.15}{15 \times 423.15}\right)^2\right]/1000 - 9.81 \times 3/1000 \qquad ④$$

$$= 170 - 0.128 - 0.0294$$

$$= 169.8 \ (J/g)$$

已知 $$w = 0.9 kg/h$$

由此移热速率为

$$-Qw = 152.8 kJ/h \qquad ⑤$$

注意，在式④中动能和位能的贡献与焓的变化相比可忽略。

2.4 动量守恒

动量不同于质量和能量，它是矢量，需要同时考虑数值大小和方向。动量传递要比质量和能量传递复杂得多。

动量守恒定律指出：物体动量随时间的变化率等于该物体所受外力的矢量和。即

$$\sum \vec{F} = \frac{d(m\vec{u})}{dt}$$

式中，$m\vec{u}$ 为物体的动量；$\vec{F}$ 为外力。

在流体流动过程中，对于选定的控制体，动量守恒定律可表达为

$$\boxed{\begin{array}{c}\text{作用于控制体}\\\text{的外力矢量和}\end{array}} = \boxed{\begin{array}{c}\text{流体出控制体}\\\text{时的动量速率}\end{array}} - \boxed{\begin{array}{c}\text{流体进控制体}\\\text{时的动量速率}\end{array}} + \boxed{\begin{array}{c}\text{控制体内动量}\\\text{的累积速率}\end{array}} \qquad (2-9)$$

作用在控制体上的外力通常有重力 F_g、压力 F_p、摩擦力 F_f 以及作用于控制体上的其他外力 F_R 等。

对于管流动量衡算如图 2-21 所示，上式可改写为

$$\sum \vec{F} = (W\vec{U})_2 - (W\vec{U})_1 + V\frac{d(\rho\vec{U})}{dt} \qquad (2-10)$$

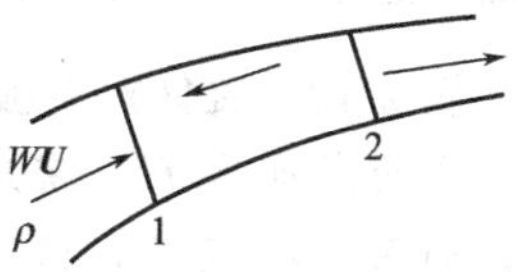

式中，W 为质量流率；$\vec{U}$ 为速度；V 为体积。

对于定常管流，$V\frac{d(\rho\vec{U})}{dt} = 0$，则

$$\sum \vec{F} = (W\vec{U})_2 - (W\vec{U})_1$$

图 2-21 管流动量衡算

应用动量公式计算时，应使用三个方向上的投影方程，必须注意每一项相对于坐标轴的正、负号，并正确选择控制体，使所讨论的问题得到最简便和最直接的解答。

当流体在水平渐缩管道内［见图 2-22(a)］作定常流动时，控制体有两种选择。一种方法是选择Ⅰ-Ⅱ管段中的所有流体作为控制体，如图 2-22(b) 所示，作用于其上的外力包括：大气压 p_a、断面Ⅰ和断面Ⅱ上的压力、控制体中流体所受的重力、管壁对流体的压力 p_w 和剪切应力 τ_w。p_w 和 τ_w 对流体作用的合力通常为所需计算的未知力，以 F_B 表示。因此，作

用于控制体上的外力在 x 方向上的合力为

$$\sum F_x = (p_1 A_1)_x - (p_2 A_2)_x + F_{Bx} \qquad (2\text{-}11)$$

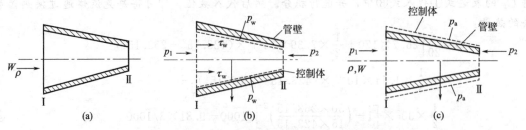

图 2-22　水平渐缩管道内流体流动及控制体

需要指出，F_B 是作用于流体上的力，它与流体对管道的反作用力两者数值相等，方向相反。

第二种选择方法是，为求取保持管道平衡所需施加的外力 F_R，可选择由管外壁和两端断面的组成为控制体，如图 2-22(c) 所示。

对于选定的控制体，压力采用表压，则可列出如下动量方程式

$$\vec{p}_1 A_1 + \vec{p}_2 A_2 + \vec{F}_R = \rho_2 U_2 A_2 \vec{U}_2 - \rho_1 U_1 A_1 \vec{U}_1$$

由于

$$\rho_1 U_1 A_1 = \rho_2 U_2 A_2 = W$$

因此

$$\vec{F}_R = W(\vec{U}_2 - \vec{U}_1) - \vec{p}_1 A_1 - \vec{p}_2 A_2 \qquad (2\text{-}12)$$

基于力和速度皆为矢量，计算时应采用投影于坐标轴的分量。

若算得 $\vec{F}_R$ 的分量为负值时，表明其指向为坐标轴的负方向。

需指出的是，只有当上述方程中Ⅰ、Ⅱ处的压力采用表压（表压＝绝对压－大气压）时，才可在力的分析中不计作用于管壁的大气压力，因为此时可看作封闭的控制面上均受有大气压的作用而达到平衡。

如果管道是自由的，当流体进出管段发生动量变化时，在流体对管壁的力的作用下管道将不再保持原来的位置而发生运动。通常所见的当高速水流流经一端自由的弯曲软管时该管将扭曲摆动正是上述原因所致。这种力在工程计算中应引起重视，尤其当流体流经弯管时，若不加支撑，在力对管道的作用下，易造成设备的损坏。

显然，当已知作用于控制体上的各项作用力时，则可应用动量守恒定律计算流体进出控制面的运动参数，反之亦然。

例 2-18　流体对平板的冲击力

液面高度为 H、密度为 ρ 的流体自高位槽由截面积为 A_0 的底部通道流出，撞击于平板，如图 2-23 所示，试计算流体对平板的冲击力。

解　根据伯努利方程，对截面 1、2 有

$$\frac{1}{2}U_1^2 + gH = \frac{1}{2}U_2^2 \qquad ①$$

由于截面 1 较大，$U_1 \approx 0$，代入式①得

$$U_2 = \sqrt{2gH} \qquad ②$$

根据动量守恒定律，对于控制体 2-3-3′-2′-2 有

$$\rho Vg + F_R = \rho U_3 A_3 U_3 - \rho U_2 A_2 U_2$$

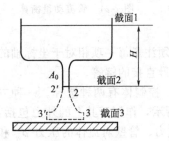

图 2-23　流体对平板的冲击力　若不计控制体的质量，则 $\rho Vg = 0$，由于 $U_3 = 0$，那么

$$F_{\mathrm{R}} = -\rho A_0 U_2^2 \qquad ③$$

式②代入式③得

$$F_{\mathrm{R}} = -2\rho A_0 g H$$

根据作用力与反作用力原理，流体对平板的冲击力为

$$F = 2\rho A_0 g H$$

例 2-19　支撑力计算

实验室水槽龙头的末端连接圆锥喷嘴，见图 2-24。试求水流率为 0.6L/s 时的支撑力。已知：喷嘴质量为 0.1kg，喷嘴入口和出口直径分别为 16mm 和 5mm，喷嘴垂直放置，截面 1 和截面 2 之间距离为 30mm，截面 1 的压力是 464kPa。

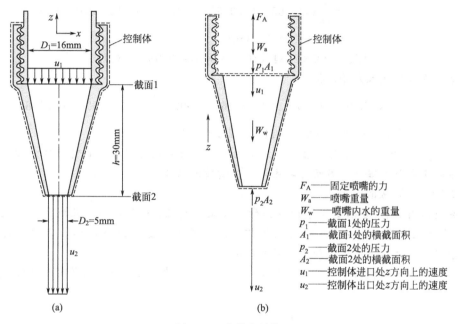

图 2-24　支撑力计算

解　支撑力是龙头和喷嘴螺纹之间的反作用力，为了估计这个力，选择控制体包括整个喷嘴及该瞬时其中所包含的水，见图 2-24，所有作用在控制体的垂直力示于图 2-24(b)。每个方向的大气压作用被抵消，因此没有显示。垂直方向的表压不能抵消。

U 为 z 向流动速度，其他参数在图中给出。力正方向是向上。假定 U 是均匀分布，截面 1、2 处，U_1、U_2 恒定，流体不可压缩。流出控制体是"＋"，流入控制体是"－"。垂直方向（z 向）运用动量方程可得

$$(-\dot{m}_1)(-U_1) + \dot{m}_2(-U_2) = F_{\mathrm{A}} - W_{\mathrm{a}} - p_1 A_1 - W_{\mathrm{w}} + p_2 A_2 \qquad ①$$

式中，$\dot{m} = \rho A U$ 为质量流率；U_1、U_2 加了负号，因为这些速度是向下的；$-\dot{m}_1$ 为流入控制体；$+\dot{m}_2$ 为流出控制体。

所以

$$F_{\mathrm{A}} = \dot{m}_1 U_1 - \dot{m}_2 U_2 + W_{\mathrm{a}} + p_1 A_1 + W_{\mathrm{w}} - p_2 A_2 \qquad ②$$

由于质量守恒，$\dot{m}_1 = \dot{m}_2 = \dot{m}$

所以

$$F_{\mathrm{A}} = \dot{m}(U_1 - U_2) + W_{\mathrm{a}} + p_1 A_1 + W_{\mathrm{w}} - p_2 A_2 \qquad ③$$

$$\dot{m} = \rho U_1 A_1 = \rho Q$$

$$= 999 \times 0.6 \times 10^{-3} = 0.599 \quad (\mathrm{kg/s})$$

$$U_1 = \frac{Q}{A_1} = \frac{0.6 \times 10^{-3}}{\frac{\pi}{4} \times 0.016^2} = 2.98 \quad (\text{m/s})$$

$$U_2 = \frac{Q}{A_2} = \frac{0.6 \times 10^{-3}}{\frac{\pi}{4} \times (0.005)^2} = 30.6 \quad (\text{m/s})$$

喷嘴重量： $W_a = m_a g = 0.1 \times 9.81 = 0.981 \quad (\text{N})$

控制体内水重： $W_w = \rho V_w g$

$$V_w = \frac{1}{12}\pi h (D_1^2 + D_2^2 + D_1 D_2)$$

$$= \frac{1}{12}\pi \times 0.03 \times (0.016^2 + 0.005^2 + 0.016 \times 0.005)$$

$$= 2.84 \times 10^{-6} \quad (\text{m}^3)$$

$$W_w = 999 \times 2.84 \times 10^{-6} \times 9.81 = 0.0278 \quad (\text{N})$$

将上述各结果代入式③，得

$$F_A = 0.599 \times (2.98 - 30.6) + 0.981 + 464 \times 1000 \times \frac{\pi}{4} \times (0.016)^2 + 0.0278 - 0$$

$$= -16.5 + 0.981 + 93.3 + 0.278 = 77.8 \quad (\text{N})$$

式中，p_2 取为零。F_A 为正值沿 z 方向向上，即使未完全固定，喷嘴仍推向管口。本例题控制体的选取并不唯一，另两种取法为仅含喷嘴或仅含水。

例 2-20 多孔板的阻力

设备壳体内置有 50 根直径为 D 的圆管，交叉排列组成列管，由多孔板固定，板上开有 100 个直径为 d 的圆孔，分布于圆管四周作为流体通道。图 2-25 虚线示出六边形构成列管组的一个单元，试列出流体流经多孔板的压降式。

解 不计流体从截面 1 到多孔板截面 0 流动过程中的阻力损失，由伯努利方程，对截面 1、0 有

$$\frac{p_1}{\rho} + \frac{1}{2}U_1^2 = \frac{p_0}{\rho} + \frac{1}{2}U_0^2$$

$$p_0 = p_1 + \frac{1}{2}\rho(U_1^2 - U_0^2) \tag{①}$$

选取相邻多孔板之间的 $JKLMDEJ$ 为控制体，如图 2-25(b) 所示，则作用于控制面 $JKLM$ 的压力为 $p_0 A_1$，DE 面的压力为 $p_2 A_2$，管间流体流率为 $\rho U_1 A_1$。因此，依据动量方程式，有

$$p_0 A_1 - p_2 A_2 = \rho U_1 A_1 (U_1 - U_0) \tag{②}$$

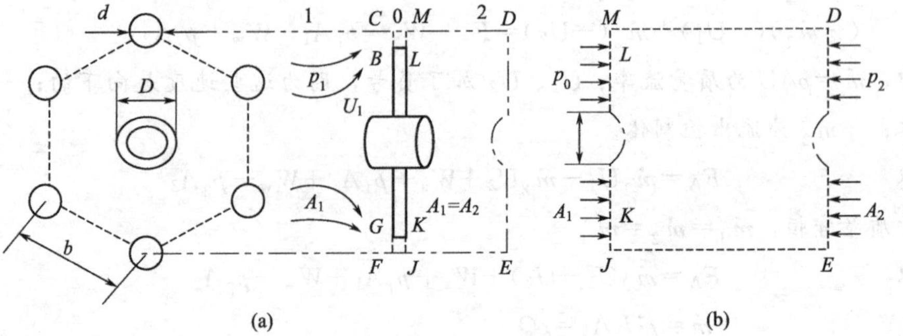

(a)   (b)

图 2-25 多孔板

将式①代入式②中，并由 $A_1 = A_2$，$U_1 = U_2$ 得

$$A_1(p_1 - p_2) + A_1\rho \times \frac{1}{2}(U_1^2 - U_0^2) = \rho U_1 A_1 (U_1 - U_0) \qquad ③$$

式中，A_1 为一个六边形单元的通道面积，$A_1 = 6\left(\frac{1}{2}b \times \frac{\sqrt{3}}{2}b\right) - \frac{1}{4}\pi D^2$；$b$ 为孔间距。

对应于一根圆管，多孔板上的流体通道面积为

$$A_0' = 6\left(\frac{\pi d^2/4}{3}\right) = 2A_0$$

式中，A_0 为单个圆孔面积。

由一维连续性方程可知：$U_0 A_0' = U_1 A_1$，代入式③，则得流经多孔板的压降为

$$p_1 - p_2 = \frac{1}{2}\rho U_1^2 \left(1 - \frac{A_1}{A_0'}\right)^2$$

$$p_1 - p_2 = \frac{1}{2}\rho U_1^2 \left(1 - \frac{6\sqrt{3}b^2 - \pi D^2}{2\pi d^2}\right)^2$$

2.5　宏观衡算法的应用

取有限控制体，利用守恒原理求解各类问题，前面几节分别作了论述，重点是在流动行为。对于关注边界而非流场内部"细节"的问题，这是一种简便而有效的方法。有些问题既可用动量守恒亦可用能量守恒，而有些问题则必须有所选择。正确运用主要依赖实践。下面给出几个实例，综合运用三个守恒原理。

例 2-21　管路系统起动行为[1]

如图 2-26 所示的管路系统中有一个大蓄水池，连着水平长直管，管端有阀门，试讨论当阀门忽然打开时的速度随时间变化。

注：$1in$（英寸）$= 2.54cm$。

解　定态速度 U_∞，可由①-③间机械能守恒方程给出：

$$U_\infty = \left[\frac{p_1 - p_3}{\rho} \times \frac{D}{2fL}\right]^{1/2} \qquad ①$$

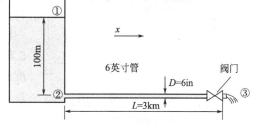

图 2-26　管路系统

已知管中的定态速度为 $2.45m/s$，且摩擦系数 f 为 0.0042。

为了评价启动行为，设定管道入口点②及出口点③为观察体系，假定流动启动阶段点②的压力不变，$p_2 = \rho g(Z_1 - Z_2)$，选取 x 方向的动量平衡，液体密度不变，其质量是常数，任何一段内进出口的质量流量和速度都是相等的，有

$$m\mathrm{d}U = \sum F\mathrm{d}t = \left[(p_2 - p_3)\frac{\pi}{4}D^2 - \tau\pi DL\right]\mathrm{d}t \qquad ②$$

这里剪切力的作用方向与压力相反，在定态时这两个力应该相等。τ 用摩擦阻力系数 f 表示，质量 m 用体积和密度表示，则有

$$\rho\frac{\pi}{4}D^2 L\mathrm{d}U = \sum F\mathrm{d}t = \left[(p_2 - p_3)\frac{\pi}{4}D^2 - f\rho\frac{U^2}{2}\pi DL\right]\mathrm{d}t \qquad ③$$

$$\mathrm{d}U = \left[\frac{(p_2 - p_3)}{\rho L} - \frac{4f}{D} \times \frac{U^2}{2}\right]\mathrm{d}t = \frac{2f}{D}(U_\infty^2 - U^2)\mathrm{d}t \qquad ④$$

且

$$\frac{\mathrm{d}U}{U_\infty^2 - U^2} = \frac{2f}{D}\mathrm{d}t \qquad ⑤$$

式中，f 因流动状态不同，会有所变化；考虑到包含 f 的这一项仅在起始流动的末端才有显著的作用，故可以认为 f 是常数。积分后有：

$$t = \frac{D}{4fU_\infty}\ln\frac{U_\infty + U}{U_\infty - U} + C \qquad ⑥$$

当 $t=0$，$U=0$，上式积分常数 $C=0$。令 $t=\infty$ 可以检验式⑥能否给出定态解。右边项趋于无穷大的唯一可能是对数项的分母为零，此时 $U=U_\infty$。为得到速度-时间关系，首先计算：

$$\frac{D}{4fU_\infty} = \frac{6 \times 0.0254}{4 \times 0.0042 \times 2.45} = 3.7 \quad (\mathrm{s}) \qquad ⑦$$

得到表 2-1 的流动行为，可以看出，开始时速度增加得很快，然后渐近地趋于恒定值。

表 2-1　流动行为

速度/(m/s)	时间/s	速度/(m/s)	时间/s
0.1	0.31	2.44	23.1
1	3.24	2.449	31.8
2	8.57	2.45	无穷大
2.4	17.11		

如图 2-27 所示是例 2-21 的结果与另外两种结果的比较。例 2-21 的值以方块（□）表

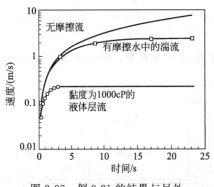

图 2-27　例 2-21 的结果与另外
两种结果的比较

示，通过这些计算值得到平滑曲线。它的上方是无摩擦时曲线即设方程式③中的 $f=0$，曲线的开始几秒与本例题曲线相同，表明摩擦因子在开始时是可以忽略的，直到速度趋于它的最终值。最低的那条曲线是将例题中的水用黏度为 1000cP 的液体代替，这样就会得到层流（见第 3 章），这里使用的一维近似不再适用，需要作为二维和三维处理（第6 章）。可以看出，由于黏性力的作用，得到的速度比本例中的要小很多。最终的值为水体系中的1/10，它的启动期也比本例要短。

例 2-22　两理想气流的混合[8]

同一种理想气体的两股定常态湍流气流作如图2-28 所示的混合，此两股气流具有不同的速度、温度和压强。计算混合后气流的速度、温度和压强。

解　本例比以前讨论的不可压缩、等温情况的流体行为要复杂得多，因为在这里密度和温度的变化可能很重要。所以，除了质量和动量衡算外，还需应用定常态宏观能量衡算，以及理想气体状态方程。

选择进口平面（1a 和 1b）作为流体开始混合的截面。出口平面 2 选在下游足够远处、流体已完全混合的截面。假定是平坦的速度分布，管壁的剪切应力可忽略，位

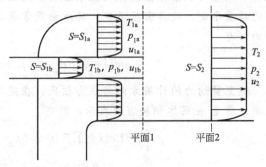

图 2-28　两理想气流的混合

能无变化。此外，忽略流体热容的变化，并假定是绝热操作。现在可对此具有二个入口和一个出口的系统写出下列方程。

质量：
$$w_1 = w_{1a} + w_{1b} = w_2 \qquad ①$$

动量：
$$U_2 w_2 + p_2 S_2 = U_{1a} w_{1a} + p_{1a} S_{1a} + U_{1b} w_{1b} + p_{1b} S_{1b} \qquad ②$$

能量：
$$w_2 [C_p(T_2 - T_0) + U_2^2/2] = w_{1a}[C_p(T_{1a} - T_0) + U_{1a}^2/2]$$
$$+ w_{1b}[C_p(T_{1b} - T_0) + U_{1b}^2/2] \qquad ③$$

状态方程：
$$p_2 = \rho_2 R T_2 / M \qquad ④$$

在这组方程中已知 1a 和 1b 处的所有量，但有四个未知量，它们为 p_2、T_2、ρ_2 和 U_2。T_0 是焓的参考温度。式①乘以 $C_p T$，并将此结果与式③相加，可得

$$w_2 \left[C_p T_2 + \frac{1}{2} U_2^2 \right] = w_{1a} \left[C_p T_{1a} + \frac{1}{2} U_{1a}^2 \right] + w_{1b} \left[C_p T_{1b} + \frac{1}{2} U_{1b}^2 \right] \qquad ⑤$$

式①、式②和式⑤右边的量都是已知的，将它们分别用 w、P 和 E 表示。注意 w、P 和 E 都不是独立的，因为每一股入口流的压强、温度和密度都必须由状态方程相互关联。

解 U_2 的方程②，用理想气体定律消去 p_2，此外用 $\rho_2 U_2 S_2$ 表示 w_2，可得

$$U_2 + \frac{R T_2}{M U_2} = \frac{P}{w} \qquad ⑥$$

解式⑥，得 T_2，并将其代入式⑤中，可得

$$U_2^2 - \left[2\left(\frac{\gamma}{\gamma+1}\right) \frac{P}{w} \right] U_2 + 2\left(\frac{\gamma-1}{\gamma+1}\right) \frac{E}{w} = 0 \qquad ⑦$$

式中，$\gamma = C_p / C_V$，此量对气体大约为 $1.1 \sim 1.667$。此处实际上应用了对理想气体的关系式 $C_p / R = \gamma/(\gamma-1)$。当对 U_2 解式⑦时，可得

$$U_2 = \frac{\gamma}{\gamma+1} \times \frac{P}{w} \left[1 \pm \sqrt{1 - 2\left(\frac{\gamma^2-1}{\gamma^2}\right) \times \frac{wE}{P^2}} \right] \qquad ⑧$$

从物理上来说，式⑧中根号内的数不能是负数。因为可以证明，当被开方数为零时，最终气流的速度为声速。所以一般来说，此时 U_2 的解，其一为超声速，另一为亚声速。但对所考虑的湍流混合过程，只能得到较低速度（亚声速）的解，因为超声速管流是不稳定的。

一旦知道速度 U_2、压强和温度可由式②和式⑥进行计算。

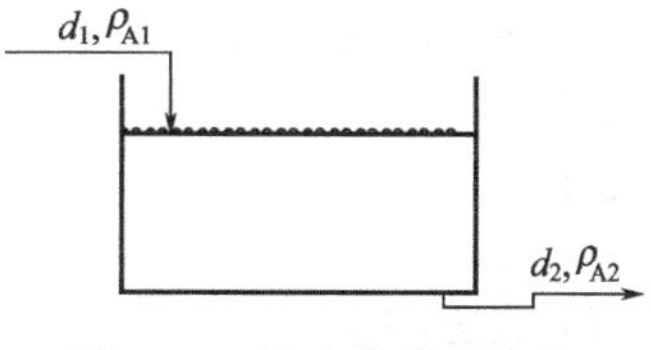

图 2-29　伴有化学反应的质量衡算

例 2-23　伴有化学反应的质量衡算[9]

如图 2-29 所示，密度为 ρ 的水，以流率 $Q_1 = 0.02 \text{m}^3/\text{min}$ 经直径 $d_1 = 0.05 \text{m}$ 的管道进入反应釜，并假定其密度与组分 A 的浓度无关。设釜内理想混合，体积为 $V(15\text{m}^3)$，出口流率 Q_2 与 Q_1 相等，出口管径 $d_2 = 0.02\text{m}$，釜内发生零级反应

$$2A \longrightarrow B$$

反应速率为 $r_B = 0.08 \text{kg}/(\text{min} \cdot \text{m}^3)$。如果釜中 A 的起始浓度为 ρ_{A1} 50kg/m^3，试求 $t = 100\text{min}$ 时出口 A 的浓度。

解　对 A 组分作质量衡算

输入质量率 - 输出质量率 = 累积质量率 + 反应质量率

$$Q\rho_{A1} - Q\rho_{A2} = \left(\frac{dV\rho_{A1}}{dt}\right) + r_A V \qquad ①$$

由于反应体积恒定，故 $V = 15\text{m}^3$

据题意可知 $\qquad\qquad\qquad\qquad r_A = 2r_B$

所以式①可简化为：

$$V\frac{d\rho_{A2}}{dt} = -Q(\rho_{A2} - \rho_{A1}) - 2r_B V \qquad ②$$

$$dt = V\frac{d\rho_{A2}}{-Q(\rho_{A2} - \rho_{A1}) - 2r_B V}$$

积分，并运用起始条件

$$V\int_{\rho_{A1}}^{\rho_{A2}} \frac{d\rho_{A2}}{-Q(\rho_{A2} - \rho_{A1}) - 2r_B V} = \int_0^t dt$$

得到

$$\frac{(Q\rho_{A1} - 2r_B V) - Q\rho_{A2}}{(Q\rho_{A1} - 2r_B V) - Q\rho_{A1}} = \exp\left(-\frac{Q}{V}t\right) \qquad ③$$

求常数项

$$Q\rho_{A1} - 2r_B V = 0.02 \times 50 - 2 \times 0.08 \times 15$$
$$= -1.4 \quad (\text{kg/min})$$

代入式③

$$\frac{-1.4 - 0.02\rho_{A2}}{-1.4 - 0.02 \times 50} = \exp\left(-\frac{0.02}{15} \times 100\right)$$

$$0.02\rho_{A2} = (1.4 + 0.02 \times 50)\exp\left(-\frac{0.02}{15} \times 100\right) - 1.4$$

$$\rho_{A2} = 35.0\text{kg/m}^3$$

本章主要符号

A	面积，m^2；截面积，m^2		Z	位头，m
B	密度，m		b	间距，m
C_0	孔口系数		d	管径，m
C_p	比热容，J/(kg·K)		f	摩擦系数
D	管径，m		h	高度，m
E	能量，J		h_f	能量损耗，J
F	力，N		m	质量，kg
G	质量流速，kg/s		$\dot{m}$	质量流率，kg/s
H	高度，m；焓，J		p	压力，N/m^2 或 Pa
M	分子量		r	管半径，m；反应速率，mol/s
Q	体积流率，m^3/s		t	时间，s
R	管半径，m；高度，m		u	速度，m/s
Re	雷诺数		x	距离，m
T	温度，K		α	动能校正因子
U	截面平均速度，m/s		μ	动力黏度，Pa·s
U_0	来流速度，m/s		ν	运动黏度，m^2/s
V	体积，m^3；体积流率，m^3/s		ρ	密度，kg/m^3
$\dot{W}$	功率，W			

思 考 题

1. 什么是控制体？有限控制体与微元控制体有无差别？

2. 有限控制体分析法的特点是什么？分析这种方法的适用性。

3. 非定常质量衡算常用于求解哪一类问题？请列举数例，就本章所涉及的非定常流，探讨非定常传递现象的特点。

4. 宏观机械能衡算与无黏性流体的伯努利方程推导如何关联？能量衡算如何联系传递现象与热力学？

5. 何谓动能校正因子？

6. 管流和明渠流各有何特征？它们之间的主要区别何在？

7. 简述流量测量原理，导出流量测量方程时需作出哪些假定？如何选择流量测量方法？

8. 流体可压缩性对流动造成何种影响？试对比分析可压缩与不可压缩的能量衡算。

9. 比较动量衡算与能量衡算、质量衡算的异同点。

10. 结合例 2-19，比较控制体的不同选取在总体衡算中的作用。

习 题

2-1 如图 2-30 所示，在开口水箱液面下 $h=2\text{m}$ 处的壁面开孔并接一条长 $l=0.5\text{m}$ 的水平管道，不计损失，试求管道出口阀门打开时小管出流速度随时间变化的表达式，并求流速从 0 增加到 $0.95\sqrt{2gh}$ 所经历的时间。

2-2 空气在内径 0.1m 的长直管中定态流动，见图 2-31。每个截面的温度、压力（绝压）均匀分布。如果截面 2 的平均空气速度（非均匀速度分布）为 30.5m/s，求截面 1 的平均空气速度。

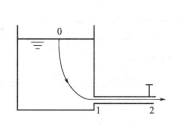

图 2-30 习题 2-1 附图

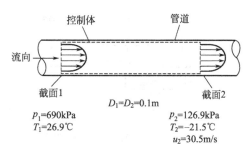

$D_1=D_2=0.1\text{m}$

$p_1=690\text{kPa}$　　　　　$p_2=126.9\text{kPa}$

$T_1=26.9℃$　　　　　　$T_2=-21.5℃$

　　　　　　　　　　　$u_2=30.5\text{m/s}$

图 2-31 习题 2-2 附图

2-3 芯片扩散炉中含有空气，体积为 0.3m^3，见图 2-32，空气可当作理想气体。开始热扩散操作前真空泵抽吸空气。在抽吸过程中，加热丝保持釜中温度恒定为 20℃，泵进口处体积流率与压力无关，为 $0.03\text{m}^3/\text{min}$。问需多长时间才能将压力由 1atm 降低到 0.0001atm。

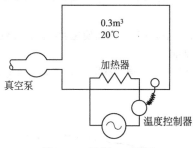

图 2-32 习题 2-3 附图

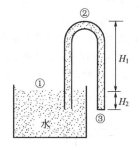

图 2-33 习题 2-4 附图

2-4 虹吸管路，如图 2-33 所示，管径为 25mm，$H_1=12\text{m}$，$H_2=3\text{m}$，试求温度为 310K 时水的流率。忽略一切损失。

2-5 寻求上题中②点压力（psia）。若大气压力为 14.4psia，该系统能否操作？

2-6 平板平板间流体在上平面以速度 U 运动时，有如图 2-34 所示的 $\dfrac{U_x}{U_0}=\dfrac{y}{h}$ 速度分布，试计算动能校正因子。

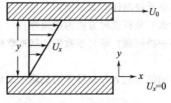

图 2-34 习题 2-6 附图

2-7 直径 4m 的水槽，水深 2m，通过半径 3cm 的出口孔流出，试求水流出一半所需要的时间以及流空所需要的时间。

2-8 水以流率 $0.28\mathrm{m^3/s}$ 通过 45° 渐缩管，进口绝对压力为 100psia，出口绝对压力为 29.0psia，进出口管的分直径分别为 15cm 和 10cm，试求作用在弯头上的力。

2-9 文丘里流量计测量流率（如图 2-35 所示），进口与喉孔压差为 4.2psia，进口管径为 2.5cm，喉孔直径为 1.5cm，管中流体密度为 $1450\mathrm{kg/m^3}$，试求流率。

2-10 流体流过文丘里流量计（见图 2-35），以 U 形管测量压降，读数为 15cm，U 形管中流体是水银，密度为 $13450\mathrm{kg/m^3}$。管线中气体压力为大气压，保持温度 25℃，试求气体压降。

2-11 突然扩大的管道如图 2-36 所示，盐水在管内流动，小管内径为 0.15m，大管内径为 0.3m，盐水溶液密度为 $1010\mathrm{kg/m^3}$，试求压强升高值。

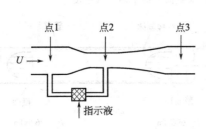

图 2-35 习题 2-9、习题 2-10 附图

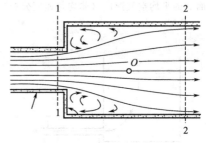

图 2-36 习题 2-11 附图

2-12 相同水平面上的两贮槽相距 300m，用泵输送稀盐酸溶液，两槽气相空间的压力分别为 $p_1=1\mathrm{atm}$、$p_2=4\mathrm{atm}$，管直径为 5cm，管内平均速度为 0.8m/s，试求泵的最低功率。

2-13 突然扩大的管道，其直径分别为 D_1 和 D_2，对给定的流体速度 u_2，试求证 $D_2/D_1=\sqrt{2}$ 时压强比 p_2/p_1 为最大值。

2-14 水流速度 1.6m/s，在 25mm 和 50mm 管中运动，两管连接方式如图 2-37 所示，汇合后液体进入 75mm 管，试求汇合后水流速度。

2-15 通过锥型管的流动如图 2-38 所示，管中的流率相同，因截面积差异而使速度不同，发生动量变化。试求由此而产生的作用力，并决定从流体至锥体的作用力方向。

2-16 水流通过三角形堰（如图 2-39 所示），试由伯努利方程导出流率与深度 H 的关系。如果 $H=H_0$ 时的流率为 Q_0，试估计 $H=3H_0$ 时的流率。

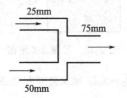

图 2-37 习题 2-14 附图

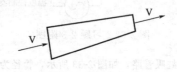

图 2-38 习题 2-15 附图

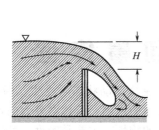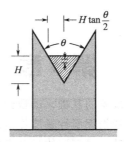

图 2-39　习题 2-16 附图

参 考 文 献

［1］　Noel de Nevers. Fluid Mechanics for Chemical Engineers. New York：McGraw-Hill/Higher Educa，2005.

［2］　Vijay Gupta. Fluid Mechanics and Its Applications. New Delhi：Wiley Eastern Limited，1984.

［3］　James O. Wilkes. Fluid Mechanics for Chemical Engineers. New Jersey：Prentice Hall，1999.

［4］　莫乃榕，槐文信. 流体力学（水力学）题解. 武汉：华中科技大学出版社，2002.

［5］　Bruce R. Munson，Donald F. Young，Theodore H. Okiishi. Fundamentals of Fluid Mechanics. 邵卫云改编. 第五版. 北京：电子工业出版社，2006.

［6］　许贤良，王传礼，张军，朱增宝. 流体力学. 北京：国防工业出版社，2006.

［7］　Robert S. Brodkey，Harry C. Hershey. Transport Phenomena. New York：McGraw-Hill，1988.

［8］　R. B. 博德，W. E. 斯图沃特，E. N. 莱特福特. 传递现象. 戴干策，戎顺熙，石炎福译. 北京：化学工业出版社，2004.

［9］　David P.，Kessler，Robert A. Grcenkorn，Momentum，Heat and Mass Transfer Fundamentals. New York：Marcel Dekker，Inc.，1999.

第3章 动量传递

动量传递是传递现象的基础，动量传递在流体流动状态下发生。因此，考察动量传递，需要认识流体。流体的物理属性是流体运动变化的内因，流体对外力的响应、流体模型的划分以其物理属性为基础。对于流体运动有影响的物性，主要是密度、黏性、压缩性、表面张力等。其中又以黏性最为重要，其他性质则在特定的范围内显示其重要作用。例如，探讨高速气流运动时，必须考虑压缩性；两相流动时，必须考虑表面张力等。

各种流体的黏性有很大差异，即使对空气、水这样黏度很低的流体，在研究动量传递现象时，也不能忽略黏性。忽略黏性的流体称为理想流体，研究理想流体的规律不在本书范围之列。除流体物理属性之外，流动空间（主要是边界和内构件）的几何特征（如形状、尺寸、表面状况等）以及运动方式，运动速度大小，相关的温度、压力均可能影响流动和传递。本章在分析上述因素的基础上，采用薄壳微元体衡算法，研究不同条件下的动量传递。首先讨论流体的两种基本运动状态——层流与湍流，然后分别考察层流动量传递（分子传递）与湍流动量传递（涡旋传递）。

本章考察动量传递现象仅涉及一些常见的简单流场，作为理解和解决工程上复杂现象的基础。此外，着重讨论边界层中的传递现象，边界层理论是研究动量传递的基本理论。

研究动量传递的基本方法是：应用薄壳微元体衡算法，针对具体问题建立运动方程，通过求解得到流场的速度分布和压力分布，从而了解动量传递特性。本章将通过若干实例阐述动量传递理论的应用。

3.1 流动状态——层流与湍流

在日常生活中，常可看到一缕青烟冉冉上升。在没有风吹的情况下，起始阶段的烟流呈细直平滑的圆柱状上升，边界清晰。但上升一段高度后烟柱变粗，烟流混乱，边界模糊，烟向四周迅速扩散、渗入周围空气，如图 3-1 所示。现象表明：烟气上升过程中存在着两种不同的流动状态。

图 3-1 烟气上升

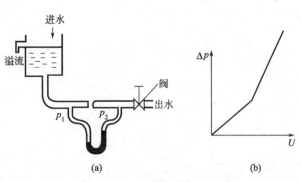

图 3-2 流动阻力测定

考察水流在管道内的流动，如图 3-2(a) 所示，开大阀门，使流率由小而大，并同时测量水流的流动阻力 Δp，可以观察到阻力随着流率即流速 U 的增大呈线性增加。当流率增大到一定数值后，阻力转变为随流速呈平方关系剧增，如图 3-2(b) 所示。实验表明：流体流动的阻力随速度变化具有两种不同的规律。

采用氢气泡流场显示法，使沿管道截面直径生成一组小氢气泡，跟随水流往下游运动，气泡运动显示了流体沿截面的速度分布（详见 3.4.1 节）。

改变管道内水流流量，发现对应于上述两种呈现不同阻力规律的区域沿截面的速度分布也不同。水流速度低时，呈抛物线规律，如图 3-3(a) 所示的曲线。增加流量至一定值以后，管道中央附近的速度分布趋于平坦，仅在管壁附近有较大的速度梯度，如图 3-3(b) 所示。上述实验表明：流体流动会出现两种不同的状态，并具有各自的速度分布和阻力规律。下面将通过著名的雷诺试验揭示两种流动状态——层流和湍流及其基本特征，并确定流动状态的判别准则。

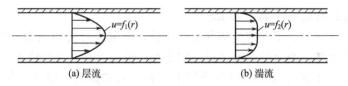

图 3-3　两种流动状态下的速度分布

3.1.1　雷诺试验

1883 年英国科学家雷诺应用有色液体示踪进行流场显示，观察了两种流动状态的特点。其装置如图 3-4 所示。

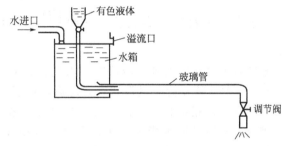

清水从恒定液面的水箱流出，流经一定长度的水平玻璃管，经调节阀排出。高位容器中的有色液体经直角细弯管，从水平玻璃管进口端的中央处连续注入，作为示踪剂。当管内水流速度较低时，有色水不与周围的清水流相混，在水流中呈纤细的直线，或者近似于直线，与周围水流以相同的速度向下游流

图 3-4　雷诺试验装置

动。两者之间界限分明，一直延伸至管段出口，如图 3-5(a) 所示，这种流动状态称层流（又称滞流）。随着水流速度的增大，在玻璃管进口附近的有色水虽然为直线，但经过一定距离以后（速度很高时这段距离很短），有色线段发生波动，进而断裂并分散，清水与有色水相互渗混，有色水逐渐扩散到整个管段，使管内清水均染上颜色，如图 3-5(b) 所示，这种流动状态称为湍流（又称紊流）。

上述流动显示实验表明，层流时，处于管内不同径向位置的流体微团各以确定的速度沿轴向分层流动，层间流体互不掺混，不存在径向速度。定常流动下流量不随时间变化，管内各点的速度也不随时间变化。湍流状态则不同，各层流体相互掺混，应用激光测速仪或热丝测速仪检测表明此时流体流经空间固定点的速度随时间作不规则的变化，流体微团以较高的频率发生各个方向的脉动，如图 3-6 所示。这种速度脉动是湍流流动最基本的特征。

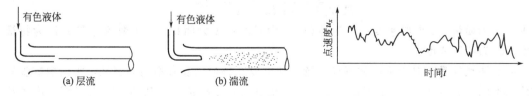

图 3-5　两种流动状态　　　　　　　　　　图 3-6　湍流中点速度变化

由此可见，两种流动状态的传递机理有着明显差别：层流状态下，不同速度流体层之间的动量传递只能由各层流体之间分子热运动来实现，属于分子传递；湍流时的动量传递，除了分子之间的传递，主要依靠微团脉动，即表现为旋涡运动的涡流传递，涡流传递的作用比分子传递强得多，约高几个数量级。因此，湍流时的动量通量要比层流时大得多，致使摩擦阻力也大得多。这种强烈的动量交换正是湍流时沿截面的速度分布较层流平坦的原因。

湍流时的涡流传递促进了流体混合，有利于热量、质量传递和化学反应，是强化这些过程的有效途径。涡流传递是本书讨论的重点，在后面有关章节将逐步展开。

3.1.2 流动状态的判别——雷诺数 *Re*

以不同管径的玻璃管、不同密度和黏度的流体，重复进行流动状态的实验，观测发现：对于给定的管径和流体，当流动速度超过一定值时，流动状态会发生转变，状态转变时的速度称为临界速度；在不同管径和流体的条件下，有不同的数值。但是，若将临界速度、管径、流体密度和黏度这 4 个物理量按一定方式组合成一个无量纲数群，结果表明：在状态转变时，这个数群的数值都相同。为了纪念雷诺发现两种流动状态的历史功绩，命名这个数群为雷诺数。

$$Re = \frac{特征速度 \times 特征尺度 \times 流体密度}{流体黏度} \tag{3-1}$$

对于流体在直圆管内的流动，$Re = \dfrac{\rho U D}{\mu}$，$D$ 为圆管直径，当 $Re < 2100$ 时流动状态保持层流。

通过对流动状态的进一步研究，人们认识到流动状态的转变是很复杂的。当 $2100 < Re < 10000$ 时，流动处于过渡状态，即流动可能是层流，也可能是湍流，取决于实验时的条件，如管壁的粗糙程度、周围环境的振动干扰、流体进入管道前的初始扰动等。采取特殊措施，消除各种可能的干扰，可以得到很高的临界雷诺数值。但工程上，一般认为 $Re < 2100$ 是层流，$Re > 10000$ 是充分发展的湍流，流动状态转变时的雷诺数称为临界雷诺数 Re_c。

对于流动状态转变的机理以及临界雷诺数的理论预测虽然还不很清楚，但是对于雷诺数本身的含义已有了进一步的理解。它综合反映了流体的物理属性、流场的几何特征和流动速度对流体运动特征的影响。雷诺数是运动过程中两种力即惯性力和黏性力的比值。

$$惯性力 = ma \propto \rho V \frac{U}{t} \propto \rho L^3 \frac{U}{L/U} = \rho U^2 L^2 \tag{3-2}$$

$$黏性力 = \mu A \frac{dU}{dy} \propto \mu L^2 \frac{U}{L} = \mu U L \tag{3-3}$$

两者之比为

$$\frac{惯性力}{黏性力} = \frac{\rho U^2 L^2}{\mu U L} = \frac{\rho U L}{\mu} = Re \tag{3-4}$$

式中，m 为质量；a 为加速度；V 为体积；t 为时间；A 为面积；μ 为黏性系数；L 为特征尺度；U 为特征速度。

需要注意的是，对于不同的流场，特征速度以及特征尺寸有不同的定义，雷诺数的临界数值也不同，见表 3-1。对于工程上复杂的流动系统，流动状态的判别更需要仔细考虑各特征值的定义。

表 3-1　雷诺数的特征速度与特征尺度

流 动 类 型	特 征 速 度	特 征 尺 度	临 界 值
管内流动 $U \longrightarrow D$	截面平均速度 U	管道直径 D	2100
沿平壁流动 $U_0 \longrightarrow$　x	来流速度 U_0	离前缘距离 x	5×10^5
绕球体或柱体流动 $U_0 \longrightarrow$　d	来流速度 U_0	球体或柱体直径 d	3×10^5

例 3-1　管流流动状态的判别

20℃的水和空气分别以 0.04m/s 和 0.62m/s 在管径为 ϕ0.05m 的管道内流动。试判断：(1) 水和空气的流动状态；(2) 若管内水流的速度增至 0.2m/s，流动状态有无变化。

解　(1) 20℃时，水　　$\rho = 1000 \text{kg/m}^3$，$\mu = 1.005 \times 10^{-3} \text{Pa·s}$

空气　$\rho = 1.205 \text{kg/m}^3$，$\mu = 1.813 \times 10^{-5} \text{Pa·s}$

对于水：

$$Re = \frac{\rho U D}{\mu} = \frac{1000 \times 0.04 \times 0.05}{1.005 \times 10^{-3}} = 1990 (<2100) \text{层流}$$

对于空气：

$$Re = \frac{\rho U D}{\mu} = \frac{1.205 \times 0.62 \times 0.05}{1.813 \times 10^{-5}} = 2060 (<2100) \text{层流}$$

(2) 若管内水流的速度增至 0.2m/s，Re 为

$$Re = \frac{\rho U D}{\mu} = \frac{1000 \times 0.2 \times 0.05}{1.005 \times 10^{-3}} = 9950 (>2100) \text{湍流}$$

该例表明：在 ϕ0.05m 的管道中，对于水和空气这样的流体，为保持层流流动，其流速是很低的。在通常情况下一般为湍流。

3.2　层流动量传递

第 2 章中，依据动量守恒定律，应用总体衡算方法讨论了某些工程流动问题，比较方便地得到了一些有实用价值的结果，例如计算作用于控制体的外力或流体通过控制体的压降等。

为了深入分析流动过程，了解物理量在空间的变化规律，如流动截面上流体点速度的分布，则需在流场中选取微元控制体进行动量衡算，建立微分方程，求取速度分布。

流动截面上速度不均匀，形成某种分布，黏性起了主要作用。下面通过对不同情况下流体速度分布的讨论具体考察这种影响，并在此基础上理解层流动量传递的特征。

3.2.1　平行平板间流动

两块平行的大平板，相距为 h，在压力梯度 $\dfrac{\mathrm{d}p}{\mathrm{d}x}$ 的作用下，板间的牛顿流体作层流流动。

假定两平行平板无限大，板间通道无起点也无终点，因而无特殊的端点流动现象即无端效应，此时可以认为沿水平方向每点的流动相同，因而是一维定常流动。同时视截面等压力，压力仅沿流动方向变化，即 $\dfrac{\mathrm{d}p}{\mathrm{d}x}$ ＝常数。

取长为 L、单位宽度、高为 $\mathrm{d}y$ 的微元控制体，如图 3-7 所示。垂直作用在 1-1′，2-2′侧面上的压力分别为 $p_0\mathrm{d}y\times1$ 和－$p_L\mathrm{d}y\times1$；作用在 1-2，1′-2′侧面上的黏性剪切应力分别为 $\tau L\times1$ 和－$(\tau+\mathrm{d}\tau)L\times1$。由于速度 u_x 在 x 方向上没有变化，动量变化率为零，根据动量守恒定律，则有

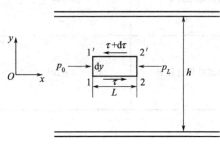

$$p_0\mathrm{d}y-p_L\mathrm{d}y+\tau L-(\tau+\mathrm{d}\tau)L=0 \qquad (3\text{-}5)$$

$$\frac{p_0-p_L}{L}=\frac{\mathrm{d}\tau}{\mathrm{d}y} \qquad (3\text{-}6)$$

式(3-6)表明压差与剪切应力平衡，由于 p 与 τ 分别为变量 x、y 的函数，即 $p=f_1(x)$，$\tau=f_2(y)$，因此只有当等式两侧均等于常数时方程才成立。

图 3-7 平板间流动的薄壳衡算

对牛顿流体 $\tau=-\mu\dfrac{\mathrm{d}u_x}{\mathrm{d}y}$ ［注意正负号的取舍，式(3-5)中已考虑 τ 的方向，这里的 τ 应为正值］，代入式(3-6)，得

$$\frac{\mathrm{d}^2u_x}{\mathrm{d}y^2}=-\frac{1}{\mu}\times\frac{p_0-p_L}{L} \qquad (3\text{-}7)$$

令 $\dfrac{p_0-p_L}{L}=C$，则有

$$\frac{\mathrm{d}^2u_x}{\mathrm{d}y^2}=-\frac{C}{\mu}$$

积分上式得速度分布通解为

$$u_x=-\frac{C}{2\mu}y^2+C_1y+C_2 \qquad (3\text{-}8)$$

式中，C_1、C_2 为积分常数。对特定的流动，有相应的边界条件，通过式(3-8)可求得定解。

3.2.1.1 固定平行平板间流动

固定平行平板间，流体流动上下对称，取 x 轴位于两板中间。边界条件为

$$\begin{cases} y=0,\dfrac{\mathrm{d}u_x}{\mathrm{d}y}=0 \\[2mm] y=\dfrac{h}{2},u_x=0 \end{cases}$$

将上述边界条件代入式(3-8)，解得

$$C_1=0,\ C_2=\frac{C}{2\mu}\left(\frac{h}{2}\right)^2$$

再将 C、C_1、C_2 代入式(3-8)，得速度分布

$$u_x=\frac{1}{2\mu}\times\frac{p_0-p_L}{L}\left[\left(\frac{h}{2}\right)^2-y^2\right] \qquad (3\text{-}9)$$

式(3-9)表明，板间流体速度呈抛物线分布，由于壁面 $y=\pm\dfrac{h}{2}$ 处，$u_x=0$，其中心 $y=0$ 处的最大速度为

$$u_{max} = \frac{1}{2\mu} \times \frac{p_0 - p_L}{L} \left(\frac{h}{2}\right)^2 \tag{3-10}$$

因此，板间流体沿截面的无量纲速度分布为

$$\frac{u_x}{u_{max}} = 1 - \left(\frac{y}{h/2}\right)^2 \tag{3-11}$$

板间流体的体积流率

$$V = \int_{-\frac{h}{2}}^{\frac{h}{2}} u_x \mathrm{d}y \times 1 = 2\int_0^{\frac{h}{2}} u_x \mathrm{d}y \tag{3-12}$$

将式(3-9)代入式(3-12)，积分得

$$V = \frac{h^3}{12\mu} \times \frac{p_0 - p_L}{L} \tag{3-13}$$

沿流动截面的平均速度

$$U = \frac{V}{A} = \frac{h^2}{12\mu} \times \frac{p_0 - p_L}{L} \tag{3-14}$$

固定平行平板间，平均速度与最大速度的关系为

$$\frac{U}{u_{max}} = \frac{2}{3} \tag{3-15}$$

将式(3-15)代入式(3-11)，可将速度分布表达为

$$u_x = \frac{3}{2}U\left[1 - \left(\frac{y}{h/2}\right)^2\right] \tag{3-16}$$

3.2.1.2 库特流

在上述流动中，若其中一块平板以恒定速度 U 做匀速运动，由运动表面带动的流动通常称为库特流。如运动平板从液体料池中抽出，经过刮刀的涂布过程，活塞在壳体内推进时流体沿间隙返回的泄漏等实例。

库特流的边界条件与固定平行平板间流动不同，其上板运动，下板固定，流动上下不对称。取 x 轴与下板面重合，边界条件为

$$\begin{cases} y=0, u_x=0 \\ y=h, u_x=U \end{cases}$$

将上述边界条件代入式（3-8），解得

$$C_1 = \frac{Ch}{2\mu} + \frac{U}{h}, C_2 = 0$$

再将 C、C_1、C_2 代入式(3-8)，得库特流的速度分布

$$u_x = \frac{1}{2\mu} \times \frac{p_0 - p_L}{L}(hy - y^2) + U\frac{y}{h} \tag{3-17}$$

令 $\frac{h^2}{2\mu U}\frac{p_0 - p_L}{L} = P$，将式(3-17)无量纲化，有

$$\frac{u_x}{U} = (P+1)\frac{y}{h} - P\left(\frac{y}{h}\right)^2 \tag{3-18}$$

这就是库特流沿截面的无量纲速度分布（如图 3-8 所示）。其特征取决于 U 和 Δp 的相对值。

（1）$p_0 - p_L = 0$，即 $P = 0$ 时，由式(3-18)得

$$\frac{u_x}{U} = \frac{y}{h} \tag{3-19}$$

式(3-19)表明：速度分布呈线性分布，如图 3-8 中 $P=0$ 的直线。由于 $\frac{\mathrm{d}u_x}{\mathrm{d}y} = \frac{U}{h}$，板间流体

流动的剪切应力为常数，即 $\tau=\mu\dfrac{U}{h}$。这种流动只受边界运动的影响，是一种最简单的剪切流动。

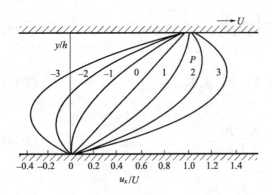

图 3-8　平行平板间库特流的速度分布

（2）$p_0>p_L$，即 $P>0$ 时，对板间的速度极值点进行分析，从而讨论流动特点。对式（3-18）求导得

$$\frac{\mathrm{d}(u_x/U)}{\mathrm{d}(y/h)}=1+P-2P\,\frac{y}{h} \qquad (3\text{-}20)$$

令 $\dfrac{\mathrm{d}(u_x/U)}{\mathrm{d}(y/h)}=0$，可得

$$\frac{y}{h}=\frac{1}{2}+\frac{1}{2P} \qquad (3\text{-}21)$$

当 $P>1$ 时，由上式得 $\dfrac{1}{2}<\dfrac{y}{h}<1$，表明：$\dfrac{h}{2}<y<h$ 间存在 $\dfrac{\mathrm{d}u_x}{\mathrm{d}y}=0$ 点，即有速度极大值点且不在两板中心轴上，如图 3-8 所示 $P>1$ 的抛物线。原因是由于顺压作用引起的。

当 $P=1$ 时，$\dfrac{y}{h}=1$，表明：$y=h$ 处 $\dfrac{\mathrm{d}u_x}{\mathrm{d}y}=0$，即有速度极大值点且在上板面上，此处的剪切应力 $\tau=0$，如图 3-8 所示 $P=1$ 的抛物线。

当 $P<1$ 时，$\dfrac{y}{h}>1$，表明：$0<y<h$ 间不存在 $\dfrac{\mathrm{d}u_x}{\mathrm{d}y}=0$ 点，此时无速度极值点，板间速度介于 0 和 U 之间，如图 3-8 中 $P<1$ 的抛物线。

（3）$p_0<p_L$，即 $P<0$ 时，对板间的速度极值点进行同样分析。

当 $P<-1$ 时，$0<\dfrac{y}{h}<\dfrac{1}{2}$，表明：$0<y<\dfrac{h}{2}$ 间存在 $\dfrac{\mathrm{d}u_x}{\mathrm{d}y}=0$ 点，有速度极小值点，板间部分区域速度将呈负值，如图 3-8 所示 $P<-1$ 的抛物线。这是逆压作用引起的返流，速度相反的界面处将产生旋涡。

上述流动特点基于板间流场由两种因素叠加形成，即边界拖曳运动导致的线性分布和压力梯度作用形成的抛物线分布。

库特流板间体积流率，可沿流体截面对速度分布积分得

$$V=\int_0^B\int_0^h u_x\,\mathrm{d}y\mathrm{d}z=\frac{h^3B}{12\mu}\times\frac{p_0-p_L}{L}+\frac{hUB}{2} \qquad (3\text{-}22)$$

式中，B 为平板宽度。

3.2.2　圆管内流动——泊谡叶流

不可压流体在圆管内作定常层流流动，如图 3-9 所示，圆管半径为 R、长度为 L。考察远离进出口处的流体流动，可不计端效应。对于圆形管道，根据流场特征，可采用柱坐标对流体薄壳微元体进行动量衡算。

在流场中选取一薄壳圆环体，长度为 L、厚度为 $\mathrm{d}r$。薄壳体两端面所受压力分别为 p_0（$2\pi r\mathrm{d}r$）和 $-p_L(2\pi r\mathrm{d}r)$；相邻流体作用于环体内、外表面的剪切力分别为 $\tau(2\pi rL)$ 和 $-(\tau+\mathrm{d}\tau)\times2\pi(r+\mathrm{d}r)L$。对于等直径圆管，流体动量沿程不发生变化，根据动量守恒定律，可列出

$$(p_0-p_L)\times2\pi r\mathrm{d}r+\tau\times2\pi rL-(\tau+\mathrm{d}\tau)\times2\pi(r+\mathrm{d}r)L=0$$

$$\tau\mathrm{d}rL+\mathrm{d}\tau rL+\mathrm{d}\tau\mathrm{d}rL=(p_0-p_L)r\mathrm{d}r \qquad (3\text{-}23)$$

式(3-23)中 $\mathrm{d}\tau\mathrm{d}rL$ 为二阶小量，相对于其他各项可忽略，同时方程两侧除以 $r\mathrm{d}rL$，有

$$\frac{\tau}{r}+\frac{\mathrm{d}\tau}{\mathrm{d}r}=\frac{p_0-p_L}{L}$$

即

$$\frac{\mathrm{d}(r\tau)}{r\mathrm{d}r}=\frac{p_0-p_L}{L} \qquad (3\text{-}24)$$

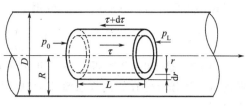

图 3-9　管内流动控制体

当等式两边均等于常数时方程才成立，积分得

$$r\tau=\frac{1}{2}\times\frac{p_0-p_L}{L}r^2+C_1$$

由边界条件 $r=0$，$\tau=0$，得 $C_1=0$。则有

$$\tau=\frac{1}{2}\times\frac{p_0-p_L}{L}r \qquad (3\text{-}25)$$

$r=R$ 处，$\tau=\tau_\mathrm{w}$，得

$$\tau_\mathrm{w}=\frac{1}{2}\times\frac{p_0-p_L}{L}R \qquad (3\text{-}26)$$

式中，τ_w 为壁面上的剪切应力。

由式(3-25)和式(3-26)得

$$\frac{\tau}{\tau_\mathrm{w}}=\frac{r}{R} \qquad (3\text{-}27)$$

式(3-27)表明：剪切应力沿径向为线性分布。结合流体黏性定律可进一步得到管内流体速度分布等有关流动特征。

3.2.2.1　牛顿流体流动

（1）速度分布　将牛顿黏性定律 $\tau=-\mu\dfrac{\mathrm{d}u_z}{\mathrm{d}r}$ 代入式(3-25)，得

$$\frac{\mathrm{d}u_z}{\mathrm{d}r}=-\frac{1}{2\mu}\times\frac{p_0-p_L}{L}r \qquad (3\text{-}28)$$

$$u_z=-\frac{1}{4\mu}\times\frac{p_0-p_L}{L}r^2+C_2$$

由边界条件 $r=R$，$u_z=0$，得

$$C_2=\frac{1}{4\mu}\times\frac{p_0-p_L}{L}R^2$$

因此，圆管内的速度分布为

$$u_z=\frac{1}{4\mu}\times\frac{p_0-p_L}{L}(R^2-r^2) \qquad (3\text{-}29)$$

式(3-29)表明：流动截面上的速度分布呈旋转抛物面。管中心 $r=0$ 处最大速度为

$$u_\mathrm{max}=\frac{1}{4\mu}\times\frac{p_0-p_L}{L}R^2 \qquad (3\text{-}30)$$

结合式(3-29)和式(3-30)，得圆管内无量纲速度分布为

$$\frac{u_z}{u_\mathrm{max}}=1-\left(\frac{r}{R}\right)^2 \qquad (3\text{-}31)$$

（2）体积流率

$$V=\int_A u_z\mathrm{d}A=\int_0^R u_z\times2\pi r\mathrm{d}r \qquad (3\text{-}32)$$

将式(3-29)代入式(3-32)，积分得

$$V = \frac{\pi}{8\mu} \times \frac{p_0 - p_L}{L} R^4 \tag{3-33}$$

式(3-33)是1839年哈根、1840年泊谡叶分别由实验得到的，故称为哈根-泊谡叶方程。方程表明：牛顿流体在管内作层流流动时，体积流率正比于单位管长上的压降以及圆管半径的四次方。

（3）沿流动截面的平均速度

$$U = \frac{V}{A} = \frac{1}{8\mu} \times \frac{p_0 - p_L}{L} R^2 \tag{3-34}$$

平均速度与最大速度的关系为

$$\frac{U}{u_{max}} = \frac{1}{2} \tag{3-35}$$

将式(3-35)代入式(3-31)，可将速度分布表达为

$$u_z = 2U \left[1 - \left(\frac{r}{R} \right)^2 \right] \tag{3-36}$$

（4）流动阻力　对长为 L 的光滑圆管，管内壁的摩擦阻力为

$$D_F = \int_0^L \tau_w \times 2\pi R \mathrm{d}z \tag{3-37}$$

若管内流动充分发展，由牛顿黏性定律和式(3-36)得

$$\tau_w = -\mu \frac{\mathrm{d}u_z}{\mathrm{d}r} \bigg|_{r=R} = \frac{4\mu U}{R} \tag{3-38}$$

将式(3-38)代入式(3-37)，流体流经光滑圆管的摩擦阻力为

$$D_F = \int_0^L \tau_w \times 2\pi R \mathrm{d}z = 8\pi\mu U L \tag{3-39}$$

工程上常用 Δp 表达管道阻力损失，工程计算方法将在3.6.1节中管流阻力计算详细阐述。

例 3-2　毛细管测定黏度

硅油在25℃下流经内径为12.5mm的直管，管长为30cm，压降为200Pa，体积流率为120cm³/min。试求该温度下硅油的黏度，并讨论端效应在毛细管黏度计应用中的测定误差。

解　已知25℃时硅油的密度为965kg/m³。

由哈根-泊谡叶方程，即式(3-33)，得

$$\mu = \frac{\pi}{8V} \times \frac{p_0 - p_L}{L} R^4 = \frac{\pi}{8 \times \frac{120 \times 10^{-6}}{60}} \times \frac{200}{30 \times 10^{-2}} \times \left(\frac{12.5 \times 10^{-3}}{2} \right)^4 = 0.2 \quad (\mathrm{Pa \cdot s})$$

检验流动状态

$$U = \frac{V}{A} = \frac{\frac{120 \times 10^{-6}}{60}}{\frac{\pi}{4} \times (12.5 \times 10^{-3})^2} = 0.0163 \quad (\mathrm{m/s})$$

$$Re = \frac{\rho U D}{\mu} = \frac{965 \times 0.0163 \times 12.5 \times 10^{-3}}{0.2} = 0.983 < 2100$$

流动确为层流。毛细管的进口段长度，由式(3-76)估计

$$L_e = \frac{0.072D}{1 + 0.04Re} + 0.061D \cdot Re = 0.16\mathrm{cm}$$

因此端效应可忽略。

例 3-3 套管环隙间的流动

牛顿流体在同心套管环隙间作层流流动，外管内径为 R_2，内管外径为 R_1，试给出流体流动的速度分布与流率。

解 在环隙流场中选取如图 3-9 所示的长度为 L、厚度为 $\mathrm{d}r$ 的薄壳圆环微元体，同样可建立描述该流场的微分方程式(3-24)，并由 $\tau = -\mu \dfrac{\mathrm{d}u_z}{\mathrm{d}r}$，可改写为

$$\frac{1}{r}\frac{\mathrm{d}}{\mathrm{d}r}\left(r\frac{\mathrm{d}u_z}{\mathrm{d}r}\right) = -\frac{1}{\mu}\times\frac{p_0-p_L}{L} \qquad ①$$

积分式①，得

$$r\frac{\mathrm{d}u_z}{\mathrm{d}r} = -\frac{1}{2\mu}\times\frac{p_0-p_L}{L}r^2 + C_1 \qquad ②$$

令 $r=R_{\max}$ 处，$u_z = u_{\max}$，则有边界条件 $r=R_{\max}$，$\dfrac{\mathrm{d}u_z}{\mathrm{d}r}=0$，代入式②解得

$$C_1 = \frac{1}{2\mu}\times\frac{p_0-p_L}{L}R_{\max}^2$$

将 C_1 代入式②，再积分得

$$u_z = \frac{1}{2\mu}\times\frac{p_0-p_L}{L}\left(R_{\max}^2\ln r - \frac{1}{2}r^2\right) + C_2 \qquad ③$$

再由边界条件 $r=R_1$ 和 $r=R_2$ 处，$u_z=0$，可得

$$C_2 = -\frac{1}{2\mu}\times\frac{p_0-p_L}{L}\left(R_{\max}^2\ln R_1 - \frac{1}{2}R_1^2\right) \qquad ④$$

或

$$C_2 = -\frac{1}{2\mu}\times\frac{p_0-p_L}{L}\left(R_{\max}^2\ln R_2 - \frac{1}{2}R_2^2\right) \qquad ⑤$$

由式④和式⑤得

$$R_{\max} = \sqrt{\frac{R_2^2-R_1^2}{2\ln(R_2/R_1)}} \qquad ⑥$$

代式⑤入式③，得套管环隙间的速度分布为

$$u_z = \frac{1}{4\mu}\times\frac{p_0-p_L}{L}\left(R_2^2 - r^2 - 2R_{\max}^2\ln\frac{R_2}{r}\right) \qquad ⑦$$

环隙内流体流动的平均速度

$$U = \frac{V}{A} = \frac{\displaystyle\int_{R_1}^{R_2} 2\pi r u_z\,\mathrm{d}r}{\pi(R_2^2-R_1^2)}$$

将式⑦代入上式，积分得

$$U = \frac{1}{8\mu}\times\frac{p_0-p_L}{L}(R_2^2+R_1^2-2R_{\max}^2) \qquad ⑧$$

由式⑦和式⑧得，点速度 u_z 与平均速度 U、环隙尺寸之间的关系为

$$u_z = 2U\,\frac{R_2^2-r^2-2R_{\max}^2\ln\dfrac{R_2}{r}}{R_2^2+R_1^2-2R_{\max}^2} \qquad ⑨$$

体积流率

$$V = \pi(R_2^2 - R_1^2)U = \frac{\pi}{8\mu} \times \frac{p_0 - p_L}{L}\left[R_2^4 - R_1^4 - \frac{(R_2^2 - R_1^2)^2}{\ln(R_2/R_1)}\right] \qquad ⑩$$

分析式⑦和式⑧，当 $R_1 \rightarrow 0$，$R_{max} \rightarrow 0$ 时，两式分别与流体在圆管内作层流流动时的公式(3-29)和式(3-34)相同。

3.2.2.2 非牛顿流体流动

(1) 速度分布 非牛顿型幂律流体，有

$$\tau = m\left(-\frac{du_z}{dr}\right)^n \qquad (3-40)$$

将式(3-40)代入式(3-25)，得到

$$\frac{du_z}{dr} = -\left(\frac{1}{2m} \times \frac{p_0 - p_L}{L}\right)^{\frac{1}{n}} r^{\frac{1}{n}} \qquad (3-41)$$

对式(3-41)进行积分

$$u_z = -\frac{n}{n+1}\left(\frac{1}{2m} \times \frac{p_0 - p_L}{L}\right)^{\frac{1}{n}} r^{\frac{n+1}{n}} + C$$

由边界条件 $r = R$ 处，$u_z = 0$，给出

$$C = \frac{n}{n+1}\left(\frac{1}{2m} \times \frac{p_0 - p_L}{L}\right)^{\frac{1}{n}} R^{\frac{n+1}{n}}$$

从而速度分布可写为

$$u_z = \frac{n}{n+1}\left(\frac{1}{2m} \times \frac{p_0 - p_L}{L}\right)^{\frac{1}{n}} (R^{\frac{n+1}{n}} - r^{\frac{n+1}{n}}) \qquad (3-42a)$$

结合式(3-26)，式(3-42a)也可表示为

$$u_z = \frac{nR}{n+1}\left(\frac{\tau_w}{m}\right)^{\frac{1}{n}}\left[1 - \left(\frac{r}{R}\right)^{\frac{n+1}{n}}\right] \qquad (3-42b)$$

式(3-42b)给出幂律流体在圆管截面上的速度分布，其特征与幂律模型参数 m、n 有关。

$r = 0$ 处的最大流速 u_{max} 为

$$u_{max} = \frac{n}{n+1}\left(\frac{1}{2m} \times \frac{p_0 - p_L}{L}\right)^{\frac{1}{n}} R^{\frac{n+1}{n}} \qquad (3-43a)$$

或

$$u_{max} = \frac{nR}{n+1}\left(\frac{\tau_w}{m}\right)^{\frac{1}{n}} \qquad (3-43b)$$

其无量纲速度分布为

$$\frac{u_z}{u_{max}} = 1 - \left(\frac{r}{R}\right)^{\frac{n+1}{n}} \qquad (3-44)$$

(2) 体积流率

$$V = \int_0^R u_z \times 2\pi r dr = \frac{\pi n}{3n+1}\left(\frac{1}{2m} \times \frac{p_0 - p_L}{L}\right)^{\frac{1}{n}} R^{\frac{3n+1}{n}} \qquad (3-45)$$

式(3-45)也可改写为

$$p_0 - p_L = \left(\frac{3n+1}{\pi n}\right)^n \frac{2mLV^n}{R^{3n+1}} \qquad (3-46)$$

(3) 平均流速

$$U = \frac{V}{\pi R^2} = \frac{n}{3n+1}\left(\frac{1}{2m} \times \frac{p_0 - p_L}{L}\right)^{\frac{1}{n}} R^{\frac{n+1}{n}} \qquad (3-47a)$$

或

$$U = \frac{nR}{3n+1}\left(\frac{\tau_{\mathrm{w}}}{m}\right)^{\frac{1}{n}} \tag{3-47b}$$

由式(3-43)、式(3-47b) 可得

$$\frac{U}{u_{\max}} = \frac{n+1}{3n+1} \tag{3-48}$$

由式(3-44)、式(3-48) 可得

$$u_z = U\left(\frac{3n+1}{n+1}\right)\left[1 - \left(\frac{r}{R}\right)^{\frac{n+1}{n}}\right] \tag{3-49}$$

当 $n=1$ 时，式(3-49) 与牛顿流体的速度分布式(3-36) 相同。

对比圆管中牛顿流体与非牛顿流体的流动规律，可以得出以下结论。

① 由图 3-10 可见，$n<1$ 的假塑性流体要比牛顿流体的速度分布平坦。

② 对比式(3-33) 和式(3-46)，当流率 V 一定时，牛顿流体流动的 Δp 与 R^4 成反比，非牛顿幂律流体的 Δp 则与 R^{3n+1} 成反比。对于 $n \to 0$ 的假塑性流体，Δp 仅与 R 成反比。分析表明，维持流率不变，增大管径可大幅度地减小牛顿流体的流动压降，但对于非牛顿流体则远不如牛顿流体显著。

③ 管径不变，牛顿流体流动的 Δp 与流率 V 成正比，非牛顿幂律流体的 Δp 则与流率 V^n 成正比。对于 $n \to 0$ 的假塑性流体，流率的变化对于压降的影响与牛顿流体相比则小得多。这就表明，调节阀门改变压降即利用节流的办法，可以有效地调节牛顿流体在管道中的流率，对于非牛顿流体则不灵敏。同样，根据节流原理设计的流率测量装置只适用于牛顿流体。

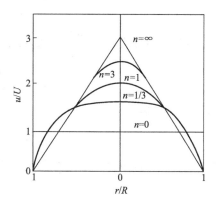

图 3-10　牛顿与非牛顿流体管流速度分布

3.2.3　重力驱动的液膜流动

薄层流体在重力作用下沿倾斜或垂直壁面运动，在化学工业及其他工业中应用颇广，如填料塔、湿壁塔、蒸发器等，都有这种薄膜流动[1~3]。

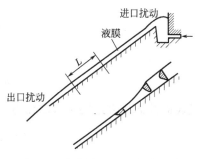

图 3-11　倾斜表面上的液膜流动

壁面倾斜角为 β，初始的一段距离内，液膜运动是加速的，经历一段距离，由于黏性作用，趋于恒定(图 3-11)。若流动为层流，忽略扰动，可认为自由面是平静的，液膜是等厚的。降膜长度 L、宽度 B，均远大于厚度 δ，则膜内 u_x 与 x、z 无关，仅是 y 的函数，$u_x = f(y)$，并忽略表面张力影响。

选择在 $x=0$ 和 $x=L$ 之间，厚度为 $\mathrm{d}y$，在 z 方向上宽度为 B 的薄层微元控制体(图 3-12)，进行 x 方向的动量衡算。

控制体受力分析：

$x=0$ 和 $x=L$ 截面上的压力分别为 $pB\mathrm{d}y$ 和 $-pB\mathrm{d}y$，压力相等的原因是自由面上压力相等，并根据假定 $\frac{\partial p}{\partial y}=0$，截面压力相等；

y 和 $y+\mathrm{d}y$ 面上的黏性剪切作用力分别为 $-\tau LB$ 和 $(\tau+\mathrm{d}\tau)LB$；

作用在控制体上的体积力为 $\rho g LB\mathrm{d}y\cos\beta$。

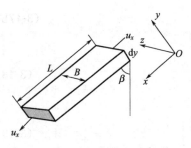

图 3-12 薄层微元控制体

由于速度 u_x 在 x 方向上没有变化，动量变化率为零，根据动量守恒定律，则有

$$pB\mathrm{d}y - pB\mathrm{d}y - \tau LB + (\tau+\mathrm{d}\tau)LB + \rho gLB\mathrm{d}y\cos\beta = 0$$

$$\frac{\mathrm{d}\tau}{\mathrm{d}y} = -\rho g\cos\beta \tag{3-50}$$

对式（3-50）积分

$$\tau = -(\rho g\cos\beta)y + C_1$$

边界条件 $y=\delta$，$\tau=0$，代入上式，得 $C_1 = (\rho g\cos\beta)\delta$，则有

$$\tau = \rho g\cos\beta(\delta - y) \tag{3-51}$$

当 $y=0$ 时，$\tau = \tau_\mathrm{w}$

$$\tau_\mathrm{w} = \rho g\delta\cos\beta \tag{3-52}$$

对牛顿流体有 $\tau = \mu\dfrac{\mathrm{d}u_x}{\mathrm{d}y}$，代入式（3-51）得

$$\frac{\mathrm{d}u_x}{\mathrm{d}y} = \frac{\rho g\cos\beta}{\mu}(\delta - y) \tag{3-53}$$

对式（3-53）积分得

$$u_x = \frac{\rho g\cos\beta}{\mu}\left(\delta y - \frac{y^2}{2}\right) + C_2$$

边界条件 $y=0$，$u_x=0$，代入上式，得 $C_2=0$，得液膜内的速度分布

$$u_x = \frac{\rho g\cos\beta}{2\mu}(2\delta y - y^2) \tag{3-54}$$

在液膜表面（$y=\delta$）处有最大速度 u_max

$$u_\mathrm{max} = \frac{\rho g\delta^2\cos\beta}{2\mu} \tag{3-55}$$

体积流率

$$V = \int_0^\delta u_x B\,\mathrm{d}y = \frac{\rho gB\delta^3\cos\beta}{3\mu} \tag{3-56}$$

由式（3-56）可得液膜厚度与体积流率的关系为

$$\delta = \left(\frac{3\mu V}{\rho gB\cos\beta}\right)^{1/3} \tag{3-57}$$

液膜截面上的平均速度

$$U = \frac{V}{\delta B} = \frac{\rho g\delta^2\cos\beta}{3\mu} \tag{3-58}$$

式（3-58）与式（3-55）相比，可得截面平均速度 U 与液膜表面处的最大速度 u_max 之比为

$$\frac{U}{u_\mathrm{max}} = \frac{2}{3} \tag{3-59}$$

由于自由面的存在，液膜流动实际存在三种流动状态，可根据 Re（定义 $Re = \dfrac{\rho U\delta}{\mu}$）划分为以下 3 种。

（1）$Re < (20\sim30)$ 时，流动呈现层流。膜等厚，界面平静。

（2）当 $Re > (30\sim50)$ 时，液膜流动出现波动，这是自由面造成的称波动层流。

（3）当 $Re > (250\sim500)$ 时，流动状态转变为湍流。在湍流状态下，壁面附近相当厚的一部分膜仍保持"层流"。这可能是液膜内的层流-湍流转变不像管内流动那么明显的一个原因。

3.2.4　转动柱面间的流动

　　前面考察了直线流动，此处讨论旋转流动。同心套筒环隙中充满了牛顿流体。内筒外径 R_1，外筒内径 R_2，当内筒以角速度 ω 旋转时，环隙中流体则随之旋转，称为旋转库特流。以下对旋转流动特点进行分析。

　　如图 3-13 所示，假定圆筒长度远大于半径，可忽略端效应。流动定常且具有轴对称性，即速度与剪切应力沿 θ 方向不发生变化，若应用柱坐标，仅 u_θ 是非零速度分量。

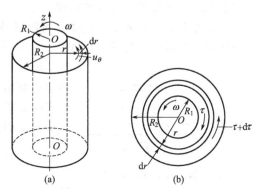

　　在流场中选取圆环薄壳体，长度为 L、厚度为 dr。其内外表面上的剪切应力分别为 $\tau(2\pi rL)$ 和 $-(\tau+d\tau)\times 2\pi(r+dr)L$。对于 O-O 轴，根据角动量矩守恒得

$$\tau(2\pi rL)r-(\tau+d\tau)\times 2\pi(r+dr)L(r+dr)=0 \tag{3-60}$$

图 3-13　流体在套筒环隙中旋转流动

整理式(3-60)，并忽略二阶以上的小量，得

$$2\tau rdr+r^2 d\tau=0 \tag{3-61}$$

式(3-61) 可改写为

$$d(\tau r^2)=0 \tag{3-62}$$

　　由柱坐标系描述的 θ 向牛顿流体应力与应变关系为

$$\tau=-\mu r\frac{d}{dr}\left(\frac{u_\theta}{r}\right) \tag{3-63}$$

将式 (3-63) 代入式(3-62)，积分得

$$\frac{d}{dr}\left(\frac{u_\theta}{r}\right)=-\frac{C_1}{\mu r^3} \tag{3-64}$$

积分式(3-64)，得

$$u_\theta=\frac{C_1}{2\mu r}+C_2 r \tag{3-65}$$

　　由边界条件

$$\begin{cases} r=R_1,u_\theta=\omega R_1 \\ r=R_2,u_\theta=0 \end{cases}$$

得

$$C_1=\frac{2\mu\omega R_1^2 R_2^2}{R_2^2-R_1^2},C_2=-\frac{\omega R_1^2}{R_2^2-R_1^2}$$

再将 C_1、C_2 代入式(3-65)，得速度分布

$$u_\theta=\frac{\omega R_1^2}{r}\times\frac{R_2^2-r^2}{R_2^2-R_1^2} \tag{3-66}$$

　　剪切应力分布

$$\tau=\frac{2\mu\omega R_1^2 R_2^2}{(R_2^2-R_1^2)r^2} \tag{3-67}$$

　　式(3-67) 表明：作用于内外筒壁上的力矩相等，即

$$M_{O\text{-}O}=2\pi R_1 L\tau R_1=2\pi R_2 L\tau R_2=\frac{4\pi\mu\omega R_1^2 R_2^2 L}{R_2^2-R_1^2} \tag{3-68}$$

上述流动特征是旋转黏度计的设计依据，通过测定旋转圆筒的转矩，由式（3-68）可计算得到环隙中被测流体的黏度。

3.2.5 平板振荡

前面讨论的都是物理量不随时间变化的定常流动，这里将讨论物理量既随位置变化又随时间变化的非定常振荡流动的特征。

考虑无限大平板沿 x 方向作简谐振荡，其速度为 $U_0=U\cos(\omega t)$，流体处于板上方的空间。由于流体粘附于板表面，流体必将随板往返运动，如图 3-14 所示，不难推知，沿 y 方向，流体流动的振幅将衰减，通过以下计算分析，可以获得衰减的规律。

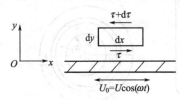

图 3-14　振荡流中微元控制体

流场中取流体薄壳体 $Ldy\times1$，作用于薄壳体底面和顶面的剪切应力分别为 $\tau L\times1$ 和 $-(\tau+d\tau)L\times1$，沿 x 方向流体无压力梯度，所有流体平行于 x 轴运动，$u_y=0$。

根据动量衡算，有

$$\frac{\partial(\rho u_x)}{\partial t}dyL\times1=\tau L\times1-(\tau+d\tau)L\times1$$

得

$$\frac{\partial(\rho u_x)}{\partial t}=-\frac{\partial\tau}{\partial y} \tag{3-69}$$

若板上为不可压缩流体的层流运动，由牛顿黏性定律，可改写为

$$\frac{\partial u_x}{\partial t}=\nu\frac{\partial^2 u_x}{\partial y^2} \tag{3-70}$$

解上述方程即可得速度分布。这一方程有多种解法。这里介绍一种从问题的物理分析入手，估计解的形式。边界强迫流体作简谐振荡运动，因而流体运动与板具有相同的形式和频率，然而振幅和相位可不同，而且，随着离开板面距离的增加，流体速度将衰减。根据上述分析，试取解的形式为

$$u_x=f(y)\cos(\omega t-\beta y) \tag{3-71}$$

式中，未知函数 $f(y)$ 为振幅，相变化与 y 呈线性关系。由于板面上 $y=0$ 处 $u_x=U_0=U\cos(\omega t)$，因此，由式（3-71）可得 $f(0)=U$，将其代入式（3-70），可解得

$$f(y)=U\exp(-y\sqrt{\omega/2\nu}) \tag{3-72}$$

式中 $\sqrt{\omega/2\nu}=\beta$，因此方程解为

$$u_x=U\exp(-y\sqrt{\omega/2\nu})\cos(\omega t-y\sqrt{\omega/2\nu}) \tag{3-73}$$

由于方程和边界条件均已得到满足，因而以上的猜解是成功的。这也是求解传递问题常用的一种方法。

对于任一 y 值，速度的振幅按系数 $\exp(-y\sqrt{\omega/2\nu})$ 变化，考虑到 $e^{-5}\approx0.01$，即当 $y\sqrt{\omega/2\nu}=5$ 时速度值约为平板运动振幅 U 的 1%，定义流体运动达边界运动 1% 时的值为 δ，因此有

$$\delta\approx\frac{5}{\sqrt{\omega/2\nu}} \tag{3-74}$$

式（3-74）表明：在高频、低黏度时，δ 值很小，黏性影响所产生的流体运动仅限于振荡板附近很薄的流体层中。若平板作水平振荡，频率 $\omega=60\times2\pi$，水的黏度 $\nu=10^{-6}\mathrm{m^2/s}$，不难估计此时的 δ 仅为 3.6mm。当流体换作空气时，由于空气的运动黏度大于水，因此有 $\delta_{空气}>\delta_水$。表明平板振荡运动对于空气的影响范围比水中振荡大。

上述五种流动问题的分析表明：研究这类动量传递所遵循的步骤如下所示。

① 从物理上理解该流动的特点，明确该流动的类别，作出一系列的简化假定，力求有一个简明的物理模型。

② 取流体薄壳体，确定其表面上作用的应力分量，并作动量衡算或运用牛顿第二定律建立表征该流动过程的微分方程，同时给出相应的边界条件或初始条件。

③ 运用适当的数学方法求解方程，得出速度分布、压力分布、剪切应力分布、流量与压降关系等表征动量传递特征的基本关系式。

④ 检验所得结果的正确性，从而判断解题之初所作各种假定的合理性，对正确的结果进一步给出必要的物理解释，探讨它们在工程上的应用价值。

不同的流动有其自身的特性，若对已知流动考察其共同的影响因素，这对分析未知流动将有一定的启发。这些因素概括起来有以下几点。

① 引起流动的动力学因素：压力梯度，边界自身的移动、转动、振动，或两者兼有。

② 流场的几何因素：平面问题，轴对称问题，运动流体包围边界（如流体绕物体流动称外部流动），边界包围流体（如流体在管道内的流动称内部流动），运动物体或流动所处的空间形状、尺寸、表面状况等。

③ 流体的物性因素：牛顿流体还是非牛顿流体，流体的黏度、密度等。

分析各种因素在不同流动中的具体表现，若能进一步从数学上考察不同流动问题中方程的类型、属性、解法以及所得方程及其解答的物理意义，即力求从物理和数学两方面分析问题，是颇有意义的。

3.3 动量传递的基本理论

层流动量传递的若干实例已在前面作了分析。然而，在工程实际中能作这样处理的情况毕竟不很多。一般说来，几何条件要比前面涉及的复杂。管道不可能无限长，进口段的影响并非都可忽略。在流体绕过物体的流动问题中，即使形状简单，如平板、圆柱、圆球，流动情况也要比前面所述复杂得多。为此，需要建立研究动量传递的基本理论，即阐明黏性对动量传递影响的一般理论，这就是边界层理论。它是分析各种复杂情况下动量传递现象的基础。

3.3.1 边界层理论——理想流体与黏性流体模型

在 18～19 世纪，流体力学存在两个学派：一是经验地处理工程实际问题，积累了大量经验数据，建立了许多经验方程，烦琐但实用，称为水力学派；另一是忽略流体黏性，理论地研究理想流体的数学计算，有完整的理论体系，称为水动力学派。运用理想流体流动的数学模型虽然有许多可取之处，但在处理流动阻力这一最基本的流动问题上却陷入了困境，出现了达朗伯悖论，即"流体对潜流物体的运动不产生阻力"，这样的结论显然是违背实际情况的，因而理想流体的处理方法难以为工程界所接受。两个学派，也可以说两种争论，持续多年，"水动力学家计算的，不能为实验证实；水力学家观察到的，不能作计算"。理论与实际之间存在矛盾，成了边界层理论产生的客观背景。

1904 年普朗特提出了"边界层"概念。认为，即使对于空气和水这样黏度很低的流体，黏性也不能忽略。但其影响仅限于物体表面附近的薄层即边界层，离开表面较远的区域则可视为理想流体。这样的见解虽然也曾由一些学者在先前提出过，然而是普朗特及其学生们给予了完整的表述，建立了严谨的数学方程，并进行了求解。经过许多科学家的努力，边界层理论现已成为黏性流体力学的基础，它的应用遍及航空、造船、气象以及包括化工在内的许多工业技术领域。

普朗特提出的边界层概念最主要的是，将统一的流场按照不同的流体模型、不同的制约因素、不同的流动特性划分为两个区：边界层（黏性流体）和外流区（理想流体）。

3.3.1.1 边界层流动的特点

在边界层和外流区中，沿流动方向和沿流动垂直的方向流体流动有不同的特性。下面分两种情况，即外部绕流和管流进口发展段，阐述边界层流动的特点。

（1）绕物体流动的边界层 流体以均匀来流速度 U_0 绕物体流动，紧贴固体壁面的流体因黏性作用而"粘附"于壁面，不发生相对于壁面的运动，速度为零。这一层流体通过"内摩擦"作用使相邻流体层受阻而减速，该层流体继而影响与其邻接的流体层，使之减速。因而，流动过程中，在垂直于壁面的法线方向上，流体将逐层受到影响而相继减速形成梯度，由壁面处的零逐层变化，最终达到来流速度 U_0。通常将流体速度达到来流速度 99% 时的流体层厚度定义为边界层厚度，以 δ 表示。因此，边界层也就是流体速度分布明显受到固体壁面影响的区域，是壁面处流体"无滑移"所导致的结果。

不同 Re 下绕平板流动时黏性效应的区域是不同的[4]。如图 3-15 所示，可分为以下几种。

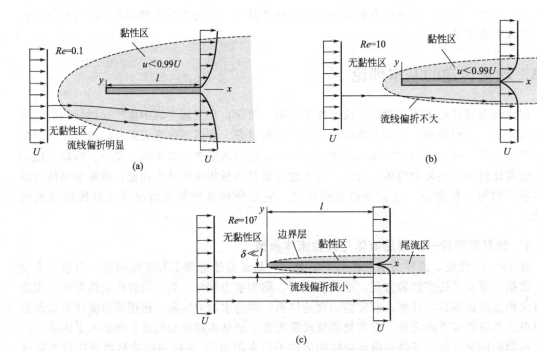

图 3-15 不同 Re 下绕平板流动时黏性效应的区域

① 低 $Re(Re=0.1)$，黏性作用区宽，遍及上、下游。

② 中等 Re （$Re=10$），黏性作用区较狭窄。

③ 高 $Re(Re=10^7)$ 下，黏性作用限于表面附近薄层及下游附近。

高 Re 情况下，归纳起来，边界层理论的要点如下。

ⅰ. 流体绕物体表面流动的流场可分为两个区域（如图 3-16 所示）：表面附近的边界层和边界层外的外流区。外流区的流体可视作无黏性区，作无旋运动，服从理想流体运动规律；在边界层内则是黏性流体流动，并作有旋运动，流体因黏性受阻，速度较来流减慢。因此，可认为边界层就是流动速度减慢了的流体层。

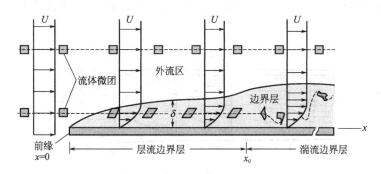

图 3-16 绕平板流动的两个区域，平板上的边界层

ⅱ. 板的前缘处 $\delta=0$，随着流体向下游流动，即 x 的增大，沿壁面法向将有更多的流体被阻滞，致使 δ 不断变大。但相对于流动方向的长度 x，δ 是一个很小的数值，即除在前缘处 $\delta\ll x$。因此，对于绕有限长物体的流动，边界层通常是很薄的。在同一流动截面上，边界层内的压力等于边界层外的压力。

ⅲ. 边界层流体中，在很小的 δ 距离内，各层流体微团的速度（沿壁面法向）由表面处的零增大至接近来流速度 U_0。因此，边界层内速度梯度很大，由 $\tau=\mu\dfrac{\mathrm{d}u_x}{\mathrm{d}y}$ 可知，在边界层内的黏性剪切应力是很大的。又因边界层内的流体速度减慢，其惯性力与层外相比则小得多，因此，在边界层内黏性力与惯性力数量级相当。

ⅳ. 流体沿表面流动时，在上游部分，如图 3-16 中小于 x_c 的区域，由于边界层很薄，速度梯度大，抑制扰动的黏性力也大，当流动距离 x 足够长，到达临界长度 x_c 处，由于边界层厚度的增加，促使层外流体加速，惯性力上升。而受壁面制约的黏性力却在下降，致使客观上难以避免的扰动迅速发展，边界层内的流动将由层流转变为湍流，并由此往下，边界层流动的状态保持为湍流，这部分边界层称为湍流边界层。边界层发展为湍流是在一过渡区内实现的，在过渡区内，湍流时而在此处，时而在彼处出现，因而是不稳定的。

边界层流动中由层流转变为湍流的判据依然是雷诺数。需要注意的是，对于流体沿平板的流动，雷诺数中的特征长度是离前缘的距离，特征速度为来流速度，即

$$Re_x=\frac{xU_0}{\nu}$$

流动状态转变时的临界雷诺数 Re_{xc} 数值有一范围，即

$$Re_{xc}=\frac{x_cU_0}{\nu}=3\times10^5\sim2\times10^6$$

取决于来流中的初始扰动、表面粗糙程度以及前缘的形状等因素，Re_{xc} 取不同值。增强这些因素，流动将提前由层流转变为湍流，临界雷诺数为该范围的小值。通常取

$$Re_{xc}=\frac{x_cU_0}{\nu}=5\times10^5$$

（2）圆管进口段流动 流体进入管内，流动特性沿流动方向变化，经相当一段距离才成为稳定了的不再变化的流动，这就是所谓进口段效应，如图 3-17 所示。在前面分析内部流动问题时，曾不计进口段效应，这只有在管长远大于进口段长度时才是一种许可的近似。由

于进口段流动有一系列特点，不仅对于短管，而且所有管内流动，在受干扰时，如改变方向、分叉、截面积变化等，当流动恢复到充分发展的管流之前，均在一定程度上具有进口段流动的特性。进口段长度往往可以用作扰动影响范围的近似估计，因此考察进口段流动是有意义的。

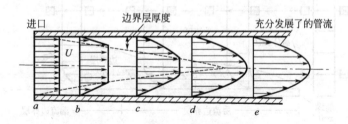

图 3-17   圆管进口段的速度分布

如上所述，进口段流动不同于充分发展的管流。由于流体全部为固体边界所约束，因此也不同于一般绕流，这是人们认识进口段流动的出发点。

流体以均匀速度进入圆管，由于黏性作用，管壁附近形成边界层，随着向下游流动，沿程的边界层厚度不断增长，经历一段距离，即进口段长度以后，壁面的边界层在管中心汇交。汇交时，边界层流动是层流，以后的充分发展段则保持为层流流动；汇交时，边界层流动若已发展为湍流，则其下游的流动也为湍流。

进口段的中心部分速度均匀，是无黏性流动区。随着往下游流动，该区域不断缩小，直至边界层于管轴外汇交时消失。由于进口段中心的速度沿程不断加大，致使压降增大，产生了附加压降。

进口段长度 L_e 可由下式估算。

层流时

$$\frac{L_e}{D} = 0.08Re + 0.7 \tag{3-75}$$

在很低 Re 下

$$\frac{L_e}{D} = \frac{0.072}{1 + 0.04Re} + 0.061Re \tag{3-76}$$

湍流时

$$\frac{L_e}{D} = 1.4Re^{1/4} \tag{3-77}$$

由于湍流时边界层厚度增大很快，因而进口段比层流时短。湍流情况下，进口段流动的分析计算不如层流情况下有效。近似计算时，通常取 $50D$。不同 Re 下沿程摩擦阻力系数的变化如图 3-18 所示。

按边界层的汇交、速度分布的不再变化或剪切应力的不再变化，可定义不同的进口段长度 L_δ、L_u、L_τ，对管内空气湍流，三者数值是不同的，参数见表 3-2。

表 3-2   光滑管进口段长度

$\frac{L_\delta}{D}$	$\frac{L_u}{D}$	$\frac{L_\tau}{D}$
28	约44	<15
$Re = 3.9 \times 10^5$		

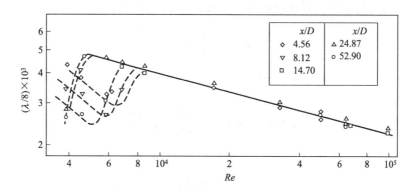

图 3-18 不同雷诺数下摩擦阻力系数变化

3.3.1.2 层流边界层计算

前面着重定性地论述了边界层流动的特性，这里将根据流体绕物体流动的特性对沿平板流动的边界层进行定量描述，推导出边界层厚度、速度分布和摩擦阻力的计算公式。对层流边界层计算有三种方法，本节将讨论量级比较估算法和边界层动量积分近似法，边界层微分方程的柏拉休斯准确解则在第 6 章给出。

（1）边界层量级比较法

① 边界层厚度 δ　对于特征速度为 U_0、特征长度为 L 的流体绕物体流动，根据边界层内惯性力与黏性力数量级相当这一特性，可简便地估计层流边界层厚度的数量级。量级以符号 $O(\ )$ 中括号内的量表示。通过分析，可以得到以下各变量的量级分别为：$y \sim O(\delta)$；$x \sim O(L)$；$u_x \sim O(U_0)$。

对于层流流动，由 $\tau = \mu \dfrac{\mathrm{d}u_x}{\mathrm{d}y}$ 可得单位体积流体的黏性力为 $\dfrac{\partial \tau}{\partial y} = \mu \dfrac{\mathrm{d}^2 u_x}{\mathrm{d}y^2}$；而单位体积流体的惯性力为 $\rho \dfrac{\mathrm{d}u_x}{\mathrm{d}t}$。

因此，对于边界层内单位体积流体黏性力的量级为：

$$\mu \frac{U_0}{\delta^2}$$

惯性力的量级为：

$$\rho \frac{U_0^2}{L}$$

由于两者的量级相当，即

$$\mu \frac{U_0}{\delta^2} \bigg/ \rho \frac{U_0^2}{L} \approx 1$$

$$\delta \approx \sqrt{\frac{\mu L}{\rho U_0}}$$

整理可得

$$\frac{\delta}{L} \approx \frac{1}{\sqrt{Re_L}} \tag{3-78}$$

该式表明：边界层厚度与雷诺数的平方根成反比。

② 摩擦阻力 剪切应力导致摩擦阻力，壁面附近剪切应力

$$\tau_w = \mu \frac{\partial u_x}{\partial y}\bigg|_{y=0}$$

因此

$$\tau_w \approx \mu \frac{U_0}{\delta} \approx \mu U_0 \sqrt{\frac{\rho U_0}{\mu L}} = \sqrt{\frac{u\rho U_0^3}{L}}$$

摩擦阻力

$$D_F = \tau_w BL \approx BL \sqrt{\frac{\mu \rho U_0^3}{L}} = B\sqrt{\mu \rho L U_0^3} \tag{3-79}$$

式中，B 为平板宽度。

通过简便的量级分析表明：摩擦阻力 D_F 正比于速度的 1.5 次方、流动距离的 0.5 次方。由此可知，流体沿平板流动时，流动路程加倍，阻力并不加倍增长。

(2) 边界层动量积分法 冯·卡门（1921 年）根据边界层的基本特点，运用动量守恒原理，建立了满足边界层范围内积分关系的动量积分方程。

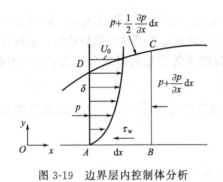

图 3-19 边界层内控制体分析

① 边界层动量积分方程 密度为 ρ、黏度为 μ 的不可压缩流体沿平壁流动，边界层厚度沿程变化为 $\delta(x)$，边界层外缘来流速度为 U_0，边界层中沿程截面上的速度分布为 $u_x(y)$。

在边界层内取控制体 $ABCDA$，如图 3-19 所示，为了方便，可直接将边界层外缘取作控制面。令 AB 面 x 方向的长度为 dx，z 方向的长度为单位距离。

作用于控制体上的外力计算如下。

AB 面上 x 方向的摩擦力为

$$F_f = -\tau_w dx \times 1 \tag{3-80}$$

作用在 AD、BC、CD 面上 x 方向的静压力分别为

$$F_{AD} = p\delta \times 1 \tag{3-81}$$

$$F_{BC} = -\left(p + \frac{\partial p}{\partial x}dx\right)(\delta + d\delta) \times 1 \tag{3-82}$$

$$F_{CD} = \left(p + \frac{1}{2} \times \frac{\partial p}{\partial x}dx\right)d\delta \times 1 \tag{3-83}$$

其 x 方向的总压力为

$$F_p = F_{AD} + F_{BC} + F_{CD} \tag{3-84}$$

将式(3-80)~式(3-83) 代入式(3-84)，忽略高阶小量，得

$$F_p = -\delta \frac{\partial p}{\partial x}dx \tag{3-85}$$

因此，作用于控制体上的外力合力为

$$\sum F = F_f + F_p = -\left(\tau_w + \delta \frac{\partial p}{\partial x}\right)dx \tag{3-86}$$

进出控制体的动量变化率计算如下。

在 AD 面取截面 $\mathrm{d}y \times 1$，流入的质量流率为 $\rho u_x \mathrm{d}y \times 1$，动量速率为 $\rho u_x^2 \mathrm{d}y \times 1$，那么，从 AD 面流入的总质量流率为 $\int_0^\delta \rho u_x \mathrm{d}y$，总动量速率为 $\int_0^\delta \rho u_x^2 \mathrm{d}y$。从 BC 面流出的总质量流率为 $\int_0^\delta \rho u_x \mathrm{d}y + \frac{\partial}{\partial x}\left(\int_0^\delta \rho u_x \mathrm{d}y\right)\mathrm{d}x$，总动量速率为 $\int_0^\delta \rho u_x^2 \mathrm{d}y + \frac{\partial}{\partial x}\left(\int_0^\delta \rho u_x^2 \mathrm{d}y\right)\mathrm{d}x$。根据质量守恒，进 CD 面的质量流率应为出 BC 与进 AD 的质量流率之差，即 $\frac{\partial}{\partial x}\left(\int_0^\delta \rho u_x \mathrm{d}y\right)\mathrm{d}x$。由于流体从 CD 面流入的速度为 U_0，所以流入的动量速率为 $U_0\frac{\partial}{\partial x}\left(\int_0^\delta \rho u_x \mathrm{d}y\right)\mathrm{d}x$。则有

$$
\begin{aligned}
\Delta(wu_x) &= \int_0^\delta \rho u_x^2 \mathrm{d}y + \frac{\partial}{\partial x}\left(\int_0^\delta \rho u_x^2 \mathrm{d}y\right)\mathrm{d}x - \int_0^\delta \rho u_x^2 \mathrm{d}y - U_0\frac{\partial}{\partial x}\left(\int_0^\delta \rho u_x \mathrm{d}y\right)\mathrm{d}x \\
&= \frac{\partial}{\partial x}\left(\int_0^\delta \rho u_x^2 \mathrm{d}y\right)\mathrm{d}x - U_0\frac{\partial}{\partial x}\left(\int_0^\delta \rho u_x \mathrm{d}y\right)\mathrm{d}x \\
&= \rho \mathrm{d}x\frac{\partial}{\partial x}\int_0^\delta (u_x - U_0)u_x \mathrm{d}y
\end{aligned}
\tag{3-87}
$$

根据动量守恒原理 $\sum F = \Delta(wu_x)$，由式（3-86）和式（3-87）得

$$
\rho\frac{\partial}{\partial x}\int_0^\delta (U_0 - u_x)u_x \mathrm{d}y = \tau_w + \delta\frac{\partial p}{\partial x}
\tag{3-88}
$$

式（3-88）即为边界层动量积分方程，因只考虑流体沿 x 方向流动，则可写成常微分形式，即

$$
\rho\frac{\mathrm{d}}{\mathrm{d}x}\int_0^\delta (U_0 - u_x)u_x \mathrm{d}y = \tau_w + \delta\frac{\mathrm{d}p}{\mathrm{d}x}
\tag{3-89}
$$

式（3-89）给出了边界层内流速 u_x 随 δ 的变化规律，对层流和湍流都适用。若假定速度分布 u_x 的形式，代入式（3-89），可得到关于边界层厚度 $\delta(x)$ 的常微分方程，解此方程可得 $\delta(x)$，进一步可以求取速度分布和摩擦阻力。这里速度分布 u_x 的合理选择是关键，所选取的速度分布 u_x 必须同时满足：$y=0$，$u_x=0$；$y=\delta$，$u_x=U_0$。这相当于假定：在不同的 x 处，速度分布 u_x 具有几何相似性。通常取 $\frac{u_x}{U_0} = f\left(\frac{y}{\delta}\right)$ 形式较为合理。

② 层流边界层的计算　首先求边界层厚度 δ。根据平板边界层无压差流动的特点，流场内压力处处相等，所以沿平壁流动 $\frac{\mathrm{d}p}{\mathrm{d}x}=0$，式（3-89）简化为

$$
\rho\frac{\mathrm{d}}{\mathrm{d}x}\int_0^\delta (U_0 - u_x)u_x \mathrm{d}y = \tau_w
\tag{3-90}
$$

u_x 与 y 函数关系用幂级数形式表达，只要取足够项就可逼近任何函数，若取为四常数式，即

$$
\frac{u_x}{U_0} = a + b\left(\frac{y}{\delta}\right) + c\left(\frac{y}{\delta}\right)^2 + d\left(\frac{y}{\delta}\right)^3
\tag{3-91}
$$

因此，只要选取四个边界条件，就可确定 a、b、c、d 四个待定系数。

根据边界层流动的特点，边界条件有：

$$
\text{i . } y=0, u_x=0 \qquad \text{ii . } y=0, \frac{\mathrm{d}^2 u_x}{\mathrm{d}y^2}=0
$$

$$
\text{iii . } y=\delta, u_x=U_0 \qquad \text{iv . } y=\delta, \frac{\mathrm{d}u_x}{\mathrm{d}y}=0
$$

边界条件 i 代入式（3-91），得 $a=0$。

对式（3-91）求导，得

$$\frac{1}{U_0} \times \frac{\mathrm{d}u_x}{\mathrm{d}y} = \frac{b}{\delta} + \frac{2c}{\delta^2}y + \frac{3d}{\delta^3}y^2 \qquad (3\text{-}92)$$

$$\frac{1}{U_0} \times \frac{\mathrm{d}^2 u_x}{\mathrm{d}y^2} = \frac{2c}{\delta^2} + \frac{6d}{\delta^3}y \qquad (3\text{-}93)$$

边界条件 ii 代入式(3-93)，得 $c=0$。

将 $a=0$，$c=0$ 以及边界条件 iii 代入式(3-91)，得

$$b+d=1 \qquad (3\text{-}94)$$

将 $c=0$ 以及边界条件 iv 代入式(3-92)，得

$$b+3d=0 \qquad (3\text{-}95)$$

联立求解式(3-94) 和式(3-95)，得 $b=\dfrac{3}{2}$，$d=-\dfrac{1}{2}$。

由此可得速度分布为

$$\frac{u_x}{U_0} = \frac{3}{2}\left(\frac{y}{\delta}\right) - \frac{1}{2}\left(\frac{y}{\delta}\right)^3 \qquad (3\text{-}96)$$

将式(3-90) 改写为

$$\rho \frac{\mathrm{d}}{\mathrm{d}x}\int_0^\delta (U_0 - u_x)u_x\,\mathrm{d}y = \rho U_0^2 \frac{\mathrm{d}}{\mathrm{d}x}\int_0^\delta \left(1 - \frac{u_x}{U_0}\right)\frac{u_x}{U_0}\,\mathrm{d}y = \tau_{\mathrm{w}} \qquad (3\text{-}97)$$

将式(3-96) 代入式(3-97)，积分得

$$\frac{39}{280}\rho U_0^2 \frac{\mathrm{d}\delta}{\mathrm{d}x} = \tau_{\mathrm{w}} \qquad (3\text{-}98)$$

对式(3-96) 求导，可得

$$\frac{\mathrm{d}u_x}{\mathrm{d}y} = \frac{3}{2} \times \frac{U_0}{\delta} - \frac{3}{2} \times \frac{U_0}{\delta^3}y^2$$

因此，壁面处的剪切应力为

$$\tau_{\mathrm{w}} = \mu \frac{\mathrm{d}u_x}{\mathrm{d}y}\bigg|_{y=0} = \mu\left(\frac{3}{2} \times \frac{U_0}{\delta}\right) \qquad (3\text{-}99)$$

将式(3-99) 代入式(3-98)，可解得

$$\delta^2 = \frac{280\mu x}{13\rho U_0} + C$$

由边界条件 $x=0$，$\delta=0$，得 $C=0$。因此

$$\delta = 4.64\sqrt{\frac{\mu x}{\rho U_0}} \qquad (3\text{-}100)$$

整理式(3-100) 可得

$$\frac{\delta}{x} = \frac{4.64}{\sqrt{Re_x}} \qquad (Re_x \leqslant 5\times10^5) \qquad (3\text{-}101)$$

求摩擦阻力 D_F。将式(3-100) 代入式(3-99)，得

$$\tau_{\mathrm{w}} = 0.323\sqrt{\frac{\mu\rho U_0^3}{x}} = 0.323\rho U_0^2 Re_x^{-1/2} \qquad (3\text{-}102)$$

流体沿宽为 B、长为 L 的平壁流动时，壁面所受的摩擦阻力为

$$D_F = B\int_0^L \tau_{\mathrm{w}}\,\mathrm{d}x$$

$$= 0.323B\sqrt{\mu\rho U_0^3}\int_0^L \frac{\mathrm{d}x}{\sqrt{x}} \qquad (3\text{-}103)$$

$$=0.646B\sqrt{\mu\rho LU_0^3}$$
$$=0.646BL\rho U_0^2Re_L^{-1/2}$$

比较式(3-78)与式(3-101)以及式(3-79)与式(3-103)可见，由量级比较法和动量积分法所得 δ-x、D_F-L 等的规律，两者相吻合。

例 3-4　沿平壁流动的边界层厚度及阻力计算

温度为40℃、速度为 0.6m/s 的水流沿平壁流动，试计算离前缘 0.2m 处的边界层厚度及流经长 0.2m、宽 1m 平壁的流动阻力。若改为1atm、20℃的空气，情况又如何？

解　已知：常压下，40℃的水 $\rho=992.2kg/m^3$，$\mu=6.532\times10^{-4}Pa\cdot s$

1atm，20℃的空气 $\rho=1.205kg/m^3$，$\mu=1.81\times10^{-5}Pa\cdot s$

水流至0.2m处的雷诺数为

$$Re_x=\frac{\rho xU_0}{\mu}=\frac{992.2\times0.2\times0.6}{6.532\times10^{-4}}=182278(<5\times10^5)$$

流动为层流

$$\delta=4.64xRe_x^{-1/2}=4.64\times0.2\times(182278)^{-1/2}=2.17\times10^{-3}\quad(m)$$
$$D_F=0.646BL\rho U_0^2Re_L^{-1/2}$$
$$=0.646\times1\times0.2\times992.2\times0.6^2\times182278^{-1/2}$$
$$=0.11\quad(N)$$

改为空气

$$Re_x=\frac{\rho xU_0}{\mu}=\frac{1.205\times0.2\times0.6}{1.81\times10^{-5}}=7989(<5\times10^5)$$

流动为层流

$$\delta=4.64xRe_x^{-1/2}=4.64\times0.2\times(7989)^{-1/2}=0.01\quad(m)$$
$$D_F=0.646BL\rho U_0^2Re_L^{-1/2}$$
$$=0.646\times1\times0.2\times1.205\times0.6^2\times7989^{-1/2}$$
$$=6.27\times10^{-4}\quad(N)$$

计算结果表明：边界层厚度远小于流动距离。空气与水相比，来流速度相同，流动距离相同，边界层厚度是水的 4.6 倍，阻力只有水的 0.0057 倍。

例 3-5　空气吸入[5]

如图 3-20 所示，密度为 ρ 的空气被吸入直径 $D=50.8mm$ 的发动机进口管道。已知：空气黏度 $\nu=1.477\times10^{-5}m^2/s$，管内空气平均流速 $U=6.1m/s$，试计算离进口 $x=0.3m$ 处截面平均流速 U 与管中心流速 u_m 的比值。

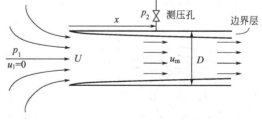

图 3-20　圆管进口段空气吸入

解　根据圆管进口段流动特点，当空气流进圆管时，壁面处边界层沿流动方向增厚，管中心活塞流区的流体加速，即管中心流速 u_m>管截面平均流速 U。

首先估算边界层厚度。平板边界层中的来流速度 U_0 是指离壁面无限远处的速度，对圆管可取管中心速度代之。但管中心流速 u_m 亦未知，先假定 $U_0\approx U=6.1m/s$，则 $x=0.3m$ 处

$$Re_x \approx \frac{xU}{\nu} = \frac{0.3 \times 6.1}{1.477 \times 10^{-5}} = 1.239 \times 10^5 < 5 \times 10^5 \qquad ①$$

流动为层流

$$\delta \approx 4.64 x Re_x^{-1/2} = 4.64 \times 0.3 \times (1.239 \times 10^5)^{-1/2} = 3.955 \quad (\text{mm}) \qquad ②$$

由此可近似得管内活塞流区的直径为

$$D_p = D - 2\delta = 50.8 - 2 \times 3.955 = 42.89 \quad (\text{mm}) \qquad ③$$

在 $x = 0.3\text{m}$ 处，管道横截面上的体积流率等于边界层内和活塞流区的体积流率之和，即

$$\frac{1}{4}\pi D^2 U = \int_0^\delta u_x \pi D_m \mathrm{d}y + \frac{1}{4}\pi D_p^2 u_m \qquad ④$$

式④中

$$D_m = \frac{1}{2}(D + D_p) = \frac{1}{2}(50.8 + 42.89) = 46.845 \quad (\text{mm}) \qquad ⑤$$

边界层内的速度分布可用式(3-96)

$$\frac{u_x}{u_m} = \frac{3}{2}\left(\frac{y}{\delta}\right) - \frac{1}{2}\left(\frac{y}{\delta}\right)^3 \qquad ⑥$$

将式⑥代入式④，积分得

$$D^2 U = \frac{5}{2}\delta D_m u_m + D_p^2 u_m \qquad ⑦$$

将相关数据代入式⑦，求得

$$\frac{U}{u_m} = 0.892, \quad u_m = 6.839\text{m/s}$$

再修正 $U_0 \approx u_m = 6.839\text{m/s}$，代入式①重复计算，得

$$\frac{U}{u_m} = 0.897$$

3.3.1.3 绕柱体的流动边界层分离

　　流体沿弯曲表面流动的边界层明显不同于平面上的边界层，此时在一定条件下会发生边界层从表面分离，出现复杂的尾流现象。为了对这类现象有比较清楚的认识，下面先讨论理想流体绕圆柱体的流动规律，然后比较黏性流体与理想流体的异同。

　　（1）理想流体绕圆柱体流动　　速度为 U_0、压力为 p_0 的理想流体绕过长度 L 远大于半径 r_0 的圆柱体，即 $L \gg r_0$，沿圆柱轴方向上流动的变化可忽略，因而流动是二维的。

　　随着流体向柱面趋近，流线弯曲，如图 3-21 所示。在前驻点 A 处速度为零，流体向两侧分流，绕过柱体后，流线在后驻点 C 处汇合，随后流线恢复平行。流体远离柱体后，不再受柱体干扰。

　　理想流体绕流时，柱体附近的速度分布为

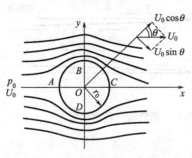

图 3-21　理想流体绕圆柱体流动

$$u_r = U_0\left(1 - \frac{r_0^2}{r^2}\right)\cos\theta \qquad (3\text{-}104)$$

$$u_\theta = -U_0\left(1 + \frac{r_0^2}{r^2}\right)\sin\theta \qquad (3\text{-}105)$$

圆柱表面的压力分布为

$$p = p_0 + \frac{1}{2}\rho U_0^2(1 - 4\sin^2\theta) \tag{3-106}$$

流体绕圆柱体流动时的压力分布如图 3-22 所示。

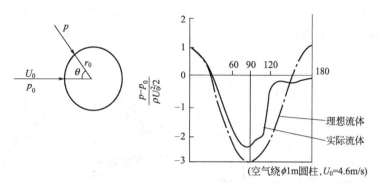

(空气绕 φ1m 圆柱，U_0=4.6m/s)

图 3-22　流体绕圆柱体流动时的压力分布

理论计算与实践结果的比较表明：在 0°～90°以及 270°～360°范围内，圆柱体前面部分两者相似，而在柱体后面部分则有显著差别，其原因在于实际的黏性流体流动发生了流动分离现象。

（2）黏性流体绕圆柱体流动　黏性流体绕圆柱体流动时，其流型与雷诺数有关。

当 $Re<1$ 时，即低雷诺数下的流动，通常称为爬流。圆柱体的上游与下游流体的流型相同，由于黏性阻滞，在离柱体相当远的距离内流速均低于来流速度，这不同于高雷诺数下物体对流场的影响仅局限于固体壁附近很薄的区域。

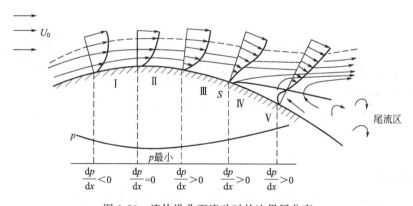

图 3-23　流体沿曲面流动时的边界层分离

在高雷诺数下，流体沿曲面流动，如图 3-23 所示。在上游迎流区Ⅰ处，由于外流加速，压力沿程降低，具有正压梯度 $\dfrac{\mathrm{d}p}{\mathrm{d}x}<0$，推动边界层内流体微团向下游流动，边界层中速度分布如图 3-24（a）所示；在Ⅱ处，$\dfrac{\mathrm{d}p}{\mathrm{d}x}=0$，边界层中速度分布如图 3-24（b）所示；而在下游背流区Ⅲ，处流减速，压力沿程升高，具有逆压梯度 $\dfrac{\mathrm{d}p}{\mathrm{d}x}>0$，边界层中速度分布如图3-24（c）所示；当流体流到Ⅳ处时，边界层内速度较慢的流体微团既要克服黏性摩擦，又要承受逆压的作用，其动能逐渐消耗，不能克服前行的阻力时，于 S 点处失速，$\dfrac{\partial u_x}{\partial y}\bigg|_{y=0}=0$，停滞不前，

外流则因动能较大，继续向下游流动，边界层中速度分布如图 3-24（d）所示。边界层内被阻滞的流体不断堆积，继而在逆压作用下向相反方向即逆外流方向流动，出现回流，并以旋涡形式离开物体壁面。这一现象称为边界层分离（或脱体），柱体后面充满旋涡的区域称为尾流区。当边界层流动为湍流时，由于脉动，边界层内外流体微团间存在动量交换，使层内流体从层外得到较大的动能补充，分离点向下游移动，尾流区将减小，如图3-25所示。实验表明：边界层在层流下分离，分离点在距前驻点81°处；湍流下，分离点后移至130°处，尾流区大幅度减小。

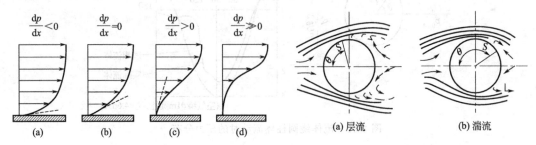

图 3-24　压力梯度对边界层中速度分布的影响　　　图 3-25　绕圆柱体流动的边界层分离点

（3）通道中的边界层分离　　流体不仅在高雷诺数下绕物体流动会发生边界层分离，在变截面管道中流动，有时也存在分离现象。当通道截面突然扩大，流体不可能立即改变为沿大直径管壁流动，而是在小直径通道边缘分离，呈现出射流形式，然后沿程逐渐扩张充满整个截面。在射流与大直径通道壁面之间形成强烈的混合区，由于伴生旋涡，相当一部分流体的有效压能转变为热能。此外，管道中有障碍物或绕尖角流动时，均可能发生分离现象，如图3-26 所示。

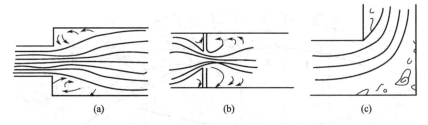

图 3-26　管道中几种流动分离现象

3.3.2　湍流理论

湍流现象普通存在于自然界和工程领域，因而了解湍流的发生以及湍流发生后的运动规律十分重要。3.1 节中已指出，湍流运动时的速度分布和阻力规律均与层流时显著不同，这种表观规律的差异是内在结构不同的反映。本节重点是阐明常用的湍流半经验理论以及两种最重要的湍流现象——壁面湍流与自由湍流。还将简要介绍湍流研究的现代进展。

3.3.2.1　湍流时均运动与湍流脉动的统计性质

通过实验测得管内空气湍动的速度，如图3-27所示。实验表明：速度随时间呈不规则的变化。以工程上通用的测速仪器，如毕托管（它的测速原理见例2-12）在同一点上测量，得到的速度却为恒定值，不随时间瞬间变化。这固然是由于毕托管测速存在着较大的惯性，不能反映湍流速度的瞬间变化，但却表明湍流速度具有某种时均值，可用于描述湍流时均运动。

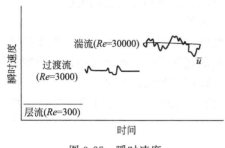

图 3-27　瞬时速度

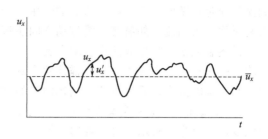

图 3-28　湍流时均模型

（1）湍流时均速度　雷诺提出，湍流瞬时速度 u 可分解为时均速度 $\bar{u}$ 和脉动速度 u'。时均速度是瞬时速度对时间所取的平均值，脉动速度是瞬时速度对时均速度的偏离值，如图 3-28所示。因此，有

$$\begin{cases} u_x = \bar{u}_x + u'_x \\ u_y = \bar{u}_y + u'_y \\ u_z = \bar{u}_z + u'_z \end{cases} \tag{3-107}$$

在所取时间间隔 Δt 内，时均速度的定义为

$$\bar{u}_x = \frac{1}{\Delta t} \int_t^{t+\Delta t} u_x \mathrm{d}t \tag{3-108}$$

湍流场中其他物理量的瞬时值均可分解为由时均值与脉动值两部分组成。如压力 p，温度 T 等均有

$$p = \bar{p} + p', \quad T = \bar{T} + T' \tag{3-109}$$

时均值的大小和方向表示了流体主运动的特点，通常将时均流动参数不随时间变化的湍流流动称为定常湍流，反之称为非定常湍流。图 3-29中：（a）为定常湍流，$\bar{u}$ 为常数；（b）为非定常湍流，但时均值变化比起脉动值的瞬息变化缓慢得多。时均速度的物理意义是，在一定的时间间隔 Δt 内，以瞬时速度流经微小断面积 ΔA 的流体体积等于以时均速度 $\bar{u}$，在相同时间间隔内流过相同断面时的流体体积，即

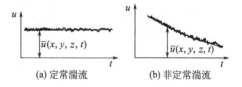

图 3-29　湍流场速度变化

$$\bar{u} \Delta A \Delta t = \int_t^{t+\Delta t} u \Delta A \mathrm{d}t \tag{3-110}$$

在几何上，图 3-28 中瞬时速度曲线和时均速度直线分别与 t 轴所包含的面积相等。

需要指出的是，所取时间间隔 Δt 必须足够长，脉动次数足够多，才能使时均速度与所取 Δt 的大小无关。

脉动速度值一般并不大，对于管流流动，脉动速度仅为时均速度的百分之几，但因变化频率极高，每秒几百次以上，因此，脉动速度对于流体运动的影响却很大。例如，高频脉动引起的湍流附加应力将导致流动阻力的大幅度增加。

（2）湍流统计特性　湍流脉动是不规则的，具有随机性，需用统计方法进行分析。为了便于考察脉动运动的规律，可对复杂的湍流现象进行简化并分类。若任意点上各方向的湍流具有相同性质，称为各向同性。如湍流特征不随位置变化，称为均匀湍流。均匀各向同性湍流则是真实湍流图像的一种简化模型。

工程上经常遇到的是剪切湍流，即存在时均速度梯度的湍流运动。当流体沿固体壁面作

湍流运动时称壁面湍流，由于壁面的作用，湍流不衰减，沿流动方向是均匀的。若不受壁面限制时称自由湍流，如射流，沿流动方向湍流是不均匀的。

描述湍流统计特性有两个基本参数：一是湍流强度，描述脉动值的大小，衡量瞬时值与时均值的偏离；二是湍流尺度，描述两个脉动变量间的相互影响。前者可用以度量旋涡脉动速度和能量的大小；后者可定量描述湍流的结构，用以度量旋涡的尺度。

① 湍流强度　通常定义湍流脉动速度的均方值为湍流强度，其与时均值之比为相对湍流强度，以符号 I 表示。对于各向同性湍流，有

$$I = \frac{\sqrt{\overline{u_i'^2}}}{\bar{u}_i} \tag{3-111}$$

式(3-111)是衡量脉动速度相对于时均速度重要性的一个量度。通常，在工业管道中 $I = 5\% \sim 7\%$，搅拌槽中桨叶附近 $I = 20\% \sim 50\%$，而在实验风洞内 $I = 1\% \sim 2\%$，800m 高空自由大气 $I = 0.03$。

湍流强度的大小决定了湍流混合的程度，湍流强度愈大，混合愈迅速，将有效地促进湍流导热和湍流扩散。如采用多孔板作为湍流促进器，当 $I = 0.15$ 时，传质效率可提高 40%。

② 湍流尺度　两个脉动量之间的相互影响，在统计上用"相关"表示。对于平行流，若相距为 y 的两点在同一瞬间的脉动速度分别为 u_{x1}'、u_{x2}'，则相关系数可表达为

$$R(y) = \frac{\overline{u_{x1}' u_{x2}'}}{\sqrt{\overline{u_{x1}'^2}} \sqrt{\overline{u_{x2}'^2}}} \tag{3-112}$$

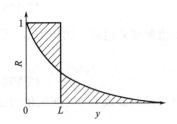

图 3-30　各向同性湍流中的相关曲线

在湍流场中充满不同大小的旋涡，其尺度从设备尺寸级至毫米级，甚至更小的微米级。若两点距离较近，很可能处于同一旋涡内，则两点间的脉动速度密切相关，相关系数较大；两点间距离远，处于不同旋涡中时，则很少相关，相关系数小。可应用相关系数表达旋涡的平均尺寸。通常定义湍流尺度（如图 3-30 所示）进行度量，即

$$L = \int_0^\infty R(y) \mathrm{d}y \tag{3-113}$$

相关曲线与横坐标所包含的面积，在数值上即为 L 值的大小。

例 3-6　湍流强度及相关系数

在湍流场中，测得相距 r 两点处的速度分量 u_x 分别如下所列，试计算两点处的相对湍流强度及两点间的相关系数：

u_{x1}	5.55	2.88	8.32	5.40	1.20	4.70	11.01	6.87	1.41
	4.63	4.57	3.31	5.45	3.12	7.05	7.70	9.46	0.63
	9.47	3.20	7.26	7.85	7.51	3.46	9.01	0.66	
u_{x2}	1.33	2.84	1.40	6.51	1.68	14.0	10.10	6.14	9.07
	9.21	10.86	5.96	6.04	5.36	4.72	5.66	0.70	2.11
	8.02	4.89	7.55	6.90	2.89	6.52	9.50	7.01	

解

$$\bar{u}_{x1} = \frac{\sum u_{x1}}{26} = \frac{141.68}{26} = 5.45 \quad (\mathrm{m/s})$$

$$\bar{u}_{x2} = \frac{\sum u_{x2}}{26} = \frac{156.97}{26} = 6.04 \quad (\mathrm{m/s})$$

由 $u'_x = u_x - \bar{u}_x$ 得

u'_{x1}	0.1	−2.57	2.87	−0.05	−4.25	−0.75	5.56	1.42	−4.04
	−0.82	−0.88	−2.14	0	−2.33	1.6	2.25	4.01	−4.82
	4.02	−2.25	1.81	2.4	2.06	−1.99	3.56	−4.79	
u'_{x2}	−4.71	−3.2	−4.64	0.47	−4.36	7.96	4.06	0.1	3.03
	3.17	4.82	−0.08	0	−0.68	−1.32	−0.38	−5.34	−3.93
	1.98	−1.15	1.51	0.86	−3.15	0.48	3.46	0.97	
u'^2_{x1}	0.01	6.60	8.24	0.0025	18.06	0.56	30.91	2.20	16.3
	0.67	0.77	4.58	0	5.43	2.56	5.06	16.08	23.23
	16.97	5.06	3.28	5.76	4.24	3.96	12.7	22.9	
u'^2_{x2}	22.18	10.24	21.53	0.22	19.01	63.36	16.48	0.01	9.18
	10.05	23.23	0.0064	0	0.46	1.74	0.14	28.51	15.44
	3.92	1.32	2.28	0.74	9.92	0.23	11.97	0.94	
$u'_{x1}u'_{x2}$	−0.47	82.24	−13.31	−0.02	18.53	−5.97	22.57	0.142	−12.24
	−2.6	−4.24	0.17	0	1.58	−2.11	−0.85	−21.4	18.94
	7.96	2.59	2.73	2.06	−6.49	−0.95	12.32	−4.65	

$$\overline{u'^2_{x1}} = \frac{195.95}{26} = 7.53 \qquad I_1 = \frac{\sqrt{\overline{u'^2_{x1}}}}{\bar{u}_{x1}} = 0.50$$

$$\overline{u'^2_{x2}} = \frac{273.37}{26} = 10.51 \qquad I_2 = \frac{\sqrt{\overline{u'^2_{x2}}}}{\bar{u}_{x2}} = 0.54$$

$$R(r) = \frac{\overline{u'_{x1}u'_{x2}}}{\sqrt{\overline{u'^2_{x1}}}\sqrt{\overline{u'^2_{x2}}}} = \frac{3.71}{8.89} = 0.42$$

3.3.2.2　充分发展湍流模型

剪切层是最通常的湍流产生方法，剪切层中存在旋涡运动。小 Re 下不会产生湍流，黏性将使脉动消失。Re 增大时，流场中的湍流是由一系列不同大小的旋涡组成，最大旋涡具有发生湍流运动的空间特征尺寸的数量级；对尺寸最小的旋涡，分子黏性将对动量传递起决定作用。旋涡尺寸范围很宽，这是由于相邻大小的旋涡相互作用形成次级小旋涡造成的。这种过程以梯级的方式进行，大旋涡分裂成小旋涡，能量从大旋涡向小旋涡传递，小旋涡则向更小的旋涡传递，直至最小尺寸的旋涡，最后因黏性而消失，其能量耗散为热。充分发展湍流图像如图 3-31 所示[1]。

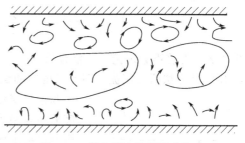

图 3-31　管内湍流局部瞬时流型

已经证明，最小旋涡的尺度为

$$\lambda_0 = \left(\frac{\nu^3}{\varepsilon}\right)^{1/4} \tag{3-114}$$

相应的脉动速度

$$u'_\lambda = (\nu\varepsilon)^{1/4} \tag{3-115}$$

式中，ε 为能量耗散，ν 为运动黏度。

例 3-7　估计最小旋涡的尺度

室温下空气流过宽 B 为 1.0m、高 H 为 0.24m 的矩形通道，中心速度为 10m/s，试估计通道中最小旋涡的尺度。

解　高 Re 下充分发展湍流中最小旋涡的尺度由式(3-114)估计

$$\lambda_0 = \left(\frac{\nu^3}{\varepsilon}\right)^{1/4} \qquad ①$$

取空气温度为 20℃，查得空气 $\rho = 1.205\text{kg/m}^3$，$\nu = 1.506\times10^{-5}\text{m}^2/\text{s}$。

估计 λ_0 的关键在于得到通道内的能量耗散 ε，其值可由压力梯度 $\frac{\Delta p}{L}$ 估计。

按定义单位质量流体的能量耗散速度为

$$\varepsilon = \frac{\text{转化为内能的功率}}{\text{流体质量}} = \frac{-A\Delta p U}{AL\rho} = -\frac{\Delta p}{L}\times\frac{U}{\rho} \qquad ②$$

式中，U 为截面平均速度，A 为通道横截面，L 为通道长度。

通道中心速度为 10m/s，设通道内是高度湍流，$\dfrac{U}{u_{\max}} = 0.82$，于是平均速度 U 为 8.2m/s，通道当量直径为 $D_e = 4\times\dfrac{BH}{2(B+H)} = 0.387\text{m}$，计算得

$$Re = \frac{UD_e}{\nu} = \frac{8.2\times0.387}{1.506\times10^{-5}} = 2.11\times10^5$$

假设通道壁面光滑，由布拉休斯阻力定律式(3-184)得

$$\lambda = 0.3164Re^{-1/4} = 0.3164\times(2.11\times10^5)^{-1/4} = 0.0148$$

由式(3-175)计算压降梯度为

$$-\frac{\Delta p}{L} = \frac{\lambda}{D_e}\times\frac{1}{2}\rho U^2 = \frac{0.0148}{0.387}\times\frac{1}{2}\times1.205\times8.2^2 = 1.55 \quad (\text{Pa/m})$$

代入式②，得

$$\varepsilon = -\frac{\Delta p}{L}\times\frac{U}{\rho} = 1.55\times\frac{8.2}{1.205} = 10.55 \quad (\text{W/kg})$$

由式①，可得

$$\lambda_0 = \left(\frac{\nu^3}{\varepsilon}\right)^{1/4} = \left[\frac{(1.506\times10^{-5})^3}{10.55}\right]^{1/4} = 1.34\times10^{-4} \quad (\text{m})$$

3.3.2.3　湍流唯象理论——混合长

用统计方法研究湍流，对于了解脉动运动的规律取得了很大进展。但对工程上常见的管流和边界层流动，湍流统计理论至今还未能给出湍流时均速度分布与阻力定律的满意结果。若作出某些简化假定以建立模型，寻求脉动运动与平均运动的关系，则可方便地得到上述重要规律。这就是下面将要阐述的应用唯象理论处理湍流问题的方法。

（1）湍流动量交换与附加应力　分子的随机热运动导致高速流体层向相邻低速流体层的净动量传递，表现出流体的黏性。类似地，湍流状态时，流体微团（旋涡）的随机脉动也将导致流体层之间的净动量传递，产生湍流的附加应力，

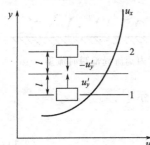

图 3-32　湍流的通用速度分布

形成附加的涡流黏度。

考察如图 3-32 所示的湍流场，具有 u_x 速度的微团，以脉动速度 u'_y，从低速层 1 进入高速层 2 后，由于动量交换而加速；当层 2 微团以 $-u'_y$ 脉动，由高速层进入低速层，则得到相反结果。因此，不同流体层的微团，由于脉动互相交换位置，发生了动量传递。其质量通量为 $\rho u'_y$，并带来了 x 方向上的 u'_x 脉动，因此在一段时间内导致的平均动量变化为 $-\overline{\rho u'_x u'_y}$。根据动量定律，动量变化必将产生应力，由于这是湍流脉动引起的，故称为湍流附加应力，亦称雷诺应力，通常以 τ'_{yx} 表示，即

$$\tau'_{yx} = -\overline{\rho u'_x u'_y} \tag{3-116}$$

类似分量还有 τ'_{xy}、τ'_{xz} 以及 τ'_{yz}、τ'_{yy}、τ'_{xx} 等

$$\tau'_{xx} = -\overline{\rho u'^2_x} \tag{3-117}$$

湍流时，总的剪切应力包括分子动量传递引起的黏性剪切应力 τ^l_{yx} 与湍流脉动引起的附加应力 τ'_{yx} 两部分，即

$$\tau_{yx} = \tau^l_{yx} + \tau'_{yx} = \mu \frac{\mathrm{d}\bar{u}_x}{\mathrm{d}y} + \overline{\rho u'_x u'_y} \tag{3-118}$$

建立脉动速度与时均速度梯度间的关系，以时均速度表达剪切应力，是计算湍流附加应力的一条简便途径。下面介绍两种典型的模型。

(2) 涡流黏度模型　波希涅斯克（Boussinesq，1877 年）借助于牛顿黏性定律的形式，类似地提出，湍流剪切应力也与时均速度梯度成正比，比例系数以 μ_e 表示，称为涡流黏度，

$$\tau'_{yx} = \mu_e \frac{\mathrm{d}\bar{u}_x}{\mathrm{d}y} \tag{3-119}$$

或改写为

$$\tau'_{yx} = \rho \varepsilon_M \frac{\mathrm{d}\bar{u}_x}{\mathrm{d}y} \tag{3-120}$$

式中，ε_M 为涡流动量扩散系数，L^2/T。因此，对于湍流，有

$$\tau_{yx} = (\mu + \mu_e)\frac{\mathrm{d}\bar{u}_x}{\mathrm{d}y} = \rho(\nu + \varepsilon_M)\frac{\mathrm{d}\bar{u}_x}{\mathrm{d}y} \tag{3-121}$$

上述涡流黏度模型将湍流总剪切应力与时均速度梯度建立了联系。然而，需要指出的是，涡流黏度 μ_e（或 ε_M）与 μ（或 ν）不同，μ（或 ν）是流体的特性，是系统状态函数，μ_e（或 ε_M）取决于流动特性，与流场性质、所处位置及时均速度等因素有关，且比前者大好几个数量级。

(3) 混合长模型　气体分子的热运动以及湍流场中流体微团的脉动都是一种随机运动。根据气体分子运动论，分子间的碰撞需经历一段分子平均自由程。类似地，普朗特提出，湍流运动时的流体微团也在一段距离内保持各自原有的动量，该距离称为混合长，以 l 表示它表明微团在到达新位置与周围流体混合前保持其原有速度所经历的平均距离。考察图3-32所示速度场，流体微团经历路程 l，分别由 $y-l$ 层脉动至 y 层，或由 $y+l$ 层脉动至 y 层。

根据泰勒级数展开，并忽略高阶小项，有

$$\bar{u}_x(y+l) \approx \bar{u}_x(y) + l\frac{\mathrm{d}\bar{u}_x}{\mathrm{d}y}$$

$$\bar{u}_x(y-l) \approx \bar{u}_x(y) - l\frac{\mathrm{d}\bar{u}_x}{\mathrm{d}y}$$

普朗特假设发生于 y 层的 u'_x 正比于以上两个速度的平均值，即

$$u'_x \approx l \frac{\mathrm{d}\bar{u}_x}{\mathrm{d}y} \tag{3-122}$$

普朗特又假设两个正交的脉动速度相互成比例，具有相同的数量级，即 $u'_x \sim u'_y$，并将两者间的比例系数合并于 l，则可得湍流附加应力

$$\tau^t_{yx} = \overline{\rho u'_x u'_y} = \rho l^2 \left(\frac{\mathrm{d}\bar{u}_x}{\mathrm{d}y} \right)^2 \tag{3-123}$$

改写为与黏性应力相一致的形式，则为

$$\tau^t_{yx} = \left(\rho l^2 \frac{\mathrm{d}\bar{u}_x}{\mathrm{d}y} \right) \frac{\mathrm{d}\bar{u}_x}{\mathrm{d}y} \tag{3-124}$$

代入式(3-118)，得湍流场的总的剪切应力

$$\tau_{yx} = \tau^l_{yx} + \tau^t_{yx} = \left(\mu + \rho l^2 \frac{\mathrm{d}\bar{u}_x}{\mathrm{d}y} \right) \frac{\mathrm{d}\bar{u}_x}{\mathrm{d}y} \tag{3-125}$$

将式(3-119)或式(3-120)与式(3-124)作比较，则有

$$\mu_e = \rho l^2 \frac{\mathrm{d}\bar{u}_x}{\mathrm{d}y}, \quad \varepsilon_M = l^2 \frac{\mathrm{d}\bar{u}_x}{\mathrm{d}y} \tag{3-126}$$

综上所述，借助混合长或涡流黏度模型，使湍流剪切应力与时均速度梯度建立了联系。波希涅斯克提出的涡流黏度模型有其缺陷，因为涡流黏度的变化范围相当宽，很难对不同流场中 μ_e 随位置的变化规律作出假设。而混合长的尺度由于受到流场几何尺度的限制，其值不可能大于流场的尺度，因而估计混合长的大小要比涡流黏度容易。若能确定 $l = l(y)$ 的函数形式，则可对式(3-125)方便地进行积分，从而得到速度分布。

3.3.2.4　壁面湍流

管流以及边界层中的湍流均属壁面湍流。两者有许多共同的特点，壁面附近的流动同时受黏性剪切应力和雷诺应力的作用，但随着离开壁面距离的不同，两种剪切应力的大小及其所起作用的差异很大。离壁面愈近，黏性剪切应力愈大；离开壁面相当距离后，其影响可忽略，雷诺应力则起主要作用。由于不同区域有不同的因素起作用，描述壁面湍流需取多层结构，以便分区描述流动特点。

边界层结构可以表示为：沿壁面法向，固体壁面附近的薄层为黏性底层区，经过渡区，发展成为湍流核心区。而后湍流程度有所衰减，边界层逐渐趋向于"结束"。在边界层中，湍流与非湍流的外流之间还有一过渡的黏性顶层。黏性底层、过渡层、湍流核心层统称为内层；边界层的其余部分包括黏性顶层称为外层。内层比外层薄，其厚度仅占边界层总厚度的 10%～20%。

管流湍流的结构划分大致相同，但边界层的外流是理想流体，为非湍流区。充分发展的管流湍流均为黏性流体运动的湍流区，不存在黏性顶层。因而两种湍流的分区以及各区域的厚度也不尽相同。

下面给出壁面湍流中各区的速度分布。

(1) 壁面湍流的通用时均速度分布

① 黏性底层厚度　实验表明：在邻近壁面厚度为 δ_b 的极薄层区域内，只存在分子黏性剪切应力，速度分布呈直线规律，有

$$\frac{\mathrm{d}u_x}{\mathrm{d}y} = \frac{u_x}{y} \tag{3-127}$$

由 $\tau_w = \mu \dfrac{\mathrm{d}u_x}{\mathrm{d}y} = \rho\nu \dfrac{u_x}{y}$，得

$$u_x = \frac{y(\tau_w/\rho)}{\nu} \tag{3-128}$$

定义 $u_* = \sqrt{\tau_{\mathrm{w}}/\rho}$，具有速度量纲，通常称为摩擦速度或剪切应力速度，则式(3-128)为

$$u_x = \frac{yu_*^2}{\nu} \tag{3-129a}$$

改写为

$$\frac{u_x}{u_*} = \frac{u_* y}{\nu} \tag{3-129b}$$

令 $u^+ = \dfrac{u_x}{u_*}$，$y^+ = \dfrac{u_* y}{\nu}$，分别称为无量纲摩擦速度和无量纲摩擦距离（或摩擦雷诺数）。上式又可改写为

$$u^+ = y^+ \tag{3-130}$$

该式适用于 $y^+ < 5$，在此范围内 u^+ 与 y^+ 呈线性关系。

②**湍流核心区**　离壁面较远的湍流核心区内，脉动引起的湍流附加应力起主要作用。由式(3-120)可导得湍流的时均速度分布。

考虑壁面处，湍流脉动应该消失，τ'_{yx} 为零，混合长 l 也为零。普朗特假定：混合长与离开壁面的距离成正比，即

$$l = ky \tag{3-131}$$

式中，k 为比例常数，由实验测定。

将式(3-131)代入式(3-123)，得

$$\tau^t_{yx} = \rho k^2 y^2 \left(\frac{\mathrm{d}u_x}{\mathrm{d}y}\right)^2 \tag{3-132}$$

普朗特又假定：离壁面很近的区域内，湍流的附加应力近似为常数。则有

$$\tau^t_{yx} = \tau_{\mathrm{w}} \tag{3-133}$$

代入式(3-132)，得

$$\sqrt{\frac{\tau_{\mathrm{w}}}{\rho}} = ky \frac{\mathrm{d}u_x}{\mathrm{d}y} = u_*$$

$$\frac{\mathrm{d}u_x}{\mathrm{d}y} = \frac{u_*}{ky}$$

积分，得

$$u_x = \frac{u_*}{k} \ln y + C_1 \tag{3-134}$$

根据黏性底层外缘 $y = \delta_{\mathrm{b}}$，$u_x = u_{\mathrm{b}}$，可确定积分常数 C_1，再经转换，得

$$\frac{u_x}{u_*} = \frac{1}{k} \ln \frac{u_* y}{\nu} + C \tag{3-135}$$

令 $B = \dfrac{1}{k}$，上式改写为

$$u^+ = B\ln y^+ + C \tag{3-136}$$

根据尼古拉兹实验，求得 $B = 2.5$，$C = 5.5$，因此可得湍流核心区的速度分布为

$$u^+ = 2.5\ln y^+ + 5.5 \tag{3-137}$$

该式适用于 $y^+ > 30$。式(3-137)表明：湍流核心区的速度呈对数规律分布。后来欣兹对尼古拉兹实验进行了修正，指出 B 值随 Re 增大而增大，至 $Re \geqslant 10^6$ 时 $B = 2.8$。

③**过渡区**　对于 $5 < y^+ < 30$ 的过渡区，仍以对数规律整理实验数据，可得经验式

$$u^+ = 5.05\ln y^+ - 3.05 \tag{3-138}$$

归纳起来，壁面湍流的通用速度分布为

$$
\begin{cases}
y^+ < 5 : u^+ = y^+ \\
5 < y^+ < 30 : u^+ = 5.05\ln y^+ - 3.05 = 11.5\lg y^+ - 3.05 \\
y^+ > 30 : u^+ = 2.5\ln y^+ + 5.5 = 5.75\lg y^+ + 5.5
\end{cases}
\quad (3\text{-}139)
$$

三个区域的速度分布如图 3-33 所示。

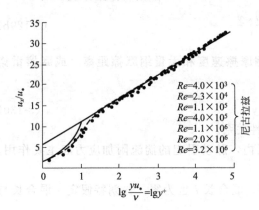

图 3-33 湍流的通用速度分布

（2）外层速度分布 在外层区域，速度分布不受黏性的直接影响，边界层速度相对于外流的速度差称速度亏损，其也随距离呈对数变化。通过实验确定经验常数，得到

$$
\frac{U_0 - u_x}{u_*} = -8.6\ln\frac{y}{\delta} \quad (3\text{-}140)
$$

对平板流，亏损率函数与 Re 无关。

例 3-8 涡流黏度与分子黏度的比值

20℃空气在光滑圆管中作湍流运动，管径 50mm。已知单位管长压降为 40Pa/m，试求 $\dfrac{r}{R} = 0.5$ 处（R 为管半径）涡流黏度 μ_e 与分子黏度 μ 的比值。

解 查得 20℃下空气，$\rho = 1.205\mathrm{kg/m^3}$，$\mu = 1.81\times10^{-5}\,\mathrm{Pa\cdot s}$。

由涡流黏度模型 $\tau = (\mu + \mu_e)\dfrac{\mathrm{d}\bar{u}}{\mathrm{d}y}$ ［式(3-121)］得

$$
\frac{\mu_e}{\mu} = \frac{1}{\mu}\frac{\tau}{\dfrac{\mathrm{d}\bar{u}}{\mathrm{d}y}} - 1 \qquad\qquad ①
$$

将 $\dfrac{\tau}{\tau_w} = \dfrac{r}{R}$ ［式(3-27)］代入式①，得

$$
\frac{\mu_e}{\mu} = \frac{1}{\mu}\frac{\tau_w\,\dfrac{r}{R}}{\dfrac{\mathrm{d}\bar{u}}{\mathrm{d}y}} - 1 \qquad\qquad ②
$$

根据定义 $u^+ = \dfrac{\bar{u}}{u_*}$，$y^+ = \dfrac{u_* y}{\nu}$，$u_* = \sqrt{\dfrac{\tau_w}{\rho}}$，式②可转化为

$$
\frac{\mu_e}{\mu} = \frac{\dfrac{r}{R}}{\dfrac{\mathrm{d}u^+}{\mathrm{d}y^+}} - 1 \qquad\qquad ③
$$

式③中，$\dfrac{\mathrm{d}u^+}{\mathrm{d}y^+}$ 由壁面湍流的通用速度分布给出，先求 y^+ 值，再定公式。

由式(3-26)可得

$$
\tau_w = \frac{1}{2}\times\frac{p_0 - p_L}{L}R = \frac{1}{2}\times40\times0.025 = 0.5 \quad (\mathrm{Pa})
$$

当 $\dfrac{r}{R} = 0.5$ 处，$y = 0.0125\mathrm{m}$，此处的 y^+ 值

$$
y^+ = \frac{u_* y}{\nu} = \frac{y}{\nu}\sqrt{\frac{\tau_w}{\rho}} = \frac{0.0125}{\dfrac{1.81\times10^{-5}}{1.205}}\sqrt{\frac{0.5}{1.205}} = 536
$$

对应该数值的 $u^+ = 2.5\ln y^+ + 5.5$ [式(3-137)]，该处的梯度为

$$\frac{\mathrm{d}u^+}{\mathrm{d}y^+} = \frac{2.5}{y^+} = \frac{2.5}{536} = 0.00466$$

将相关数据代入③可得

$$\frac{\mu_\mathrm{e}}{\mu} = \frac{\dfrac{r}{R}}{\dfrac{\mathrm{d}u^+}{\mathrm{d}y^+}} - 1 = \frac{0.5}{0.00466} - 1 = 106$$

计算结果表明：远离壁面处分子动量传递相对涡流传递可忽略。

例 3-9　湍流场速度分布及黏性底层厚度

20℃的水以平均流速 0.21m/s，在直径为 0.05m 的圆管中作湍流流动。已知 $\tau_\mathrm{w} = 0.17\mathrm{N/m^2}$，试计算：① 黏性底层厚度；② 距离管壁分别为 0.2mm，2mm，25mm 处的流体速度。

解　① $Re = \dfrac{\rho UD}{\mu} = \dfrac{1000 \times 0.21 \times 0.05}{1.005 \times 10^{-3}} = 10448$（>2100，流动为湍流）

$$u_* = \sqrt{\frac{\tau_\mathrm{w}}{\rho}} = \sqrt{\frac{0.17}{1000}} = 0.013 \quad (\mathrm{m/s})$$

$$\nu = \frac{\mu}{\rho} = \frac{1.005 \times 10^{-3}}{1000} = 1.005 \times 10^{-6} \quad (\mathrm{m^2/s})$$

由黏性底层 $y^+ \leqslant 5$，得

$$y^+ = \frac{u_* y}{\nu} = \frac{u_* \delta_\mathrm{b}}{\nu} = 5$$

$$\delta_\mathrm{b} = \frac{5\nu}{u_*} = \frac{5 \times 1.005 \times 10^{-6}}{0.013} = 0.387 \quad (\mathrm{mm})$$

计算表明：湍流场中的黏性底层很薄，仅占圆管半径的 $\dfrac{0.387}{25} = 1.55\%$。

② $y_1 = 0.2\mathrm{mm}$

$$y_1^+ = \frac{u_* y_1}{\nu} = \frac{0.013 \times 0.2 \times 10^{-3}}{1.005 \times 10^{-6}} = 2.587$$

由式(3-139)，$y^+ < 5$ 时，有

$$u_1^+ = \frac{u_1}{u_*} = y_1^+ = 2.587$$

$$u_1 = 2.587 \times 0.013 = 0.0336 \quad (\mathrm{m/s})$$

因 $y_2 = 2\mathrm{mm}$，有

$$y_2^+ = \frac{u_* y_2}{\nu} = \frac{0.013 \times 2 \times 10^{-3}}{1.005 \times 10^{-6}} = 25.87$$

当 $5 < y^+ < 30$ 时，有

$$u_2^+ = \frac{u_2}{u_*} = 5.05\ln y_2^+ - 3.05 = 13.38$$

$$u_2 = 13.38 \times 0.013 = 0.174 \quad (\mathrm{m/s})$$

因 $y_3 = 25\mathrm{mm}$，有

$$y_3^+ = \frac{u_* y_3}{\nu} = \frac{0.013 \times 25 \times 10^{-3}}{1.005 \times 10^{-6}} = 323$$

当 $y^+ > 30$ 时，有

$$u_3^+ = \frac{u_3}{u_*} = 2.5\ln y_3^+ + 5.5 = 19.94$$

$$u_3 = 19.94 \times 0.013 = 0.259 \quad (\text{m/s})$$

计算表明，黏性底层内的流速远低于平均流速，管道平均流速约为中心最大流速的 $\frac{0.21}{0.259} = 0.811$。

3.3.2.5 自由湍流

对不受固体边界约束的湍流称自由湍流，包括射流、混合层和尾流。图 3-34 显示湍流混合层中的涡结构，有规则的大旋涡夹带着大量的小旋涡[6]。

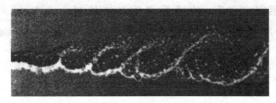

图 3-34 湍流混合层中的涡结构

（1）射流 从管口、孔口或狭缝流出的高速流体称为射流，经过较短距离发展成湍流。由于脉动，周围流体将被卷入射流，相互掺混向下游流动，射流宽度沿程不断扩展，速度不断减慢，直至射流消失。

射流具有卷吸周围流体的能力，并发生强烈的动量交换，是实施流体混合的基本手段。例如燃烧炉中，利用喷嘴产生射流，使燃气与空气迅速混合，提高燃烧效率。

射流现象可由边界层理论进行分析。流体以足够速度 U_0，经直径为 d_n 的喷嘴，流入静止的相同介质中，其发展如图 3-35。图中虚线是以中心为界按边界层厚度方式定义的射流边界。

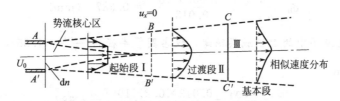

图 3-35 射流的发展

按混合长理论，假定混合长 l 正比射流的宽度，且不随 r 变化。可以估计，圆射流的宽度将随离开孔口的距离 x 而增加，中心速度则随 x 的增加而减小，射流速度呈高斯分布，且不同截面处具有相似性，如

$$\frac{u_x}{u_{\max}} = \exp\left(-\frac{r^2}{b_{1/2}^2}\right) \tag{3-141}$$

式中，$b_{1/2}$ 为 $u_x = \frac{1}{2} u_{\max}$ 时的 r 值，称为射流的半宽度，但它不是射流宽度的一半。

（2）混合层 混合层由两股速度不同的平行流组成。在两股流体的界面处，由于旋涡间的相互作用，形成混合层。高速一侧的流体受阻减速，低速一侧的流体则加速，由图 3-36 可见，混合层的厚度（即大旋涡的尺度）沿流动方向增加。另外，在混合层之外，流体速度还保持原有状态，混合层速度分布与射流相似[7]。

（3）尾流 运动物体的后部或流体绕物体流动的下游，常因边界层分离而出现旋涡区，即尾流 ［如图 3-37

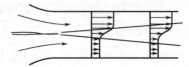

图 3-36 混合层速度分布

（a）]。尾流中的运动状态常为湍流。尾流区速度分布［如图 3-37（b）］颇像反方向的射流。但它与射流现象有所不同，尾流的对流加速度比射流大得多，尾流现象亦常按边界层理论进行分析。尾流区的速度分布具有相似性。

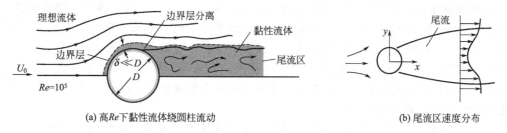

(a) 高 Re 下黏性流体绕圆柱流动　　　　　(b) 尾流区速度分布

图 3-37　尾流

$$\frac{\Delta u_x}{\Delta u_{\max}}=\left[1-\left(\frac{y}{b}\right)^{3/2}\right]^2 \tag{3-142}$$

式中，Δu_x 为速度亏损；$\Delta u_{\max}$ 为最大速度亏损；b 为尾流半宽度。

平面尾流的宽度与到物体距离的平方根成正比，中心最大速度亏损与上述距离的平方根成反比。

3.3.2.6　湍流拟序结构

从湍流开始出现到全部发展为湍流，存在一定的过渡区，在这区间湍流与非湍流在时间上交替、空间上并存，但有明显的分界面。另外，湍流运动中的一些物理量并不是在空间上或时间上的某一点总是存在，湍流与非湍流区间的边界在空间和时间上有不确定性。湍流间歇性是近代湍流研究的重大发现之一。

湍流的产生和维持过程中，存在着尺度的间歇现象和周期性的猝发过程，湍流流动并非完全杂乱无序，而是存在某种近似有组织的结构——拟序结构。条带结构、猝发结构和涡旋结构形成壁面附近湍流结构的特征[6]。

概括而言，湍流兼有随机性和有序性，是有序和随机状态的混合。基本结构之一是各种尺度的涡，既有大量的随机的小涡构成背景流场，又有大尺度的拟序涡结构在统计意义上存在。湍流拟序结构的揭示，对湍流传递研究有重要意义。

3.4　流动现象的实验观测

应用守恒原理，通过总体衡算、薄壳微元衡算考察传递现象的规律，已在前面作了介绍，后面还将继续。需要着重指出的是，实验始终是研究传递现象的基本方法。凭借实验不仅可以验证理论计算的结果，还可以探索新的传递现象。从事实验研究，必须建立装置、设备，选择、开发测试方法，获取数据并进行数据处理。实验需要精心设计，需要方法论，减少实验工作中的盲目性。这一节着重论述流动现象的实验观察和测试技术。下一节则将探讨装置建立和数据处理的方法论。

3.4.1　流场显示技术

将流动情况可视化，以便直接观察或摄影记录，称为流场显示技术。这是古老而又简单的实验技术，在 3.1 中介绍的雷诺实验，其所用的染色法就属于此类。后来又发展了氢气泡法等多种方法，能直接观察到流场中的各种流动图像，对了解复杂流场非常有效。这种方法应用很广，对于研究化工设备中的流动问题尤有价值。

流场显示技术大致可分为两大类：示踪法和光学法。

（1）示踪法 用可见的示踪剂显示流体运动，主要用于不可压缩流体的运动。示踪剂随流体运动，并不是流体本身的运动，因此，要选择适宜的示踪剂，以便能够真实地反映实际流动情况。示踪法有以下几种方法。

① 壁面显示法 用于显示边界面附近的流动状况。这种方法有涂膜法，即在壁面涂上某种涂料或油及颜料的混合物，当流体流经壁面时形成条纹，显示出壁面附近流动的图像；还有线簇法，即在壁面上布以柔细的线簇，线簇所指的方向即为流体流动的方向。

② 直接注入法 将固体颗粒或有色液体直接注入流场。例如，对于水的流动，可将聚苯乙烯、铝粉直接加入流场以显示流型。这种方法对于水流速度从每秒几毫米到几十米、气体速度低于 50m/s 时均可适用。

③ 化学反应法 利用流动时发生化学反应，产生有色物质或沉淀物作示踪剂。

④ 电控制法 氢气泡流场显示法：在水流中置一细导线（如直径为 0.01～0.02mm 的铂、钨、不锈钢）作为阴极，在其上间隔涂以不导电的涂料，周期性地通以 10～100V 的脉冲电压使水电解，在金属丝上产生密集的、直径仅为 1/2 丝径的一排小氢气泡，观察或摄影记录氢气泡随水流运动的状况即可了解流场。可观察到流速每秒几厘米到 2m 范围内的运动。

（2）光学法 通过流体密度的变化引起折射率的变化来显示流动。因此，这种方法主要用于可压缩流体的运动，包括纹影法和干涉法，其特点是对流场无干扰，精度高。

由实验观察流型，通常以流线、轨线描述流体运动的规律。获取流线的方法是，将大量微小示踪粒子加入流场中，摄影记录下这些质点在极短时间内的位置变化，然后综合所有质点的运动途径，即可得流线。

将有色液体加入液体中或将烟气加入气体中，可以观察到轨线或条纹线。所谓条纹线，是指已经通过指定点的所有流体质点的轨线。如果瞬间引入有色液体，连续观察或长时间曝光摄影，这时得到的是轨线。如果连续引入有色液体，瞬时观察或摄影，这时得到的是条纹线。

定常流动时，流线、轨线、条纹线是相同的。非定常流动时三者则完全不同，这是在解释流型的观察结果时必须特别注意的。

3.4.2 湍流测试

湍流测量由传感器和数据处理部分组成。传感器主要有热丝和热膜，还有激光束等。

（1）热丝（膜）流速仪 将通电加热的金属丝（膜）置于流场中作为传感元件，流体绕过时带走热量，导致热损耗，温度下降。由于散热量随流体速度而变化，金属丝（膜）的电阻值随温度而变化，因此，热丝电阻与流体速度之间将具有一一对应关系。

将热丝作为惠斯顿电桥的一个桥臂，感受到的流速变化引起电阻值变化，破坏了电桥的平衡，产生误差电压。为维持热丝温度不变，保持恒定的热丝电阻，可应用伺服放大器，将误差电压放大并反馈给电桥，使之恢复平衡。测量反馈电压的瞬间变化，即反映了测点处流体瞬间速度的变化，这种测速仪器称为恒温热丝（膜）流速仪。

通常用铂或钨制成直径为 0.5～10μm 的丝或 0.2mm×1mm 的膜，固定在一个支撑体上，组成很小的探针作为传感元件，热丝用于测量气体，热膜用于测量液体。

热丝流速仪响应时间很短，可测量高频的气流脉动，其灵敏度很高，可测量很低的流速，但探针的插入将会对流场产生干扰。

（2）激光测速仪 当光接受器与激光源之间具有相对运动时，所接收到的发射光频率将发生变化，变化量与相对速度的大小、方向和激光波长有关。当两者距离减小，频率增高。

反之频率减小。

应用上述光学多普勒效应，在运动的流体中加入极细的示踪微粒。当跟随流体运动的微粒被激光束照射后，形成的散射光频率与照射光的频率发生差异，此差值称为多普勒频移，其与粒子的运动速度成正比。若粒子在流体中具有良好的跟随性，通过适当的多普勒频移检测方法和处理，就可得到示踪粒子亦即流体的瞬时速度。

这种方法的特点是流场中没有设置干扰元件，是一种非接触式的测量，加之响应快、测速范围宽，目前已广泛应用于湍流场的测试。然而选用的散射粒子对于流体必须具有良好的跟随性。

（3）粒子成像测速仪 PIV 为了研究流场瞬时速度分布，可采用更先进的粒子成像测速仪（Particle image Velocimetry，PIV）。其原理是，以一狭缝激光束照射流场，用两个脉冲激发光源，可得到粒子场的两次曝光图像，可从曝光时间内粒子的位移计算出粒子的速度，得到流场速度分布。用 PIV 得到的鼓泡塔流场速度分布如图 3-38 所示。

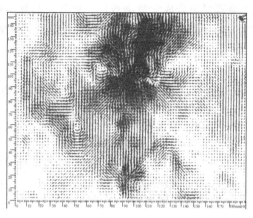

图 3-38 鼓泡塔流场速度分布

目前 PIV 技术尚处于初级应用阶段，对高度湍流的测量还不适合，有待进一步完善。

3.5 量纲分析与相似原理

依据所考察的流动和传递现象制作专门的试验设备是从事实验研究的起点，亦即研究中的原型与模型问题。实验模型代表一个物理系统，用于预测工程系统在所期望的某些方面的行为。

通常模型尺寸小于原型，模型试验介质力求廉价易得。研究模型与原型间的关系借助相似理论，此处不作展开，仅就模型试验所得实验结果如何无量纲化及其应用作简单介绍。

3.5.1 无量纲化的意义

任何物理现象或过程均以若干物理量进行描述。物理量按其性质的不同而具有不同的量纲，如长度（L）、时间（T）、质量（M）。度量物理量按所选用的标准可有不同的单位，如 m、s、kg 等。单位不同，则需乘以一系列转换因子，统一单位制，才能解得物理方程的正确结果。

物理方程总是量纲和谐的，它表明相加或相减的各项量纲均相同。任取方程两项相除应是无量纲的，根据这一原理，可使方程无量纲化，将物理方程变换为某些无量纲数之间的函数式。以无量纲数作为变量描述过程，变量数可较变换前方程中的物理变量数大大减少。此外，由于无量纲数既无量纲又无单位，其数值大小与所选单位制无关，描述该物理过程的无量纲数将不随过程规模的大小而变化，只要表明过程的无量纲数相等，则不同规模的同类过程的这一特征也就相同。因而，应用量纲分析原理将变量无量纲化，即可使数值不受单位制影响，又能减少变量数，大大简化了实验设计和实验数据的处理。这种方法的关键在于了解影响过程的有关物理量，以及将它们组合成少量的无量纲数。

3.5.2　基本量纲、导出量纲与无量纲数

方程中所有物理量的量纲可分为两类。一类为独立的基本量纲，它们不能相互导得。对于动量传递，通常选用质量（M）、长度（L）、时间（T）。另一类为由基本量纲组合而成的导出量纲，如速度（LT^{-1}）、黏度（$ML^{-1}T^{-1}$）、力（MLT^{-2}）等，它们由上述三个基本量纲组合而成。既然有关物理量的量纲均由基本量纲组成，那么任一物理量必定可以与任意选择的彼此独立的三个基本物理量组合成无量纲数群。例如，当基本物理量选为密度 ρ、长度 L、速度 U 时，压力 p、黏度 μ 则分别与上述三个基本物理量组成无量纲数，通常可采用指数形式表达，即

$$\frac{\mu}{\rho^a L^b U^c} \text{或} \mu \sim \rho^a L^b U^c$$

$$\frac{p}{\rho^d L^e U^f} \text{或} p \sim \rho^d L^e U^f$$

幂指数 a、b、c、d、e、f 的数值可通过待定系数法确定。方法是，先将有关物理量的量纲代入上式，得

$$ML^{-1}T^{-1} \sim (ML^{-3})^a L^b (LT^{-1})^c$$
$$ML^{-1}T^{-2} \sim (ML^{-3})^d L^e (LT^{-1})^f$$

根据量纲和谐原理，上式两边的量纲应该相同。这样，可对基本量纲作如下分析

对 M：$1 = a$
对 L：$-1 = -3a + b + c$
对 T：$-1 = -c$

解得 $a = b = c = 1$。类似地，可解得 $d = 1$，$e = 0$，$f = 2$

因此，上述两无量纲数为

$$\frac{\mu}{\rho L U}, \frac{p}{\rho U^2}$$

对能量问题进行量纲分析时，基本量纲中还应加上热量和温度的量纲。

3.5.3　无量纲化方法——π 定理

对给定的工程实际问题寻求相关的无量纲数，有三种方法：控制方程法、作用力比值法和 π 定理。前面两种方法参见相关文献，下面论述 π 定理。

布金汉提出 π 定理，可将一个有量纲的方程转换为无量纲方程。

π 定理指出：若描述一个物理过程的物理量有 n 个（$x_1, x_2, \cdots, x_n$），即物理方程为

$$f(x_1, x_2, \cdots, x_n) = 0 \tag{3-143}$$

其中如含 m 个基本量纲，则该过程可由 $N = n - m$ 个无量纲数（π）进行描述，即

$$F(\pi_1, \pi_2, \cdots, \pi_{n-m}) = 0 \tag{3-144}$$

或

$$\pi_1 = \Phi(\pi_2, \pi_3, \cdots, \pi_{n-m}) \tag{3-145}$$

以上表明，改由无量纲数描述，式(3-145)中的变量数可比式(3-143)中减少 m 个。

下面以"水跃"现象（图 3-39）为例进行无量纲化的讨论。

水流在渠道中发生"水跃"时，影响下游液位高度 Z_2 的因素有上游液位高度 Z_1、水流速度 U_1、密度 ρ、黏度 μ、重力加速度 g、渠道底面凸起高度 δ，物理方程为

$$Z_2 = f(Z_1, U_1, \rho, \mu, g, \delta) \tag{3-146}$$

上式变量数 $n = 7$，基本量纲数 $m = 3$，因此，根据 π 定理，该函数可由 $n - m = 7 - 3 = 4$ 个无量纲数表

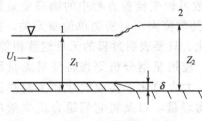

图 3-39　河渠流

达，即

$$\pi_1 = f(\pi_2, \pi_3, \pi_4) \tag{3-147}$$

选用 ρ，U_1，Z_1 为独立的物理量，对其他物理量 Z_2、μ、g、δ 依据量纲和谐原理逐一无量纲化处理，所得四个无量纲数分别为

$$\pi_1 = \frac{Z_2}{Z_1} \text{——高度比}$$

$$\pi_2 = \frac{\rho U_1 Z_1}{\mu} \text{——雷诺数}$$

$$\pi_3 = \frac{U_1^2}{g Z_1} \text{——弗鲁特数}$$

$$\pi_4 = \frac{\delta}{Z_1} \text{——凸起的相对高度}$$

因此，通过量纲分析方法，可以得到以无量纲数描述"水跃"过程的函数式为

$$\frac{Z_2}{Z_1} = f\left(\frac{\rho U_1 Z_1}{\mu}, \frac{U_1^2}{g Z_1}, \frac{\delta}{Z_1}\right) \tag{3-148}$$

具体方程形式则应通过实验确定。

式(3-146)若以指数形式给出，即

$$Z_1^a Z_2^b U_1^c \rho^d \mu^e g^f \delta^g = \text{常数} \tag{3-149}$$

通过量纲分析也可导得式(3-148)。

用无量纲数作为描述过程的新变量时，变量数可由原来的 7 个减少为 4 个，无疑这就大大减少了通过实验确立过程函数方程的工作量，并用以指导实验。然而必须指出，它不能代替实验、取消实验。

应用量纲分析方法能否取得成功，关键在于能否根据经验准确而完整地列出影响该过程的主要物理量。对流动现象，主要因素包括流体的物性特征、流动边界的几何特征和流动的运动特征等。若有疏漏，则将导致错误结果。选择组成无量纲数的物理量，如尺度、速度等，需选用具有代表性的、反映过程特点的特征量。例如尺度通常可用圆柱体的直径、距离平板前缘的长度等。

如何选择影响过程的物理量？下面以分析流体在水平圆管内流动时的压降为例进行讨论。

剪切应力是流体流动产生压降的原因，剪切应力的大小与黏度 μ 有关，因此 μ 应选作变量之一；管内流速是决定剪切应力大小的因素，因而速度 U 也是影响压力沿程变化的物理量，通常使用平均速度或最大速度表达；对于给定的流量，管道直径影响着速度梯度，管壁粗糙高度 δ 影响着壁面附近的动量传递，流体密度 ρ 是惯性力的量度，决定着总动量的变化，故而管径 D 以及 δ、ρ 均应选作影响变量。对于远离管道进口被称为充分发展的流动，压力正比于管长 L，考察水平管内流动压降通常采用单位管长的压力变化 $\frac{\Delta p}{L}$。因此，根据上述分析，可写出

$$\frac{\Delta p}{L} = f_1(\mu, U, D, \delta, \rho) \tag{3-150}$$

为确定管道输送天然气时的压降，则需考虑压缩性的影响。对于可压缩的流体，在变量中则应列入音速 U_s 和热容比 K，即

$$\frac{\Delta p}{L} = f_2(\mu, U, D, \delta, \rho, U_s, K) \tag{3-151}$$

f_1，f_2 均为待确定的函数。

下面再考察不可压缩黏性流体绕圆柱体流动时的表面压力分布。

如同上例，剪切应力影响压力，因而 μ 应选作影响过程的变量，流体流向圆柱体前缘处速度为零，称为驻点，驻点附近流速较慢，随着向下游流动速度加快，表现出惯性力，于是决定惯性力的速度及密度 ρ 均应选为影响变量。速度通常采用上游来流速度 U_0 表达。柱体表面处的速度梯度随所处表面位置而变化，表明位置的流动距离与柱体直径 D 以及偏离驻点的角度 θ 有关，因此，D 与 θ 也是影响变量。此外，表面粗糙高度即凸起高度 h_s 影响着剪切应力，因而也是影响压力的因素。归纳起来，则可写出

$$p - p_0 = f_3(\mu, U_0, \rho, D, \theta, h_s) \tag{3-152}$$

式中，p_0 为远处来流压力；f_3 为待定的函数。

例 3-10 描述管流规律的无量纲数

试确定水平管道内流体流动的无量纲数。

解 经验分析，描述过程的主要物理量有：管内流体速度 U，压力 p，流体密度 ρ，黏度 μ，管径 D，管长 L，管壁粗糙峰高 h_s。根据 π 定理，7 个物理量，3 个基本量纲，应组成 $7-3=4$ 个无量纲数。若将描述过程的物理方程以幂指数形式表达为

$$U^a p^b \rho^c \mu^d D^e L^f h_s^g = 常数 \tag{①}$$

式中，a、b、c、d、e、f、g 为待定参数。

代入各物理量的量纲，式①改写为

$$L^a T^{-a} M^b L^{-b} T^{-2b} M^c L^{-3c} M^d L^{-d} T^{-d} L^e L^f L^g = 无量纲 \tag{②}$$

根据式②中各基本量纲即 M、L、T 的幂次应为零，得

对 M： $b + c + d = 0$ ③

对 L： $a - b - 3c - d + e + f + g = 0$ ④

对 T： $-a - 2b - d = 0$ ⑤

以上三个方程，含 7 个待定参数，可任意确定 4 个未知系数（如 b、d、f、g）进行求解。

由式⑤ $a = -2b - d$

由式③ $c = -b - d$

由式④ $e = -a + b + 3c + d - f - g = 2b + d + b - 3b - 3d + d - f - g = -d - f - g$

由式①得

$$U^{-2b-d} p^b \rho^{-b-d} \mu^d D^{-d-f-g} L^f h_s^g = 常数 \tag{⑥}$$

依据上式的幂，则可整理为由 4 个无量纲数所组成，即

$$\left(\frac{p}{\rho U^2}\right)^b \left(\frac{\mu}{\rho U D}\right)^d \left(\frac{L}{D}\right)^f \left(\frac{h_s}{D}\right)^g = 常数$$

式中，第一个无量纲数 $\dfrac{p}{\rho U^2}$ 称为欧拉数；第二个为雷诺数的倒数；第三个为管长径比；第四个为相对粗糙度。

例 3-11 管流压降有量纲数与无量纲数函数关系比较

考察对象：牛顿流体在长直光滑水平圆管中作定常层流流动。

求解问题：管流压降变化规律。

解决方案：(1) 管流压降与相关变量的函数关系；(2) 管流压降无量纲数的函数关系。

解 选择影响过程的物理量

流体流动产生压降的起因是黏性，可选运动黏度 ν 作为变量之一，由于 $\nu = \dfrac{\mu}{\rho}$，所以用 ρ 和 μ 两个变量代替 ν；沿程压降 $\dfrac{\Delta p}{L}$ 是由剪切应力产生的，根据牛顿黏性定律，速度梯度

$\dfrac{\mathrm{d}u_x}{\mathrm{d}y}$ 也是影响因素之一，所以管径 D、流速 U 的大小也决定沿程压降。

（1）管流压降与相关变量的函数关系 通过以上分析，可得管流压降与相关变量 ρ、μ、D、U 的函数关系为

$$\frac{\Delta p}{L}=f(\rho,\mu,D,U) \qquad\qquad ①$$

式中，f 为待定的函数，通过实验求取。为求取 $\dfrac{\Delta p}{L}$ 随各变量的变化关系，通常采用控制变量法，即只改变一个变量，其他变量保持常数。则上述函数关系可用以下四个函数关系来表示

$$\frac{\Delta p}{L}=f_1(\rho),\ \frac{\Delta p}{L}=f_2(\mu),\ \frac{\Delta p}{L}=f_3(D),\ \frac{\Delta p}{L}=f_4(U) \qquad ②$$

通过实验可得各自的函数关系曲线，如图 3-40 所示。

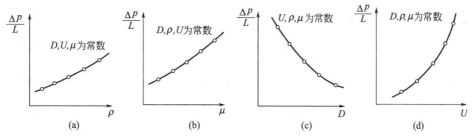

图 3-40 管流压降-各变量的曲线

需要注意的是，以上实验结果是针对某一特定的管道系统，也就是说，换作其他系统就不适用了。例如，图 3-40(a) 的结果对另一流速下的关系需重新标定一根曲线。由此可见，这种方法所得的结果对相似系统没有通用性。

（2）管流压降无量纲数的函数关系 根据无量纲化方法——π 定理，将式①改写成以下无量纲数的函数关系

$$\frac{\Delta p}{\rho U^2}\times\frac{D}{L}=f\left(\frac{\rho UD}{\mu}\right) \qquad\qquad ③$$

通过实验可得 $\dfrac{\Delta p}{\rho U^2}\times\dfrac{D}{L}\sim\dfrac{\rho UD}{\mu}$ 的函数关系曲线，如图 3-41 所示，$\dfrac{\Delta p}{\rho U^2}\times\dfrac{D}{L}$ 为管流压降无量纲数，$\dfrac{\rho UD}{\mu}$ 为 Re。

对牛顿流体在长直光滑水平圆管中作定常层流流动的系统，图 3-41 的结果皆适用。

对比以上两种方案可见，管流压降无量纲数函数关系明显优于有量纲数函数关系，不仅在通用性方面，而且为获取结果可减少大量实验工作量。

3.5.4 无量纲数的物理意义

通过量纲分析，虽给出了无量纲数的数量和表达式，但不能表明任何物理意义，也不能帮助选择物理量和了解传递过程的物理机理。如果应用已建立起的描述某物理过程的数学方程，将方程中的各项分别相除，得到一组无量纲数，这样，分析给出的无量纲数则可了解其物理意义。表 3-3 列举

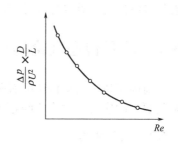

图 3-41 管流压降的无量纲数-Re 的曲线

了一些常见的无量纲数及其物理意义，对于今后分析问题将是有益的。

表 3-3　常见无量纲数及其物理意义

准　数	符号	定　义	物　理　意　义	备　注
雷诺数	Re	$\dfrac{\rho UL}{\mu}$	惯性力/黏性力或对流动量传递/分子动量传递	ρ——密度
弗鲁特数	Fr	$\dfrac{U^2}{gL}$	惯性力/重力或对流动量传递/重力	U——特征速度
欧拉数	Eu	$\dfrac{p}{\rho U^2}$	压力/惯性力	L——特征长度
马赫数	Ma	$\dfrac{U}{U_s}$	流动速度/声速	μ,ν——黏度
韦伯数	We	$\dfrac{\rho L U^2}{\sigma}$	惯性力/表面张力	g——重力加速度
努塞尔数	Nu	$\dfrac{hL}{k}$	总热传递/分子热传递	p——压力
普朗特数	Pr	$\dfrac{C_p\mu}{k}$ 或 $\dfrac{\nu}{a}$	动量扩散/热扩散	U_s——声速
贝克莱数(传热)	Pe	$\dfrac{C_p\rho UL}{k}$	对流热传递/分子热传递	σ——表面张力
格拉晓夫数	Gr	$\dfrac{gL^3\rho^2\beta\Delta T}{\mu^2}$	(惯性力×浮力)/黏性力²	h——对流传热系数
斯顿坦数	St	$\dfrac{h}{\rho UC_p}$	热传递/流体热容	k——热导率
传热 j 因子	j_H	$StPr^{2/3}$	比例于 $\dfrac{Nu}{RePr^{1/3}}$	C_p——定压热容
舍伍德数	Sh	$\dfrac{k_cL}{D_{AB}}$	总传质/扩散传质	a——热扩散系数
施密特数	Sc	$\dfrac{\mu}{\rho D_{AB}}$ 或 $\dfrac{\upsilon}{D_{AB}}$	动量扩散/分子扩散	β——膨胀系数
贝克莱数	Pe	$\dfrac{LU}{D_{AB}}$	流体主体传质/扩散传质	ΔT——温差
传质 j 因子	j_D	$\dfrac{k_c}{U}\left(\dfrac{\upsilon}{D_{AB}}\right)^{2/3}$	比例于 $\dfrac{Sh}{ReSc^{1/3}}$	k_c——传质系数
路易斯数	Le	$\dfrac{k}{\rho C_p D_{AB}}$	热扩散/分子扩散	D_{AB}——分子扩散系数

表(3-3)中所列无量纲数对流动特性、动量传递具有重要意义的首推 Re。低 $Re(Re\approx1)$ 与高 Re，无论对管流还是绕流都有很大差别。其余，如 Fr 对明渠流，当 $Fr>1$ 和 $Fr<1$ 时，行为不同；Ma 对气体流动，当 $Ma<0.2$ 时气体密度变化可忽略，而当 $Ma>0.5$ 时有许多特殊现象难以凭直觉推断。

3.6　动量传递理论的应用

前面阐述了动量传递的有关理论与计算方法，下面将讨论这些原理和方法在一些重要实际问题中的应用，讨论的问题包括流动阻力、流体均布和流体混合。

3.6.1　流动阻力

动量传递原理可用于阐明阻力产生的机理、影响阻力大小的因素以及提供阻力的计算方法，并为减小流动阻力指出方向。

3.6.1.1　阻力机理

流动阻力指的是流体在运动过程中，边界物体施加于流体，且与流动方向相反的一种作用力。流体的黏性是产生阻力的根本原因。依据阻力产生的不同机理，阻力可分为摩擦阻力和压差阻力（又称形体阻力）。边界层理论是分析阻力机理、进行阻力计算的基础。

在边界层中存在速度梯度，流体层之间以及物体表面上存在剪切应力，这种表面上的剪切应力导致摩擦阻力。边界层内的流动状态以及边界层的厚度是影响摩擦阻力的主要因素。

边界层分离形成旋涡，能量耗散，使物体后部压力不能完全恢复，物体前部和后部压力分布不对称，造成压差阻力，其大小主要取决于尾流区的宽度，即和分离点的位置有关。

两种阻力之和构成总阻力，两种阻力的相对大小取决于物体和流动的以下特征。

（1）物体形状　当流体以较高雷诺数绕如同球体一类的钝体（又称非良绕体）流动时，发生边界层分离，尾流区较大，此时压差阻力往往是主要的。而对良绕体如曲率变化缓慢的流线型物体则相反，如图 3-42 所示。

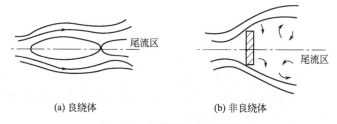

(a) 良绕体　　　　　　　　(b) 非良绕体

图 3-42　良绕体与非良绕体

（2）雷诺数大小　边界层中的流动状态取决于雷诺数。在不同的边界层流动状态下，两种阻力所起作用的大小是不同的。湍流下，摩擦阻力较层流时大，但与层流时相比，由于分离点后移，尾流区较小，因而压差阻力将减小。层流时，摩擦阻力虽小，但因尾流区较湍流时大，压差阻力较大。

（3）物体表面粗糙度　粗糙表面摩擦阻力大，但是，当表面粗糙促使边界层湍流化以后，造成分离点后移，压差阻力大幅度下降，此时总阻力反而降低。

3.6.1.2　阻力计算——阻力系数

（1）低雷诺数下绕球流动阻力　小颗粒在流体中运动，当 $Re<1$ 时，属于低雷诺数的情况，通常称爬流或蠕流，如图 3-43 所示。此时，惯性力小于黏性力而可忽略。依据这个

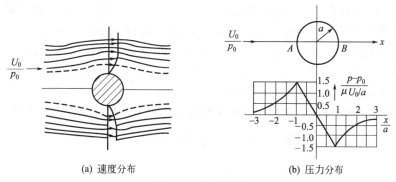

(a) 速度分布　　　　　　　(b) 压力分布

图 3-43　绕球爬流

原理建立简化模型，可以求得速度分布与压力分布（见 6.4.1 节）为

$$u_r = U_0 \left[1 - \frac{3}{2} \times \frac{a}{r} + \frac{1}{2} \left(\frac{a}{r} \right)^3 \right] \cos\theta \tag{3-153}$$

$$u_\theta = -U_0 \left[1 - \frac{3}{4} \times \frac{a}{r} - \frac{1}{4} \left(\frac{a}{r} \right)^3 \right] \sin\theta \tag{3-154}$$

$$p = p_0 - \frac{3}{2} \times \frac{\mu U_0}{a} \left(\frac{a}{r} \right)^2 \cos\theta \tag{3-155}$$

式中，r 为径向距离，a 为球体半径，U_0、P_0 分别为远离球体的来流速度与压力。根据球坐标系的牛顿黏性定律，在垂直于 r 向的平面上，θ 方向的剪切应力

$$\tau_{r\theta} = \mu \left[r \frac{\partial}{\partial r} \left(\frac{u_\theta}{r} \right) + \frac{1}{r} \frac{\partial u_r}{\partial \theta} \right] \tag{3-156}$$

将速度分布式(3-153)、式(3-154) 代入式(3-156)，得

$$\tau_{r\theta} = -\frac{3}{2} \times \frac{\mu U_0}{a} \left(\frac{a}{r} \right)^4 \sin\theta \tag{3-157}$$

在球体表面上，$r = a$，由式(3-155)，得压力分布

$$p = p_0 - \frac{3}{2} \times \frac{\mu U_0}{a} \cos\theta \tag{3-158}$$

由式(3-157)，得剪切应力分布

$$\tau_{r\theta} = -\frac{3}{2} \times \frac{\mu U_0}{a} \sin\theta \tag{3-159}$$

以上两式表明：压力与剪切应力沿球体表面的分布是不对称的，它们在流动方向上的分量为 $-p\cos\theta$ 和 $-\tau_{r\theta}\sin\theta$，将两者作用于微元表面 $a^2 \sin\theta \mathrm{d}\theta \mathrm{d}\varphi$ 上的力分别沿球体表面积分，则可得由 p 和 $\tau_{r\theta}$ 所引起的压差阻力 D_p 与摩擦阻力 D_f。

$$D_p = \int_0^{2\pi} \int_0^\pi -p\cos\theta a^2 \sin\theta \mathrm{d}\theta \mathrm{d}\varphi \tag{3-160a}$$

$$D_f = \int_0^{2\pi} \int_0^\pi -\tau_{r\theta} \sin\theta a^2 \sin\theta \mathrm{d}\theta \mathrm{d}\varphi \tag{3-160b}$$

将式(3-158)、式(3-159) 代入式(3-160a) 和式(3-160b) 中，积分得

$$D_p = 2\pi\mu a U_0 \tag{3-161a}$$

$$D_F = 4\pi\mu a U_0 \tag{3-161b}$$

绕球流动总阻力则为

$$D = D_p + D_a = 6\pi\mu a U_0 \tag{3-162}$$

式(3-162) 称为斯托克斯阻力定律，表明：爬流时的流动阻力正比于速度的一次方，与流体的密度无关。对比式(3-161a) 与式(3-161b) 可知，由剪切应力分布导致的摩擦阻力占总阻力的 2/3，由压力分布引起的压差阻力占总阻力的 1/3。显然，对于低雷诺数下的爬流，流动阻力以摩擦阻力为主，因而表面积的大小是影响阻力大小的主要因素。

（2）高雷诺数下绕平行平板流动阻力　当 Re 比较高时，绕流阻力比较复杂，需区分流动状态（层流或湍流）以及流动是否分离。复杂几何形状下，阻力的理论计算较为困难。对于平板层流边界层的计算已在 3.3.1 节中给出。

下面对湍流边界层作简化计算，导出平板湍流的阻力系数计算式。首先估计边界层厚度 δ。为方便计算，选用幂指数形式的速度分布代替对数律，取 $\frac{1}{7}$ 幂律

$$\frac{u_x}{U_0} = \left(\frac{y}{\delta} \right)^{\frac{1}{7}} \tag{3-163}$$

将式(3-163)代入边界层动量积分方程［式(3-90)］，积分得

$$\tau_w = \frac{7}{72}\rho U_0^2 \frac{d\delta}{dx} \tag{3-164}$$

壁面上的剪切应力 τ_w 还可由所假定的 $\frac{1}{7}$ 幂律导得

$$\tau_w = 0.0225\rho U_0^{\frac{7}{4}}\left(\frac{\nu}{\delta}\right)^{\frac{1}{4}} \tag{3-165}$$

由上面两式，得到决定边界层厚度的微分方程，积分得到

$$\frac{\delta}{x} = \frac{0.37}{\sqrt[5]{Re_x}} \tag{3-166}$$

式中，$Re_x = \dfrac{U_0 x}{\nu}$。

平板上的摩擦阻力

$$D = B\int_0^L \tau_w dx = 0.0225\rho U_0^2 B\left(\frac{\nu}{U_0}\right)^{\frac{1}{4}}\int_0^L \frac{dx}{\delta^{1/4}} \tag{3-167}$$

式中，B 为板宽。将式(3-166)代入式(3-167)中

$$D = \frac{0.0225}{0.37^{1/4}}\rho U_0^2 B\left(\frac{\nu}{U_0}\right)^{\frac{1}{5}}\int_0^L x^{-\frac{1}{5}} dx$$

$$= 0.036\rho U_0^2 BL\left(\frac{\nu}{U_0 L}\right)^{\frac{1}{5}} \tag{3-168}$$

由此可见，湍流时的横向脉动导致湍流边界层的厚度比层流时增长得快，阻力也大得多。湍流时，δ 正比于 $x^{\frac{4}{5}}$，阻力正比于 $U^{\frac{9}{5}}$ 和 $L^{\frac{4}{5}}$；而层流时，δ 正比于 $x^{\frac{1}{2}}$，阻力正比于 $U^{\frac{3}{2}}$ 和 $L^{\frac{1}{2}}$。

对有限宽度的平板，边界层形成是三维的，两侧出现二次流，端效应不可忽略，局部阻力系数将显著增加。上述有关平板的分析只适用于足够宽的平板，端效应可以忽略。

式(3-166)的适用范围是 $5\times10^5 < Re < 10^7$，大多数工程问题都在这范围内。如果 Re 更高，可取

$$\frac{\delta}{x} = \frac{0.0598}{\lg Re - 3.170} \tag{3-169}$$

湍流边界层中黏性底层的厚度可用类似方法作出估计

$$\frac{\delta_b}{x} = \frac{73.8}{Re_x^{0.9}} \tag{3-170}$$

这样，δ_b 正比于 $x^{0.1}$，它随 x 的增加而缓慢加厚；δ_b 反比于 $U^{0.9}$，随着速度的增加而迅速减小。由此推知，速度对于传热、传质系数的影响将是很大的。

(3) 阻力系数　基于阻力机理和阻力计算分析，归纳如下。

低雷诺数时

$$D \propto U \times \mu \times L$$

高雷诺数时

$$D \propto U^2 \times \rho \times L^2$$

式中，U 为特征速度，L 为特征尺度。

由此可知，决定阻力的物理量与雷诺数所包含的因素有关，因此，在工程上计算中引入阻力系数，并使之与雷诺数相关联，即

$$阻力系数 = \frac{阻力}{速度^2 \times 密度 \times 尺度^2}$$

$$C_D = \frac{D/A}{\frac{1}{2}\rho U_0^2} \tag{3-171}$$

对于绕球流动，式中 A 为迎流投影面 πa^2，结合式(3-162)，可得绕球爬流阻力系数为

$$C_D = \frac{24}{Re} \tag{3-172}$$

式(3-172)表明：对于 $Re<1$ 的爬流，阻力系数反比于雷诺数。

对于不可压缩流体绕物体流动，其阻力除了取决于 Re，还与物体的几何形状有关，即 $C_D = f(Re，几何形状)$。对于一定几何形状的物体，雷诺数相同，阻力系数值相等，通常由实验测定。阻力系数随雷诺数的变化与流型有关，分析图 3-44 所示的流体绕圆柱体流动时的流型和曲线变化规律，可分四个区域。

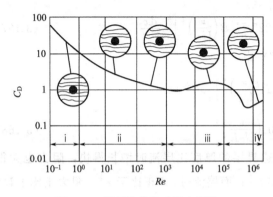

图 3-44 绕圆柱体流动阻力系数

ⅰ.爬流区 $Re<1$，该区以黏性力为主，迎流部分与背流部分的流型对称，无尾流波动。阻力系数曲线的斜率不变。

ⅱ.卡门涡街区 随着雷诺数的增大，圆柱背流区产生小旋涡，Re 进一步提高，旋涡加剧，并呈对称状由柱体两侧周期交替释放，这一现象通常称为卡门涡街。尾流从稳定变为不稳定，边界层发生分离。对应于阻力系数曲线，表现为斜率发生变化。

ⅲ.阻力平方区 当 Re 增大到边界层呈层流分离时，分离点发生于距前驻点 $81°$ 的柱体表面处。尾流呈不稳定，但并不出现大旋涡，从驻点到分离点的流动是层流，剪切应力存在于紧靠物体的薄层区内，阻力系数近似为常数 1。

ⅳ."阻力危机"区 $Re \approx 3 \times 10^5$ 时，阻力系数突然由 1.2 下降至 0.3，通常称为"阻力危机"。观察流型，此时边界层由层流转变为湍流，流动以惯性力为主，分离点向下游移至约 $130°$ 处。

上述四种形态变化表明：Re 增加，黏性力影响区域减小。对于其他几何形状的物体如绕球，情况类似。

阻力系数的引入，为工程化处理阻力问题带来了便利。通过对实验数据的处理和拟合，可得若干经验式，如

$$1<Re<10^3 \qquad C_D = \frac{18.5}{Re^{0.6}} \tag{3-173}$$

$$Re<10^5 \qquad C_D = (1+0.15Re^{0.687})\frac{24}{Re} + \frac{0.42}{1+4.25 \times 10^4 Re^{-1.16}} \tag{3-174}$$

对于流体绕非球体流动时的阻力，还应注意流动方位的影响。例如，对于流体绕半径为 a 的平面圆盘的流动，其阻力与绕相同直径圆球流动时相比，当流体的流向分别为平行或垂直于盘面时，偏差值相应为 13% 或 43%，表明流动阻力将因方位而不同，然而也并不十分大。由此可推断，当流体绕接近于球形物体流动时，若应用绕球流动作爬流的斯托克斯阻力公式进行近似计算，误差也不会很大，在工程计算中通常是允许的。

表 3-4　几种不同形状物体的阻力系数

二维形状		Re	C_D	三维形状		Re	C_D
圆柱体		$10^4 \sim 10^5$	1.2	球		$10^4 \sim 10^5$	0.44
方柱体		$3.5 \sim 10^4$	2.0	半球		$10^4 \sim 10^5$	0.42
平板		$10^4 \sim 10^6$	1.98	半球		$10^4 \sim 10^5$	1.17
椭圆柱	2:1	10^5	0.46	立方体		$10^4 \sim 10^5$	1.05
椭圆柱	8:1	2×10^5	0.20	矩形	1:5	$10^4 \sim 10^5$	1.20

对于绕不同长径比圆柱体流动时的 C_D-L/D 变化参见图 3-45。几种不同形状物体的阻力系数可参见表 3-4。由表可见，对于压差阻力为主的极端情况，流体动量全部转化为对流体的作用力，阻力系数极限值 $C_D \leqslant 2$。

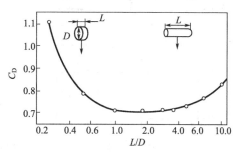

图 3-45　绕不同长径比圆柱体的阻力系数

例 3-12　重力场中的颗粒沉降

密度 ρ_s 为 2600kg/m³ 的两大小不同的球形固体颗粒，在密度 ρ 为 1600kg/m³、黏度 μ 为 9.6×10^{-4}Pa·s 的液体中沉降，测得沉降时恒定速度 U_t（终端速度）分别为 2.75×10^{-4} m/s 和 0.65m/s。试计算该两颗粒的大小以及出现阻力危机时的颗粒尺寸及速度。

解　颗粒由静止开始降落，经历加速段，流动阻力不断上升，当流动阻力与其在流体中的浮力之和等于颗粒重力时，速度恒定为 U_t，其阻力由式(3-171)表达，则有

$$\frac{1}{2}\rho U_t^2 \left(\frac{\pi}{4}d^2\right)C_D + \frac{1}{6}\pi d^3 \rho g = \frac{1}{6}\pi d^3 \rho_s g$$

$$C_D = \frac{4}{3} \times \frac{gd}{U_t^2}\left(\frac{\rho_s - \rho}{\rho}\right) \qquad ①$$

假设 $U_t = 2.75 \times 10^{-4}$ m/s 的颗粒沉降时为爬流，由式(3-172)，得

$$\frac{24}{\dfrac{\rho U_t d}{\mu}} = \frac{4}{3} \times \frac{gd}{U_t^2}\left(\frac{\rho_s - \rho}{\rho}\right) \qquad ②$$

$$d = \sqrt{\frac{18\mu U_t}{(\rho_s - \rho)g}} = \sqrt{\frac{18 \times 9.6 \times 10^{-4} \times 2.75 \times 10^{-4}}{(2600 - 1600) \times 9.8}} = 2.2 \times 10^{-5} \quad (\text{m})$$

检验

$$Re = \frac{\rho U_t d}{\mu} = \frac{1600 \times 2.75 \times 10^{-4} \times 2.2 \times 10^{-5}}{9.6 \times 10^{-4}} = 0.01(<1)$$

流动为爬流，假设成立。

对于 $U_t = 0.65$m/s 的颗粒，图解法求。

改写式①，可得

$$C_D = \frac{4}{3}\frac{g\mu}{\rho U_t^3}\left(\frac{\rho_s - \rho}{\rho}\right)Re = \frac{4}{3}\times\frac{9.8\times9.6\times10^{-4}}{1600\times0.65^3}\left(\frac{2600-1600}{1600}\right)Re$$

$$C_D = 1.78\times10^{-5}Re \qquad ③$$

将式③标绘于图 3-46 中，其为直线，并与曲线交于点 A。两线相交可得 $Re = 2.4\times10^4$，$C_D = 0.47$，由 $Re = \frac{\rho U_t d}{\mu} = 2.4\times10^4$，得

$$d = \frac{2.4\times10^4\mu}{\rho U_t} = \frac{2.4\times10^4\times9.6\times10^{-4}}{1600\times0.65} = 0.022 \quad (\text{m})$$

令粒径为 d_p 时出现阻力危机，由 $Re = 3\times10^5$，查文献 [2] 得 $C_D = 0.1$，则

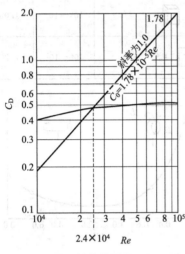

图 3-46 绕球流动阻力系数

$$\frac{4}{3}\frac{g d_p}{U_t^2}\left(\frac{\rho_s - \rho}{\rho}\right) = 0.1$$

$$\frac{d_p}{U_t^2} = \frac{0.1\times3\times1600}{4\times9.8\times(2600-1600)} = 0.0122$$

$$\frac{\rho U_t d_p}{\mu} = 3\times10^5$$

$$U_t d_p = \frac{3\times10^5\times9.6\times10^{-4}}{1600} = 0.18$$

$$d_p = 0.073\text{m}$$

$$U_t = 2.45\text{m/s}$$

例 3-13 干扰沉降[8]

含固体颗粒体积百分比为 20% 的悬浮液静置分层。已知：水的密度 ρ 为 1000kg/m^3，黏度 μ 为 1×10^{-3} Pa·s；颗粒密度 ρ_s 为 2600kg/m^3、粒径 d_p 为 $7.4\times10^{-5}\text{m}$。试计算颗粒的沉降速度。

解 悬浮液静置分层，颗粒群在水中沉降，存在相互干扰。由于水中含固量较高，这时，流体的密度和黏度不能再以水的物性为基准。

流体的密度可取体积平均密度 ρ_m，即

$$\rho_m = 80\%\rho + 20\%\rho_s = 1000\times80\% + 2600\times20\% = 1320 \quad (\text{kg/m}^3)$$

悬浮液的黏度与水的黏度和流体中的空隙有关，参考文献 [9] 中给出其关系为

$$\mu_m = \mu e^{4.19(1-\varepsilon)}$$

式中，ε 为空隙率，其为

$$\varepsilon = \frac{V_{水}}{V_{流体}} = 1 - \frac{V_{颗粒}}{V_{流体}} = 1 - 20\% = 0.8$$

则悬浮液的黏度为

$$\mu_m = \mu e^{4.19(1-\varepsilon)} = 1\times10^{-3} e^{4.19(1-0.8)} = 2.31\times10^{-3} \quad (\text{Pa·s})$$

假定颗粒为球形，流动为爬流，由上例中的式②得

$$U_t = \frac{g d_p^2(\rho_s - \rho_m)}{18\mu_m} \qquad ①$$

需要注意的是，上式中的 U_t 是单个颗粒相对静止流体的沉降速度。对含固量高的流体，颗粒相对静止流体沉降，速度为 U_p，此时会引起因颗粒间（空隙）的水向上流动，速度为 U_w，如图 3-47 所示，根据相对运动原理，则 U_t 应等于

$$U_t = U_p + U_w \qquad\qquad ②$$

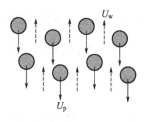

根据质量守恒原理，单位时间颗粒下降排开水的体积应等于引起空隙内的水向上流动的体积，有

$$U_p(1-\varepsilon) = U_w\varepsilon$$

则有

$$U_t = U_p + U_w = U_p + \frac{1-\varepsilon}{\varepsilon}U_p = \frac{1}{\varepsilon}U_p$$

将上式代入式①得

$$U_p = \frac{\varepsilon g d_p^2(\rho_s - \rho_m)}{18\mu_m}$$

图 3-47 颗粒群沉降示意

相关数据代入上式，可得颗粒的沉降速度

$$U_p = \frac{\varepsilon g d_p^2(\rho_s - \rho_m)}{18\mu_m} = \frac{0.8 \times 9.8 \times (7.4 \times 10^{-5})^2 \times (2600 - 1320)}{18 \times 2.31 \times 10^{-3}} = 1.32 \times 10^{-3} \quad (\text{m/s})$$

$$Re = \frac{\rho_m U_p d_p}{\mu_m} = \frac{1320 \times 1.32 \times 10^{-3} \times 7.4 \times 10^{-5}}{2.31 \times 10^{-3}} = 0.056 (<1)$$

以上计算符合假定。从计算结果可见，与单个颗粒沉降相比（计算得 $U_t = 4.77 \times 10^{-3}$ m/s），颗粒群沉降过程中相互干扰将使颗粒的沉降速度减慢。

（4）**管流阻力**　流体在管流中运动所经受的阻力有两种：沿程阻力（即摩擦阻力）和局部阻力。现分别论述。

① **沿程阻力**　即摩擦阻力，可由速度分布计算得到。湍流时，依据混合长理论得到的通用速度分布可导出通用阻力定律。

流体在流动过程中克服黏性摩擦阻力所导致的能量损耗 h_f 表现为沿程压力下降。工程上常表达为

$$-\Delta p = \lambda \frac{L}{D} \times \frac{1}{2}\rho U^2 \tag{3-175}$$

式中，λ 为摩擦阻力系数。

对于水平圆管内的流体流动，将式(3-26)代入式(3-175)，得

$$\tau_w = \frac{\lambda}{8}\rho U^2 \tag{3-176}$$

上式适用于层流与湍流，是联系速度分布与阻力定律的关键表达式。

定义范宁摩擦系数

$$f = \frac{\tau_w}{\frac{1}{2}\rho U^2} \tag{3-177}$$

将式(3-176)代入式(3-177)，得

$$f = \frac{\lambda}{4} \tag{3-178}$$

对于层流流动，已在 3.2.2 详细讨论，现在给出其摩擦阻力系数 λ 的表达式。结合式(3-175) 和式(3-34)，得

$$\lambda = \frac{64}{\dfrac{\rho U D}{\mu}} = \frac{64}{Re} \tag{3-179}$$

将式(3-179)代入式(3-178)，也可得

$$f = \frac{16}{Re} \tag{3-180}$$

管内层流流动的阻力规律如图 3-48 所示，图中的层流线即式(3-179)。

对于湍流流动，由摩擦速度定义 $u_* = \sqrt{\dfrac{\tau_w}{\rho}}$，则有

$$u_* = U\sqrt{\frac{f}{2}} \tag{3-181}$$

将式(3-178)代入式(3-181)，得

$$\lambda = 8\left(\frac{u_*}{U}\right)^2 \tag{3-182}$$

根据湍流对数速度分布式(3-137)及平均速度定义式

$$U = \frac{\int_A u_x \mathrm{d}A}{A}$$

得

$$U = \frac{\int_0^R u_*(2.5\ln y^+ + 5.5) \times 2\pi r \mathrm{d}r}{\pi R^2} = u_*\left(2.5\ln\frac{u_* R}{\nu} + 1.75\right)$$

代入式(3-182)，得

$$\lambda = \frac{8}{\left(2.5\ln\dfrac{DU\sqrt{\lambda}}{2\nu\sqrt{8}} + 1.75\right)^2} = \frac{1}{\left(2.035\lg\dfrac{DU\sqrt{\lambda}}{\nu} - 0.91\right)^2}$$

即

$$\frac{1}{\sqrt{\lambda}} = 2.035\lg(Re\sqrt{\lambda}) - 0.91 \tag{3-183}$$

上式即为适用于管内湍流流动的通用阻力定律。

同理，借助式(3-176)，由经验的湍流速度分布式可导得经验的阻力定律，反之亦然。

布拉修斯给出经验阻力定律

$$\lambda = 0.3164Re^{-\frac{1}{4}} \qquad (4000 < Re \leqslant 10^6) \tag{3-184a}$$

或

$$f = 0.079Re^{-\frac{1}{4}} \tag{3-184b}$$

由此可得相应的湍流速度分布为

$$\frac{u_x}{u_*} = 8.74\left(\frac{u_* y}{\nu}\right)^{\frac{1}{7}} \tag{3-185}$$

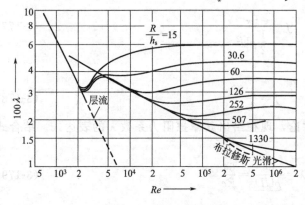

图 3-48 粗糙管中的阻力

上式即为湍流的七分之一幂律速度分布。

以上给出的是光滑圆管中的湍流阻力定律。对于粗糙管道，流动阻力将增大，定义粗糙峰高度与管半径的比值 $\dfrac{h_s}{R}$ 为相对粗糙度。尼古拉兹对粗糙管内流体流动阻力进行了实验测定，结果如图 3-48 所示。阻力曲线表明：λ 与 Re 及管壁相对粗糙度有关，即

$$\lambda = f\left(Re, \frac{h_s}{R}\right)$$

层流时，摩擦阻力系数 λ 不受相对粗糙度影响。湍流时，则因不同相对粗糙度而异，这主要取决于粗糙峰高度 h_s 与黏性底层厚度 δ_b 的相对大小。当 $h_s < \delta_b$ 时，即粗糙峰埋于黏性底层内，由于该层内流体速度很低，流体缓慢绕过粗糙峰，流动阻力与在光滑管内流动时几无差别，λ 不受粗糙峰影响。当 $h_s \approx \delta_b$ 时，流动将受管壁凹凸不平影响，λ 同时随 Re 和 $\frac{h_s}{R}$ 变化，称为粗糙区。在很高雷诺数下，$h_s > \delta_b$，粗糙峰露出黏性底层，由于层外流体以较高速度绕过粗糙峰，产生了边界层分离现象，λ 不再随 Re 变化，仅与 $\frac{h_s}{R}$ 有关，此时流动阻力导致的压力降正比于流体动能，与平均流速的二次方成正比，通常称为阻力平方区。

综上所述，可以得出以下结论。

ⅰ. 层流时，λ 反比于 Re，压降 Δp 与 U 的一次方成正比。

ⅱ. 湍流时，λ 比例于 $Re^{-0.25 \sim 0}$，压降 Δp 比例于 $U^{1.75 \sim 2}$，与层流相比，湍流流动时压降随速度的变化剧烈，流体黏性影响小。

ⅲ. 相对粗糙度愈小，在愈大的雷诺数下，阻力系数不再与 Re 有关，仅随 $\frac{h_s}{R}$ 增大而增大。

例 3-14　层流阻力与湍流阻力比较

常温下，空气以 $U = 25\text{m/s}$ 的速度流经内径 $D = 4.0\text{mm}$ 的光滑圆管。通常此时的流动状态为湍流，但是，如果管道进口圆滑，空气无尘，流动过程无扰动，也可能为层流。试求：(1) 湍流状态下，流经 $L = 0.1\text{m}$ 时的压降。(2) 流动状态为层流，重复计算。

解　已知：1atm、20℃ 的空气 $\rho = 1.205\text{kg/m}^3$，$\mu = 1.81 \times 10^{-5}\text{Pa} \cdot \text{s}$

(1) 流动状态为湍流

$$Re = \frac{\rho UD}{\mu} = \frac{1.205 \times 25 \times 0.004}{1.81 \times 10^{-5}} = 6657 > 2100 \qquad 流动为湍流$$

由式(3-184a)、式(3-175) 得流经 $L = 0.1\text{m}$ 时的压降为

$$\lambda = \frac{0.3164}{Re^{\frac{1}{4}}} = \frac{0.3164}{6657^{\frac{1}{4}}} = 0.035$$

则

$$-\Delta p = \lambda \frac{L}{D} \times \frac{1}{2}\rho U^2 = 0.035 \times \frac{0.1}{0.004} \times \frac{1}{2} \times 1.205 \times 25^2 = 329.5 \quad (\text{Pa})$$

(2) 如果流动还保持层流　由式(3-179) 得

$$\lambda = \frac{64}{Re} = \frac{64}{6657} = 9.61 \times 10^{-3}$$

则

$$-\Delta p = \lambda \frac{L}{D} \times \frac{1}{2}\rho U^2 = 9.61 \times 10^{-3} \times \frac{0.1}{0.004} \times \frac{1}{2} \times 1.205 \times 25^2 = 90.5 \quad (\text{Pa})$$

由以上计算结果可知，相同 Re 下，湍流的压降是层流的 3.64 倍。

例 3-15　光滑管与粗糙管的流动阻力

密度为 800kg/m^3、黏度为 $4.5 \times 10^{-3}\text{Pa} \cdot \text{s}$ 的液体以速度 2.3m/s 流经内径为 0.05m、长为 2m 的管道。试计算当管道分别为光滑玻管和粗糙峰高为 $1.67 \times 10^{-3}\text{m}$ 的混凝土管时

的流动阻力。

解 $Re=\dfrac{\rho UD}{\mu}=\dfrac{800\times 2.3\times 0.05}{4.5\times 10^{-3}}=20444>2100$　　　流动为湍流

对于光滑玻管，由图 3-48 查得 $\lambda\approx 0.026$，也可由式(3-184a) 算得

$$\lambda=0.3164Re^{-\frac{1}{4}}=0.3164\times 20444^{-\frac{1}{4}}=0.0265$$

能量损耗所产生的压降

$$-\Delta p=\lambda\frac{L}{D}\times\frac{1}{2}\rho U^2=0.0265\times\frac{2}{0.05}\times\frac{1}{2}\times 800\times 2.3^2=2243\quad(\text{Pa})$$

对于粗糙混凝土管，$\dfrac{R}{h_\text{s}}=\dfrac{2.5\times 10^{-2}}{1.67\times 10^{-3}}=15$，由图 3-48 查得 $\lambda\approx 0.056$。

因此，能量损耗所产生的压降

$$-\Delta p=\lambda\frac{L}{D}\times\frac{1}{2}\rho U^2=0.056\times\frac{2}{0.05}\times\frac{1}{2}\times 800\times 2.3^2=4740\quad(\text{Pa})$$

例 3-16　牛顿流体与非牛顿流体流动阻力

幂律流体以 $0.536\text{m}^3/\text{h}$ 的流率流经内径为 0.051m、长为 15m 的圆管。试计算流动压降。已知 $m=13.4\text{N}\cdot\text{s}/\text{m}^2$，$n=0.4$，$\rho=1040\text{kg}/\text{m}^3$，与时间无关的流体作层流流动时满足 $f=\dfrac{16}{Re}$。若流动流体为 20℃的甘油时，压降又如何？

解　对于幂律流体，改写式(3-47b)，有

$$\tau_\text{w}=m\left(\frac{3n+1}{4n}\times\frac{8U}{D}\right)^n \tag{①}$$

由 f 定义式及 $f=\dfrac{16}{Re}$ [参见式(3-177) 和式(3-180)]，得

$$f=\frac{\tau_\text{w}}{\frac{1}{2}\rho U^2}=\frac{m\left(\frac{3n+1}{4n}\times\frac{8U}{D}\right)^n}{\frac{1}{2}\rho U^2}=\frac{16}{\dfrac{\rho D^n U^{2-n}}{m\left(\frac{3n+1}{4n}\right)^n 8^{n-1}}}=\frac{16}{\dfrac{\rho D^n U^{2-n}}{8^{n-1}m'}}=\frac{16}{Re}$$

式中，$m'=m\left(\dfrac{3n+1}{4n}\right)^n$，由此可得幂律流体广义雷诺数

$$Re_\text{p}=\frac{\rho D^n U^{2-n}}{8^{n-1}m'} \tag{②}$$

管内流速 $\quad U=\dfrac{V}{\frac{1}{4}\pi D^2}=\dfrac{\dfrac{0.536}{3600}}{\frac{1}{4}\times 3.14\times 0.051^2}=0.073\quad(\text{m/s})$

$$m'=13.4\times\left(\frac{3\times 0.4+1}{4\times 0.4}\right)^{0.4}=15.2\quad(\text{N}\cdot\text{s}/\text{m}^2)$$

$$Re_\text{p}=\frac{1040\times 0.051^{0.4}\times 0.073^{2-0.4}}{8^{0.4-1}\times 15.2}=1.1$$

流动为层流。由式(3-46) 得

$$p_0-p_\text{L}=\left(\frac{3n+1}{\pi n}\right)^n\frac{2mLV^n}{R^{3n+1}}$$

$$=\left(\frac{3\times 0.4+1}{0.4\pi}\right)^{0.4}\frac{2\times m\times L\left(\dfrac{0.536}{3600}\right)^{0.4}}{\left(\dfrac{0.051}{2}\right)^{3\times 0.4+1}}$$

$$= 4.64 \times 10^4 \quad (\text{Pa})$$

对于牛顿流体甘油，已知 $\mu = 0.872 \text{Pa} \cdot \text{s}$，$\rho = 1261 \text{kg/m}^3$，则

$$Re = \frac{1261 \times 0.051 \times 0.073}{0.872} = 5.4$$

流动为层流。则由哈根-泊谡叶方程［式(3-33)］得

$$p_0 - p_L = \frac{8\mu L V}{\pi R^4} = \frac{8 \times 0.872 \times 15 \times \dfrac{0.536}{3600}}{\pi \left(\dfrac{0.051}{2}\right)^4} = 1.17 \times 10^4 \quad (\text{Pa})$$

该例表明：对于不同类型的流体需注意应用不同的广义雷诺数定义，并用以判断流型。

② 局部阻力　工程上的管路系统常需改变方向、调节或控制流量，因而非直管、非圆管以及各种阀门管件成为管路中不可缺少的组成部分。这些构件形成局部、附加阻力，各种情况下的阻力系数通常由实验得到。相关的局部流动现象主要是流动分离和叠加于主流上的二次流。管道中的分离和二次流揭示了局部阻力的物理实质。

关于流动分离现象，例如扩张管中的边界层分离，如图 3-49 所示，相关原理在前面已有论述。这里简单介绍二次流。二次流是流体在非直管、非圆管中流动时的共同特点，在主流上叠加有次流。次流是指垂直于主流方向的横向平面上的流动。若主流沿 x 轴方向运动，则次流在 y-z 平面上运动，如图 3-50 所示。发生次流可能有多种原因，如弯管中的离心力，方管、矩形管中的雷诺应力梯度等。二次流导致流型改变，增加流动阻力，也可能促进热量、质量传递。

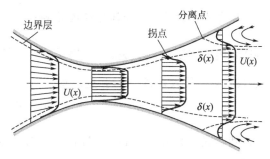

图 3-49　扩张管中的分离

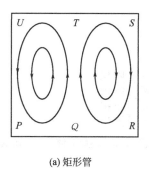

(a) 矩形管　　　　　　　　(b) 圆管

图 3-50　非圆管、非直管中的流动

3.6.1.3　颗粒床阻力——管流模型与绕流模型[10]

大量固体颗粒堆积，形成颗粒床（亦称固定床）。流体在颗粒层的空隙中流动，发生化学反应或物质分离过程，如固定床反应器中的催化剂层、填料塔内的填料层等。

颗粒床中的通道曲折多变，如图 3-51(a) 所示，流动情况复杂。为了计算颗粒床阻力，通常有两种简化方法：第一种是把颗粒床看作一束圆直管道，称管流模型，如图 3-51(b) 所示；第二种是把颗粒床看作流体绕颗粒流动的集合，称绕流模型，如图 3-51(c) 所示。这样，就可将管流阻力和绕流阻力的理论和经验式应用于这两种模型上，然后，经过适当的修

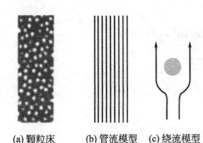

(a) 颗粒床　(b) 管流模型　(c) 绕流模型

图 3-51　颗粒床及其简化模型

正，可求出颗粒床阻力。

(1) 管流模型　流体通过颗粒床时，阻力表现为床层两端的压力降，包括黏性产生的摩擦阻力和通道截面突然变化产生的压差阻力。管流模型则将两类阻力简化等效为管流阻力（即摩擦阻力），引进式(3-175)和式(3-178)，定义颗粒床的压力降为

$$-\Delta p = 4 f_0 \frac{L}{d_p} \times \frac{1}{2} \rho u_0^2 \qquad (3\text{-}186)$$

式中，L 为床层高度；d_p 为平均颗粒直径，亦称有效直径；u_0 为表观速度，即流体通过空床层的截面平均速度，而非颗粒空隙中的实际速度；f_0 为颗粒床摩擦系数。

同样可得，管流模型特征管的压力降为

$$-\Delta p = 4 f \frac{L}{D_e} \times \frac{1}{2} \rho u^2 = f \frac{L}{R_e} \times \frac{1}{2} \rho u^2 \qquad (3\text{-}187)$$

式中，L 为特征管长度，与床层高度相等；D_e 为当量直径；R_e 为当量半径，$R_e = \frac{1}{4} D_e$；u 为特征管内的速度；f 为特征管摩擦系数，它是 Re_e 的函数，$Re_e = \frac{\rho u D_e}{\mu}$。

将式 (3-187) 代入式(3-186)，整理得

$$f_0 = \frac{d_p}{D_e} \times \frac{u^2}{u_0^2} f \qquad (3\text{-}188)$$

显然，式 (3-188) 中的 d_p 与 D_e、u 与 u_0 是有联系的，颗粒床层中的空隙起决定因素，引入空隙率定义

$$\varepsilon = \frac{空隙体积}{床层体积} \qquad (3\text{-}189)$$

由质量守恒可得

$$\frac{u}{u_0} = \frac{1}{\varepsilon} \qquad (3\text{-}190)$$

定义当量直径

$$D_e = 4 \frac{空隙体积}{湿润面积} = 4 \frac{\dfrac{空隙体积}{床层体积}}{\dfrac{湿润面积}{床层体积}} = 4 \frac{\varepsilon}{a} \qquad (3\text{-}191)$$

式中，比表面积 a 是单位床层体积的湿润面积，它与单位颗粒体积的湿润面积 a_V（也称比表面积）的关系是

$$a_V = \frac{a}{1-\varepsilon} \qquad (3\text{-}192)$$

对直径为 d_p 的球形颗粒

$$a_V = \frac{\pi d_p^2}{\frac{1}{6} \pi d_p^3} = \frac{6}{d_p} \qquad (3\text{-}193)$$

将式 (3-193) 和式 (3-192) 代入式(3-191)，得

$$\frac{d_p}{D_e} = \frac{3}{2} \times \frac{1-\varepsilon}{\varepsilon} \qquad (3\text{-}194)$$

将式(3-194)和式(3-190)代入式(3-188),则颗粒床摩擦系数与特征管摩擦系数的关系为

$$-f_0 = \frac{3}{2} \times \frac{1-\varepsilon}{\varepsilon^3} f \tag{3-195}$$

式(3-195)适用于层流和湍流,只要代入相应的摩擦系数 f,就可求得颗粒床的摩擦系数。

若特征管内的流动为层流,引用圆管摩擦系数 $f = \dfrac{16}{Re_e}$ 即可。事实上,建立模型时作了一系列简化,模型同实际有一定差距,必须进行修正。实验表明,用 100/3 代替 16,理论计算结果与实验值符合较好。进行数据修正后代入式(3-195),结合 $Re_e = \dfrac{\rho u D_e}{\mu}$ 和式(3-190)、式(3-194),得层流摩擦系数为

$$f_0 = \frac{(1-\varepsilon)^2}{\varepsilon^3} \times \frac{75}{\dfrac{\rho u_0 d_p}{\mu}} \tag{3-196}$$

将式(3-196)代入式(3-186),得颗粒床层的压力降为

$$-\frac{\Delta p}{L} = 150 \frac{\mu u_0}{d_p^2} \frac{(1-\varepsilon)^2}{\varepsilon^3} \tag{3-197}$$

式(3-197)称为 Blake-Kozeny 方程。因为颗粒床内的通道曲折复杂,促使流动状态提前转变,所以上式适用于 $\dfrac{\rho u_0 d_p}{\mu(1-\varepsilon)} < 10$、$\varepsilon < 0.5$ 的情况。

将式(3-197)无量纲化得

$$-\frac{\Delta p}{\rho u_0^2} \times \frac{d_p}{L} \times \frac{\varepsilon^3}{1-\varepsilon} = \frac{150}{\dfrac{\rho u_0 d_p}{\mu} \times \dfrac{1}{1-\varepsilon}} \tag{3-198}$$

在图 3-52 中,当 $\dfrac{\rho u_0 d_p}{\mu(1-\varepsilon)} < 10$ 时,式(3-198)所表示的直线与实验值能很好地吻合。

若特征管内的流动为高度湍流,从图 3-48 中可见,高度湍流时粗糙管中的摩擦系数只是相对粗糙度的函数,与 Re 无关。假定颗粒床层中的模型管具有相似的粗糙特征,f 可取一常数,实验表明,$f = \dfrac{7}{12}$ 较为合适。代入式(3-195),得

$$f_0 = \frac{7}{8} \times \frac{1-\varepsilon}{\varepsilon^3} \tag{3-199}$$

将式(3-199)代入式(3-186),得颗粒床层的压力降为

$$-\frac{\Delta p}{L} = \frac{7}{4} \times \frac{\rho u_0^2}{d_p} \times \frac{1-\varepsilon}{\varepsilon^3} \tag{3-200}$$

式(3-200)称为 Burke-Plummer 方程,适用于 $\dfrac{\rho u_0 d_p}{\mu(1-\varepsilon)} > 1000$ 的情况。需要注意,其与空隙率的关系不同于层流。

将式(3-200)无量纲化得

$$-\frac{\Delta p}{\rho u_0^2} \times \frac{d_p}{L} \times \frac{\varepsilon^3}{1-\varepsilon} = \frac{7}{4} \tag{3-201}$$

在图 3-52 中,当 $\dfrac{\rho u_0 d_p}{\mu(1-\varepsilon)} > 1000$ 时,式(3-201)所表示的直线与实验值能很好地吻合。

对 $10 < \dfrac{\rho u_0 d_p}{\mu(1-\varepsilon)} < 1000$ 间的流动,称过渡区状态,该状态下的压力降是层流黏性损失和

湍流动能损失共同作用的结果。因此，将式(3-197)与式(3-200)叠加，得

$$-\frac{\Delta p}{L}=150\frac{\mu u_0}{d_p^2}\times\frac{(1-\varepsilon)^2}{\varepsilon^3}+\frac{7}{4}\times\frac{\rho u_0^2}{d_p}\times\frac{1-\varepsilon}{\varepsilon^3} \tag{3-202}$$

式(3-202)称为 Ergun 方程。在低 Re 时，可简化为 Blake-Kozeny 方程；高 Re 下，则为 Burke-Plummer 方程。

将式(3-202)无量纲化得

$$-\frac{\Delta p}{\rho u_0^2}\times\frac{d_p}{L}\times\frac{\varepsilon^3}{1-\varepsilon}=\frac{150}{\dfrac{\rho u_0 d_p}{\mu}\times\dfrac{1}{1-\varepsilon}}+\frac{7}{4} \tag{3-203}$$

在图 3-52 中，式(2-203)所表示的直线与实验值也能较好地吻合。这种经验叠加常常能得到满意的结果。

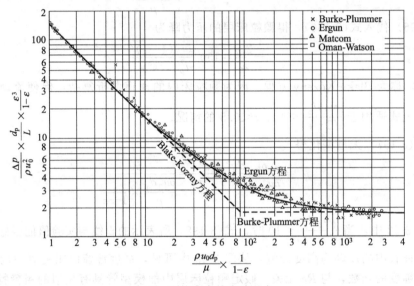

图 3-52　颗粒床中的流动阻力

（2）绕流模型　管流模型概念简明而且获得一定应用，但毕竟简化过多，与真实流动有较大差异。于是有另一种简化方法，把颗粒床看作流体绕颗粒流动的集合，称绕流模型。每一个特征颗粒都有自己的边界层，床层阻力由各颗粒阻力叠加而成。

若单位床层体积内共有 N 个颗粒，可认为单位长度床层的压力降等于单个颗粒阻力与 N 的乘积

$$-\frac{\Delta p}{L}=N\times\frac{1}{2}\rho u^2 C_D A_p \tag{3-204}$$

式中，L 为床层高度；u 为空隙内的流体速度；C_D 为颗粒阻力系数，A_p 为颗粒在垂直于流动方向上的投影面积。

颗粒床内的流动非常复杂。事实上，部分空隙被绕流尾流占据，流动的有效空间比床层内的空隙小。这部分对流动不起作用的空隙体积与床层体积之比称为静止空隙率，以 ε_b 表示。一般认为 ε_b 与无限空间中的尾流体积以及与临界空隙率的差值成正比。所谓临界空隙率是指颗粒床层填充得非常紧密，旋涡消失，ε_b 视为零时的床层空隙率。对圆球体颗粒床，临界空隙率为 0.2。不同形状颗粒的静止空隙率，由如下半经验式表示

$$\begin{cases} \text{圆球体 } \varepsilon_b = 1.6(\varepsilon - 0.2)(1 - \varepsilon) \\ \text{圆柱体 } \varepsilon_b = 1.95 K_s(\varepsilon - 0.2)(1 - \varepsilon) \\ \text{椭圆体 } \varepsilon_b = 2.5 K_s(\varepsilon - 0.2)(1 - \varepsilon) \end{cases} \tag{3-205}$$

式中，K_s 为形状因子，表示颗粒的投影面积 A_p 与等体积的圆球的投影面积之比，即

$$K_s = \frac{A_p}{\frac{1}{4}\pi d_p^2} \tag{3-206}$$

颗粒在垂直于流动方向上的投影面积

$$A_p = K_s \times \frac{1}{4}\pi d_p^2 \tag{3-207}$$

单位床层体积内的颗粒数

$$N = \frac{1 - \varepsilon}{\frac{1}{6}\pi d_p^3} \tag{3-208}$$

有了静止空隙率的定义，则流动有效空隙率为 $\varepsilon - \varepsilon_b$，可得空隙率内流速

$$u = \frac{u_0}{\varepsilon - \varepsilon_b} \tag{3-209}$$

为使非球形颗粒也适用，引入球形度，上式则为

$$u = \frac{u_0}{(\varepsilon - \varepsilon_b)\psi} \tag{3-210}$$

式中，ψ 为圆球表面积 A_{pb} 与同体积非球形颗粒表面积 A_{fb} 之比，即

$$\psi = \frac{A_{pb}}{A_{fb}} \tag{3-211}$$

所以

$$A_{fb} = \frac{\pi d_p^2}{\psi} \tag{3-212}$$

对圆球 $\psi = 1$，对其他形状的颗粒 $0 < \psi < 1$，不同颗粒球形度的计算值见表 3-5。

表 3-5 各种颗粒的球形度

颗　　　粒	球形度 ψ	颗　　　粒	球形度 ψ
砂粒	0.534~0.628	煤粉	0.696
铁催化剂	0.578	立方体	0.806
石英砂	0.554~0.628	薄片(长:宽:高=8:6:1)	0.515

将以上各式代入式(3-204)，可得

$$\begin{aligned} -\frac{\Delta p}{L} &= \frac{3}{4}C_D K_s \frac{\rho u_0^2}{d_p \psi^2} \times \frac{1 - \varepsilon}{(\varepsilon - \varepsilon_b)^2} \\ &= f \frac{\rho u_0^2}{d_p \psi^2} \frac{1 - \varepsilon}{(\varepsilon - \varepsilon_b)^2} \end{aligned} \tag{3-213}$$

式中，$f = \frac{3}{4}C_D K_s$。

当 $\dfrac{\rho u_0 d_p}{\mu(1 - \varepsilon)} > 500$ 时，f 值几乎不随 Re 变化，仅为 K_s 的函数，作一级近似，可得

$$f = A + B K_s$$

由实验数据拟合可得

$$A=4.41 \quad B=-3.2$$

由于 ε_b 与 ψ 均很难估算，因而将其与 f 合并为 f'，则式(3-213) 可改写为

$$-\frac{\Delta p}{L}=f'\frac{\rho u_0^2}{d_p}\times\frac{1-\varepsilon}{\varepsilon^3} \tag{3-214}$$

f' 与 ψ 的关系由实验测得，关系如下。

对实心填料： $\qquad\qquad f'=2.08\psi^{-1.92}$

对空心填料（如拉希环和鞍形填料）：$f'=2.24\psi^{-1.62}$

以上结果对低球形度及高球形度颗粒均适用，而管流模型仅适用于球形度 $\psi>0.6$ 的颗粒层。

例 3-17　固定床阻力计算

固定床反应器，管内径为 0.025m，高为 2.5m，床内装填 $\phi 4\times 4$mm 柱形催化剂颗粒，床层堆积密度为 1300kg/m³，空隙率为 0.4，标准状态下空气体积流率为 2m³/h。现将空气预热至 360℃通入反应器，试计算空气流经固定床的压降。

解 已知：360℃的空气 $\rho=0.545$kg/m³，$\mu=3.23\times10^{-5}$Pa·s

对颗粒床阻力计算应用管流模型，对非球形颗粒引入球形度，则式(3-203) 为

$$-\frac{\Delta p}{\rho u_0^2}\times\frac{d_p}{L}\times\frac{\varepsilon^3\psi}{1-\varepsilon}=\frac{150}{\frac{\rho u_0 d_p}{\mu}\times\frac{\psi}{1-\varepsilon}}+\frac{7}{4} \qquad ①$$

颗粒的当量直径 d_p

$$\frac{1}{6}\pi d_p^3=V_{颗粒}=\frac{1}{4}\pi\times4^2\times4 \qquad ②$$

$$d_p=4.58\text{mm}$$

为球形度 ψ，由式(3-211) 得

$$\psi=\frac{\pi\times4.58^2}{\frac{1}{4}\pi\times4^2\times2+\pi\times4\times4}=0.874$$

360℃下空气进固定床的速度 u_0，根据理想气体定律可得

$$u_0=\frac{V}{A_{床}}=\frac{T}{T_0}\frac{V_0}{A_{床}}=\frac{\frac{360+273}{273}\times\frac{2}{3600}}{\frac{1}{4}\times\pi\times0.025^2}=2.624\quad(\text{m/s})$$

则

$$\frac{\rho u_0 d_p}{\mu}\times\frac{\psi}{1-\varepsilon}=\frac{0.545\times2.624\times4.58\times10^{-3}}{3.23\times10^{-5}}\times\frac{0.874}{1-0.4}=295$$

将相关数据代入式①，可得空气流经固定床的压降

$$-\Delta p=\rho u_0^2\frac{L}{d_p}\times\frac{1-\varepsilon}{\varepsilon^3\psi}\left[\frac{150\mu(1-\varepsilon)}{\rho u_0 d_p\psi}+\frac{7}{4}\right]$$

$$=0.545\times2.624^2\times\frac{2.5}{0.00458}\times\frac{1-0.4}{0.4^3\times0.874}\times\left(\frac{150}{295}+\frac{7}{4}\right)$$

$$=49622\quad(\text{Pa})$$

3.6.1.4　减阻

减阻是节能的一项重要措施，根据前述产生阻力的机理及有关影响因素的分析，可采取以下措施减小流动阻力。

(1) 合理的结构形状　阻力机理的研究表明：压差阻力主要取决于物体后部的形状，将曲

率变化急剧的"钝"体后部改成曲率变化缓
慢的流线型物体，则可推迟边界层分离的发
生，缩小尾流区，甚至由于逆压梯度大幅度
减小，可避免边界层分离以致大大减小压差
阻力。

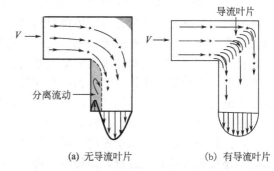

对 90°直角弯管，当流体转入直角，下
游尾流区如图 3-53 所示，当管内加导流叶
片，尾流区消失，压差阻力减小。

对管道与设备的接口，也会产生边界
层分离。设备不同进口形式的局部阻力系
数 ξ 相同，如图 3-54 所示。值得注意的

(a) 无导流叶片　　(b) 有导流叶片

图 3-53　90°直角弯管中的流动特性

是，设备出口的形状不同会产生不同的效果，如图 3-55 所示，出口圆管与设备的接口采用
较大曲率的圆角，此时局部阻力系数最小，管道进口内的边界层分离，如图 3-56 所示。

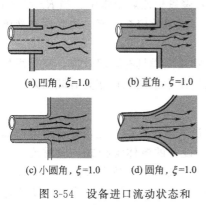

(a) 凹角，$\xi=1.0$　　(b) 直角，$\xi=1.0$

(c) 小圆角，$\xi=1.0$　　(d) 圆角，$\xi=1.0$

图 3-54　设备进口流动状态和
局部阻力系数

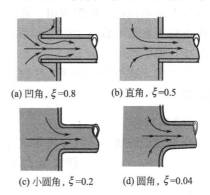

(a) 凹角，$\xi=0.8$　　(b) 直角，$\xi=0.5$

(c) 小圆角，$\xi=0.2$　　(d) 圆角，$\xi=0.04$

图 3-55　设备出口流动状态和
局部阻力系数

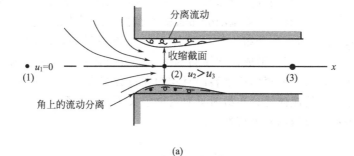

(a)

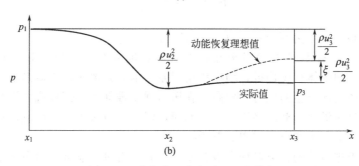

(b)

图 3-56　直角进口的流型和压力分布

由图 3-55 可知,采用合理的结构形状,能有效地降低管路中的压差阻力。

摩擦阻力取决于流动状态和固体壁粗糙度。层流时,表面光滑,摩擦阻力较小。由于减速流动导致增压,不易保持层流;加速流动则有利于物体表面保持层流而减小摩擦阻力。因此,在物体的构形上宜使物体表面的最大速度点后移。

实际上,两种阻力往往同时存在,有些措施很难使两者都减小,这时需要权衡。例如,在绕钝体流动时,为减小尾涡区,可施加扰动,促使边界层湍流化,虽然增加了摩擦阻力,但由于压差阻力大幅度减小,总阻力降低。

(2) 优化操作条件 减小速度、增大管径可以降低阻力,但将增加设备投资。同时,速度的减小还可能影响其他过程,如传热、传质。因而,根据整体优化确定操作条件,使压降控制在适当的范围内是十分重要的。

(3) 添加减阻剂 1948 年,汤姆斯将 10×10^{-6}(10ppm) 的聚甲基丙烯酸甲酯加入作湍流流动的氯苯中,发现在一定的流率下流动阻力会大大降低。添加少量高分子物质于湍流运动的牛顿流体中可大幅度减小阻力的现象称为减阻现象。其他如聚异丁烯加于萘烷、羧甲基纤维素加在水中也都有减阻作用。若加 5×10^{-6}(5ppm) 聚氧化乙烯于水中,当 $Re = 1 \times 10^5$ 时,摩擦阻力系数可减小 40%,而黏度仅比水增加 1%。减阻效应在管流、边界层和液膜流动以及搅拌槽中都可发生。

近期发现,添加少量表面活性物质如类脂、磷脂等物质同样具有减阻效应,只是添加的浓度略高于高分子聚合物。此外,液体中注入气泡、湍气流中添加颗粒亦具有减阻效应。

3.6.2 流体均布

工程上处理的物料多数为流体。流体经孔口、管道进入设备,由于进口处通道的截面积往往小于设备的截面积,进入设备的流体常构成一股射流。尽管有时初速度并不大,但仍存在射流的一些基本特征,卷吸周围流体,以致截面上流体分布不均,这将影响设备性能。为使流体均布,必须调整压力分布。工程上改善流体均布性能的重要措施是采用气体分布板——多孔板,如图 3-57 所示。下面按动量传递的有关原理阐明分布板的均布机理及影响因素。

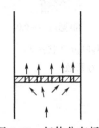

图 3-57 气体分布板

分布不均的流体在分布板前受阻,流体速度为零,压力升高,形成横向压力梯度,部分流体由轴向流动转为径向流动,促使流体均匀化。显然,为迫使流体流动转向且均匀通过分布板,应合理设计孔的大小、孔数和孔在板面上的布置,使流体经分布板时具有足够但又不太大的阻力。

通常用压降表示分布板的阻力特性,即

$$H = \frac{\Delta p}{\rho g} = \xi_0 \frac{u_0^2}{2g} \tag{3-215}$$

式中,ξ_0 为分布板小孔阻力系数;u_0 为穿孔流速。

图 3-58 表明了具有不同 ξ_0 值的分布板对气流速度分布的影响。由图可见,阻力系数小,截面上速度大的流体很少偏折,均布作用很差;阻力系数大,流体沿轴向的运动受到阻挡后,速度愈大的流体产生的压力亦愈高,在压力梯度推动下,部分流体沿径向流至速度较低处,致使流体分布沿整个截面趋于均匀。然而,阻力系数过大,大量流体流向低速处,造成反向不均,反而不利于均布,如图 3-59 所示。

分布板相对于进口管的距离对均布也有影响。若两者过于靠近,横向运动未及完成,流体已通过小孔,因而不利于均布,如图 3-60 所示。

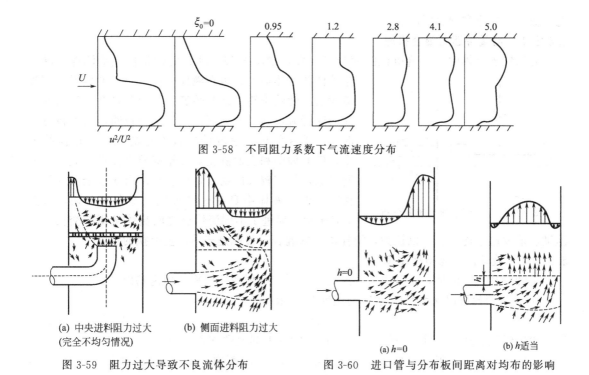

图 3-58 不同阻力系数下气流速度分布

(a) 中央进料阻力过大
(完全不均匀情况)

(b) 侧面进料阻力过大

(a) h=0

(b) h适当

图 3-59 阻力过大导致不良流体分布

图 3-60 进口管与分布板间距离对均布的影响

因此，实现流体均布，除了要求分布板具有适当的阻力系数，还要求与进口管保持适宜的间距，通常可通过实验确定。当雷诺数超过一定值后，Re 对阻力系数的影响将减小，阻力系数主要与分布板的开孔率（小孔面积与设备横截面之比）、板厚以及小孔形状等因素有关。根据经验，满足下式时，可望实现均布：

$$\frac{流体通过小孔的阻力}{流体进入设备时突然扩大的阻力} = 100 \tag{3-216}$$

此外，还应重视分布板上、下游的流动情况对流体均布的影响。

3.6.3 流体混合

使不同组成或温度的物料相互密切接触，得到均一混合物的过程称为混合。实现混合可利用射流卷吸或叶轮的搅拌作用等。无论采用哪种结构的装置，导致物料混合的机理不外是分子扩散、湍流扩散和主体扩散。

搅拌是造成混合的最基本手段。搅拌槽的主要结构包括叶轮、挡板等，如图 3-61(a) 所示。叶轮形式很多，常用的是涡轮式、推进式、桨式，如图 3-61(b) 所示。搅拌槽中的流动形态见图 3-62。这一节主要运用动量传递原理阐明混合机理，并分析搅拌过程的主要性

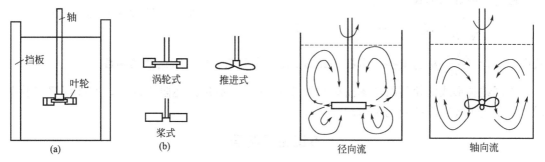

图 3-61 搅拌槽结构及叶轮形式

图 3-62 搅拌槽中的流动形态

能参数——功率和混合时间。

3.6.3.1 动量传递与混合机理

叶轮置于流体中，供给机械能使叶轮旋转，如图 3-63。叶轮将能量传递给流体，既产

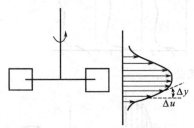

图 3-63 桨叶附近典型速度分布

生液体的主体运动，也在液体中产生小尺度旋涡，即湍流运动。叶轮旋转导致的传递过程十分复杂，但它和前述的库特流过程类似。流体处于平行板间，当上板运动时，因黏性作用，速度传给板附近的流体。在搅拌槽中，槽的周壁和底面静止，叶轮旋转直接推动流体，如同射流，具有较大的动量，借卷吸作用导致全槽内流体循环。由于液体中具有速度梯度，即存在剪切，如图 3-63所示，促进了不同流体层之间流体微团的交换，使温度、浓度趋于均一。可以认为，搅拌槽中的混合过程就是流体动量交换的过程。

3.6.3.2 流动阻力与搅拌功率

旋转叶片推动液体，受到阻力，这是考虑搅拌过程消耗功率的理论基础。

功率 P 消耗可以认为是阻力 D 与速度 U 的乘积，即

$$P = DU \tag{3-217}$$

若叶轮以恒定转速 N 旋转，则速度 U 正比于叶轮末端速度 Nd，即 $U \sim Nd$。

前面已经指出，阻力有两种——压差阻力 D_p 和摩擦阻力 D_f，而总阻力是两者之和，$D = D_p + D_f$。由阻力系数定义，有 $D = \frac{1}{2}\rho U^2 C_D A$。

在湍流情况下，$C_D \sim$ 常数，因此有

$$D \sim \rho A U^2$$

投影面积 A 正比于叶轮直径的平方，即 $A \sim d^2$。因此，改写上式，并定义 $P \sim \rho N^3 d^5$

$$N_P = \frac{P}{\rho N^3 d^5} \tag{3-218}$$

式中，N_P 为功率数，与阻力系数有类似的物理意义；d 为直径。当搅拌槽中流体运动状态为湍流时，N_P 为常数，其值随叶轮几何结构而变。

在层流情况下，参照斯托克斯阻力定律式 (3-162)

$$D \sim \mu U d$$

于是

$$P \sim \mu N^2 d^3$$

改写功率数的形式

$$\frac{P}{\rho N^3 d^5} \sim N_P \sim \frac{\mu}{\rho N d^2} \sim \frac{1}{Re_P} \tag{3-219}$$

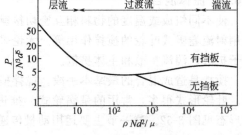

图 3-64 涡轮桨的功率曲线

式中，$Re_P = \frac{\rho N d^2}{\mu}$ 称为搅拌雷诺数。式(3-219)表明功率数是雷诺数的函数。

不同结构形式涡轮桨的功率曲线如图 3-64 所示。运用前述阻力理论，不难理解实验曲线所揭示的搅拌功率的变化规律。

本章主要符号

A	面积，m^2；截面积，m^2	A_p	颗粒在垂直于流动方向上的投影面积，m^2

B	宽度，m	Z	液位高度，m
C	常数	a	加速度，m/s²；热扩散系数，m²/s；半径，m；颗粒比表面，m⁻¹
C_D	阻力系数		
C_p	定压热容，J/(kg·K)	a_V	基于颗粒体积的比表面，m⁻¹
D	直径，m，阻力，N	b	间距，m；尾流半宽度，m
D_e	当量直径，m	$b_{1/2}$	射流半宽度，m
D_F	摩擦阻力，N	d	直径，m
D_p	压差阻力，N	d_p	颗粒直径，m
Eu	欧拉数	f	摩擦系数（或范宁摩擦系数）
F	力，N	f_0	颗粒床摩擦系数
F_f	摩擦力，N	g	重力加速度，m/s²
Fr	弗鲁特数	h	高度，m；间距，m；对流传热系数，W/(m²·K)
Gr	格拉晓夫数		
I	湍流强度	h_f	能量损耗，Pa
K	比热容	h_s	表面粗糙高度，m
K_s	形状因子	j_D	传质 j 因子
L	长度，m；特征尺度，m；湍流尺度，m；长度量纲	j_H	传热 j 因子
		k	热导率，W/(m·K)
L_e	进口段长度，m	k_c	基于摩尔浓度差的传质系数，m/s
Le	路易斯数	l	混合长，m
M	力矩，N·m；质量量纲	m	质量，kg；稠度系数，N·sⁿ/m²
Ma	马赫数	n	流动行为指数
N	颗粒数；转速，s⁻¹	p	压力，N/m² 或 Pa
N_P	功率数	p_0	来流压力，N/m² 或 Pa
Nu	努塞尔数	p_{atm}	大气压，N/m² 或 Pa
P	功率，W	r	半径，m
Pe	贝克莱数（传热）	t	时间，s
PIV	粒子成像测速仪	u	点速度，m/s；瞬时速度，m/s
Pr	普朗特数	$\bar{u}$	时均速度，m/s
R	半径，m；湍流相关系数	u'	脉动速度，m/s
Re	雷诺数	u_m	管中心流速，m/s
R_e	当量半径，m	u_x, u_y, u_z	x、y、z 方向上的速度，m/s
Re_c	临界雷诺数	u_*	摩擦速度（或剪切应力速度），m/s
Re_P	搅拌雷诺数	u^+	无量纲摩擦速度
Re_{xc}	绕平板流动临界雷诺数	u_0	表观速度，m/s；穿孔流速，m/s
Sc	施密特数	x, y, z	直角坐标
Sh	舍伍德数	x_c	临界点，m
St	斯顿坦数	y	离开壁面的距离，m
T	温度，℃ 或 K；绝对温度，K；时间量纲	y^+	无量纲摩擦距离（或摩擦雷诺数）
U	截面平均速度，m/s；特征速度，m/s	α, β, γ	角度
U_0	来流速度，m/s	β	膨胀系数，℃⁻¹ 或 K⁻¹
U_s	声速，m/s	δ	间壁厚度，m；液膜厚度，m；凸起高度，m；边界层厚度，m
U_t	终端速度 m/s		
V	体积，m³；体积流率，m³/s	δ_b	黏性底层厚度，m
W	质量流率，kg/s	ε	空隙率；能量耗散，W/kg
We	韦伯数	ε_b	静止空隙率

ε_M	涡流动量扩散系数，m^2/s	μ_e	涡流黏度，$Pa \cdot s$
λ	摩擦阻力系数	ν	运动黏性系数（或运动黏度），m^2/s
λ_0	最小旋涡尺度，m	ξ	局部阻力系数
μ	动力黏性系数（简称黏性系数或黏度），$Pa \cdot s$		

思 考 题

1. 两种流动状态——层流与湍流的主要特征。
2. 雷诺数的物理含义。如何确定不同流场的特征速度和特征尺度？
3. 对平板间和圆管内流动应用薄壳衡算时，各有哪些假定？
4. 哈根-泊谡叶方程的应用条件。其揭示的规律。
5. 比较库特流和泊谡叶流的流动特性，体积流率随压降梯度的变化，流型如何改变？
6. 比较管流时牛顿流体与幂律流体的速度分布和阻力定律。
7. 旋转库特流速度分布特征是什么？当间隙变得很小，情况如何？转速很高又将如何？
8. 简述边界层理论的要点。边界层理论适用的前提条件是什么？
9. 圆管进口段流动有何特点？有何重要意义？
10. 什么是量级比较法？为什么说这种方法对工程实践有重要意义？
11. 绕平板流动阻力计算要注意哪些问题？
12. 绕曲面流动边界层中，压力分布有何特点？
13. 边界层分离条件是什么？
14. 比较理想流体与黏性流体的圆柱绕流。
15. 圆柱绕流流型如何随 Re 变化？
16. 讨论湍流的主要特征，并与层流对比。
17. 湍流时均模型有何意义？
18. 讨论雷诺应力与黏性剪切应力的区别。
19. 阐明近壁区湍流速度分布特征。黏性底层中的流动状态是层流吗？
20. 湍流通用速度分布真的通用吗？"通用"的确切含义是什么？
21. 常见自由湍流有几种类型？指出它们的异同点。
22. 自由射流的主要流动特征是什么？工程上有哪些应用？
23. 无量纲化的意义及无量纲数的物理意义。
24. 探讨无量纲化方法在实际应用中的优缺点。
25. 试用边界层理论解释阻力产生的机理。
26. "物体后部形状较之前部对阻力影响更重要"这种说法对吗？
27. 什么是相对粗糙？它对流动阻力的影响如何？
28. 列举减阻有哪些措施？

习 题

3-1 在直径为 0.05m 的管道内，流体速度为 0.6m/s，求常温常压下下述几种流体在管道中运动时的雷诺数，并判断各自的运动状态。

① 水（$\rho = 998.2 kg/m^3$）；② 空气（$\rho = 1.22 kg/m^3$）；③ 汞（$\rho = 13550 kg/m^3$）；④ 甘油（$\rho = 1261 kg/m^3$）

3-2 两水平平行平板间隙为 1mm，其间充满黏度为 $100 Pa \cdot s$ 的液体。若下板固定，上板以 1cm/s 的恒定速度移动，定常状态下，求作用于上板单位面积的拖力，并画出两板间的速度分布和剪切应力分布。

3-3 牛顿流体在狭缝中受压差作层流流动，狭缝间距 $2B$，并且 $B \ll W$，W 为狭缝宽度，端效应可以忽略。试用薄壳动量衡算，求：（1）动量通量分布和速度分布；（2）流量与压降的关系式；（3）平均速度与最大速度的比值。

3-4　流体在半径为 R 的圆管内流动，写出其流动边界条件。当在其中心轴处放一半径为 r_0 的细线，其流动边界条件是什么？

3-5　密度为 $1.32\mathrm{g/cm^3}$、黏度为 $18.3\mathrm{cP}$ 的流体，流经半径为 $2.67\mathrm{cm}$ 的水平光滑圆管，问压力梯度为多少时流动会转变为湍流？

3-6　$20\,℃$ 的甘油在压降 $0.2\times10^6\mathrm{Pa}$ 下，流经长为 $30.48\mathrm{cm}$、内径为 $25.40\mathrm{mm}$ 的水平圆管。已知 $20\,℃$ 时甘油的密度为 $1261\mathrm{kg/m^3}$、黏度为 $0.872\mathrm{Pa\cdot s}$。求甘油的体积流率。

3-7　$293\mathrm{K}$ 及 $1\mathrm{atm}$ 下的空气以 $30.48\mathrm{m/s}$ 的速度流过一光滑平板。试计算在距离前缘多远处边界层流动由层流转变为湍流以及流至 $1\mathrm{m}$ 处时边界层的厚度。

3-8　一块薄平板置于空气中，空气温度为 $293\mathrm{K}$，平板长 $0.2\mathrm{m}$、宽 $0.1\mathrm{m}$。试求总摩擦阻力。若长宽互换，结果如何？（已知 $U=6\mathrm{m/s}$，$\nu=1.5\times10^{-5}\mathrm{m^2/s}$，$\rho=1.205\mathrm{kg/m^3}$，$Re_{xc}=5\times10^5$）

3-9　$293\mathrm{K}$ 的水流过 $0.0508\mathrm{m}$ 内径的光滑水平管，当主体流速 U 分别为 $15.24\mathrm{m/s}$、$1.525\mathrm{m/s}$ 和 $0.01524\mathrm{m/s}$ 三种情况时，求离管壁 $0.0191\mathrm{m}$ 处的速度为多少？（已知 $\nu=1.005\times10^{-6}\mathrm{m^2/s}$）

3-10　$293\mathrm{K}$ 的水以 $0.006\mathrm{m^3/s}$ 的流率流过内径为 $0.15\mathrm{m}$ 的光滑圆管，流动充分发展，试计算黏性底层、过渡区和湍流核心区的厚度。

3-11　当 Re 在 $10^4\sim10^5$ 时，管内速度分布近似为 $\dfrac{u_x}{u_{\max}}=\left(1-\dfrac{r}{R}\right)^{\frac{1}{7}}$。试求管内截面平均速度与最大速度的比值。

3-12　用量纲分析法，决定雨滴从静止云层中降落的终端速度的无量纲数。考虑影响雨滴行为的变量有雨滴的半径 r、空气的密度 ρ 和黏度 μ，还有重力加速度 g，表面张力 σ 可忽略。

3-13　已知 $h=f(\rho,\ \mu,\ C_p,\ k,\ U,\ L)$，用量纲分析法导出 $Nu=f(Re,\ Pr)$。

3-14　水滴在空气中等速下降，若适用斯托克斯阻力定律，试求水滴半径及其下落速度。

3-15　半径为 a 的小球在流体中降落。已知：小球降落终端速度为 U_t，密度为 ρ_s；流体的密度为 ρ。试推出流体的黏度表达式。

3-16　采用静置沉淀法处理含固体颗粒体积百分比为 10% 的工业污水。水槽中水位高 $1\mathrm{m}$，要除去 $0.01\mathrm{mm}$ 直径的污染物颗粒，必须静置多长时间？（已知：水 $\rho=1000\mathrm{kg/m^3}$，$\mu=1\times10^{-3}\mathrm{Pa\cdot s}$；污染物 $\rho_s=1228\mathrm{kg/m^3}$）

3-17　$20\,℃$ 的二乙基苯胺在内径 $D=3\mathrm{cm}$ 的水平光滑圆管中流动，质量流率为 $1\mathrm{kg/s}$，求所需单位管长的压降。已知 $20\,℃$ 时二乙基苯胺的密度为 $935\mathrm{kg/m^3}$，黏度为 $1.95\times10^{-3}\mathrm{Pa\cdot s}$。

3-18　长度为 $400\mathrm{m}$、内径为 $0.15\mathrm{m}$ 的光滑管，输送 $25\,℃$ 的水，压差为 $1700\mathrm{Pa}$，试求管内流量。

3-19　将悬浮液中的固、液两相分离，通常采用过滤的方法。在过滤过程中，滤布上会产生滤饼，而且随着过滤时间的增加而增厚，使滤阻增大，过滤速率减小。滤液流经滤饼是颗粒床流动的一种具体情况，所不同的是过滤是非定态过程。假设单位体积悬浮液中固体颗粒质量含量为 w，颗粒为直径 d_P 的球体，密度为 ρ_s，滤饼空隙率为 ε 且不可压缩，过滤面积为 A。应用颗粒床阻力计算的管流模型，试求：当滤饼两侧的压降恒为 $-\Delta p$，所得滤液量 V 与过滤时间 t 的关系。

参 考 文 献

［1］　戴干策，陈敏恒. 化工流体力学. 北京：化学工业出版社，2005.

［2］　[美] R. B. 博德（R. Byron Bird），等. 传递现象. 戴干策，等译. 北京：化学工业出版社，2004.

［3］　Ron Darby. Chemical engineering fluid mechanics. New York：Marcel Dekker. Inc.，1996.

［4］　Bruce R. Munson，Donald F. Young，Theodore H. Okiishi. Fundamentals of Fluid Mechanics. 邵卫云改编. 第五版. 北京：电子工业出版社，2006.

［5］　James O. Wilkes. Fluid mechanics for chemical engineers. New Jersey：Prentice Hall. 1999.

［6］　张兆顺. 湍流. 北京：国防工业出版社，2002.

［7］　陈懋章. 黏性流体动力学基础. 北京：高等教育出版社，2002.

［8］　Santosh K. Gupta. Momentum transfer operations. New York：McGraw-Hill，1979.

［9］　H. H. Steinour. Rate of sedimentation. Ind. & Eng. Chem.，1944：36，618，840，901.

［10］　戴干策，等. 化学工程基础. 北京：中国石化出版社，1991.

第4章 能量传递

自然界和工程技术领域普遍地存在着热（能）量传递。大量的物理过程和化学反应过程都与热量的输入和输出有关，如锅炉制汽、溶液的蒸发浓缩、翅片散热、隔热层保温、物品干燥、反应器催化剂颗粒床层的温度分布等。尤其是，几乎对于所有电气或电子设备，其尺寸往往取决于能否保持材料的温度并及时排除热量。大量控制元件和电子计算机中小型电气设备的工作寿命无不与冷却措施有关。

传热的目的，既可以是为了促进或抑制传热，控制一定速率，也可以是为了控制温度，改善温度分布以满足工艺要求。

可以说，能量的转换、输送和合理使用已成为现代工业可持续发展的基础。能量消耗是生产过程的重要控制指标，传热设备在工业领域（如炼油、石油化工、热电厂等）占有极高的比重，因而受到广泛重视。

本章将首先简单地论述传热的三种机理，然后着重讨论层流和湍流下的传热规律、对流传热（含自然对流）的基本理论以及伴有相变的传热，最后介绍热量传递原理的典型应用。

4.1 传热机理

热能传递的机理有三：传导、对流和辐射。自然界和工程上的传热可能几种机理同时存在。鉴于传导已在第1章有所介绍，本节先分别简单论述对流和辐射，然后进一步运用导热基本定律分析某些重要情况下的热传导特性。

4.1.1 对流传热

对流传热是流体相对于固体表面作宏观运动（总体运动，bulk flow）时的热量传递。实际上，它必然伴随有流体微团间以及与固体壁面间的接触导热，因而是微观分子热传导和宏观微团对流传热两者的综合过程。具有宏观尺度上的运动是对流传热的实质。流动状态不同，传热机理也就不同，见图4-1、图4-2。

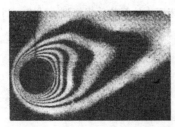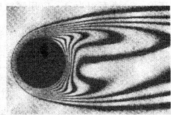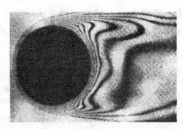

(a) Re=23   (b) Re=120   (c) Re=597

图 4-1 通过加热圆柱的流动：速度对等温线的影响

了解温度分布需以速度分布为前提，而速度分布又因温度对物性的影响而受温度分布的支配。因此，对流传热过程十分复杂，结合流动过程进行分析将是研究热对流的基本特点，尤其是前一章所述边界层概念和湍流特征是分析对流传（换）热过程重要的理论基础。

4.1.1.1 牛顿冷却定律

牛顿在论述物体在空气中的冷却现象时，首先经验地提出了对流传热规律的基本定

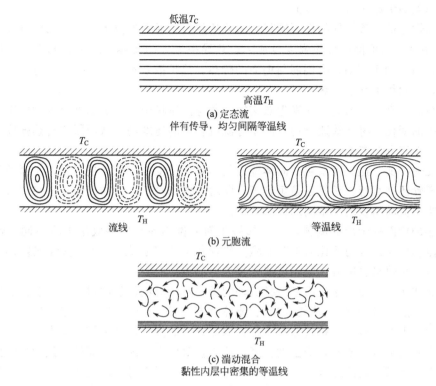

图 4-2 水平等温平板间流体层的自然对流状态[1]

从状态（a）到状态（c）温差（$T_H - T_C$）增加

律——牛顿冷却定律，即

$$q = \frac{Q}{A} = h(T_w - T_f) \tag{4-1}$$

式中，Q 为对流传热速率，W；q 为对流传热热流强度，W/m²；A 为传热表面积，m²；T_f、T_w 分别为流体、壁面的温度，K；h 为对流传热系数（又称传热膜系数），W/(m² · K)。

后来发现，h 并非物性常数，与许多因素有关。然而，由于这种表达式形式简便，故沿用至今。实质上，h 是归纳了许多难以用函数关系表达的复杂因素的经验系数。式(4-1) 即为定义式，其数值大小取决于系统的几何因素、流体的物性以及流动的特征，若干简化的典型实例可由计算给出，对复杂情况下的传热通常由试验测定。表 4-1 给出了几种常见对流传热过程中对流传热系数的范围。

表 4-1 典型对流传热过程中对流传热系数的范围

对 流 传 热 类 型	$h/[\text{W}/(\text{m}^2 \cdot \text{K})]$	对 流 传 热 类 型	$h/[\text{W}/(\text{m}^2 \cdot \text{K})]$
加热或冷却空气	15～300	水沸腾	1000～55000
加热或冷却过热蒸汽	25～120	蒸汽膜状冷凝	5000～10000
加热或冷却油类	60～1800	蒸汽滴状冷凝	50000～140000
加热和冷却水	250～15000	有机物蒸气冷凝	600～2500

4.1.1.2 影响对流换热的因素

对流传热是在流体相对于传热表面运动的情况下进行的，因而，影响流体流动的因素均将影响传热。

这些因素归纳起来有三个方面。

(1) 物性特征　流体的物性不同将会影响传热量。通常情况下，流体的密度 ρ 或比热容 C_p 愈大，流体与壁面间的传热强度也愈大；热导率 k 大的流体，热传导能力强；流体的黏度 μ 愈大，愈不利于流动，会削弱与壁面的传热，热扩散系数 $a(=k/\rho C_p)$ 高，表面层的温度梯度小，因而将不利于传热。

物性与温度有关，因此，在发生热交换的非等温流场中，由于温度对物性的影响，如黏度在流场中的变化，将导致速度场不同于等温流动下的速度场，从而影响传热强度。而且这种影响还与热流方向有关。

(2) 几何特征　这类因素包括固体壁面的形状、尺度、方位、粗糙度，是否处于管道进口段以及弯管还是直管、长管还是短管等。同时流体相对于圆管的流动，还将因流体是在管内还是绕管外流动而表现出不同的传热规律。

同是热的壁面处于冷的流体之中，如果热面方位不同，传热效果也将不同。热面向上时，流体流动所受的扰动要比向下时剧烈，因而传热强度也大。即使同是沿热面流动传热，对于矩形板，传热量也因流体沿长度或是宽度方向流动而异。

(3) 流体流动特征　这类因素包括流动起因（自然对流、强制对流）、流动状态（层流、湍流）、相变化（液体沸腾、蒸气冷凝）、流体对流方式（并流、逆流、错流）等。

强制对流下的流体速度较自然对流大，因而前者的传热强度也较后者强。

流体沿壁运动时，壁面处的温度梯度将比静止时增大，因而壁面热流强度也将提高。由于流动状态有层流、湍流之分，两者的物理构象不同。层流时，沿壁面法向的热量传递主要依靠分子导热。湍流时，微团的纵向脉动和旋涡的混合运动使湍流核心区的温度均匀一致，热阻主要集中在近壁的黏性底层区，然而因其厚度很薄，热阻比层流时小得多，使湍流传热速率远大于层流。对于发生相变化的传热，由于相变一侧的流体温度不发生变化，使传热过程始终保持较大的温度梯度，因此，传热强度要比无相变时大得多。

对流传热的规律以及计算，将在 4.2、4.3 节再作详细讨论。

4.1.2　热辐射

温度不同的物体，以电磁波形式各自辐射出具有一定波长的光子，当被物体相互吸收后所发生的传热过程，即为热辐射。光子运动组成的电磁波范围很广，当电磁光谱中波长介于 $0.76\sim10^3\,\mu m$ 区域的可见光和红外线（又称热射线）进行辐射，并被其他物体吸收时则重新转换为热能。这种热辐射无需介质，即使在真空中也能实现。热射线具有光的本性，服从光的反射、折射规律。辐射能到达物体上，只有一部分被吸收转换为热能，其他部分则分别被反射和透过。吸收、反射、透过的各部分能量与到达该物体辐射能量的比值分别定义为吸收率 A、反射率 R、透过率 D，三者关系为

$$A+R+D=1 \tag{4-2}$$

为建立对比标准，定义能够全部吸收到达物体辐射能（$A=1$）的物体为黑体。

基尔霍夫定律指出：物体的辐射力愈大，其吸收率也愈大，反之亦然。因此，反射能力强的物体，辐射能力就弱。

斯蒂芬-玻尔兹曼通过实验给出黑体辐射能量强度

$$q_0=\sigma_0 T^4 \tag{4-3}$$

式中，T 为物体热力学温度，K；σ_0 为斯蒂芬-玻尔兹曼常数，又称黑体辐射常数，其数值为 $5.67\times10^{-8}\,W/(m^2\cdot K^4)$。

为计算方便，改写式(4-3)为

$$q_0 = C_0 \left(\frac{T}{100} \right)^4 \tag{4-4}$$

式中，C_0 为黑体辐射系数，其值为 $5.67\mathrm{W}/(\mathrm{m}^2 \cdot \mathrm{K}^4)$。

用于实际物体，有

$$q = C \left(\frac{T}{100} \right)^4 \tag{4-5}$$

式中，C 为物体辐射系数。

工程上定义 $\varepsilon \left(\varepsilon = \dfrac{C}{C_0} \right)$ 为黑度，它取决于物体性质、表面状况和温度，可通过实验测得，数值在 $0\sim1$ 之间。因此，实际物体的辐射能量强度为

$$q = \varepsilon C_0 \left(\frac{T}{100} \right)^4 \tag{4-6}$$

当两个不同温度物体间相互辐射传热时，则与相对位置、几何形状、尺寸有关。通常将物体 1 抵达物体 2 表面的能量与其发射总能量的百分比称为角系数 $\phi_{1\text{-}2}$。

工程上，考虑到以上诸多影响因素，则将物体 1 在透明介质或真空中辐射给物体 2 的净热流率表达为

$$Q_{1\text{-}2} = \sigma_0 \phi_{1\text{-}2} A_1 \varepsilon_n (T_1^4 - T_2^4) \tag{4-7}$$

式中，ε_n 为与两物体特性有关的系统黑度。

$$\varepsilon_n = \frac{1}{1 + \phi_{1\text{-}2} \left[\left(\dfrac{1}{\varepsilon_1} - 1 \right) + \dfrac{A_1}{A_2} \left(\dfrac{1}{\varepsilon_2} - 1 \right) \right]} \tag{4-8a}$$

式中，A_1、A_2、T_1、T_2 分别为物体 1、2 的表面积和温度。

两无限大黑体间的辐射传热速率亦可表达为：

$$q = \sigma_0 A (T_1^4 - T_2^4) \tag{4-8b}$$

式中，A 为辐射物体的表面积。

热辐射和热传导、对流传热的传热规律有着显著的差别，在忽略温度变化对物性影响的情况下，热传导与对流传热速率均正比于温度差，而与冷热物体本身的温度高低无关。热辐射则不然，即使温差相同，还与两物体绝对温度的高低有关。

基于热辐射的传热规律不同于热传导、热对流，不同于动量传递、质量传递，有其特殊性，且多数是在高温下（如太阳辐射、高温炉膛）才显得重要，对常见较低温差通常可不计，因此，本书不再作进一步讨论。

4.1.3　热传导——一维非定常导热的数值解

定态、非定态导热问题的分析解法已在第 1 章介绍，其中边界条件和初始条件都相对简单，在复杂条件下很难获得解析解。对于非规则的边界条件或初始温度分布（环境温度，表面传热速率）不均匀的情形，只能通过数值法求解[2]。

物体的初始温度为 T_0，然后将其左侧平面置于温度为 T_b 的对流环境中，右侧平面绝热，如图 4-3 所示。描述此非定态导热的微分方程仍为式(1-81)，即

$$\frac{\partial T}{\partial t} = a \frac{\partial^2 T}{\partial x^2} \tag{1-81}$$

为了采用数值法求解上述方程，可将该方程写成差分方程形式。为此，将物体分割成相距为 Δx 的若干等份，在物体内部任一平面 i 处附近，将式(1-81)中右侧的二阶导数化为下式，即

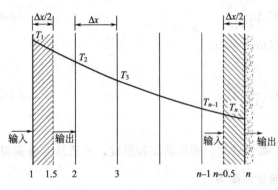

图 4-3　平板不稳态导热的数值解

$$\frac{\partial^2 T}{\partial x^2}=\frac{T_{i+1}+T_{i-1}-2T_i}{\Delta x^2} \quad (4\text{-}9)$$

式中，T_{i-1}、T_{i+1} 为与点 i 相距 Δx 长度的左侧及右侧两点的温度。

又将式(1-81) 左侧的导数写成差分形式，为：

$$\frac{\partial T}{\partial t}=\frac{T_i'-T_i}{\Delta t} \quad (4\text{-}10)$$

式中，Δt 为所选取的时间间隔；T_i、T_i' 为某点 i 处在 t 瞬时和 $t+\Delta t$ 瞬时的温度。

将式(4-9)、式(4-10) 代入式(1-81) 中，可得物体内部非定态导热时的结点温度方程为

$$\frac{T_{i+1}+T_{i-1}-2T_i}{\Delta x^2}=\frac{1}{a}\times\frac{T_i'-T_i}{\Delta t} \quad (4\text{-}11)$$

或

$$T_{i+1}+T_{i-1}-2T_i=\frac{\Delta x^2}{a\Delta t}(T_i'-T_i) \quad (4\text{-}12)$$

式(4-12) 中 Δx 和 Δt 为计算时所选用的距离间隔和时间间隔，其大小可以根据精度的要求确定。一般来说，精度要求愈高，则选取的 Δx 或 Δt 越小，相应所需的计算量也就越大。为使计算过程简化，可令

$$\frac{\Delta x^2}{a\Delta t}=M=2 \quad (4\text{-}13)$$

将式(4-13) 代入式(4-12) 中即可得物体内部进行非定态导热时的简化结点温度方程，即

$$T_i'=\frac{T_{i-1}+T_{i+1}}{2} \quad (4\text{-}14)$$

式(4-14) 表明，物体内部任一点 i 处在 $t+\Delta t$ 瞬时的温度等于与其相邻两点在 t 瞬时温度的算术平均值。计算时，Δx 和 Δt 不能同时独立选取，而是根据精确度的要求先选定其一，然后再应用式(4-13) 决定另一个量的值。

物体左右两侧表面的结点温度方程可通过热量衡算求出。

如图 4-3 所示，取平面 1 和平面 2 之间物体的一半（左侧剖面线范围）作为热量衡算的对象。在 Δt 时间内，进入控制体的热量减去由此控制体导出的热量应等于此控制体累积的热量。经由平面 1 进入的热量是以对流传热方式传入，故为

$$hA(T_b-T_1)\Delta t$$

式中，h 为对流传热系数；A 为传热表面积，T_b 为流体的主体温度；T_1 为物体表面 1 的温度。

Δt 时间内，经由衡算范围的右侧平面（位于点 1.5 处的平面）移出的热量以导热方式传出，故为

$$\frac{kA}{\dfrac{\Delta x}{2}}(T_1-T_{1.5})\Delta t$$

物块在 Δt 时间内积累的热量为

$$\frac{(A\Delta x/2)\rho C_p}{\Delta t}(T_{1.25}'-T_{1.25})\Delta t$$

式中，$T_{1.25}$ 和 $T_{1.25}'$ 分别为衡算范围的物块中心面在 t 和 $t+\Delta t$ 时刻的温度。由于这两个温度与平面 1 的两瞬时温度 T_1 和 T_1' 相接近，亦即

$$T_{1.25}\approx T_1, T_{1.25}'\approx T_1'$$

于是由热量衡算可得如下的近似关系，即

$$hA(T_b-T_1)-\frac{kA}{\Delta x}(T_1-T_2)=\frac{A\Delta x\rho C_p}{2\Delta t}(T_1'-T_1) \tag{4-15}$$

将 $a=\dfrac{k}{\rho C_p}$ 及 $\dfrac{\Delta x^2}{a\Delta t}=M=2$ 的关系代入式(4-15)，经整理后，得

$$T_1'=\frac{\Delta x h}{k}(T_b-T_1)+T_2 \tag{4-16}$$

式(4-16)即为非定态导热时对流边界的结点温度方程。

对于右侧为绝热边界的结点温度方程亦可采用类似的方法求出。如图 4-3 所示，取平面 $n-1$ 和平面 n 之间的半个物块（右侧剖面线范围）作为热量衡算的对象，同样，在 Δt 时间内进入控制体的热量减去由此范围移出的热量应等于此控制体累积的热量。进入的热量是通过虚线面（位于 $n-0.5$ 处的平面）以导热方式进入的，即

$$\frac{kA(T_{n-1}-T_n)}{\Delta x}\Delta t$$

由于边界面（n 处的平面）绝热，故移出的热量为零。

累积的热量为：

$$\frac{(A\Delta x/2)\rho C_p}{\Delta t}(T_{n-1.25}'-T_{n-1.25})\Delta t$$

式中，$T_{n-1.25}$ 和 $T_{n-1.25}'$ 分别为物块中心面处在 t 和 $t+\Delta t$ 时刻的温度。由于这两个温度与平面 n 的瞬时温度 T_n 和 T_n' 相接近，即

$$T_{n-1.25}\approx T_n, T_{n-1.25}'\approx T_n'$$

故热量衡算式为

$$\frac{kA}{\Delta x}(T_{n-1}-T_n)=\frac{A\Delta x\rho C_p}{2\Delta t}(T_n'-T_n)$$

将 $a=\dfrac{k}{\rho C_p}$ 及 $\dfrac{\Delta x^2}{a\Delta t}=M=2$ 的关系代入上式，经整理后，得

$$T_n'=T_{n-1} \tag{4-17}$$

式(4-17)即为非定态导热时绝热边界的结点温度方程。由该式可以看出，绝热边界经历 Δt 时间之后的温度等于物体内距离边界面为 Δx 的面上未经历 Δt 时间以前的温度。

例 4-1　某厚度为 0.305m 的固体平板，初始温度均匀，为 100℃。突然将其左侧面置于 0℃ 的流体介质中，由于对流热阻很小，可认为 $h\to\infty$，故固体左侧面的温度在传热过程中可维持 0℃。物体的右侧面绝热。试应用数值法计算该物体经历 0.6h 后的温度分布。已知物体的导热系数 $a=0.0186\text{m}^2/\text{h}$。

解　应用数值解法，将物体的厚度分为 5 等份，则

$$\Delta x=\frac{0.305}{5}=0.061\quad(\text{m})$$

取

$$\frac{\Delta x^2}{a\Delta t}=M=2$$

故

$$\Delta t=\frac{\Delta x^2}{2a}=\frac{0.061^2}{2\times 0.0186}=0.1\quad(\text{h})$$

即时间间隔为 0.1h，则 0.6h 内计算的时间次数为 0.6/0.1＝6 （次）

当 $t＝0$ 时，平面 2 至平面 6 各面的温度均为 100℃，即
$$T_2＝T_3＝\cdots＝T_6＝100℃$$

由于左侧面与流体接触，故开始时它的温度不等于 100℃。为了使计算精度提高，可令该侧面温度 T_1 为流体温度与物体初始温度的平均值，即
$$T_1＝\frac{0+100}{2}＝50 （℃）$$

边界情况（$t＞0$）如下。

已知左侧面（$i＝1$）的温度在传热过程中维持 0℃，即
$$T_1＝T_1'＝T_1''＝\cdots＝0℃$$

右侧面（$i＝6$）绝热，由式(4-17)可知：
$$T_6'＝T_5，\quad T_6''＝T_5'，\quad \cdots$$

物体内部各点的温度可利用式(4-14)计算，即
$$T_i'＝\frac{1}{2}(T_{i-1}+T_{i+1})$$
$$T_i''＝\frac{1}{2}(T_{i-1}'+T_{i+1}')$$
$$\vdots$$

计算结果列于表 4-2 中，其中最后一次计算而得的温度值为 $t＝0.6h$ 时物体内部各平面的温度值。

表 4-2 计算结果

次　数	时间/h	温度/℃					
		T_1	T_2	T_3	T_4	T_5	T_6
0	0	50	100	100	100	100	100
1	0.1	0	75	100	100	100	100
2	0.2	0	50	87.5	100	100	100
3	0.3	0	43.5	75	93.75	100	100
4	0.4	0	37.5	68.75	87.5	96.88	100
5	0.5	0	34.38	62.50	82.81	93.75	96.88
6	0.6	0	31.25	58.59	78.13	89.84	93.75

4.2 层流热量传递

前面讨论了静止介质中的热传导，属于微观分子传递过程。以下将进一步阐述流体相对于固体作宏观运动时与固体壁面间的对流传热规律。但如前述，对流传热过程必然同时伴随着导热，而且在壁面附近的导热往往还是对流传热的关键。

鉴于流体物性、固体特征及热状态等因素对传热有显著影响，本节将分别讨论牛顿流体在平行平板以及圆管间做层流流动时的强制对流。

4.2.1 平行平板间层流传热

在 3.2 节中，讨论过不可压缩牛顿流体在平行平板间做层流等温流动时的规律。这里将论述非等温流动时的温度分布。温度为 T_0 的流体进入温度分别为 T_1、T_2，相距为 $2b$ 平行平板间作层流流动，且 $T_1＜T_0＜T_2$，见图 4-4。由于流动流体所接触的两板温度不同，流体介质与其热交换，必然在垂直于流动的方向上（y 向）形成温度分布。同时，流体在流动

过程中，由于黏性内摩擦，一部分机械功转化为热能即黏性耗散能，使流体以及固体壁面的温度升高而影响温度分布。黏性愈大，剪切应力愈大，黏性耗散的能量也愈大，引起的温升有时则不能忽略，尤其是快速运动部件中的黏性润滑油的运动、高分子熔体通过模腔的运动等，此时高黏流体的运动成了黏性摩擦的热源。这里讨论平板间层流传热。给出黏性耗散的简化表达式，即单位容积黏性摩擦发热率为

$$\tau_{yx}\left(\frac{\mathrm{d}u_x}{\mathrm{d}y}\right)=\mu\left(\frac{\mathrm{d}u_x}{\mathrm{d}y}\right)^2 \tag{4-18}$$

取厚度为 $\mathrm{d}y$、面积为 A 的薄壳体作能量衡算，可建立微分方程

$$Aq\big|_y-Aq\big|_{y+\mathrm{d}y}+A\mathrm{d}y\mu\left(\frac{\mathrm{d}u_x}{\mathrm{d}y}\right)^2=0$$

$$-\frac{\mathrm{d}q}{\mathrm{d}y}+\mu\left(\frac{\mathrm{d}u_x}{\mathrm{d}y}\right)^2=0 \tag{4-19}$$

根据傅里叶导热定律，将 $q=-k\dfrac{\mathrm{d}T}{\mathrm{d}y}$ 代入式(4-19) 得

$$k\frac{\mathrm{d}^2T}{\mathrm{d}y^2}=-\mu\left(\frac{\mathrm{d}u_x}{\mathrm{d}y}\right)^2 \tag{4-20}$$

对应条件下的速度分布已在 3.2 节给出，代入式(4-20) 积分，由边界条件

$$\begin{cases}y=-b,T=T_1\\ y=b,T=T_2\end{cases}$$

则可得温度分布为

$$\frac{T-T_1}{T_2-T_1}=\frac{1}{12k\mu}\left(\frac{\mathrm{d}p}{\mathrm{d}x}\right)^2\frac{b^4-y^4}{T_2-T_1}+\frac{1}{2}\left(1+\frac{y}{b}\right) \tag{4-21}$$

当 $\dfrac{\mathrm{d}p}{\mathrm{d}x}=0$，上板以均速 U 运动并拖曳流体时，温度分布为

$$\frac{T-T_1}{T_2-T_1}=\frac{1}{2}\left(1+\frac{y}{b}\right)+\frac{\mu U^2}{8k(T_2-T_1)}\left(1-\frac{y^2}{b^2}\right) \tag{4-22}$$

式中

$$\frac{\mu U^2}{k(T_2-T_1)}=Br=\frac{\mu C_p}{k}\frac{U^2}{C_p(T_2-T_1)}=Pr\times Ec$$

该式表明，温度分布与 Brinkman 数有关，该无量纲数是普朗特数 $Pr\left(Pr=\dfrac{\mu C_p}{k}\right)$ 及埃克特数 $Ec\left(Ec=\dfrac{U^2}{C_p(T_2-T_1)}\right)$ 的乘积。以 $Pr\times Ec$ 为参变量，则得图 4-5 所示的温度分布。

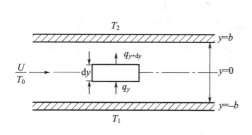

图 4-4　平行平板间非等温流动

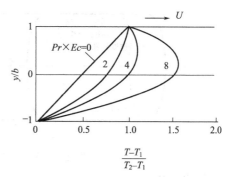

图 4-5　非等温库特流的温度分布

当 $U=0$，$Ec=0$，流体静止时，板间流体温度呈线性分布。若 $Ec\neq0$，黏性耗散将导致

流体温度升高,温度场内将出现极值 T_{max},影响程度取决于 Pr 和 Ec 的大小。

4.2.2 管内层流传热

管内流动流体与壁面间的热交换是工业上最常见的传热过程。讨论这类传热过程,除了需要区分流动状态为层流或湍流外,还应注意区分在进入管道一定距离的上游管段即热进口段与其后的热充分发展段的差别(下节将作深入讨论)以及不同的传热边界条件,如图 4-6 所示的恒壁温(夹套蒸汽加热)和恒壁热流强度(利用电流热效应加热管壁)。下面首先讨论两种加热情况下热充分发展段内的传热规律。

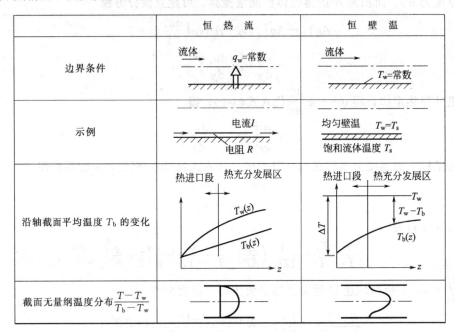

图 4-6 恒热流、恒壁温下层流管流传热

根据能量守恒定律,取环状薄壳体作热量衡算,则可建立圆管层流传热微分方程[3]。如图 4-7 所示,热能分别沿 r 向和 z 向通过导热和流体的流动将热量输入、输出薄壳体。考虑到径向温差通常较大,相比之下,z 向的导热可以忽略(液态金属不适用)。沿 r 向导入的热流率

$$Q_r = -k \times 2\pi r \mathrm{d}z \frac{\partial T}{\partial r} \tag{4-23}$$

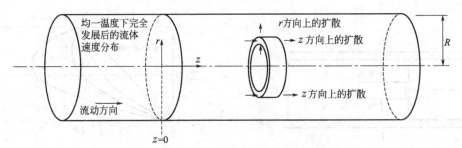

图 4-7 管内非等温流动的微元体能量衡算

沿 r 向导出的热流率

$$Q_{r+\mathrm{d}r} = -k \times 2\pi(r+\mathrm{d}r)\mathrm{d}z \frac{\partial}{\partial r}\left(T + \frac{\partial T}{\partial r}\mathrm{d}r\right) \tag{4-24}$$

沿 z 向流体流动输入的热流率

$$Q_z = 2\pi r \mathrm{d}r \rho C_p u T \tag{4-25}$$

沿 z 向流体输出的热流率

$$Q_{z+\mathrm{d}z} = 2\pi r \mathrm{d}r \rho C_p u \left(T + \frac{\partial T}{\partial z}\mathrm{d}z \right) \tag{4-26}$$

对于无内热源的定态传热，若不计耗散热，则输入薄壳体的热流率应与由薄壳体输出的热流率相等，即

$$Q_r + Q_z = Q_{r+\mathrm{d}r} + Q_{z+\mathrm{d}z} \tag{4-27}$$

前面各项代入式(4-27)，并忽略高阶小项，得

$$r\rho C_p u \frac{\partial T}{\partial z}\mathrm{d}z\mathrm{d}r = k\left(\frac{\partial T}{\partial r} + r\frac{\partial^2 T}{\partial r^2} \right)\mathrm{d}z\mathrm{d}r \tag{4-28}$$

经整理，有

$$\frac{1}{r}\times\frac{\partial}{\partial r}\left(r\frac{\partial T}{\partial r} \right) = \frac{u}{a}\times\frac{\partial T}{\partial z} \tag{4-29}$$

当流体的物性作常物性处理时，速度分布与等温流动时相同，为

$$u = 2U\left[1 - \left(\frac{r}{R} \right)^2 \right]$$

代入式(4-29)，得

$$2\frac{U}{a}\left[1 - \left(\frac{r}{R} \right)^2 \right]\frac{\partial T}{\partial z} = \frac{1}{r}\times\frac{\partial}{\partial r}\left(r\frac{\partial T}{\partial r} \right) = \frac{1}{r}\times\frac{\partial T}{\partial r} + \frac{\partial^2 T}{\partial r^2} \tag{4-30}$$

为简化对圆管内层流传热的分析，作如下假定。

① 流动充分发展后才开始传热。

② 传热充分发展。处于同一管截面上的流体温度均匀一致，为 T_b[❶]。在满足上述一系列假定的条件下，对式(4-30)结合两种热边界条件进行解析求解，所得结果为恒壁温条件下（T_w＝常数）

$$Nu = \frac{hD}{k} = 3.66 \tag{4-31}$$

恒壁热流强度下（q_w＝常数），$\frac{\mathrm{d}T_b}{\mathrm{d}z}$＝常数

$$Nu = \frac{hD}{k} = 4.36 \tag{4-32}$$

式中，Nu 为无量纲数，称努塞尔数。

以上两式表明，热充分发展段内层流传热时的努塞尔数为常数。对比两种传热边界条件，恒壁温时的努塞尔数值要比恒壁热流强度时低约 16%。

分析图 4-6 给出的两种传热边界条件下热充分发展区截面上无量纲温度分布的形状以及沿程截面平均温度的变化。恒壁热流强度下，ΔT 不变，壁面处温度梯度大；恒壁温下，ΔT 沿程减小，壁面处温度梯度小。显然，前者的传热优于后者。

对于 Nu 的物理意义可作如下分析。

由牛顿冷却定律，流体和壁面间的对流传热速率为

[❶] 流体流动在管内被加热或冷却时，沿径向、轴向流体温度均发生变化，通常定义管截面上流体平均温度为 $T_b = \dfrac{\int_0^R \rho u C_p T \times 2\pi r\mathrm{d}r}{\int_0^R \rho u C_p \times 2\pi r\mathrm{d}r}$。

$$Q_1 = hA(T_w - T_b)$$

由傅里叶导热定律，壁面（$y=0$）导热速率为

$$Q_2 = kA \frac{\partial T}{\partial y}\bigg|_{y=0}$$

由于传热量乃通过壁面导入，因此，$Q_1 = Q_2$，即

$$h(T_w - T_b) = -k \frac{\partial}{\partial y}(T - T_w)\big|_{y=0}$$

整理得

$$\frac{h}{k} = \frac{\dfrac{\partial(T_w - T)}{\partial y}\bigg|_{y=0}}{T_w - T_b} \tag{4-33}$$

式(4-33) 称为传热微分方程，是分析对流传热的重要依据。式(4-33) 两端同乘以特征长度 L，得

$$\frac{hL}{k} = \frac{\partial\left[(T_w - T)/(T_w - T_b)\right]}{\partial(y/L)}\bigg|_{y=0} = \frac{\dfrac{\partial(T_w - T)}{\partial y}\bigg|_{y=0}}{(T_w - T_b)/L} \tag{4-34}$$

由式(4-34) 可知，Nu 表明了壁面处的无量纲温度梯度或壁面处温度梯度与总温度梯度的比值，标志着导热在整个对流传热中的作用。

4.3 对流传热的基本理论

借助流动边界层引入传热边界层的概念，对于深入研究流体沿固壁流动并与之进行热交换的对流传热规律起着十分重要的作用。

流动状态不同，对于传热过程产生的影响显然不同。湍流下的传热在工程上更为常见，因此，有必要了解湍流传热的特征及规律。工程上还常见伴随物态变化的冷凝和沸腾传热过程，这类具有相变化的传热又表现出了一系列新的特点。这些都是本节逐一讨论的内容。

4.3.1 传热边界层

4.3.1.1 传热边界层的形成

如前所述，流体沿固壁作等温流动时将出现厚度为 δ 的流动边界层。下面考察如图 4-8 所示的非等温流动过程。温度为 T_0 的热流体，沿温度为 T_w 的冷壁面流动，由于两者存在温差，流体向壁面传递热量。近壁流体温度首先下降，然后在垂直于壁面的方向上温度连续变化，在壁面附近形成温度梯度，由于流体层温度从壁面处的 T_w 向 T_0 的变化具有渐近趋势，只有在法向距离无限大处温度才等于 T_0。因此，在实际应用中，通常将过余温度 $T - T_w$ 变化达到 $0.99(T_0 - T_w)$ 的范围作为温度变化明显的区域，类似于流动边界层，称为传热边界层，以 δ_T 表示。在 δ_T 厚度以外的区域温度变化很小，可认为不存在温度梯度。显然，随着流体往下游流动，冷却作用沿壁面法向不断向流体内部扩展，致使传热边界层 δ_T 不断增厚，如图 4-8 所示曲线。

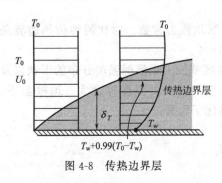
图 4-8　传热边界层

根据传热边界层的概念，温度场被划分为两个具有不同特点的区域：一是传热边界层内，温度变化明显，由于 δ_T 通常很薄（一般情况下比流动边界层还要薄），层内温度梯度很大，根

据傅里叶定律 $q = -k \dfrac{\mathrm{d}T}{\mathrm{d}y}$，表明传热边界层内分子导热作用明显，与对流传递相比具有同一量级；另一个是传热边界层以外的区域，称为外流区，在这一区域温度梯度极小，温度均匀，因此，外流区接近等温，热传导作用可以忽略。

由此可见，应用传热边界层这一物理模型阐明了传热过程中对流和传导的相对作用，简化了传热过程的分析。

4.3.1.2　传热边界层的厚度

流体沿程流动，不断交换热量，但每个截面上都是在 δ_T 的距离内完成了 99% 的温度变化，δ_T 愈薄，壁面处温度梯度愈大，热阻愈小。因而传热过程的阻力主要取决于传热边界层的厚度。

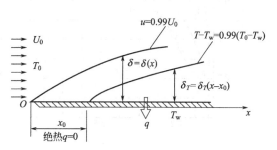

图 4-9　流动边界层、传热边界层的发展

传热边界层厚度的发展与流动边界层未必是同步的。因为流动边界层形成起始于固壁的前缘，而传热边界层只有开始热交换之后才形成，如图 4-9 所示。即使两者起始于同一地点，一般情况下，两者的厚度也是不相等的，其厚度间的关系取决于 Pr。

前已述及，$Pr = \dfrac{\nu}{a} = \dfrac{\mu C_p}{k}$，是由流体物性所组成的无量纲数，它表明了分子动量传递能力与分子能量传递能力的比值。

运动黏度 ν 是影响速度分布的重要物性，反映了流体动量传递的特征；热扩散系数 a 是影响温度分布的重要物性，反映了热量传递的特征。流体的黏度愈大，表明该物体传递动量的能力愈大，由壁面引起的动量损失范围就广，导致流动边界层增厚；热扩散系数愈大，热量传递愈迅速，传热边界层发展速度就快，导致传热边界层增厚。因此，由两者组成的普朗特数建立了速度场和温度场的相互联系，成了研究对流传热过程的重要物性无量纲数。

流动边界层与传热边界层厚度间的关系，对高 Pr 流体 $\delta \gg \delta_T$ 时，近似有

$$\frac{\delta}{\delta_T} = Pr^{1/3} \tag{4-35}$$

式(4-35)表明，只有当 $Pr = 1$ 时（如气体传热），δ 与 δ_T 两者才相等。对于黏性油、水、气体、液态金属，它们的 Pr 的量级分别为 $10^2 \sim 10^5$、$1 \sim 10$、$0.7 \sim 1$、$10^{-3} \sim 10^{-2}$。图 4-10 给出了 Pr 数值很大（如黏性油类）或很小（如液态金属）情况下的速度分布和温度分布。通常对于 Pr 很小的低黏度液体的流动，$\delta < \delta_T$；Pr 大的高黏度液体，$\delta > \delta_T$。例如 $Pr = 10^3$ 的油类，δ_T 不到 δ 的 $1/10$，而液态金属则相反。

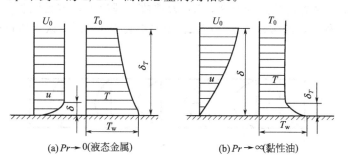

(a) $Pr \rightarrow 0$(液态金属)　　(b) $Pr \rightarrow \infty$(黏性油)

图 4-10　Pr 很大和很小情况下的速度分布和温度分布

图 4-11 给出了不同 Pr 的流体在圆管内作定常湍流时的温度分布。图示表明，Pr 愈大，近壁面区的温度变化愈显著。例如 $Pr > 100$ 的流体在流动传热时，其主要特征是传热边界层很薄；近壁区温度梯度很大，95% 的温度变化发生在黏性底层区，热阻主要存在于此。而对 $Pr < 0.01$ 的液态金属，传热边界层很厚，以致整个过程中分子传递占主导地位，热阻分布均匀，发生在黏性底层区内的温度变化仅占 5%。因此，了解不同流体的 Pr，对于分析流体与固壁间的传热特征是十分重要的。

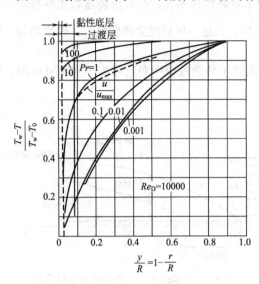

图 4-11 圆管内定常湍流的截面温度分布
(T_0 为管中心温度，T_w 为管壁温度)

4.3.1.3 圆管进口段内传热边界层的发展

如前所述，流体进入圆管，在流动进口段内，沿程截面上的速度分布不断变化，直至边界层汇交，形成稳定的速度分布，转入充分发展段。对于圆管内的非等温流动，如图 4-12 所示，温度为 T_0 的流体进入管道冷却，管壁温度为 T_w，管截面流体平均温度为 T_b，由于 $T_b > T_w$，发生热交换，并在流动传热过程中形成传热边界层。传热边界层沿程不断增厚，在离前缘一定距离处传热边界层汇交，等温区消失，该管段称为传热进口段，长度为 $L_{e,T}$。在传热进口段中，管道中心处流体温度保持进口处温度不变，而流体截面的平均温度不断下降。$L_{e,T}$ 以后的管段称为传热充分发展段，此时流体的平均温度与管道中心的温度均发生变化。且随着往下游流动，温度趋近于 T_w。需要指出的是，流动边界层汇交后会形成稳定不变的速度分布，而在传热充分发展段内，截面径向温度分布沿程仍然在不断变化，仅是对流传热系数 h 趋于恒定不变。分析式 $h = \dfrac{k}{\Delta T} \times \dfrac{dT}{dy}\Big|_{y=0}$，该式表明，$h$ 值与两个变量的沿程变化规律有关，一个是沿程传热温差 ΔT 的减小，另一个是壁面附近温度梯度 $\dfrac{dT}{dy}\Big|_{y=0}$ 的减小，h 受着这两个变量变化速率的制约。由于在流动传热过程中 δ_T 的发展由剧烈而转平缓，导致 $\dfrac{dT}{dy}\Big|_{y=0}$ 的减小也相应地由急剧而转为平缓。两个变量综合作用的结果，使得开始时主要受 $\dfrac{dT}{dy}\Big|_{y=0}$ 急剧下降的影响，h 减小至一定距离后，$\dfrac{dT}{dy}\Big|_{y=0}$ 与 ΔT 的变化相仿，h 值趋于稳定，称为传热充分发展，Nu 为常数。理论上，需无限长管道，h（或 Nu_z）才为常数。但在工程上，通常以 Nu_z 与 Nu_∞ 相差不大于 1%，就认为传热充分发展。

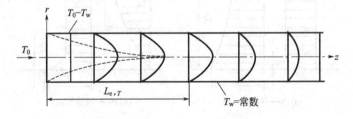

图 4-12 圆管内非等温流动的传热边界层

对于管内层流传热，通过分析求解可得到两种热边界条件下的传热进口段长度。

恒热流时 $\qquad\qquad L_{e,T}/D = 0.07RePr$ (4-36)

恒壁温时 $\qquad\qquad L_{e,T}/D = 0.055RePr$ (4-37)

根据经验，湍流时　$L_{e,T}/D = 50D$

由于流体在圆管内的流动传热同时存在着流动边界层和传热边界层，因此会出现以下两种情况。

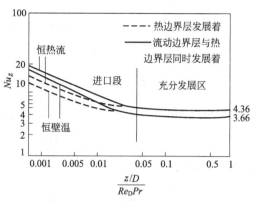

图 4-13　Nu_z 随管道长度的变化

z—距离进口段的长度；D—管径

① 流动边界层已充分发展，传热边界层正在发展。例如，上游管道绝热，与管壁不发生热交换或 Pr 很大（$Pr > 5$），流动边界层比传热边界层发展得快。

② 流动边界层与传热边界层同时发展。

显然，两种情况下的传热规律是不同的。图 4-13 给出了 Nu 随管道长度的变化。图示给出，进口段的传热优于热充分发展区的传热；恒壁热流强度下的 Nu 大于恒壁温下的；两种边界层同时发展的传热优于流动边界层已发展了才开始的传热。

4.3.1.4　传热边界层能量积分方程

对流传热的理论计算，通常有两种方法：一种是应用边界层微分方程以及传热边界层微分方程进行求解，但只能用于对简单层流流动问题的解析计算；对于较复杂的问题通常应用另一种方法，即建立边界层动量积分方程和传热边界层能量积分方程进行求解。下面考察温度为 T_0 的流体沿温度为 T_w 的平壁作层流流动时的传热。令 $\delta_T < \delta$，如图 4-14 所示，边界层内的速度分布已在 3.3 节解得。

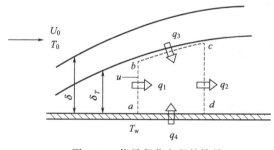

图 4-14　能量积分方程的推导

为了解温度分布，下面建立能量积分方程。在传热边界层内，取单位宽度的控制体 $abcda$，流体由 ab 面进入控制体所携带的热流率为

$$Q_1 = \int_0^{\delta_T} \rho C_p T u_x \, dy$$

流体从 cd 流出时带走的热流率为

$$Q_2 = \int_0^{\delta_T} \rho C_p T u_x \, dy + \frac{d}{dx}\left(\int_0^{\delta_T} \rho C_p T u_x \, dy\right) dx$$

流体由 bc 面进入时所携带的热流率为

$$Q_3 = C_p T_0 \frac{d}{dx}\left(\int_0^{\delta_T} \rho u_x \, dy\right) dx$$

经 ad 壁面导入的热流率为

$$Q_4 = -k\left(\frac{dT}{dy}\right)_{y=0} dx$$

根据能量守恒定律

$$Q_1 + Q_3 + Q_4 = Q_2$$

将前列各式代入，可得

$$\frac{\mathrm{d}}{\mathrm{d}x}\int_0^{\delta_T}(T_0-T)u_x\mathrm{d}y=a\left(\frac{\mathrm{d}T}{\mathrm{d}y}\right)_{y=0} \tag{4-38}$$

式(4-38) 即为传热边界层能量积分方程，边界条件为：

$$y=0,\begin{cases}T=T_w\\\dfrac{\partial^2(T-T_w)}{\partial y^2}=0 \quad \text{温度梯度是常数}\end{cases}$$

$$y=\delta_T,\begin{cases}T-T_w=T_0-T_w\\\dfrac{\partial}{\partial y}(T-T_w)=0 \quad T_0\text{ 为外边缘温度}\end{cases}$$

以过余温度 $\theta_{T_0}=T_0-T_w$，$\theta_T=T-T_w$ 表达，式(4-38) 改写为

$$\frac{\mathrm{d}}{\mathrm{d}x}\left[\int_0^{\delta_T}(\theta_{T_0}-\theta_T)u_x\mathrm{d}y\right]=a\frac{\partial\theta_T}{\partial y}\bigg|_{y=0} \tag{4-39}$$

边界条件相应为

$$y=0,\begin{cases}\theta_T=0\\\dfrac{\partial^2\theta_T}{\partial y^2}=0 \quad \text{壁面上}\end{cases}$$

$$y=\delta_T,\begin{cases}\theta_T=\theta_{T_0}\\\dfrac{\partial\theta_T}{\partial y}=0 \quad \text{外边缘}\end{cases} \tag{4-40}$$

(1) 平壁层流边界层的计算　将上述能量积分方程以及边界条件与 3.3 节所述动量积分方程以及边界条件相比较，两者形式一致，因此，当 $\nu=a$ 时，应用待定系数法所得的解也应一致，所得温度分布与式(3-96) 类同，为

$$\frac{\theta_T}{\theta_{T_0}}=\frac{T-T_w}{T_0-T_w}=\frac{3}{2}\left(\frac{y}{\delta_T}\right)-\frac{1}{2}\left(\frac{y}{\delta_T}\right)^3 \quad (0<y<\delta) \tag{4-41}$$

代入热边界层能量积分方程式(4-39)，经运算，可得

$$\frac{\delta_T}{\delta}=\frac{1}{1.026Pr^{1/3}}=\frac{1}{1.026}Pr^{-1/3} \tag{4-42}$$

由上式及 $\dfrac{\delta}{x}=4.64Re^{-1/2}$，得传热边界层厚度

$$\frac{\delta_T}{x}=4.53Re_x^{-1/2}Pr^{-1/3} \tag{4-43}$$

根据传热微分方程式(4-33)，有

$$h_x=-\frac{k}{\Delta T}\times\frac{\partial T}{\partial y}\bigg|_{y=0}=\frac{k}{\theta_{T_0}}\times\frac{\partial\theta_T}{\partial y}\bigg|_{y=0}=\frac{k}{\theta_{T_0}}\times\frac{3}{2}\times\frac{\theta_{T_0}}{\delta_T}=\frac{3k}{2\delta_T} \tag{4-44}$$

由式(4-43)、式(4-44) 得

$$Nu_x=\frac{h_xx}{k}=0.332Re_x^{1/2}Pr^{1/3} \tag{4-45}$$

式(4-45) 即为流体沿平壁作层流流动传热时局部对流传热系数沿程变化的计算式。工程计算中，通常需要计算流体沿整个平壁传热的平均传热系数 h_L，为此，可对式(4-45) 沿平壁长度 L 积分，得

$$h_L=\frac{1}{L}\int_0^L h_x\mathrm{d}x=\frac{1}{L}\int_0^L 0.332\frac{k}{x}Re_x^{1/2}Pr^{1/3}\mathrm{d}x$$

$$=0.664\frac{k}{L}Re_L^{1/2}Pr^{1/3} \tag{4-46}$$

$$Nu_L = 0.664Re_L^{1/2}Pr^{1/3} \tag{4-47}$$

对比式(4-45)、式(4-47)可知，流经长度 L 的平壁传热，其平均传热膜系数是距离 $x=L$ 处局部传热膜系数的两倍，即 $h_L = 2h_{x=L}$。

(2) 湍流传热边界层的计算　从推导过程可以看出，边界层能量积分方程同样适用于湍流传热，只是在应用时速度分布与温度分布需根据湍流特点由经验给定。若 $Pr=1$，速度分布与温度分布规律相同，当选用 $1/7$ 幂律表达时，即 $\dfrac{u}{u_0} = \left(\dfrac{y}{\delta}\right)^{1/7}$，$\dfrac{T-T_w}{T_0-T_w} = \left(\dfrac{y}{\delta_T}\right)^{1/7}$，代入能量积分方程式(4-39)，经运算可得

$$Nu_x = \frac{h_x x}{k} = 0.0292Re_x^{4/5}Pr^{1/3} \tag{4-48}$$

$$h_L = \frac{1}{L}\int_0^L h_x \,\mathrm{d}x = 0.037\frac{k}{L}Re_L^{4/5}Pr^{1/3}$$

上式即为
$$Nu_L = 0.037Re_L^{4/5}Pr^{1/3} \tag{4-49}$$

对比式(4-45)、式(4-48)可知，层流时 h_x 比例于 $x^{-0.5}$，湍流时 h_x 比例于 $x^{-0.2}$。两者的传热规律是不同的。考虑到流体沿平壁流动时在前一段通常是层流边界层，因此，当平壁长度 L 大于临界长度 x_c 时，边界层将由层流转为湍流，见图 4-15，计算平均传热系数应分别按层流、湍流进行分段积分，即

$$h_L = \frac{1}{L}\left(\int_0^{x_c} h_{x,层}\,\mathrm{d}x + \int_{x_c}^L h_{x,湍}\,\mathrm{d}x\right)$$

将式(4-45)和式(4-48)代入积分，经整理，可得
$$Nu_L = 0.664Re_{cr}^{1/2}Pr^{1/3} + 0.037Pr^{1/3}(Re_L^{4/5} - Re_{cr}^{4/5}) \tag{4-50}$$

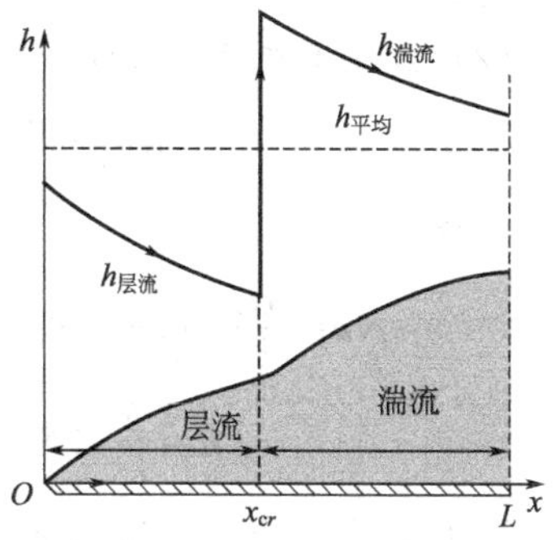

图 4-15　平板上层流/湍流平均传热系数

或
$$Nu_L = 0.037Pr^{1/3}(Re_L^{4/5} - Re_{cr}^{4/5} + 18.19Re_{cr}^{1/2}) \tag{4-51}$$

若 $Re_{cr} = 5\times10^5$，则

$$Nu_L = (0.037Re_L^{4/5} - 865)Pr^{1/3} \tag{4-52}$$

例 4-2　空气冷却大型平板，流动方向影响传热速率[4]。

某地（海拔 1610m）大气压为 83.4kPa，在此压力和 20℃下，空气以 8m/s 的速度通过一块长 6m、宽 1.5m、温度为 140℃ 的平板（见图 4-16），假设：(1) 空气平行流过 6m 边；(2) 空气平行流过 1.5m 边，试求该板传热速率。

解　热板顶面将被强制空气所冷却，对两种情况的传热速率分别考察。

假定：①定态操作；②临界雷诺数 $Re_{cr} = 5\times10^5$；③忽略热辐射；④空气是理想气体，k、μ、C_p 以及 Pr 均与压力无关。

在气膜温度 $T_f = (T_s + T)/2 = (140+20)/2 = 80℃$（1atm 下），$k = 0.02953\mathrm{W/(m \cdot K)}$，$Pr = 0.7154$，$\nu_{1atm} = 2.097\times10^{-5}\,\mathrm{m^2/s}$，$p = 83.4/101.325 = 0.823\mathrm{atm}$

空气运动黏度 $\nu = \nu_{1atm}/p = (2.097\times10^{-5}\,\mathrm{m^2/s})/0.823 = 2.548\times10^{-5}\,\mathrm{m^2/s}$

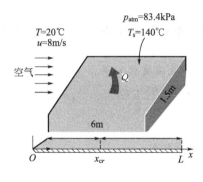

图 4-16　空气冷却大型平板

(1) 当气流平行于长边，$L=6m$，板末端 Re 为：

$$Re_L=\frac{uL}{\nu}=\frac{8\times6}{2.548\times10^{-5}}=1.884\times10^6>5\times10^5$$

由此，既有层流又有湍流

$$Nu=\frac{hL}{k}=(0.037Re_L^{0.8}-871)Pr^{1/3}$$
$$=[0.037\times(1.884\times10^6)^{0.8}-871]\times0.7154^{1/3}$$
$$=2687$$

则

$$h=\frac{k}{L}\times Nu=\frac{0.02953}{6}\times2687=13.2\quad[W/(m^2\cdot K)]$$
$$A_s=wL=1.5\times6=9\quad(m^2)$$
$$Q=hA_s(T_s-T_w)=13.2\times9\times(140-20)=1.43\times10^4\quad(W)$$

注意：如果忽略层流区，而认为整个平板全部是湍流，那么 $Nu=3466$。计算结果比实际值要高 29%。

(2) 当气流平行于短边，$L=1.5m$，板末端 Re 为：

$$Re_L=\frac{uL}{\nu}=\frac{8\times1.5}{2.548\times10^{-5}}=4.71\times10^5<5\times10^5$$

层流

$$Nu=\frac{hL}{k}=0.664Re_L^{0.5}Pr^{1/3}=0.664\times(4.71\times10^5)^{0.5}\times0.7154^{1/3}=408$$

则

$$h=\frac{k}{L}\times Nu=\frac{0.02953}{1.5}\times408=8.03\quad[W/(m^2\cdot K)]$$

$$Q=hA_s(T_s-T_w)=8.03\times9\times(140-20)\approx8670\quad(W)（低于（1）情况的传热速率）$$

注意：流动方向将明显影响对流传热速率。空气沿矩形长边流动，传热速率将提高 65%。

例 4-3　塑料薄板冷却。

宽 1.2m、厚 1mm 的塑料薄板以 9.15m/min 的速度在成型机上连续移动，塑料板温度为 93℃，温度为 27℃、速度为 3m/s 的空气流从 0.6m 长的截面吹过塑料板面，气流方向与塑料薄板移动方向垂直，如图 4-17 所示。

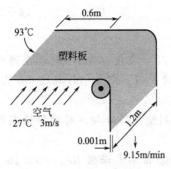

图 4-17　塑料薄板冷却

试求：(1) 由空气强制对流和辐射，从塑料板至空气的传热速率；(2) 在冷却面末端的塑料板温度。

已知：塑料板 $\rho=1203kg/m^3$，$C_p=1672J/(kg\cdot K)$，$\varepsilon=0.9$。

解　假定：定态操作；临界雷诺数 $Re_{cr}=5\times10^5$；空气是理想气体。

当地大气压为 1atm；环境温度为室温。

在气膜温度 $T_f=\dfrac{T_s+T_\infty}{2}=\dfrac{93+27}{2}=60\quad(℃)$

1atm 下，塑料板的物性参数为

$$k=0.02824J/(s\cdot m\cdot K)，Pr=0.7202$$
$$\nu=1.895\times10^{-5}m^2/s$$

(1) $L=1.2m$，当空气流从冷却端通过，预期板面温度会下降，但开始时无法确定下降程度，因此假定起始时板温为 93℃。如有必要将考虑温度下降，重复计算。

$$Re_L = \frac{uL}{\nu} = \frac{3 \times 1.2}{1.895 \times 10^{-5}} = 1.90 \times 10^5 < 5 \times 10^5 \quad （层流）$$

$$Nu = \frac{hL}{k} = 0.664 Re_L^{0.5} Pr^{1/3} = 0.664 \times (1.90 \times 10^5)^{0.5} \times (0.7202)^{1/3} = 259.4$$

则
$$h = \frac{k}{L} \times Nu = \frac{0.02824}{1.2} \times 259.4 = 6.10 \quad [J/(s \cdot m^2 \cdot K)]$$

$$A_s = 2 \times 1.2 \times 0.6 = 1.44 \quad （m^2）（上下两面）$$

$$Q_{对流} = hA_s(T_s - T_\infty) = 6.10 \times 1.44 \times (93 - 27) = 580 \quad （W）$$

$$Q_{辐射} = \varepsilon\sigma A_s(T_表^4 - T_环^4) = 0.9 \times (5.67 \times 10^{-8}) \times 1.44 \times [(273+93)^4 - (273+27)^4]$$
$$= 723 \quad （W）$$

对流和辐射所致薄板的冷却速率是

$$Q_总 = Q_{对流} + Q_{辐射} = 580 + 723 = 1303 \quad （W）$$

（2）为求塑料薄板冷却边的温度，需要知道塑料的质量流率即单位时间辊压的塑料质量

$$\dot{m} = \rho A_c U_{塑料} = 1203 \times 1.2 \times 0.001 \times 9.15/60 = 0.22 \quad （kg/s）$$

根据薄板冷却端的能量平衡

$$Q = \dot{m} C_p(T_2 - T_1)$$

$$T_2 = T_1 + \frac{Q}{\dot{m} C_p} = 93 + \frac{-1303}{0.22 \times 1672} = 89.5 \quad （℃）$$

塑料板通过冷却段，温度下降 3.5℃。取塑料板平均温度为 91.3℃ 代替 93℃ 重复计算，因为温度变化小，结果改变不大。

4.3.1.5　流体绕圆柱和圆球流动时的传热

图 4-18 给出流体在高雷诺数下绕圆柱流动并与之传热时局部努塞尔数沿表面的变化。图示表明，传热强弱与流体流动特征密切相关。$Re < 1.4 \times 10^5$ 时，边界层为层流，由前驻点开始，边界层沿程增厚，Nu 连续下降。在离前驻点约 80°处，边界层分离，背流部分出现旋涡并冲刷传热表面，增强了横向混合，促进了传热，导致 Nu 回升。当 $Re > 1.4 \times 10^5$ 时，Nu 出现两次由小转大的变化。第一次变化 B 因边界层流动由层流转为湍流，促使 Nu 大幅度提高。随后，由于湍流边界层的增厚，Nu 再次下降。直至离前驻点约 130°处，由于湍流边界层分离，导致 Nu 的第二次回升。

米海耶夫综合了大量实验数据，给出经验式

$$Nu_{fx} = 0.0296 Re_f^{0.8} Pr_f^{0.43} \left(\frac{Pr_f}{Pr_w}\right)^{0.25}$$

$$(4\text{-}53)$$

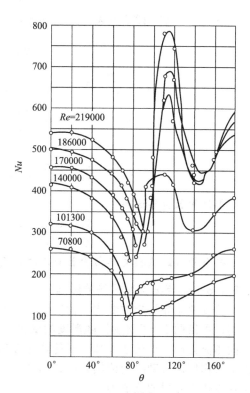

图 4-18　高雷诺数下绕圆柱
流动时的局部努塞尔数

$$(4\times10^4<Re_f<10^7)$$

用以确定物性值的温度称为定性温度。下标 f、w 分别表示采用流体平均温度或壁温作为定性温度。若无下标，表示定性温度为壁面与流体的平均温度。

绕圆球流动时的传热与绕圆柱时的规律相类似，同样可以按流动边界层分离的现象进行分析。这种分析有利于对绕流传热系数变化规律的理解，但从传热计算实用而言，平均传热系数更为方便。

Churchill 和 Bernstein 推荐采用如下公式：

$$Nu=\frac{hD}{k}=0.3+\frac{0.62Re^{1/2}Pr^{1/3}}{[1+(0.4/Pr)^{2/3}]^{1/4}}\left[1+\left(\frac{Re}{282000}\right)^{5/8}\right]^{4/5} \tag{4-54}$$

这一关系式适用于 $Re\times Pr>0.2$，流体性质由膜温 T_f 决定，$T_f=\frac{1}{2}(T_s+T_\infty)$，即自由流温度与壁面温度的平均值。

例 4-4 蒸汽管的热损失。

图 4-19 蒸汽管的热损失

直径 10cm 的长蒸汽管，不加保温层，置于空气中，外表面温度 110℃（见图 4-19）。1atm、10℃时风吹过管截面的速度是 8m/s。求单位管长热损失。

解 假定：定常操作；忽略辐射影响；空气是理想气体。

特性：平均气膜温度为

$$T_f=\frac{T_s+T_\infty}{2}=\frac{110+10}{2}=60 \quad（℃）$$

1atm 时，$k=0.02808\text{W}/(\text{m}\cdot℃)$，$Pr=0.7202$，$\nu=1.896\times10^{-5}\text{m}^2/\text{s}$。

分析：$Re=\dfrac{uD}{\nu}=\dfrac{8\times0.1}{1.896\times10^{-5}}=4.291\times10^4$

$$\begin{aligned}
Nu=\frac{hD}{k}&=0.3+\frac{0.62Re^{1/2}Pr^{1/3}}{[1+(0.4/Pr)^{2/3}]^{1/4}}\left[1+\left(\frac{Re}{282000}\right)^{5/8}\right]^{4/5}\\
&=0.3+\frac{0.62\times(4.219\times10^4)^{1/2}(0.7202)^{1/3}}{[1+(0.4/0.7202)^{2/3}]^{1/4}}\left[1+\left(\frac{4.219\times10^4}{282000}\right)^{5/8}\right]^{4/5}\\
&=124
\end{aligned}$$

$$h=\frac{k}{D}\cdot Nu=\frac{0.02808}{0.1}\times124=34.8 \quad \text{W}/(\text{m}^2\cdot℃)$$

单位管长传热速率

$$A_s=\pi DL=\pi\times0.1\times1=0.314 \quad（\text{m}^2）$$
$$Q=hA_s(T_s-T_\infty)=34.8\times0.314\times(110-10)=1093 \quad（\text{W}）$$

整个管道的热损失率由管长乘以所得 Q 值。

4.3.1.6 热流方向对传热的影响

温度变化导致物性变化，物性变化将改变速度分布和温度分布而影响传热，为分析这一影响，可借助 Pr 了解物性随温度的变化。传热强弱与传热边界层的厚度有关，因此，考察不同热流方向（加热或冷却）对传热的影响，可分析 Pr 对于边界层厚度的影响。对于流体沿平壁作层流流动时的传热，由式（4-43）可知，$\delta_T\sim Re_x^{-1/2}Pr^{-1/3}$。在加热或冷却流体时，两者传热边界层的比值为

$$\frac{\delta_{T,h}}{\delta_{T,c}}=\left(\frac{Re_c}{Re_h}\right)^{1/2}\left(\frac{Pr_c}{Pr_h}\right)^{1/3}=\left(\frac{\nu_h}{\nu_c}\right)^{1/2}\left(\frac{Pr_c}{Pr_h}\right)^{1/3} \tag{4-55}$$

式中，下标 h 为加热，c 为冷却。

由 $\nu = Pr \times a$，上式又可写为

$$\frac{\delta_{T,h}}{\delta_{T,c}} \sim \left(\frac{Pr_h}{Pr_c}\right)^{1/6} \left(\frac{a_h}{a_c}\right)^{1/2} \tag{4-56}$$

对于气体，Pr 随温度变化不大，即 $Pr_h \approx Pr_c$，由于 $\nu_h > \nu_c$，分析式(4-55) 可知，加热气体时的传热边界层厚度大于冷却气体时的，即 $\delta_{T,h} > \delta_{T,c}$。

对于液体，热扩散系数 a 随温度变化不大，由式 (4-56) 则有

$$\frac{\delta_{T,h}}{\delta_{T,c}} \sim \left(\frac{Pr_h}{Pr_c}\right)^{1/6} \tag{4-57}$$

液体的 $\nu_h < \nu_c$，因而 $Pr_h < Pr_c$，分析上式可知，加热液体时的传热边界层将小于冷却时的，即 $\delta_{T,h} < \delta_{T,c}$。已经知道，传热系数 h 反比于 δ_T，正比于流体热导率 k，由于 k 随温度变化不大，h 则主要取决于 δ_T。依据 $\delta_{T,h} < \delta_{T,c}$，则有 $h_h > h_c$，表明液体受热情况下的传热比冷却时强。对于气体则反之。流体与壁面间的温差愈大，不同热流方向对于传热的影响愈显著。

由于热流方向对于传热的影响是通过物性变化引起的，因此，通常采用由物性参数组成的 Pr 作为温度对传热影响的校正，在计算式中以 Pr_f^n 以及 $\left(\frac{Pr_f}{Pr_w}\right)^p$ 项表达。指数 n 的取值与边界层特征有关。对于流体沿平壁流动时的传热，当边界层为层流时 $n=0.33$，湍流时 $n=0.43$。指数 p 的取值，在加热液体时为 0.25；冷却液体时，对于层流取 0.19，湍流取 0.17。对于气体，由于 Pr 随温度变化不大，$Pr_f = Pr_w$，即 $\frac{Pr_f}{Pr_w} = 1$，表明该校正项可不予考虑。

4.3.2 湍流传热

在湍流流动下发生的对流传热过程，应用解析方法揭示湍流传热规律尚有困难。然而，通过剖析湍流传热机理、掌握湍流传热的特征，应用湍流参数分析某些工程实际问题还是可行的。此外，借助动量传递和热量传递的机理以及物理结构的类似，也可建立起热量传递与动量传递特征参数间的相互关系，但在应用上有一定局限性。本节将就上述问题进行初步的讨论。

4.3.2.1 壁面附近湍流传热机理——温度脉动

实验测定表明，湍流场中的温度同样随时间不断变化，围绕着时均值脉动。借助前一章所述的湍流时均模型和混合长模型，可建立某些湍流特征参数，用以分析湍流传热。

壁面附近的湍流场可分为三个特征区域：在湍流核心区内，充满着大小不一的旋涡，这种旋涡传递促使微团之间剧烈的热量交换，导致该区温度均匀；在黏性底层，主要依靠热传导进行能量传递，传热速率远低于旋涡传递，是传热热阻的主要区域，该区内的温差很大；过渡区则是两者皆存的区域，存在着一定的温差。

4.3.2.2 涡流附加能量和湍流普朗特数

根据时均模型，类似于湍流场中瞬时速度 $u = \bar{u} + u'$，瞬时温度 T 也由时均温度 $\bar{T}$ 与脉动温度 T' 两部分组成，即

$$T = \bar{T} + T' \tag{4-58}$$

速度脉动导致湍流附加应力 τ^t，与其类似，温度脉动也将产生旋涡附加能量

$$\begin{cases} \overline{q_x^t} = \rho C_p \overline{u_x' T'} \\ \overline{q_y^t} = \rho C_p \overline{u_y' T'} \\ \overline{q_z^t} = \rho C_p \overline{u_z' T'} \end{cases} \tag{4-59}$$

类似混合长模型，假设 y 处微团在 l 长距离内移动时保持原来温度不变，当到达 $y+l$ 处时，与相邻层微团发生交换，两者温差为

$$\overline{T}_{y+l} - \overline{T}_y = \pm l \frac{\mathrm{d}\overline{T}}{\mathrm{d}l} \tag{4-60}$$

时均温差即为脉动温度 T'

$$T' = -l \frac{\mathrm{d}\overline{T}}{\mathrm{d}y} \tag{4-61}$$

y 方向上的热流强度则为

$$q_y^t = \rho C_p u_y' (\overline{T} + T') \tag{4-62}$$

式（4-62）时均化，得

$$\begin{aligned} \overline{q_y^t} &= \frac{1}{\Delta t} \int_t^{t+\Delta t} \rho C_p (u_y' \overline{T} + u_y' T') \mathrm{d}t \\ &= \frac{1}{\Delta t} \int_t^{t+\Delta t} \rho C_p u_y' \overline{T} \mathrm{d}t + \frac{1}{\Delta t} \int_t^{t+\Delta t} \rho C_p u_y' T' \mathrm{d}t \\ &= \rho C_p \overline{T} \frac{1}{\Delta t} \int_t^{t+\Delta t} u_y' \mathrm{d}t + \rho C_p \frac{1}{\Delta t} \int_t^{t+\Delta t} u_y' T' \mathrm{d}t \end{aligned} \tag{4-63}$$

由 $\overline{u_y'} = 0$ 及时均值定义，式（4-63）则为

$$\overline{q_y^t} = \rho C_p \overline{u_y' T'} \tag{4-64}$$

此即湍流脉动导致的涡流附加能量。由式（4-61）及式（4-64）得

$$\overline{q_y^t} = -\rho C_p \overline{u_y' l} \frac{\mathrm{d}\overline{T}}{\mathrm{d}y} \tag{4-65}$$

类似分子热传导的傅里叶定律 $q^l = -k \dfrac{\mathrm{d}T}{\mathrm{d}y} = -a\rho C_p \dfrac{\mathrm{d}T}{\mathrm{d}y}$，定义 $\overline{u_y' l} = \varepsilon_H$，称涡流热扩散系数，上式可改写为

$$\overline{q^t} = -\rho C_p \varepsilon_H \frac{\mathrm{d}\overline{T}}{\mathrm{d}y} \tag{4-66}$$

$$\varepsilon_H = \overline{u_y' l} = l^2 \frac{\mathrm{d}\overline{u_x}}{\mathrm{d}y} \tag{4-67}$$

湍流时的传热强度包括 q^l 与 $\overline{q^t}$ 两部分，因此

$$q = q^l + \overline{q^t} = -\rho C_p (a + \varepsilon_H) \frac{\mathrm{d}\overline{T}}{\mathrm{d}y} \tag{4-68}$$

ε_H 与涡流动量扩散系数类似，并非状态函数，而是取决于流动特性的宏观量，是温度场中位置的函数，通常以实验测得。ε_H 和 ε_M 之比约为 $1 \sim 1.6$，与 Re 以及位置有关。定义涡流动量扩散系数 ε_M 与涡流热扩散系数 ε_H 之比为湍流普朗特数，即

$$Pr^t = \frac{\varepsilon_M}{\varepsilon_H} \tag{4-69}$$

实验测得气体的 Pr^t 近似为 0.7；圆管内加热金属汞时的 Pr^t 为 0.625~1；在边界层中

$Pr^t = 0.7$；流体绕凸面体流动时，尾流中的 $Pr^t = 0.5$。由此可见，就流体物性，气体与液态金属相差悬殊；就结构，边界层与尾流区也迥然不同，但它们的 Pr^t 值却均近似为 1，这一特点与物性无量纲数 Pr 完全不同。因此，在近似计算中，Pr^t 通常可取为 1。然而在 $y^+ < 10$ 的近壁区，尤其是黏性底层内，Pr^t 数值的变化还是较大的。

4.3.2.3　湍流通用温度分布

第 3 章已建立了湍流的通用速度分布，分别给出了湍流场三个区域的 u^+-y^+ 关系。

对于湍流传热，下面以恒壁热流强度为例，讨论管内热充分发展区无量纲温度分布的求取。依据能量方程

$$\frac{1}{r} \times \frac{\partial}{\partial r}\left[r(a + \varepsilon_H)\frac{\partial T}{\partial r}\right] = u_z \frac{dT_b}{dz} \tag{4-70}$$

以 $r = R - y$ 改写上式，则为

$$\frac{1}{R-y}\frac{\partial}{\partial y}\left[(R-y)(a + \varepsilon_H)\frac{\partial T}{\partial y}\right] = u_z \frac{dT_b}{dz} \tag{4-71}$$

由边界条件

$$\begin{cases} y = 0, T = T_w \\ y = R, \dfrac{dT}{dy} = 0 \end{cases} \tag{4-72}$$

及热量衡算 $q_w \times 2\pi R dz = \pi R^2 u_b \rho C_p dT_b$，即

$$\frac{dT_b}{dz} = \frac{2q_w}{\rho C_p u_b R} \tag{4-73}$$

计算可得

$$T - T_w = -\frac{q_w}{\rho C_p} \int_0^y \frac{1 - \dfrac{y}{R}}{a + \varepsilon_H} dy \tag{4-74}$$

引入无量纲变量

$$y^+ = \frac{y u_*}{\nu}, \quad T^+ = \frac{T - T_w}{q_w / \rho C_p u_*} = \frac{T - T_w}{q_w / \rho C_p u_b} \sqrt{f/2}$$

式中，y^+ 为无量纲摩擦距离；T^+ 为无量纲温度；u_* 为摩擦速度。
则有

$$1 - \frac{y^+}{R^+} = -\left(\frac{1}{Pr} + \frac{\varepsilon_H}{\nu}\right)\frac{dT^+}{dy^+} \tag{4-75}$$

式中，R^+ 为无量纲半径。
或

$$T^+ = -\int_0^{y^+} \frac{1 - (y^+/R^+)}{\dfrac{1}{Pr} + \dfrac{\varepsilon_M}{\nu Pr^t}} dy^+ \tag{4-76}$$

式(4-76)表明，温度分布与 Pr 和 Pr^t 有关，由于 ε_M 取决于位置与速度场，因此需按通用速度分布分区计算。

令黏性底层区、过渡区、湍流核心区三个区域的温差分别为 ΔT_s、ΔT_b、ΔT_t。因此，总温差

$$T_0 - T_w = \Delta T_s + \Delta T_b + \Delta T_t \tag{4-77}$$

将式(4-77)无量纲化，则无量纲温度为

$$T^+ = T_s^+ + T_b^+ + T_t^+ \tag{4-78}$$

根据式(4-76)，算得三个区域的温度变化如下。

① 黏性底层区，$y^+ \leqslant 5$

$$T_s^+ = -Pr \cdot y^+ = -5Pr \tag{4-79}$$

② 过渡区，$5 < y^+ < 30$

$$T_b^+ = -5Pr^+ \ln\left(5\frac{Pr}{Pr^t} + 1\right) \tag{4-80}$$

③ 湍流核心区，$y^+ > 30$

$$T_t^+ = -2.5Pr^t \ln\frac{y^+}{30} \tag{4-81}$$

因此，总温度变化

$$T^+ = -5\left[Pr - Pr^t \ln\left(5\frac{Pr}{Pr^t}+1\right) + \frac{Pr^t}{2}\ln\frac{y^+}{30}\right] \tag{4-82}$$

图4-20给出了流体在光滑圆管中湍流传热的无量纲温度分布。可见，湍流传热时，Pr 大的流体沿截面温度分布平坦，仅在近壁处温度梯度大，为热阻的主要区域。对于 Pr 小的流体，则温度梯度均匀，热阻分布于整个流场。

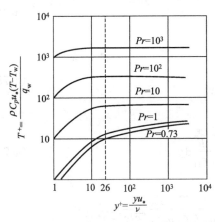

图4-20 光滑圆管中湍流传热的无量纲温度分布

此外，湍流传热还与 Re 有关。随着 Re 的增大，黏性底层减薄以及核心区 ε_M 增大，因而温度分布趋于均匀，热阻也更集中于黏性底层。

4.3.2.4 热量传递与动量传递的类比

雷诺最早指出，动量传递和热量传递规律之间有类似性，通过两者的简单类比（详见4.3节），可建立传热系数与摩擦系数相互间的定量关系，即

$$\frac{f}{2} = \frac{k}{8} = \frac{h}{\rho C_p U_0} \tag{4-83}$$

管内湍流状态下摩擦系数与 Nu 的关系，由 Chilton-Colburn 类比建立

$$Nu = 0.125f\,Re\,Pr^{1/3} \tag{4-84}$$

在充分发展湍流的光滑管中，$f = 0.184Re^{-0.2}$

将 f 代入式(4-84)，得

$$Nu = 0.023Re^{0.8}Pr^{1/3} \quad (0.7 < Pr \leqslant 160,\ Re > 4000) \tag{4-85}$$

对该方程进行修正，得

$$Nu = 0.023Re^{0.8}Pr^n \quad (加热时\ n=0.4,\ 冷却时\ n=0.3) \tag{4-86}$$

式(4-86)称为 Dittus-Boelter 方程，其准确性优于式(4-85)。方程简单，但可能有高达25%的误差，用更复杂些的方程误差低于10%

$$Nu = \frac{(f/8)Re\,Pr}{1.07 + 12.7(f/8)(Pr^{2/3}-1)}$$
$$(0.5 \leqslant Pr \leqslant 2000,\ 10^4 < Re < 5\times10^6) \tag{4-87}$$

改进式(4-87)在低雷诺数下的准确性

$$Nu = \frac{(f/8)(Re-1000)Pr}{1 + 12.7(f/8)^{0.5}(Pr^{2/3}-1)}$$
$$(0.5 \leqslant Pr \leqslant 2000,\ 3\times10^3 < Re < 5\times10^6) \tag{4-88}$$

流体性质由主体平均温度决定。

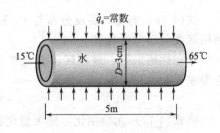

图4-21 电阻加热管内水流

例 4-5　电阻加热管内水流[5]

水在内径 3cm 的管内流经 5m 电阻加热器，在管表面均匀加热，使温度由 15℃升到 65℃（见图 4-21）。

加热器外表面很好地隔热，实现定态操作，即加热器产生的热全部传递给管中的水。如果系统产生的热水流率为 10L/min，求电阻加热器的功率并估计管出口处内表面温度。

解　假定：定常流动；表面热流率均匀；管内表面光滑。

特性温度：$T_b = \dfrac{T_i + T_e}{2} = \dfrac{15+65}{2} = 40$　（℃）

水的物性参数为：$\rho = 992.1\text{kg/m}^3$，$C_p = 4179\text{J/(kg·℃)}$，$k = 0.631\text{W/(m·℃)}$，$Pr = 4.32$，$\nu = \mu/\rho = 0.658 \times 10^{-6}\text{m}^2/\text{s}$

横截面和热传递表面是

$$A_c = \frac{1}{4}\pi D^2 = \frac{1}{4}\pi(0.03)^2 = 7.069 \times 10^{-4}\quad(\text{m}^2)$$

$$A_s = \pi D L = \pi \times (0.03) \times 5 = 0.471\quad(\text{m}^2)$$

$$V_{水} = 10\text{L/min} = 0.01\text{m}^3/\text{min}$$

质量流率：$w = \rho V = 992.1 \times 0.01 = 9.921\ (\text{kg/min}) = 0.1654\ (\text{kg/s})$

$Q = wC_p(T_e - T_i) = 0.1654 \times 4.179 \times (65-15) = 34.6\ (\text{kJ/s}) = 34.6\ (\text{kW})$

由于所有能量来源于电阻加热器，因此加热器的功率是 34.6kW。

任一位置管表面温度 T_s 可由下式求得：

$$\dot{q}_s = h(T_s - T_m)$$

$$T_s = T_m + \frac{\dot{q}_s}{h}$$

式中，h 为传热系数；T_m 为局部流体温度。

表面热流率恒定，值为

$$\dot{q}_s = \frac{Q}{A_s} = \frac{34.6}{0.471} = 73.46\quad(\text{kW/m}^2)$$

为求传热系数，首先需知道水流速度和雷诺数。

$$U = \frac{V}{A_c} = \frac{0.01}{7.069 \times 10^{-4}} = 14.15\quad(\text{m/min}) = 0.236\quad(\text{m/s})$$

$$Re = \frac{UD}{\nu} = \frac{0.236 \times 0.03}{0.658 \times 10^{-6}} = 10760 > 4000(\text{湍流})$$

入口长度约为：

$$L_h \approx L_t = 10D = 10 \times 0.03 = 0.3\quad(\text{m})$$

式中，L_t 为热进口段长度。

其值远小于管总长，因此，假定管内为充分发展的湍流，由式(4-86) 得

$$Nu = \frac{hD}{k} = 0.023Re^{0.8}Pr^{0.4} = 0.023 \times (10760)^{0.8} \times (4.34)^{0.4} = 69.5$$

$$h = \frac{k}{D}Nu = \frac{0.631}{0.03} \times 69.5 = 1462\quad[\text{W/(m}^2\text{·℃)}]$$

则出口管表面温度为

$$T_s = T_m + \frac{\dot{q}_s}{h} = 65 + \frac{73460}{1462} = 115\quad(℃)$$

讨论：管内表面温度比出口平均水温高 50℃，水流与表面间的这一温差 50℃将在充分

发展的管流区维持不变。

4.3.3 含相变化的对流传热

蒸汽冷凝为液体、液体沸腾汽化为蒸汽、液体冷冻结冰固化以及固体融化等均为伴随相变化的传热过程，是对流传热的一种特殊形式，传递的热量不仅是显热，还包括相变潜热。

基于相变化过程，流体将保持恒定的温度，因而传热过程中壁面附近始终具有较大的温度梯度。此外，两相间密度差异所导致的流动也将促进传热。因此，相变时的传热要比自然对流甚至强制对流下的强得多。

对于冷凝传热过程，根据冷凝液的流动方式，有膜状冷凝与滴状冷凝之分；按照冷凝面的几何特征，又有在垂直管内、管外、水平管内、管外以及管束上冷凝的区别，虽然各具特征，然而也有不少相似之处。下面仅讨论膜状冷凝的传热规律，借以了解相变传热的特点。

4.3.3.1 层流膜状冷凝

蒸汽于洁净的表面冷凝，产生凝液并润湿传热面，形成连续的液膜所释放的潜热以及高于饱和温度的汽相显热，经由液膜传至壁面，这种传热过程称为膜状冷凝。液膜沿壁流动，开始时流动状态为层流，达一定雷诺数后将转为湍流。

图 4-22 所示为冷凝液膜在重力作用下沿垂直固壁作层流流动时的冷凝过程（沿平壁与圆管外壁冷凝规律相同，因为管径通常比冷凝液膜厚度大得多，曲率影响可不计）。为了便于分析，作如下假定：蒸汽处于饱和状态，与壁面间的传热仅是潜热，层流液膜与壁面的传热主要是热传导；不计蒸汽与液膜表面间的剪切应力；不计惯性力；物性不随温度变化；液膜内温度呈线性分布；不考虑进、出口影响。

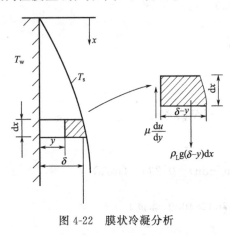

图 4-22 膜状冷凝分析

令液膜两侧边界温度分别为壁面温度 T_w 和蒸汽饱和温度 T_s，液膜厚度为 δ，热导率为 k。

（1）速度分布 $u_x(y)$ 在层流液膜内，取长为 dx、厚为 $(\delta-y)$ 的单位宽度流体层。依据重力与黏性力两者平衡，有

$$\rho g(\delta-y)dx\times1=\mu\frac{du_x}{dy}dx\times1 \qquad (4\text{-}89)$$

积分式（4-89），由边界条件 $y=0$，$u_x=0$，得速度分布

$$u_x=\frac{\rho g}{2\mu}(2\delta y-y^2)=\frac{\rho g}{2\mu}\delta^2\left(2\frac{y}{\delta}-\frac{y^2}{\delta^2}\right) \qquad (4\text{-}90)$$

式（4-90）表明，液膜内流速为抛物线分布。

$y=\delta$，液膜自由表面处最大流速

$$u_{max}=\frac{\rho g\delta^2}{2\mu} \qquad (4\text{-}91)$$

液膜平均流速

$$u_b=\frac{1}{\delta}\int_0^\delta u_x dx=\frac{\rho g\delta^2}{3\mu} \qquad (4\text{-}92)$$

对比式（4-91）和式（4-92）可知，凝液自由表面速度是平均速度的 1.5 倍。

（2）凝液流率及膜厚 离前缘 x 处单位宽度凝液流率

$$G=\int_0^\delta \rho\delta u_x dy=\frac{\rho^2 g\delta^3}{3\mu} \qquad (4\text{-}93)$$

经 dx 距离，冷凝液流率增量为

$$dG = \frac{\rho^2 g}{\mu} \delta^2 d\delta \tag{4-94}$$

由于这是通过壁面液膜的热传导，但液膜很薄，可以认为膜内温度呈线性分布，即

$$\frac{T - T_w}{T_s - T_w} = \frac{y}{\delta} \tag{4-95}$$

因此，导热速率

$$Q_1 = k dx \frac{\partial T}{\partial y} = k \frac{T_s - T_w}{\delta} dx \tag{4-96}$$

令汽化潜热为 γ，由式(4-94)则得 dx 内凝液增量放出的潜热为

$$Q_2 = \gamma dG = \gamma \frac{\rho^2 g}{\mu} \delta^2 d\delta \tag{4-97}$$

由 $Q_1 = Q_2$

$$\frac{\gamma \rho^2 g \delta^2}{\mu} d\delta = k \frac{T_s - T_w}{\delta} dx \tag{4-98}$$

$$\delta^3 d\delta = \frac{\mu k}{\gamma \rho^2 g}(T_s - T_w) dx \tag{4-99}$$

积分式(4-99)，并由边界条件 $x=0$，$\delta=0$ 得液膜厚度

$$\delta = \left[\frac{4\mu k(T_s - T_w)x}{\gamma \rho^2 g} \right]^{1/4} \tag{4-100}$$

式(4-100)表明，膜厚随 x 增大而增厚，正比于 $x^{1/4}$。

（3）对流传热系数　传热微分方程（4-33）改写为

$$h = \frac{k \left(\frac{\partial T}{\partial y} \right)_{y=0}}{T_s - T_w} \tag{4-33a}$$

将式(4-95)代入式(4-33a)，得

$$h_x = \frac{k}{\delta} \tag{4-101}$$

将式(4-100)代入式(4-101)，得局部对流传热系数

$$h_x = 0.71 \left[\frac{k^3 \gamma \rho^2 g}{(T_s - T_w)\mu x} \right]^{1/4} \tag{4-102}$$

式(4-102)表明，h_x 将随 x 的增加而减小，比例于 $x^{-1/4}$，原因是冷凝液膜沿程不断增厚。对于长度 L 的平壁，平均对流传热系数

$$h_L = \frac{1}{L} \int_0^L h_x dx = 0.947 \left[\frac{k^3 \gamma \rho^2 g}{(T_s - T_w)\mu L} \right]^{1/4} \tag{4-103}$$

对比以上两式可知，平均对流传热系数是长度 L 处局部对流传热系数的 1.33 倍。

$$Nu_L = \frac{h_L L}{k} = 0.947 \left[\frac{\gamma \rho^2 g L^3}{(T_s - T_w)\mu k} \right]^{1/4} \tag{4-104}$$

式(4-104)除汽化潜热按 T_s 取值外，其余物性的定性温度均为液膜平均温度，即 $(T_w + T_s)/2$。应用上式虽可计算传热系数，但由于不易了解流动状态以及壁面温度 T_w，工程上通常引入单位时间、单位润湿周边传热表面上的冷凝液量 M[单位为 $kg/(m \cdot h)$]，使计算易于进行，并以 Re 表达。

根据热平衡，单位时间内总冷凝液量 G_T 的总放热量 Q_T 应等于壁面的对流传热量 $h_L A \Delta T$，因此

$$h_L = \frac{Q_T}{A \Delta T} = \frac{\gamma G_T}{LB \Delta T} = \frac{\gamma M}{L \Delta T} \tag{4-105}$$

式中，B 为壁面宽度。改写式(4-105)

$$L\Delta T = \frac{\gamma M}{h_{\mathrm{L}}} = \frac{4M}{\mu} \times \frac{\gamma\mu}{4h_{\mathrm{L}}} \tag{4-106}$$

将式(4-106)代入式(4-103),得

$$h_{\mathrm{L}} = 0.947 \left(\frac{k^3 \gamma \rho^2 g}{\mu} \times \frac{4h_{\mathrm{L}}}{\gamma\mu} \times \frac{\mu}{4M} \right)^{1/4} \tag{4-107}$$

整理成无量纲式,为

$$h_{\mathrm{L}} \left(\frac{\mu^2}{k^3 \rho^2 g} \right)^{1/3} = 1.47 \left(\frac{4M}{\mu} \right)^{-1/3} \tag{4-108}$$

定义 D_{e} 为非圆管的当量直径

$$D_{\mathrm{e}} = 4 \times \frac{自由流动面积}{润湿周边}$$

对于圆管内的流动,当量直径就是管道直径,即

$$D_{\mathrm{e}} = 4 \frac{\pi D^2/4}{\pi D} = D$$

分析可知,应用当量直径概念,式(4-108)中的 $\frac{4M}{\mu}$ 即为液膜雷诺数:

$$\frac{4M}{\mu} = \frac{4 \times 自由流动面积}{润湿周边} \times \frac{\rho u}{\mu} = \frac{D_{\mathrm{e}} \rho u}{\mu} = Re$$

由于 M 值通常是容易测定的已知值,因而,应用式(4-108)进行冷凝传热的计算方便很多。

实践表明,上式计算结果通常比实际值低 20%。可能是由于受表面张力的影响,实际冷凝过程的液膜表面呈波浪状,既增大了冷凝表面,又增强了扰动,致使 h 值提高。考虑到这个因素,通常将式(4-103)修正为

$$h_{\mathrm{L}} = 1.13 \left[\frac{k^3 \gamma \rho^2 g}{(T_{\mathrm{s}} - T_{\mathrm{w}})\mu L} \right]^{1/4} \tag{4-109}$$

式(4-108)则相应转化为

$$h_{\mathrm{L}} \left(\frac{\mu^2}{k^3 \rho^2 g} \right)^{1/3} = 1.88 \left(\frac{4M}{\mu} \right)^{-1/3} = 1.88 Re^{-1/3} \tag{4-110}$$

4.3.3.2 湍流膜状冷凝

实验给出,当液膜雷诺数 $Re > 1800$ 时,凝液流动转为湍流。此时,蒸汽冷凝与壁面的传热主要依靠液体微团的湍流脉动。Re 增大,湍流程度增大,热阻迅速下降,对流传热系数随之增大。这与层流冷凝时因液膜增厚导致 h 随 Re 增大而减小的规律是不同的。柯克布赖德提出了包括层流区在内沿整个长度的平均传热系数的经验式

$$h_{\mathrm{L}} = 0.0077 \left(\frac{4M}{\mu} \right)^{0.4} \left(\frac{k^3 \rho^2 g}{\mu^2} \right)^{1/3} \tag{4-111}$$

写成无量纲形式

$$h_{\mathrm{L}} \left(\frac{\mu^2}{k^3 \rho^2 g} \right)^{1/3} = 0.0077 Re^{0.4} \tag{4-112}$$

应该指出,在上述讨论中,忽略了气液表面的剪切应力,并假设壁面是光滑的以及蒸汽在饱和状态下冷凝,但在工程上实际情况并非如此,通常还需考虑以下因素。

① 当蒸汽流速 $> 10\mathrm{m/s}$ 时,不能忽略蒸汽对液膜自由表面的剪切应力。蒸汽与液膜同向时,液膜流动将加速,膜厚减薄,对流传热系数增大;若为反向,液膜增厚,对流传热系数减小。当剪切应力足够大时,层流膜将不稳定,达到湍流时甚至使液膜吹离壁面,对流传热系数增大,传热速率提高。在低压下,蒸汽流速的影响不大。但随着压力增加,影响将不

断增大。

② 壁面粗糙将增大流动阻力，导致液膜增厚，对流传热系数降低可达 30% 以上。

③ 当过热蒸汽冷凝时，由于体积急剧减小，蒸汽高速冲击冷凝液膜，热阻下降，传热时可比饱和蒸汽冷凝时高约 3% 左右。

④ 蒸汽中若混有不会冷凝为液体的不凝性气体时，即使含量极微，对流传热系数也将大幅度下降。原因在于，蒸汽冷凝时，向界面的流动是不存在阻力的；含有不凝性气体时，由于其将在壁面附近不断积聚，致使界面处不凝性气体的分压增大，可凝性气体的分压降低，蒸汽相的实际饱和温度 T_s 将下降。不凝性气体沿流动方向的增加，可使出、入口的对流传热系数相差达十几倍之多。含不凝性气体 1.7%，蒸汽的冷凝量竟减少 50%。因此，必须重视不凝性气体的排出。

⑤ 壁面上的冷凝液量愈大，液膜愈厚，对流传热系数愈小。因此，单位面积冷凝液量不宜过大，设计中通常取 $30 \sim 100 kg/(m^2 \cdot h)$。对于黏度大、热导率小的流体宜取下限或更低值。

例 4-6　垂直板面上的冷凝[6]

垂直正方形板 30cm×30cm 置于大气压蒸汽中，板温是 98℃，求传热和每小时蒸汽冷凝量。

解　首先，通过 Re 来判别是层流还是湍流。

气膜温度：$T_f = \dfrac{100+98}{2} = 99$　（℃）

该温度下物性参数：$\rho_f = 960 kg/m^3$，$\mu_f = 2.82 \times 10^{-4} kg/(m \cdot s)$，$k_f = 0.68 W/(m \cdot ℃)$
与液体相比，蒸汽密度是非常小的。

所以
$$\rho_f(\rho_f - \rho_V) \approx \rho_f^2$$

由于 Re 同冷凝液质量流率有关，而质量流率又与对流传热系数有关，因此首先需假定流动状态：层流或湍流。

假定为层流膜状冷凝：

在大气压下，蒸汽温度 $T_s = 100℃$，$\gamma = 2255 kJ/kg$

$$
\begin{aligned}
h_L &= 0.943 \left[\frac{\rho_f^2 g \gamma k_f^3}{L \mu_f (T_s - T_w)} \right]^{1/4} \\
&= 0.943 \left[\frac{(960)^2 \times 9.8(2.255 \times 10^6) \times 0.68^3}{0.3(2.82 \times 10^{-4})(100-98)} \right]^{1/4} \\
&= 13150 \quad (W/m^2) \\
Re_f &= \frac{4 h_L L (T_s - T_w)}{\gamma \mu_f} \\
&= \frac{4 \times 13150 \times 0.3(100-98)}{(2.255 \times 10^6)(2.82 \times 10^{-4})} = 49.6
\end{aligned}
$$

层流假定正确。

则　$Q = h_L A (T_s - T_w) = 13150 \times 0.3^2 \times (100-98) = 2367$　（W）

冷凝量：$\dot{m} = \dfrac{Q}{\gamma} = \dfrac{2367}{2.255 \times 10^6} = 1.05 \times 10^{-3}$　（kg/s）$= 3.78$　（kg/h）

4.4　自然对流

流体有温度差就会产生密度差，以此作为动力则发生对流传热。因此，在前述强制对流

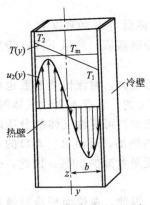

图 4-23 不同温度的两垂直
平壁间的自然对流

传热过程中都伴随着自然对流。只是在通常情况下，因其相比强制对流传热速率很小而忽略。但工程上，也存在着不少依靠自然对流的传热过程，例如固体在静止空气中的冷却、无强制流动情况下固体壁面对液体的加热和冷却、取暖器引起的空气对流等。

下面考察流体在两块很大的平行平壁间由自然对流形成的温度分布及其对速度分布的影响。冷热两壁间距为 $2b$，如图 4-23 所示，$y=-b$ 处热壁温度为 T_2，$y=b$ 处冷壁温度为 T_1。热壁侧流体受热，密度减小而上升，冷壁处流体则下降，由于该系统在顶端和底端是封闭的，所以流体在两板间连续循环，故上升流体与下降流体的体积流率相等。

取厚度为 dy 的薄层流体进行热量衡算，不难建立微分方程，得

$$k \frac{d^2 T}{dy^2} = 0 \tag{4-113}$$

积分式 (4-113)，并由边界条件

$$\begin{cases} y=b, T=T_1 \\ y=-b, T=T_2 \end{cases}$$

解得温度分布为

$$T = T_m - \frac{1}{2}(T_2 - T_1)\frac{y}{b} \tag{4-114}$$

式中，T_m 为冷热壁温的平均值，即 $T_m = \dfrac{T_1 + T_2}{2}$。

为求解速度分布，对 dy 薄层流体进行动量衡算，可建立微分方程

$$\mu \frac{d^2 u_z}{dy^2} = \frac{dp}{dz} + \rho g \tag{4-115}$$

不计 μ 随温度的变化，ρ 随温度的变化用泰勒级数展开，近似表达为

$$\rho = \bar{\rho} - \bar{\rho}\bar{\beta}(T - \bar{T}) \tag{4-116}$$

式中，$\bar{T}$ 为参考温度；$\bar{\rho}$ 为 $\bar{T}$ 时的流体密度；$\bar{\beta}$ 为 $\bar{T}$ 时的体积膨胀系数。

将 $\beta = \dfrac{1}{V}\left(\dfrac{\partial V}{\partial T}\right)_p$ 代入式 (4-115)，有

$$\mu \frac{d^2 u_z}{dy^2} = \frac{dp}{dz} + \bar{\rho}g - \bar{\rho}\bar{\beta}g(T - \bar{T}) \tag{4-117}$$

若压力梯度仅由壁面流体重力产生，即

$$\frac{dp}{dz} = -\bar{\rho}g$$

因此，式 (4-117) 为

$$\mu \frac{d^2 u_z}{dy^2} = -\bar{\rho}\bar{\beta}g(T - \bar{T}) \tag{4-118}$$

式 (4-118) 表明黏性力与浮力两者平衡。将温度分布式 (4-114) 代入式 (4-118)，得

$$\mu \frac{d^2 u_z}{dy^2} = -\bar{\rho}\bar{\beta}g\left[(T_m - \bar{T}) - \frac{1}{2}(T_2 - T_1)\frac{y}{b}\right] \tag{4-119}$$

对上式积分，并由边界条件

$$\begin{cases} y=-b, \ u_z=0 \\ y=b, \ u_z=0 \end{cases}$$

解得壁面附近流体速度分布为

$$u_z = \frac{\bar{\rho}}{12\mu}\bar{\beta}gb^2(T_2-T_1)\left[\left(\frac{y}{b}\right)^3-\frac{y}{b}\right] \tag{4-120}$$

式(4-120)为由密度差的浮力作用而导致的速度分布。在应用热扩散（即利用温度梯度促使物质扩散）和自然对流联合效应进行同位素或有机液体混合物的分离操作中，将呈现这种速度分布。

尽管层流流动下流体在垂直于流体的方向上并无宏观运动，与静止介质中的导热同为分子传递，但由于流体流动作用提高了壁面附近的温度梯度，因而将促进传热。

例 4-7 Grashof 数

试将方程(4-118)无量纲化，并解释所得无量纲数的物理意义。

解 改写方程(4-118)

$$\frac{\mathrm{d}}{\mathrm{d}y}\left(\frac{\mathrm{d}u}{\mathrm{d}y}\right)=\frac{\beta g}{\nu}(T-T_\infty) \tag{①}$$

选择适当的特征值，引入无量纲量

$$y^+=\frac{y}{L_c}, \ u^+=\frac{u}{U}, \ T^+=\frac{T-T_\infty}{T_w-T_\infty}$$

代入式①得

$$\frac{U}{L_c^2}\times\frac{\mathrm{d}^2u^+}{\mathrm{d}y^{+2}}=\frac{\beta g}{\nu}T^+(T_w-T_\infty)$$

改写得

$$Re\,\frac{\mathrm{d}^2u^+}{\mathrm{d}y^{+2}}=GrT^+ \tag{②}$$

或

$$\frac{1}{Re_L}\times\frac{\mathrm{d}^2u^+}{\mathrm{d}y^{+2}}=\frac{Gr}{Re_L^2}T^+ \tag{③}$$

其中

$$Re_L=\frac{UL_c}{\nu}$$

$$Gr=\frac{\beta g(T_w-T_\infty)L_c^3}{\nu^2} \tag{④}$$

Re 的物理意义及其在强制对流的流动状态判别中的作用已在第 3 章阐明。而 Gr 是浮力与黏性力之比（见图 4-24），用于判别自然对流中的流动状态。Gr 的临界值是 10^9。当 $Gr>10^9$，垂直壁面上的流动状态是湍流。Gr/Re_L^2 则用于判别热量传递中强制对流和自然对流的相对重要性。当 $Gr/Re_L^2\ll1$，自然对流效应可以忽略；$Gr/Re_L^2\gg1$，自然对流更重要；$Gr/Re_L^2\approx1$，两者同等重要。

对水平面的传热，因对表面加热或冷却以及表面向上或向下有关，如图 4-25 所示。

给出壁面温度（T_w）大于环境时的情况（$T_w>T_\infty$）。如果 $T_w<T_\infty$，则自然对流方向相反。当热表面向上，被加热流体自由向上，诱导强烈对流，形成良好的传热；如果热表面向下，壁面阻止受热流体上升（边缘除外），妨碍传热。对应的传热膜系数不同。

热表面向上 $\quad\quad Nu_L=0.54Ra_L^{1/4}\quad\quad(10^5<Ra_L<2\times10^7) \tag{4-121}$

热表面向下 $\quad\quad Nu_L=0.27Ra_L^{1/4}\quad\quad(3\times10^5<Ra_L<10^{10}) \tag{4-122}$

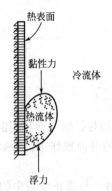

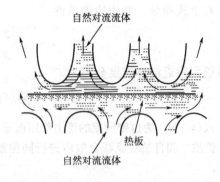

图 4-24　Gr 数是作用于流体的浮力与黏性力之比　　　图 4-25　在水平热板上、下表面自然对流流动

式中，$Ra_L = Gr_L Pr$，特征长度是 $L_c = \dfrac{A_s}{P}$，A_s 为表面积，P 为润湿周边，$Pr = \dfrac{\nu}{a}$。

例 4-8　平面冷却

兹有 1.0m×0.6m 的矩形板，室温 30℃，上表面维持 90℃，下表面绝热，试求自然对流的传热速率（见图 4-26）。

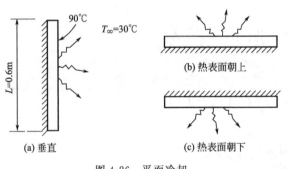

图 4-26　平面冷却

解　背面绝热的热板，自然对流热损失受方向影响。

假设：定态操作；空气是理想气体；当地大气压为 1atm。

特性温度：气膜温度为 $T_f = (T_s + T_\infty)/2 = 60℃$，大气压为 1atm 下的空气物性为

$$k = 0.02808 \quad W/(m \cdot ℃), Pr = 0.7202$$

$$\nu = 1.896 \times 10^{-5} \ m^2/s, \beta = \frac{1}{T_f} = \frac{1}{333K}$$

(1) 图 (a) 垂直放置，此时的长度特性是板的高度，长度 $L = 0.6m$，Ra 为：

$$Ra_L = \frac{g\beta(T_s - T_\infty)L^3}{\nu^2} Pr$$

$$= \frac{9.81 \times \frac{1}{333} \times (90-30) \times 0.6^3}{(1.896 \times 10^{-5})^2} \times 0.7202 = 7.656 \times 10^8$$

自然对流 Nu 可由如下方程计算：

$$Nu = \left\{ 0.825 + \frac{0.387 Ra_L^{1/6}}{[1 + (0.492/Pr)^{9/16}]^{8/27}} \right\}^2$$

$$= \left\{ 0.825 + \frac{0.387 \times (7.656 \times 10^8)^{1/6}}{[1 + (0.492/0.7202)^{9/16}]^{8/27}} \right\}^2 = 113.4$$

注意：简化方程 $Nu = 0.54 Ra_L^{1/4} = 89.8$，降低 21%。因此

$$h = \frac{k}{L} Nu = \frac{0.02808}{0.6} \times 113.4 = 5.306 \quad [W/(m^2 \cdot ℃)]$$

$$A_s = LW = 0.6 \times 1.0 = 0.6 \quad (m^2)$$

$$Q = hA_s(T_s - T_\infty) = 5.306 \times 0.6 \times (90-30) = 191 \quad (W)$$

(2) 图 (b) 为水平放置，热面朝上。此时的长度特性和 Ra 为：

$$L_c = \frac{A_s}{P} = \frac{LW}{2(L+W)} = \frac{0.6 \times 1.0}{2 \times (1+0.6)} = 0.1875 \quad (m)$$

$$Ra_L = \frac{g\beta(T_s - T_\infty)L_c^3}{\nu^2}Pr$$

$$= \frac{9.81 \times 1/333 \times (90-30) \times 0.1875^3}{(1.896 \times 10^{-5})^2} \times 0.7202 = 2.336 \times 10^7$$

自然对流 Nu 可由方程（4-121）求得：

$$Nu = 0.54Ra_L^{1/4} = 0.54 \times (2.336 \times 10^7)^{1/4} = 37.54$$

那么

$$h = \frac{k}{L_c}Nu = = \frac{0.0280}{0.1875} \times 37.54 = 5.61 \quad [W/(m \cdot ℃)]$$

$$A_s = LW = 1.0 \times 0.6 = 0.6 \quad (m^2)$$

$$Q = hA_s(T_s - T_\infty) = 5.61 \times 0.6 \times (90-30) = 202 \quad (W)$$

（3）图（c）为水平放置，热面朝下。此时的长度特性、热量传递表面积和 Ra 与图（b）中的求法一样。但是自然对流 Nu 由方程（4-122）求得：

$$Nu = 0.27Ra_L^{1/4} = 0.27 \times (2.336 \times 10^7)^{1/4} = 18.77$$

$$h = \frac{k}{L_c}Nu = = \frac{0.02808}{0.1875} \times 18.77 = 2.811 \quad [W/(m \cdot ℃)]$$

$$Q = hA_s(T_s - T_\infty) = 2.811 \times 0.6 \times (90-30) = 101 \quad (W)$$

注意：在热表面朝下时的自然对流热传递量是最低的。这并不奇怪，因为此时的热空气被板面"截留"，不易从板面离去。结果，板面近处较冷的空气难以到达板面，从而导致热传递速率降低。

讨论：板面还将以热辐射的方式向环境放热，这与自然对流一样。假定板表面的黑体 $\varepsilon = 1$，室内墙壁的内表面是室温，此时的热辐射传递热量为：

$$Q = \varepsilon A_s \sigma(T_s^4 - T_\infty^4)$$
$$= 1 \times 0.6 \times 5.67 \times 10^{-8} \times [(90+273)^4 - (30+273)^4]$$
$$= 304 \quad (W)$$

此值比任一种对流传热情况下传递的热量都要大得多。因此，在表面通过自然对流冷却的情况下，辐射是重要的，需要考虑。

4.5 热量传递原理的应用

前面阐述了热量传递的有关理论和计算方法，下面将应用这些原理与方法讨论工程上的几个典型问题，涉及复合传热、对流传热与相变化传热过程。介绍普遍用于各工业领域的间壁式热交换器、换热器的设计和运行，以相关传热原理为基础，此外还将讨论纺丝过程中纤维冷却、生物质冷冻，借以认识热量传递的普遍性与特殊性。不仅为过程工业所必需，而且遍及材料、生物与环境。

4.5.1 复合传热及其强化

在 4.1 节对三种传热机理分别进行了讨论，但大量工程传热设备往往是几种传热机理的复合。在工程上，为了维持特定工艺过程所需要的温度或回收能量，应用最为广泛的是间壁式换热器（尤其是不允许两种传热流体相互接触的场合）。其特点是让两种不同温度的流体由固体壁面分隔于两侧进行热交换，是热传导与热对流或热辐射相结合的复合传热过程。

间壁式换热器的基本结构由图 4-27 示意。间壁通常选用导热性能优良的金属体。传热原理可由图 4-28 表达，热流体以对流方式（或辐射）将热量传给间壁的热侧，通过间壁的传导传至冷侧，继而以对流的方式传递给冷侧的流体。若间壁表面结有污垢，还需考虑污垢层的热传导。温度不同的两种流体经由换热器进行热交换，热侧流体温度下降，冷侧流体温度上升，完成给定的热量传递。

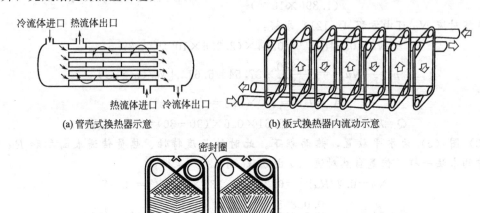

(a) 管壳式换热器示意 (b) 板式换热器内流动示意

(c) 板片示意

图 4-27　间壁式换热器的基本结构

4.5.1.1　工程传热的简化处理——热阻

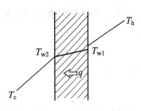

图 4-28　间壁式换热器
传热原理示意

令热侧流体温度为 T_h，壁温为 T_{w1}，对流传热系数为 h_1；冷侧流体温度为 T_c，壁温为 T_{w2}，对流传热系数为 h_2。间壁的长度与宽度远大于厚度 δ，热流仅沿厚度方向传递。

根据对流传热原理，热侧流体对壁面的热流率

$$Q_1 = h_1(T_h - T_{w1})A_1 \tag{4-123}$$

冷侧流体对壁面的热流率

$$Q_2 = h_2(T_{w2} - T_c)A_2 \tag{4-124}$$

根据热传导原理，通过间壁的传热率

$$Q = \frac{k}{\delta}(T_{w1} - T_{w2})A_n \tag{4-125}$$

在定态情况下：$Q_1 = Q_2 = Q$

联立求解式(4-123)～式(4-125)，经整理，可得

$$Q = \frac{1}{\dfrac{1}{h_1A_1} + \dfrac{\delta}{kA_n} + \dfrac{1}{h_2A_2}}(T_h - T_c) \tag{4-126}$$

式中，A_1、A_2 分别为间壁热侧与冷侧的面积；A_n 为间壁平均面积，对于圆筒，$A_n = \dfrac{A_2 - A_1}{\ln(A_2/A_1)}$；$A_1$、$A_2$ 分别为内、外筒面积；k 为间壁热导率。

依据　　　　　热量传递速率 $= \dfrac{热过程推动力\ \Delta T}{热过程阻力 \sum R}$

由式(4-126)，热过程推动力为冷、热流体的温度差，即 $\Delta T = T_h - T_c$。热过程阻力

$$\sum R = \frac{1}{h_1A_1} + \sum \frac{\delta_i}{k_iA_n} + \frac{1}{h_2A_2} \tag{4-127}$$

式中，$\dfrac{1}{h_1 A_1}$、$\dfrac{1}{h_2 A_2}$ 分别为热侧与冷侧对流热阻；$\sum \dfrac{\delta_i}{k_i A_n}$ 为间壁与污垢导热热阻之和。该式表明，热过程阻力为各分热阻之和。

4.5.1.2　传热系数

工程上通常定义热阻的倒数为传热系数，用以表达间壁传热的传热速率。这样，式（4-126）简化为

$$Q = KA\Delta T \tag{4-128}$$

式（4-128）称为传热的基本方程式，传热系数 K 综合反映了复合传热能力的大小。由式（4-127）

$$\frac{1}{KA} = \frac{1}{h_1 A_1} + \sum \frac{\delta_i}{k_i A_n} + \frac{1}{h_2 A_2} \tag{4-129}$$

对于平壁，$A = A_1 = A_2 = A_n$，则

$$\frac{1}{K} = \frac{1}{h_1} + \sum \frac{\delta_i}{k_i} + \frac{1}{h_2} \tag{4-130}$$

传热系数受流体物性、流场几何特征和流动特性等复杂因素影响，除在某些简单问题中可用解析方法计算外，通常由实验测定。

4.5.1.3　强化途径

分析传热基本方程（4-128）可知，强化传热有三条途径。

（1）扩展传热面积　为尽可能提高单位体积的传热表面，可应用小直径管道、具有翅片的管道、传热面凹凸的螺纹管等。它们的管径小，耐压高，单位重量传热表面大。

为使结构紧凑、高效，发展了一种以具有扩展表面的翅片、波纹板等作为基本元件组合而成的板式换热器 [图 4-27(b)]。元件形式很多，基本上为压制成不同形式沟槽的金属板 [图 4-27(c)]，冷、热流体分处金属板两侧流动传热。其传热面可高达 $1500 \sim 4000 \mathrm{m^2 / m^3}$。而常用的管壳式 [图 4-27(a)] 仅约 $150 \mathrm{m^2 / m^3}$。

这种形式的扩展表面不仅扩大了传热面积，由于流动通道曲折，促进了流体湍动，提高了对流传热系数。若间壁一侧的热阻很大，即对流传热系数很小的情况下，例如空气的冷却，采用翅片尤为有效，对于缺水地区或场合应用非常普遍。

（2）增大传热温差　提高高温侧流体的温度或降低低温侧流体的温度固然是增大传热推动力的措施，然而，通常受到生产工艺对温度的规定，技术、经济的许可以及条件是否允许等情况的制约。例如，当以饱和蒸汽为加热介质，在温度大于 $200 ℃$ 时，每升高 $2.5 ℃$，相应压力需提高 $10^5 \mathrm{Pa}$，这就对设备提出了较高的耐压要求，而既要耐高温又要耐高压的材料则相当昂贵，有时甚至是不可能实现的。

当冷、热流体的温度不能任意改变时，可采取措施改变平均温差，而传热温差的平均大小与两侧流体的相互流向即同向并流、反向逆流、垂直向叉流（错流）等形式有关。可以证明，逆流形式的平均推动力大于并流，因此，通常情况下，换热器多采用冷、热流体于间壁两侧相向运动的逆流方式。

需要指出的是，有时增加了传热设备的温差，却会降低整个系统的可用能。因此，需兼顾整个热系统进行权衡。

（3）提高传热系数　这是常用的措施，重要的是需逐项分析各分热阻对降低总热阻的作用。通常，金属壁较薄，其热导率也大，热阻一般可不计。污垢的热阻，由于其热导率很小而不容忽略。因此，在工程上十分重视对传热介质进行预处理以减少结垢以及结构设计要便于清理。同时，在操作上还需作出定期清洗的规定。

当不计导热热阻时，对于平壁式换热器，由式(4-130)

$$K = \frac{1}{\frac{1}{h_1} + \frac{1}{h_2}} = \left(\frac{h_1}{h_1 + h_2}\right)h_2 = \left(\frac{h_2}{h_1 + h_2}\right)h_1 \qquad (4\text{-}131)$$

分析式(4-131)可知，由于括号内的数值恒小于 1，因而 K 值必然低于 h_1、h_2。当 h_1 与 h_2 两者的数量级相当时，提高一侧或两侧流体对于传热表面的对流传热系数或面积 A，均可增强传热。然而，当 $h_1 \gg h_2$，两者间有着数量级的差异时，只有采取措施提高 h_2 或 A_2 即降低热阻值较大的控制热阻才能有效地降低总热阻以强化传热。反之，若着眼于提高 h_1 则是徒劳的。

提高对流传热系数通常是增大传热系数的主要措施。可采用的方法很多。根据传热过程有无相变化、流体在管内还是管外、沿平壁或是圆管、纵向或横向流动传热以及流动状态等不同情况，各有其适宜方法。归纳起来，不外是为了降低传热边界层的热阻促使层流转变为湍流，减薄湍流流动时的黏性底层或增强湍动强度，干扰破坏黏性底层，促使二次流的形成，加强壁面和中心之间的混合等。常用的方法有以下几点。

① 提高流速，促使流动状态湍流化或增强湍流扰动。

② 改善传热表面状况。如提高表面粗糙程度，设置小突起物或插入扰动元件，通常以突起物高度高于黏性底层厚度 8～9 倍，粗糙峰间距 10 倍于峰高为最佳，前者可增加扰动，后者可使之不断形成新的、较薄的边界层而增强传热。

在管内插入螺旋形翅片引导流体形成旋转运动，既提高了流速，增加了行程，又由于离心力作用促进了流体的径向对流而增强传热。实验表明，在管内插入形式各异的规则扰流元件，传热系数约可提高 1.5～5 倍。对于管外绕流传热，若绕以 10 目的铜丝网，Nu 有时可增大 80%。

需要注意的是，在增强传热的同时往往也增加了流动阻力，有时插入内件还将导致结构复杂化和不洁流体中杂质的堆积等不良后果。

③ 流体中加入某种添加物，改变混合介质的物性；提高其热导率或比热容，例如利用固体微粒比热大的特点适量添置于气流中，既提高了流体的热容，又由于颗粒不断冲刷壁面，增强了扰动。在高温下，又因固体颗粒的辐射，进一步增强了传热。

液体中置入固体微粒或通以气体搅拌，由于增强了湍动，平均温度提高，温度分布趋于均匀，增大了黏性底层的温度梯度，从而增强了传热。

例 4-9　间壁传热热阻

管内蒸汽与管外空气传热，饱和蒸汽温度为 131℃。管外空气为 21℃。已知管内、外表面的对流传热系数分别为 5680W/(m² · K) 和 22.7W/(m² · K)，钢管内、外径分别为 2.09cm 和 2.67cm，热导率为 45W/(m · K)。试计算每米长管道的传热速率。

解　分别计算三种热阻

管内侧蒸汽冷凝热阻

$$R_1 = \frac{1}{h_1 A_1} = \frac{1}{5680\pi \times 0.0209 \times 1} = 0.00268 \quad (\text{K/W})$$

管外侧空气对流热阻

$$R_2 = \frac{1}{h_2 A_2} = \frac{1}{22.7\pi \times 0.0267 \times 1} = 0.525 \quad (\text{K/W})$$

钢管导热热阻

$$R_3 = \frac{\delta}{kA_n} = \frac{\delta}{k \times 2\pi\delta \times 1} \ln\left(\frac{r_o}{r_i}\right) = \frac{\ln(r_o/r_i)}{2\pi k} = \frac{\ln\left(\frac{2.67}{2.09}\right)}{2\pi \times 45} = 0.00087 \quad (\text{K/W})$$

根据电阻串联规律，总热阻为各分热阻之和

$$\sum R = R_1 + R_2 + R_3 = 0.528 \quad (\text{K/W})$$

每米管长传热速率为

$$q = \frac{\Delta T}{\sum R} = \frac{131 - 21}{0.528} = 208 \quad (\text{W})$$

上例表明：R_2 比 R_1、R_3 大得多，传热速率主要取决于 R_2，其为控制热阻。若要减小热阻以增加传热速率，只有降低管外侧空气热阻才是有效的。

4.5.1.4　强化对流换热器的场协同原理[7]

对流传热强化往往与流动阻力增加同步，甚至阻力增加更多，因而限制了传热强化技术的实际应用。但传热强化技术与理论研究仍不断取得进展。国际上提出第四代强化传热的概念，应用三维肋、三维粗糙元、复合强化等。特别值得关注的是，我国学者过增元提出强化对流传热的场协同原理，不仅统一了各种强化传热技术的共同机理，而且为经济有效的新型强化技术开发提供了理论基础。

场协同原理的基本要点是：对流传热的性能不仅取决于流体的速度、物性及流体与壁的温差，而且还取决于流体速度场与流体热流场（温度梯度）间协同的程度。在相同的速度和温度边界条件下，它们的协同程度愈好，传热强度就愈高。

关于对流传热强化的场协同原理及其应用此处难以充分展开，但有必要指出：在对流传热问题中，如果满足 Reynold 类比或 Colburn 类比，流动和传热规律相似，其速度矢量与热流矢量的夹角非常接近 90°，因此协同程度很差，即传热强度较差。所以，为了使传热得到强化，必须使流动与传热偏离上述类比。或许可以认为，传递现象研究不仅需要关注动量、热量传递间的类似律，而且也应考察它们之间的协同，因为场协同可能是强化传递现象的途径。

4.5.2　对流传热简化模型应用

从聚合物、玻璃等制造连续丝的关键步骤之一是挤出后丝或纤维的冷却。大多数情况下，纤维的外部流动是边界层类型，如图 4-29 所示，圆柱状纤维连续从孔口挤出，纤维被半径为 $\delta(z)$ 的轴对称边界层流绕过。这一流动由纤维运动诱导而成。用类似于层流平板边界层的模型可以求得速度分布，然后由能量衡算得到温度场，从纤维表面温度梯度可以求得 Nu_D。此处仅引用计算结果（见图 4-30），未给计算过程（详见参考文献 [5]）。

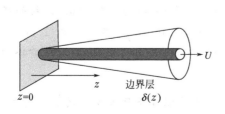

图 4-29　圆柱状纤维连续从孔口（$z=0$）挤出，
纤维被半径为 $\delta(z)$ 的轴对称边界层围绕

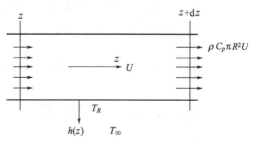

图 4-30　纤维对流冷却热平衡

人们有可能沿纤维表面建立简化的传热模型，用于估计纤维冷却速率与纤维直径、挤出速度等的函数关系。

假定纤维温度径向均匀，而且仅有对流热损失。取如图 4-30 的控制体，建立如下微分热平衡：

$$\rho_t C_{p,f} \pi R^2 U dT_R = h \times 2\pi R (T_R - T_\infty) dz \tag{4-132}$$

式中，下标 f 为纤维。

改写式(4-132)，得到决定纤维温度的微分方程

$$\frac{dT}{dz} = \frac{2h(z)}{\rho C_p R U}(T - T_\infty) \tag{4-133}$$

求解该方程，积分得到无量纲过余温度 θ_T，其中包含局部传热膜系数

$$\theta_T = \frac{T - T_\infty}{T_0 - T_\infty} = e^{\frac{-k_a}{\rho C_p R^2 U} \int_0^z Nu(z) dz}$$

$$= e^{\frac{-k_a \overline{Nu}}{\rho C_p R^2 U} \cdot z} \tag{4-134}$$

这里，Nu 中使用了空气热导率，即 k_a，但是 ρC_p 是基于纤维性质。

应予指出的是，由于"牵引"，纤维半径沿着抽丝线可能改变，但 $\rho R^2 U$ 乘积是常数（质量守恒），所以该值可移至积分号之外。结果出现平均努塞尔数，即 $\overline{Nu}$ 是从原点至 z 整个距离上的平均值，它应由数值计算得到。

在求取冷却到一定温度所需长度时，θ_T 被给出，但是 $\overline{Nu}$ 和 L 尚属未知。改变方程(4-134)，得到

$$\frac{-\rho C_p R^2 U}{k_a} \ln \theta_T = \overline{Nu} L \tag{4-135}$$

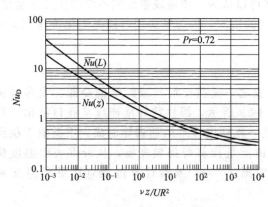

图 4-31 运动纤维轴上 z 点的局部 Nu 以及 L 长度范围的平均 Nu_D

方程左边已知，在该方程中有两个未知量：$\overline{Nu}$ 和 L。需要 Nu-L 关系方程，由 $Nu(z)$ 关系给不同的 z 值（$z = L$），数值积分，得到 $Pr = 0.72$ 时的计算结果，如图 4-31 所示。

图 4-31 中以纤维直径为特征尺度，k 是周围流体的热导率，R 是纤维半径，ν 是周围流体黏度。

例 4-10　纺丝冷却

聚酯纤维熔体纺丝，初始挤出温度 $T = 290℃$，周围空气温度为 22℃，纺丝机的质量流率是 $w = 6.3 \times 10^{-3}$ g/s，初始纤维的半径是 15μm，熔体密度为 1.2g/cm^3，$\rho C_p = 0.5$cal/(cm^3 · K)。注：1cal=4.1868J。试求纤维温度下降到 $T = 100℃$ 时所需冷却长度 L。

解　平均气膜温度　$T = \frac{290 + 22}{2} = 156$　（℃），该平均温度下环境空气的物理特性为：$k_a = 0.036$W/(m · K)$= 8.6 \times 10^{-5}$cal/(cm · s · K)，$\nu_a = 0.30$cm^2/s

对指定温度，可得

$$\theta_T = \frac{T-T_\infty}{T_0-T_\infty} = \frac{100-22}{290-22} = \frac{78}{268} = 0.29$$

用质量流率改写式(4-135)

$$\overline{Nu}L = -\frac{(w/\rho)\rho C_p}{\pi k_a}\ln\theta_T = -\frac{(5.25\times10^{-3})\times0.5}{8.6\times10^{-5}\pi}\times1.23 = 12 \quad (\text{cm})$$

该方程必须与 $\overline{Nu}$-L 关系联立求解,才能得到所需冷却长度。

使用本题给定的数据,转换无量纲的冷却长度为 L,解这一对方程的结果示于图4-32,曲线交点的冷却长度为:

$$L = 32\text{cm}$$

类似条件下的实验结果为 $L=28\text{cm}$,计算与测定基本吻合。

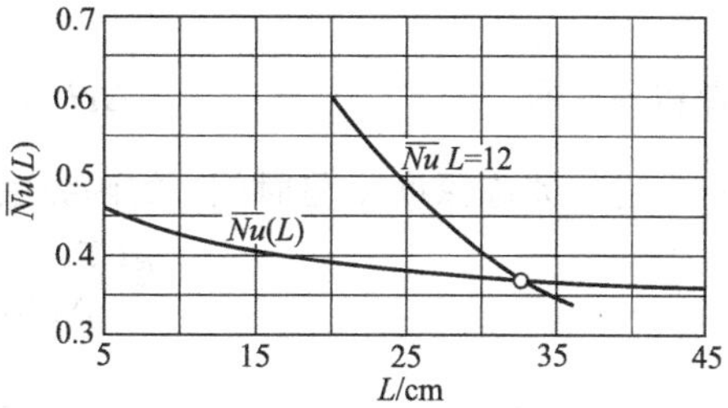

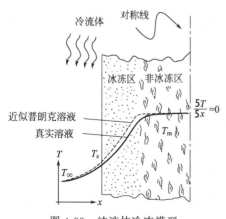

图 4-32　冷却长度图解

4.5.3　生物质冷冻

冷冻和融化是生物质保存和储藏最常用的方法。在低温下,生物化学破坏反应因缺乏液态水而显著降低,冷冻食品乃至冷藏血液、细胞、器官等均已获得成功。这一节简要论述与生物物质相关的、含相变的能量传递[8],其原理在前面已有介绍,此处只是结合实际应用探讨传递原理的普遍性与具体应用特殊性的结合。

4.5.3.1　物理过程

冷却速率既有微观也有宏观效应。在细胞水平,缓慢冷却时渗透水迁移量大,导致脱水和细胞尺寸很大的改变,而快速冷却时迁移量最少,并使细胞接近原来的形状和尺寸。由于这一点以及其他原因,快速冷冻经常用于冷藏。然而,快速冷冻会引起伤害。在细胞水平,冰的形成会有损细胞膜。在宏观水平,小到厘米的样品,热膨胀应力引起裂纹,大尺寸时裂纹的出现更为可能。所有不在相同温度的物料均产生热应力。温度不同,所有物质不会以相同速率膨胀,不同膨胀会引起应力。已有报道,器官、食品(如冷冻在液氮中的马铃薯、豆类)有明显裂纹。

4.5.3.2　纯液体冷冻模型及冷冻时间估计

图 4-33　纯液体冷冻模型

由于冷冻过程除了涉及显热,还包含潜热,非常复杂。一种非常简单的溶液(如 Plank 溶液)常被使用。下面简述相关基本物理现象。考虑长条形纯液体的对称性冷冻,两表面温度皆为 T_∞,见图4-33。由于对称性,仅需考虑一半厚度。在冷冻和非冷冻界面释放的潜热通过冷冻层被移走。虽然冷冻层的热导率高于非冷冻层,但绝对值仍很小。冷冻层的传热速率慢,以致可作为拟定常条件。因此,尽管温度剖面随时间变化,但是由于变化非常慢,可近似为定常分布。此外,还作如下假定:

① 所有物质初始时均为冷冻温度 T_m,但未结冰。

② 所有物质在一个冰点结冰。

③ 冷冻部分的热导率是常数。

基于所作假设，任意时刻 t，厚度为 x 的冰冻层的热损失是

$$q = kA \frac{T_m - T_s}{x}$$

能量来自冰冻锋放出的潜热，潜热释放速率与冰冻锋前进速率相关。

如果 ΔH_f 为每单位质量物质的熔化潜热：

$$q = \Delta H_f A \rho \frac{dx}{dt}$$

两者相等，有

$$\Delta H_f A \rho \frac{dx}{dt} = kA \frac{T_m - T_s}{x} \tag{4-136}$$

求解，建立冰冻深度 x 与时间 t 的函数关系

$$\frac{k(T_m - T_s)}{\Delta H_f \rho} \int_0^t dt = \int_0^x x \, dx$$

$$t = \frac{\Delta H_f \rho}{T_m - T_s} \times \frac{x^2}{2} \tag{4-137}$$

当冰锋到达中间点或长条对称线时，冰冻完成。假定长条液体厚度为 $2L$，以 $x = L$ 代入式(4-137)，可得冷冻时间为

$$t_s = \frac{\Delta H_f \rho}{k(T_m - T_s)} \times \frac{L^2}{2} \tag{4-138}$$

从方程式(4-138)可得到两个结论。首先，冰冻深度和时间关系为

$$x \propto \sqrt{t}$$

这一结果可给予某些物理解释。在任何给定时刻，一定厚度的物质已被冷冻。尚待冰冻的另一层，该层释放的潜热必定通过已冻冰层传导，随着结冰的进行，因为温度梯度下降（同样温差随距离降低），导热速率降低，因而冰冻层前进速率减慢。其次，在解冻过程中外层将是非冻结层。非冻结层物质有较低的热导率。方程式(4-138)清楚地说明相同厚度解冻将经历更长时间。

更为一般化的边界条件是表面对流温度代替指定温度。对这一情况，在方程式(4-136)中，附加对流阻力 $\frac{1}{hA}$ 必须被加在传导阻力 $\frac{x}{kA}$ 中，用总温度差 $T_m - T_\infty$ 代替 $T_m - T_s$，得到

$$\frac{T_m - T_\infty}{\frac{x}{kA} + \frac{1}{hA}} = \Delta H_f \rho A \frac{dx}{dt} \tag{4-139}$$

$$\frac{T_m - T_\infty}{\frac{x}{k} + \frac{1}{h}} = \Delta H_f \rho \frac{dx}{dt}$$

$$\frac{T_m - T_\infty}{\Delta H_f \rho} \int_0^{t_f} dt = \int_0^L \left(\frac{x}{k} + \frac{1}{h} \right) dx$$

$$\frac{T_m - T_\infty}{\Delta H_f \rho} t_f = \frac{L^2}{2k} + \frac{L}{h}$$

$$t_f = \frac{\Delta H_f \rho}{T_m - T_\infty} \left(\frac{L^2}{2k} + \frac{L}{h} \right) \tag{4-140}$$

值得指出的是：对大的 h 值，方程式(4-138)与方程式(4-140)相同。

4.5.3.3 生物质冷冻时间过程分析

前面对纯液体冷冻时间的计算，即使对仅溶有一种溶质的简单溶液也不适用。有一种溶

质，将有两个冷冻界面。

对每种加入的溶质，都有一个需要跟踪（了解）的界面。在生物质中的水，溶解有许多组分，跟踪诸多界面是不现实的。溶有多种组分的效应是存在"糊状"区，其中只是部分结冰，如图 4-34 所示。

生物质冰冻期间，温度随时间的变化像空间中的变化一样也显著不同于前述简单情况。为定性理解生物质冷冻过程中温度随时间的变化，考虑图 4-35 所示情况，起始时固体为 $-10℃$，冷流体从表面流过，维持表面温度在 $-10℃$，两个位置 A、B 处的温度近视遵循所示曲线，接近 $0℃$ 时出现平台是冰冻过程的特征，平台的存在是由于需要从表面至所在位置的整个区域中移去潜热。接近大部分生物质结冰时的温度（此处为 $0℃$）也将出现平台，主要是潜热作用。简单的冷却过程没有相变，不会出现平台。

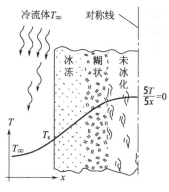

图 4-34 生物质结冰，显示部
分结冰或"糊状"区

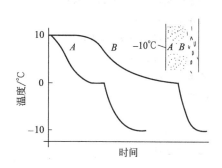

图 4-35 冷冻过程中典型的
温度-时间示意

正是"糊状"区效应使生物质的逐渐冷冻能够通过另一种方法成功地解决冷冻时间的计算。为此，改写导热方程为：

$$\frac{\partial}{\partial x}\left(k\,\frac{\partial T}{\partial x}\right)=\rho C_{pa}\frac{\partial T}{\partial t} \qquad (4-141)$$

C_{pa} 是包括潜热的表观比热容。因此，C_{pa} 被定义为：

$$C_{pa}=\frac{\partial H}{\partial T} \qquad (4-142)$$

H 是热容量，或每单位质量物质的焓（即显热、潜热之和）。H 和 T 之间的关联：

$$H=f(T) \qquad (4-143)$$

由实验给出。牛肌肉组织实验数据示于图 4-36，有一些简单的经验方程可估计 H，尽管这类方程有相当大的误差。方程式(4-141)

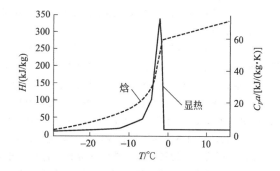

图 4-36 冷冻温度附近，牛肌肉组织的焓
（H）对温度（T）实验关联

和式(4-143)结合，可提供温度与时间的函数关系，这是计算冷冻时间所需的。方程式(4-141)由于使用了表观比热容，其中包括相变影响。因此，对生物质即使细胞结构和其他复杂性被忽略，它的冷冻过程与纯液体相比仍要复杂得多。

本章主要符号

A	传热表面积，m^2	C_p	比热容，$J/(kg \cdot K)$

D	管径，m	x	距离，m
ΔH_f	每单位质量物质的熔化潜热，J	Ec	埃克特数
Q	传热速率，W	Gr	格拉晓夫数
R	管半径，m；热阻，K/W	Nu	努塞尔数
T'	脉动温度，℃或K	Nu_x	局部努塞尔数
$\overline{T}$	时均温度，℃或K	Pr	普朗特数
T_f	膜温，℃或K；流体温度，℃或K	Ra	瑞利数
T_w	壁面温度，℃或K	Re	雷诺数
a	热扩散系数，m^2/s	β	体积膨胀系数
b	宽度，m	δ	速度边界层厚度，m；板厚，m
f	摩擦因子	δ_T	热边界层厚度，m
h	对流传热系数，$W/(m^2 \cdot K)$	ε	黑度
k	热导率，$W/(m \cdot K)$	ε_M	涡流动量扩散系数，m^2/s
q	对流传热热流强度，$J/(m^2 \cdot s)$	ν	运动黏度，m^2/s
$\dot{q}$	内热源生成热速率，J/s	θ_T	过余温度，℃或K
r	管半径，m	μ	黏度，Pa·s
t	时间，s	ρ	密度，kg/m^3
u	速度，m/s	τ	湍流剪切应力，Pa
u'	脉动速度，m/s	τ_w	壁面剪切应力，Pa
u^+	无量纲速度		

思 考 题

1. 理解 Brinkman 数的物理意义，探讨 $Br=0$，$Br=2$，$Br>2$ 时的传热特征。

2. 水平管外的蒸汽冷凝与垂直壁面上的冷凝有何特点？对冷凝传热膜系数有何影响？

3. 列出层流、湍流时流速对压降和传热系数的影响，探讨工程设计中合理压降、适宜流速、经济管径。

4. 比较阻力消耗与传热速率，对不同黏度、密度的流体如何优选流动速度？

5. 二层平壁和二层圆管内、外层相互交换，导热量会如何变化？工程上应如何考虑这些问题（保温层厚度都相等）？

6. 流体在较短的平板上作层流对流传热，边界层是否越来越厚？局部对流传热系数是否越来越小？如果平板很长，流动变成湍流，局部对流传热系数如何变化？

7. 冬天在同样的气温条件下，为什么有风时比无风时感觉寒冷？

8. 两根不同直径的蒸汽管道，外表面均覆设厚度相同、材料相同的绝热层。若两管表面和绝热层外表面的温度相同，试问两管每米管长的热损失是否相同？

9. 什么是非稳态导热的集总参数法？其使用条件是什么？

10. 分析含内热源圆柱体导热温度分布的特点，并与层流管速度分布比较。

11. 比较热阻的加和性与电阻串联规律的类似性。

12. 试简述 Nu，Pr 以及 Bi 的物理意义。

13. 如何运用边界层理论导出 $Nu=f(Re,Pr)$ 的函数关系？

14. 比较自然对流与强制对流。如何判别自然对流不同的流动状态？

15. 简述传热强化途径。

16. 建立纤维冷却模型包含哪些假定？讨论这些假定的合理性与局限性。

17. 讨论生物质传热的特点。

习 题

4-1 有一具有均匀体积发热率 $\dot{q}$ 的球形固体，其半径为 r_0。球体沿径向向外对称导热。球表面的散热速率等于球内部的发热率，球表面上维持恒定温度 t_s 不变。试推导球心处的温度表达式。

4-2 温度为 25℃、速度为 10m/s 的冷却空气掠过一块电子线路板的表面，距板的前缘 120mm 处有一块 4mm×4mm 的芯片，芯片前方存在的扰动导致热交换增强，适用关联式为 $Nu_x = 0.04Re_x^{0.85}Pr^{0.33}$。该芯片的耗散功率等于 30mW，试估算它的表面温度。

4-3 15℃的空气以 10m/s 的速度同时流过一块平板的上、下两面，板长等于 2m，板温保持 100℃，求：a. 表面平均传热系数和板的平均散热功率；b. 板表面的局部热流密度沿板长方向的变化规律。

4-4 某一瞬间，厚 0.4m 的大平壁内具有温度分布 $T = 200 - 180x + 40x^2$。壁面材料的热导率为 1W/(m·K)。求：(1) 平壁两侧面单位面积传进、传出的热量；(2) 平壁单位面积存储热量的变化速率；(3) 冷表面与 60℃的流体传热时的表面传热系数。

4-5 20℃的空气以均匀流速 $u = 15$m/s 平行于温度为 100℃的壁面流动。已知临界雷诺数 $Re_{cr} = 5×10^5$。求平板上层流段的长度，临界长度处流动边界层厚度 δ 和热边界层厚度 δ_T，局部对流传热系数 h_x 和层流段的平均对流给热系数 h_L。(已知：$\nu = 1.897×10^{-5}$m²/s，$k = 0.0289$W/(m·K)，$Pr = 0.698$)

4-6 温度为 20℃、压力为 1atm 的空气，以 2m/s 的流速在一热平板表面上流过。平板的温度恒定为 60℃，试计算距平板前缘 0.2m 及 0.4m 两段长度上单位宽度的对流传热速率。(已知：$Re_{cr} = 5×10^5$)

4-7 空气 $p = 1$atm，$T = 20$℃，以 $u = 10$m/s 的速度流过一平板壁面，平板宽度为 0.5m，平板表面温度 $T_s = 50$℃。试计算：(1) 临界长度处的 δ、δ_T、h_x；(2) 层流边界层内平板壁面的传热速率；(3) 若将该平板旋转 90°，试求与 (2) 相同传热面积时平板的传热速率。

[已知特性温度下的物性参数为：$\nu = 1.506×10^{-5}$m²/s，$k = 0.0258$W/(m·K)，$Pr = 0.703$，$Re_{cr} = 5×10^5$]

4-8 一发热速率 $Q = 0.56$W 的可控硅，通过边长 $L = 20$mm 的正方形铝板单面散热，20℃的空气以均匀流速 $U = 1.24$m/s 沿壁面平行流动。设铝板温度均一，忽略边缘效应，求铝板温度。若铝板温度高于设计温度，应采取何措施？

[已知空气 $\nu = 1.506×10^{-5}$m²/s，$k = 0.0258$W/(m·K)，$Pr = 0.703$]

4-9 若流体在管截面上具有均匀的速度分布，则称这种理想的管内流动状态为蠕动流。这种流动状态一般出现在高黏度流体的低速层流流动中。试推导：(1) 在管表面恒热流密度条件下管内充分发展蠕动流的截面温度分布 $t(r)$；(2) 对流传热努塞尔数。

4-10 在一无内热源的固体热圆管壁中进行径向稳态导热。当 $r_1 = 1$m 时，$t_1 = 200$℃；$r_2 = 2$m 时，$t_2 = 100$℃。其热导率 k 为温度的线性函数，关系为：
$$k = k_0(1 + \beta t)$$
式中，k_0 为基准温度下的热导率，其值为 $k_0 = 0.138$W/(m·K)；β 为温度系数，其值为 $\beta = 1.95×10^{-4}$。试导出导热速率的表达式，并求单位长度的导热速率。

4-11 有一直径为 100mm 的金属圆柱形球体，导体内有均匀热源产生，其值为 $\dot{q} = 1.0×10^7$W/m³。已知导体内只进行一维径向导热，达稳态后，测得外表面温度为 100℃，导体的平均热导率为 50W/(m·℃)，试求导体内的最高温度。

4-12 水以 1.5m/s 的流速在长为 3m、直径为 ϕ25mm×2.5mm 的管内由 20℃加热至 40℃，试求水与管壁之间的对流传热系数。

4-13 液化气体储存在良好绝缘的球形容器内，此容器有通大气的放气孔，求通过此容器壁的定常态传热速率表达式。容器内外壁半径为 r_0 和 r_1，相应温度为 T_0 和 T_1，绝缘材料的热导率与温度有线性关系：
$$k = k_0 + (k_1 - k_0)\frac{T - T_0}{T_1 - T}$$
若容器内径为 1.82m，绝缘层厚度为 0.3m，绝缘层内表面温度为 -183℃，绝缘层外表面温度为 0℃，氧沸点为 -183℃，氧气化热为 6848J/mol，绝缘层热导率 0℃时为 0.156W/(m·K)，-183℃时为 0.125W/(m·K)。

4-14 某项设计要求宽为 0.3m、温度为 260℃的加热板以自然对流的方式传递热量给 38℃的空气，从板的一侧传递给空气的热量为 58.6W。试求板所必需的高度。

4-15 流体以稳态流过一圆管，测得速度分布和温度分布分别为

$$\frac{u_x}{u_{\max}}=1-\frac{r^2}{R^2}$$

$$\frac{T-T_w}{T_{\max}-T_w}=1-\frac{r^2}{R^2}$$

试证 $Nu=6$。

参 考 文 献

[1] Mills A. F. Basic Heat and Mass Transfer. Sydney：Richard D. Irwin, Inc., 1995.

[2] 王绍亭，陈涛. 化工传递过程基础. 北京：化学工业出版社，1998.

[3] R. B. 博德，W. E. 斯蒂特，E. N. 拉特福特. 传递现象（第二版）. 戴干策，戎顺熙，石炎福译. 北京：化学工业出版社，2004.

[4] Yunus A. Cengel, Robert H. Turner. Fundamentals of Thermal-Fluid Science. Second Edition. Boston：McGraw-Hill Companies，2005.

[5] Stanley Middleman. An Introduction to Heat & Mass Transfer. New York：John Wiley & Sons, Inc., 1998.

[6] Holman, JP. Heat Transfer. New York：McGrow-Hill Companies，2005.

[7] 过增元，黄素逸，等. 场协同原理与强化传热新技术. 北京：中国电力出版社，2004.

[8] Ashim K. Datta. Biological and Bioenvironmental Heat and Mass Transfer. New York：Marcel Dekker, Inc. New York Basel，2002.

第5章 质量传递

液体蒸发、固体溶解、云的形成、油的燃烧、金属氧气切割、水的脱气等是自然界和工程上常见的现象，这些现象虽各有其特点，但共同的基本点是包含了物质在一相中或同时通过相界面的传递，称为质量传递现象。仅在一相中发生的是单相传质，通过相界面的传递是相际传质，而后者更普遍更重要。

工程上传质常与化学反应并存，它影响着有时甚至成为化学反应的控制因素，例如酸碱中和的速度、微生物生长产生抗生素的速度等，混合物的分离过程如吸收、蒸馏或吸附等以质量传递为基础，质量传递是制取各种化学产品必不可少的步骤；此外，环境保护、生命现象、氧气呼吸、营养物吸收也都涉及质量传递，因而了解传质有着十分重要的意义。

引起质量传递的推动力主要是浓度差，其他还有温度差、压力差等，本课程中仅考虑浓度差引起的传质。

质量传递与热量传递二者相似，但仍需关注两者之间的差异。其中需要着重指出的是，热量传递多数发生在固体壁面两侧之间，而质量传递多数发生在界面可以运动的流体/流体或流体/颗粒之间；传热时相边界平衡条件较为简单，边界温度相等，而传质时界面相平衡复杂得多，除非用化学势代替浓度作推动力。此外，扩散通量可能诱导漂移速度、多组分扩散、非理想物质传质等的复杂现象，都是热量传递时不存在的。

质量传递的中心问题是各种特定情况下的传质速率问题。质量守恒定律是研究质量传递的基点。本章首先讨论传质机理，因分子扩散已在第1章论述，此处将着重讲对流传递。在论述层流传质和湍流传质基础上，再阐述相际传质的基本理论及有关计算，最后简述质量传递原理的应用。

5.1 传递机理——对流扩散

前已述及，在运动流体中物质传递有两种完全不同的机理，即分子扩散和组分随流体运动而发生的传递，两个过程的总和称对流扩散（或对流传质）。对流扩散由流体宏观流动引起，其传递机理取决于流体的流动状态。然而无论是层流还是湍流，在壁面上的扩散速率都因流动而增大。下面分别讨论层流和湍流下的扩散规律。

5.1.1 层流扩散

在层流流体中，由于相邻层间流体无宏观运动，在垂直于流动的方向上只存在由浓度梯度引起的分子扩散。壁面与流体间扩散通量仍依据费克第一定律，有

$$N_A = -D_{AB}\frac{dC_A}{dy} \tag{5-1}$$

流体在静止抑或层流流过平壁时进行传质，两者在垂直于平壁的方向上虽同为分子扩散传递物质，但后者明显大于前者。如图 5-1(a) 所示，在浓度场中取一微元体，由于在 x 方向流入和流出该微元体的流体浓度不相同，根据质量守恒，在 y 方向上，扩散通量 $N_{A,y+\Delta y}$ 必定小于 N_{Ay}，亦即垂直于主流方向的物质扩散通量随着壁面距离 y 的增大而减小，从而使浓度梯度随之减小。前已述及，静止流体中垂直于壁面方向上浓度变化呈直线分布，而流动流

体的浓度分布则如图 5-1(b)、(c) 所示，呈现出非线性，且近壁面处最大，表明流动加大了壁面处的浓度梯度，从而使壁面上的扩散通量较静止时大。

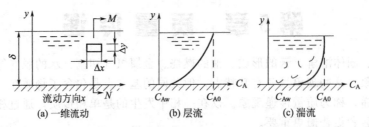

图 5-1　流体流过平壁时的浓度发布

5.1.2　湍流扩散

在湍流运动中，流体微团（涡旋）的脉动造成流体在垂直于主流方向上的强烈混合，这种混合也称为涡流扩散，对质量传递十分重要。

当流体湍流流过壁面时，形成包括黏性底层、过渡层及湍流核心三个区域的流动边界层。因边界层中流动状态各不相同，物质传递机理也彼此相异。若壁面上流体浓度高于流体主流中，则形成浓度梯度，发生物质传递。定常情况下，湍流场各区域中浓度分布如图 5-2 所示。黏性底层中浓度梯度最大，湍流脉动极微弱，物质依靠分子扩散传递，扩散速率取决于浓度梯度及分子扩散系数；过渡层中分子扩散和涡流混合同时起作用，浓度分布比黏性底层中要小得多；湍流核心区中涡流混合剧烈，物质由过渡层输入湍流核心，由于强烈混合浓度梯度消失，使湍流核心区浓度均匀化。因此在垂直于主流方向 y 上，除了分子扩散外，更重要的是湍流脉动导致强烈混合所产生的物质传递。

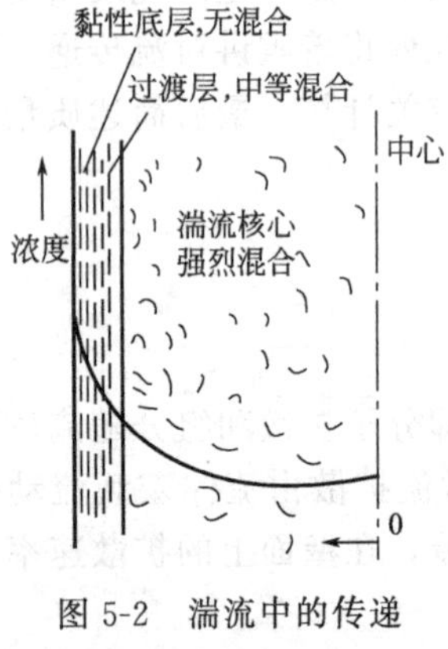

湍流流动中质量传递的一般式中包括分子扩散和涡流扩散，因此 A 物质的扩散通量

$$N_A = -(D_{AB} + \varepsilon_D)\frac{dC_A}{dy} \tag{5-2}$$

式中，ε_D 为涡流扩散系数，决定于流体流动的特性，而非流体性质。一般是 y 的函数，了解这一函数才能方便地求得浓度分布和扩散通量。

5.1.3　对流传递的简化处理——传质系数

前面通过引入分子扩散系数或涡流扩散系数建立通量与浓度的微分方程式，寻求浓度在空间的分布，这是解决质量传递问题的一条基本途径。但在有些情况下，可以唯象地处理问题。对于流体与壁面（或界面）间的传递，设想壁面附近存在着一层虚拟膜，传质通量与膜两侧的浓度差成正比，采取类似于对流传热的处理方法，引入对流传质系数 k（又称传质分系数），有

$$传递的物质量 = k(界面积) \times (浓度差) \tag{5-3}$$

式(5-3) 改写成通量形式，得到

$$N_A = k(C_{Ai} - C_A) \tag{5-4}$$

式中，C_{Ai}、C_A 分别为界面及主体组分 A 的浓度。k 与式(5-2) 中 D_{AB} 的含义不同，它不是物系的属性，并非常数，而是随流动特性变化。运用这种处理方法不能确立浓度随位置的变化，但它便于处理几何情况复杂的传质，特别是关联实验数据的一种有效方法。工程上有时将这种处理方法称为"集总参数模型"，是总体衡算的方法；而将采用扩散系数的方法称为

图 5-2　湍流中的传递

"分布参数模型"，是微元体衡算法。两种方法有时可用于处理同样的问题，有时仅能选用一种方法。下面对式(5-4)作进一步的解释。

式(5-4)表明，通量与浓度差成正比，即浓度差加倍，通量亦将加倍。传递面积加倍，传递总量加倍，而通量不变。这样，就将传递问题归结为求取传质系数，可用较为简单的办法处理复杂的问题，特别对于包含相界面的传质问题有着重要意义。但是，这种方法也有一些模糊和不确定性。传质系数的定义涉及浓度差，浓度有不同的单位，相应地传质系数的单位也就不同，而扩散系数是不随浓度单位改变的。有些情况下传质面积难以确定，以致传质系数也难以获得，只能将两者合并一起考虑其乘积，对通量也需取其单位体积值。有些情况下推动力是变化的，应采用局部传质系数；或者将推动力加以平均，求取平均推动力，计算平均传质系数。因此，传质系数的局部值与平均值是有差别的。

传质系数虽可由理论计算，但仅限于少数简单情况，主要是通过实验。以无量纲数整理实验结果，量纲分析给出 $Sh = f(Re, Sc)$。其中 $Sh = \dfrac{k_c L}{D_{AB}}$ 表示传质速率与扩散速率之比，特征尺度 L 因几何结构而异；$Sc = \dfrac{\nu}{D_{AB}}$ 表示动量扩散系数与质量扩散系数之比。典型的关联式如下[1]。

绕固体球强制对流，表面组成恒定时

$$\frac{k_c d_P}{D_{AB}} = 2.0 + 0.6 \left(\frac{d u_0}{\nu}\right)^{1/2} \left(\frac{\nu}{D_{AB}}\right)^{1/3} \tag{5-5}$$

式中，d_p 为球直径；u_0 为球的运动速度。此式可由理论计算导出。静止流体中颗粒扩散的传质极限 Sh 为 2，流体运动将造成 k_c 增加。

颗粒强制对流传热有类似表达式，表明传质/传热间的类似关系。

绕固体球自然对流

$$\frac{k_c d_P}{D_{AB}} = 2.0 + 0.6 \left(\frac{d^3 \Delta \rho g}{\rho \nu^2}\right)^{1/4} \left(\frac{\nu}{D_{AB}}\right)^{1/3} \tag{5-6}$$

式中，$\dfrac{d^3 \Delta \rho g}{\rho \nu^2}$ 是 Grashof 数。

搅拌槽中的气泡

$$\frac{k_c d}{D_{AB}} = 0.13 \left(\frac{d^4 \dfrac{P}{V}}{\rho \nu^3}\right)^{1/4} \left(\frac{\nu}{D_{AB}}\right)^{1/3} \tag{5-7}$$

式中，d 为气泡的直径；$\dfrac{P}{V}$ 为单位体积功率消耗。

溶液中上升的大液滴（直径＞0.3cm）

$$\frac{k_c d}{D_{AB}} = 0.42 \left(\frac{d^3 \Delta \rho g}{\rho \nu^2}\right)^{1/4} \left(\frac{\nu}{D_{AB}}\right)^{1/3} \tag{5-8}$$

式中，d 为液滴直径；$\Delta \rho$ 为液滴与周围流体的密度差。

溶液中上升的小液滴

$$\frac{k_c d}{D_{AB}} = 1.13 \left(\frac{d u_0}{D_{AB}}\right)^{0.8} \tag{5-9}$$

式中，d 为液滴直径；u_0 为液滴速度。

这些关联式的对比分析有助于理解影响对流传质的主要因素，例如 Sh 随流场特性变化，k_c 与扩散系数、黏度的关系等。

例 5-1 填充床内传质

填充床内装填直径为0.2cm的苯甲酸颗粒，纯水以表观速度5cm/s流过床层，通过100cm床层高度后，水中苯甲酸浓度为饱和浓度的62%，已知单位床层体积（1cm³）的苯甲酸表面积为23cm²，试计算该系统的传质系数。

解 已知水中苯甲酸浓度 $C_A = 0.62C_{As}$（C_{As}为组分A的饱和浓度），比表面积 $a = 2.3 \times 10^3 \text{m}^2/\text{m}^3$，通过单位床层高度苯甲酸溶解量为

$$N_A = \frac{C_A U A}{aV} = \frac{0.05 C_A A}{a \times 1 \times A} \qquad ①$$

由式(5-4) $N_A = k(C_{Ai} - C_A)$可知传质系数。

(1) 若按填充床进口处计 $C_{Ai} = C_{As}$，$C_A = 0$，则有

$$N_A = k(C_{Ai} - 0) = kC_{As} \qquad ②$$

由式①及式②得

$$k = \frac{C_A \times 0.05 A}{a \times 1 \times A} \times \frac{1}{C_{As}} = \frac{0.62 \times 0.05}{2.3 \times 10^3 \times 1} = 1.35 \times 10^{-5} \quad (\text{m/s})$$

(2) 选择床层高度 z 处，取微元体积 $\Delta z A$ 作组分A质量衡算

$$流入量 - 流出量 + 溶解量 = 累积量$$

即

$$C_A U|_z - C_A U|_{z+\Delta z} + N_A a A \Delta z = 0 \qquad ③$$

等式两边除以 $A\Delta z$，并取 Δz 趋近零时极限，有

$$\frac{dC_A}{dz} = \frac{ka}{U}(C_{As} - C_A) \qquad ④$$

由初始条件 $z=0$，$C_A=0$，积分式④得

$$\frac{C_A}{C_{As}} = 1 - e^{-(\frac{ka}{U})z}$$

所以

$$k = -\frac{U}{az}\ln\left(1 - \frac{C_A}{C_{As}}\right) = -\frac{0.05}{2.3 \times 10^3 \times 1}\ln(1 - 0.62) = 2.1 \times 10^{-5} \quad (\text{m/s})$$

两种计算方法所得 k 值不同，但后者较为典型，用这种方法定义传质系数较前者更为可取。

例 5-2 液滴溶解

溴滴在搅拌下迅速溶解于水，3min后，测得溶液浓度为50%饱和浓度，试求系统的传质系数。

解 溴自溴滴表面溶解，溶液浓度随时间不断变化，对组分溴作质量衡算

$$\frac{d}{dt}(VC_A) = N_A A = k(C_{As} - C_A)A$$

$$\frac{dC_A}{dt} = k(C_{As} - C_A)\frac{A}{V} = ka(C_{As} - C_A) \qquad ①$$

式中，a 为单位溶液体积的溴滴表面积，$a = \frac{A}{V}$；C_{As}为溴滴表面处饱和浓度。

假定液相内浓度均匀（除液滴表面处），并由初始条件 $t=0$ 时 $C_A=0$（纯水），积分式①，得

$$\frac{C_A}{C_{As}} = 1 - e^{-kat} \qquad ②$$

所以

$$ka=-\frac{1}{t}\ln\left(1-\frac{C_A}{C_{As}}\right)=-\frac{1}{3\times60}\ln(1-0.5)=3.85\times10^{-3}\quad(s^{-1})$$

必须指出，k 值未能单独解出，只是得到 ka 乘积。这个乘积常出现在传质关联式中。ka 与具有平衡常数为 1 的一级可逆反应的速率常数类似，对化学反应中传质计算将是十分有用的概念。这一实例可用于 ka 值的实验测定。

例 5-3　氧传递

一个原始直径为 0.1cm 的氧气泡浸没于搅拌着的水中，7min 后，气泡直径减小为 0.054cm，试求系统的传质系数。

解　氧传递过程中氧气泡体积缩小，由组分氧的质量衡算，可得

$$-\frac{d}{dt}\left(C_{AG}\times\frac{4}{3}\pi r^3\right)=N_A A=k(C_{As}-C_A)\times4\pi r^2$$

式中，C_{AG} 为气泡内氧浓度，标准状态下等于 1mol/22.4L；C_{As} 为气泡表面处水中氧的饱和浓度，在类似条件下约为 1.5×10^{-3}mol/L，$C_A=0$（搅拌槽内为纯水）。由此可得

$$\frac{dr}{dt}=-k\frac{C_{As}}{C_{AG}}=-0.034k \tag{①}$$

由初始条件 $t=0$ 时，$r=5\times10^{-4}$m，积分式①得

$$r=-0.034kt+5\times10^{-4} \tag{②}$$

当 $t=7\times60$s 时，$r=2.7\times10^{-4}$m，所以

$$k=\frac{5\times10^{-4}-2.7\times10^{-4}}{0.034\times420}=1.6\times10^{-5}\quad(m/s)$$

5.2　层流质量传递

流体层流运动状态下，运动方向和物质传递方向垂直时，传质机理仍然是分子扩散，但流动对传质速率有决定性的影响，因而有必要在了解流动特性的基础上考察传质（作为一种近似，此处忽略传质对流动的影响）。本节选取几种简单的几何情况，通过微元体衡算法建立流动和传质的微分方程，结合定解条件，用解析计算方法解得浓度分布以及扩散通量。

5.2.1　液膜中的扩散

许多操作如膜状冷凝、吸收及精馏都是在液膜流动中进行热量及质量传递的。沿垂直或倾斜壁面流动的液膜（组分 B）与相邻气体（组分 A）接触发生物质传递，气体从膜表面向液膜主体转移，浓度变化主要发生在液膜表面附近很薄的扩散层中。若液膜流动为层流，并考虑到气体迅速通过气相，气相传质阻力可以不计，因而液膜表面上组分 A 浓度 C_{Ai} 可视为气相主体的平衡浓度。

为研究气体在液膜中扩散规律时便于数学处理，作如下假定：
① 溶液是很稀的，A 仅微溶于 B，液体黏度及密度变化不大（恒物性）；
② 气体是纯态的（否则存在气相扩散阻力）；
③ 液膜中的传质凭借沿 z 方向的扩散及 x 方向的对流作用；
④ 气体与液体接触是短暂的。

取宽度为 w 的微元体（如图 5-3 所示），作组分 A 的质量衡算，有

［扩散进入质量流率－扩散离去质量流率］$_z$＋［进入质量流率－离去质量流率］$_x$

$$=累计质量流率 \tag{5-10}$$

即

$$[(J_A w \Delta x)_z - (J_A w \Delta x)_{z+\Delta z}] + [(C_A u_x w \Delta z)_x - (C_A u_x w \Delta z)_{x+\Delta x}] = \frac{\partial}{\partial t}(C_A \Delta x w \Delta z)$$

$$(5\text{-}11)$$

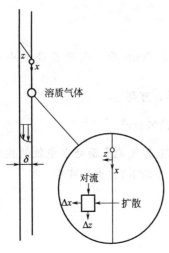

图 5-3　降膜内扩散

在定常条件下，累积项为零，因而上式等号右边为零。J_A 及 C_A 均随 x 及 z 变化，将上式除以 $\Delta x \Delta z w$，并取极限 $\Delta x \rightarrow 0$，$\Delta z \rightarrow 0$，可得

$$\frac{\partial J_A}{\partial z} - \frac{\partial}{\partial x}(C_A u_x) = 0 \qquad (5\text{-}12)$$

层流液膜内流体流动速度 u_x 为

$$u_x = u_{x,\max}\left[1 - \left(\frac{z}{\delta}\right)^2\right] \qquad (5\text{-}13)$$

若组分 A 扩散仅发生在液膜表面附近的薄层中，气液两相接触时间极短，组分 A 在液膜中扩散缓慢，以致难以渗入膜内深处，亦即渗透距离 δ_c 远小于液膜厚度 δ，壁面不影响 $y=\delta$ 处扩散，因而对该扩散过程可认为液膜仍以均匀速度 $u_{x,\max}$ 移动，从而使扩散问题得到简化处理。式(5-12)可改写为

$$u_{x,\max}\frac{\partial C_A}{\partial x} = D_{AB}\frac{\partial^2 C_A}{\partial z^2} \qquad (5\text{-}14\text{a})$$

或

$$\frac{\partial C_A}{\partial\left(\dfrac{x}{u_{x,\max}}\right)} = D_{AB}\frac{\partial^2 C_A}{\partial z^2} \qquad (5\text{-}14\text{b})$$

相应边界条件为

$$\begin{cases} x=0, C_A=0 \text{（入口处膜内组分 A 浓度为零）}\\ x>0, z=0, C_A=C_{Ai} \text{（自由面上溶解气体的平衡浓度）}\\ z\rightarrow\infty, C_A=0 \text{（因为渗透距离很小）} \end{cases}$$

式(5-14a)是热传导型方程，偏微分方程经相似变换可变为常微分方程。以无量纲变量置换求解，令

$$\eta = \frac{z}{\sqrt{4D_{AB}x/u_{x,\max}}}$$

在上述边界条件下，所得解为

$$\frac{C_A}{C_{Ai}} = 1 - \text{erf}\left[\frac{z}{\sqrt{4D_{AB}x/u_{x,\max}}}\right] \qquad (5\text{-}15)$$

浓度分布示于图 5-4，浓度梯度为

$$\frac{\partial C_A}{\partial z} = -\frac{2C_{Ai}}{\sqrt{\pi}}\exp\left[\frac{z^2}{\sqrt{4D_{AB}x/u_{x,\max}}}\right]\frac{1}{\sqrt{4D_{AB}x/u_{x,\max}}} \qquad (5\text{-}16)$$

从而，液膜表面上扩散通量

$$N_{Az} = -D_{AB}\left(\frac{\partial C_A}{\partial z}\right)_{z=0} = C_{Ai}\sqrt{D_{AB}u_{x,\max}/(\pi x)} \qquad (5\text{-}17)$$

式(5-17)表明，传质速率与离开液膜端点距离的位置 x 有关，即反比于 x 的平方根。引入对流传质系数式(5-4)，可导出

$$k_c = \left(\frac{D_{AB}u_{x,\max}}{\pi x}\right)^{1/2} \qquad (5\text{-}18)$$

写成无量纲形式，为

$$Sh = \frac{k_c x}{D_{AB}} = \left(\frac{u_{x,\max} x}{\pi D_{AB}}\right)^{1/2} = \frac{1}{\sqrt{\pi}} Re^{1/2} Sc^{1/2} = 0.564 Re^{1/2} Sc^{1/2}$$

$$(5-19)$$

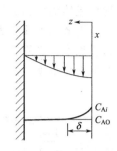

图 5-4　降膜内浓度
分布

沿膜长度平均传质系数

$$k_{cm} = \frac{1}{L} \int_0^L k_c \, dz = 2 \left(\frac{D_{AB} u_{x,\max}}{\pi L}\right)^{1/2}$$

$$(5-20)$$

扩散层厚度

$$\delta_c = \frac{D_{AB} C_{Ai}}{N_{Az}} = \sqrt{\frac{\pi D_{AB} x}{u_{x,\max}}}$$

$$(5-21)$$

从式(5-21)可看出，δ_c 正比于 $x^{0.5}$。所以距离液膜前缘较远处不再满足 $\delta_c \ll \delta$ 的假定，然而液膜流过填料或塔壁时通常还是满足假定条件的。

例 5-4　液膜吸收[2]

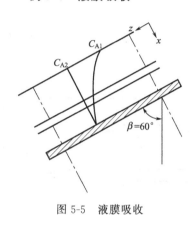

图 5-5　液膜吸收

水流以速率 $5 \times 10^{-3} \text{kg/(m·s)}$ 流过倾斜 $60°$ 的平板，在板面上形成水膜，如图 5-5 所示，假定液膜为层流，膜厚可由下式计算

$$\delta = \left(\frac{3 \mu \Gamma}{\rho^2 g \cos\beta}\right)^{\frac{1}{3}}$$

式中，Γ 为单位板宽的质量流率。在 $20℃$、1atm 下水膜从空气流中吸收氨气，假定膜厚相当于双膜论中虚拟膜的厚度，试估计水吸收氨气的传质膜系数。

解 已知 $\mu_{H_2O} = 8.75 \times 10^{-4} \text{kg/(m·s)}$，$\Gamma = 5 \times 10^{-3}$ kg/(m·s)，$\rho = 998 \text{kg/m}^3$，计算水膜厚度

$$\delta = \left(\frac{3 \times 8.75 \times 10^{-4} \times 5 \times 10^{-3}}{998^2 \times 9.8 \times 0.5}\right)^{\frac{1}{3}} = 1.39 \times 10^{-4} \quad (\text{m})$$

由膜理论 $k_c = \dfrac{D_{AB}}{\delta}$，查得 $D_{NH_3 \text{-} H_2O} = 1.76 \times 10^{-9} \text{m}^2/\text{s}$

所以

$$k_c = \frac{1.76 \times 10^{-9} \text{m}^2/\text{s}}{1.39 \times 10^{-4} \text{m}}$$

$$= 1.27 \times 10^{-5} \text{m/s}$$

5.2.2　圆管内的传质

圆管内传质在实践中有许多重要应用，如海水淡化处理用的管式反渗透器、用合成膜制成的管式超滤器、利用管壁上物质的蒸发冷却过程保护燃烧壁面，用于传质试验的气液或液液湿壁塔，还有医药上人造肾内作血透析用的管式渗透器、毛细管内血的充氧以及化学法除去管内结垢都是利用管内物质的扩散及对流传质作用，因此研究圆管内传质的一般规律是很有必要的。

当圆管内传质是在管壁与层流流体之间进行时，流体流经进口段长度以后形成充分发展了的流动，速度呈抛物线分布。同时，流体中组分的浓度也有类似的发展过程，流动截面上扩散物质的浓度分布沿程不断变化，如图 5-6 所示。在圆管进口处流体中物质浓度是均匀的，进入管内，由于流体与管壁间质量交换，近壁面处流体中物质浓度首先发生变化，而管

中心部分流体仍保持原来的浓度。随着往下游流动，浓度变化趋向管中心，流经一定距离后，整个管截面上流体都参与对流传质，呈充分发展了的浓度分布，这段距离称为浓度发展的进口段长度。必须注意，充分发展了的流动速度分布形状不再变化，但是浓度分布不然，不仅截面平均浓度，而且中心浓度沿程均不断变化，越来越接近壁面处浓度。

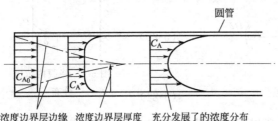

图 5-6　圆管进口为层流时浓度边界层和浓度分布的发展

圆管层流传质存在着流动和传质两个充分发展过程，它们可能不完全一致，因而两个进口段长度也不一定相等。分析圆管内层流下的传质会有三种不同情况：①速度和浓度分布同时发展着（出现在离进口较近距离内的传质）；②充分发展了的速度分布和发展着的浓度分布（速度充分发展以后才开始传质）；③充分发展了的速度分布和浓度分布（开始传质在较远处）。

传质进口段长度 L_{eD} 通常以下式计算：

$$\frac{L_{eD}}{D} = 0.05 ReSc \tag{5-22}$$

式中，D 为管径。

实际生产过程中，对于 Sc 较大的系统，在有限长度的管内，充分发展了的浓度分布是较难实现的，管内传质过程通常处于浓度进口段内。因此，讨论流动充分而浓度分布发展着的圆管传质更具有实践意义。

研究圆管内层流传质，需要讨论管内径向和轴向浓度分布的规律。取微元体积 $dV = 2\pi r dr dz$（见图 5-7），对组分 A 作质量衡算，有

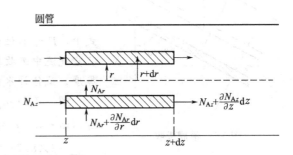

图 5-7　圆管中传质微元控制体

$$\boxed{\begin{array}{c}\text{进入微元}\\\text{质量流率}\end{array}} - \boxed{\begin{array}{c}\text{离开微元}\\\text{质量流率}\end{array}} = \boxed{\begin{array}{c}\text{微元体内累}\\\text{计质量流率}\end{array}} \tag{5-23}$$

进入微元体组分 A 的速率
轴向：

$$N_{Az} \times 2\pi r dr$$

径向：

$$\left[N_{Ar} + \frac{\partial N_{Ar}}{\partial r} dr \right] \times 2\pi r dz$$

离开微元体组分 A 的速率
轴向：

$$\left[N_{Az} + \frac{\partial N_{Az}}{\partial z} dz \right] \times 2\pi r dr$$

径向：

$$N_{Ar} \times 2\pi r dz$$

累计质量流率：

$$\frac{\partial C_A}{\partial t} \times 2\pi r dr dz$$

上述各项代入式(5-23)，经整理可得

$$\frac{\partial N_{Az}}{\partial z}+\frac{\partial C_A}{\partial t}=\frac{1}{r}\times\frac{\partial(rN_{Ar})}{\partial r} \tag{5-24}$$

分别可得到

径向摩尔通量：$N_{Ar}=-\left(-D_{AB}\frac{\partial C_A}{\partial r}+C_A u_{Mr}\right)=D_{AB}\frac{\partial C_A}{\partial r}-C_A u_{Mr}$

轴向摩尔通量：$\quad\quad\quad N_{Az}=-D_{AB}\frac{\partial C_A}{\partial z}+C_A u_{Mz}$

式中，u_{Mz} 为 z 方向摩尔平均速度。

将 N_{Ar} 及 N_{Az} 分别代入式(5-24)，经整理有

$$\frac{\partial C_A}{\partial t}+u_{Mz}\frac{\partial C_A}{\partial z}+u_{Mr}\frac{\partial C_A}{\partial r}=D_{AB}\left[\frac{1}{r}\times\frac{\partial}{\partial r}\left(r\frac{\partial C_A}{\partial r}\right)+\frac{\partial^2 C_A}{\partial z^2}\right] \tag{5-25}$$

式中，u_{Mr} 为轴向摩尔平均速度。

式(5-25)为柱坐标系扩散微分方程。对于轴对称流动，在定常扩散 $\left(\frac{\partial C_A}{\partial t}=0\right)$，流动充分发展的条件下（$u_{Mr}=0$），若轴向扩散小于轴向对流传递 $\left(\frac{\partial^2 C_A}{\partial z^2}\ll u_{Mz}\frac{\partial C_A}{\partial z}\right)$，式(5-25)可进一步简化为

$$u_{Mz}\frac{\partial C_A}{\partial z}=D_{AB}\left[\frac{1}{r}\times\frac{\partial}{\partial r}\left(r\frac{\partial C_A}{\partial r}\right)\right] \tag{5-26}$$

由此，圆管层流传质与圆管对流传热问题相类似，只要壁面上径向速度远小于主流流动，亦即在低溶质浓度及低传质速率下由扩散引起的流体径向运动可忽略不计，这样，方程解与圆管层流传热的解相同，即

$$N_{Aw}=\text{常数},Sh=4.36 \tag{5-27}$$
$$C_{Aw}=\text{常数},Sh=3.66 \tag{5-28}$$

为研究流动已充分发展、浓度分布还在发展着的传质，通常可在能溶于流体的物质铸成的管道中进行，壁面浓度恒定。Lindon 及 Sherwood 进行了水流过由苯甲酸、肉桂酸及 β-萘酚铸成的可溶解管壁的传质实验，所得结果示于图 5-8 中，其与理论曲线相一致。自图可见，在 $\frac{w}{\rho D_{AB}z}>400$ 时，浓度分布近似为直线，可用下式表示

$$\frac{\rho_{Ab}-\rho_{Ai}}{\rho_{Aw}-\rho_{Ai}}=5.5\left(\frac{w}{\rho D_{AB}z}\right)^{-\frac{2}{3}} \tag{5-29}$$

式中，ρ_{Aw} 为管壁处组分 A 的浓度；ρ_{Ai} 为进口处组分 A 的浓度；ρ_{Ab} 为组分 A 的截面平均浓度；z 为离进口处距离；w 为质量流率；ρ 为流体密度。

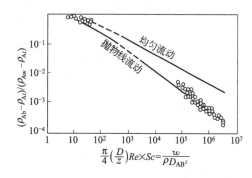

图 5-8　管中流体作层流流动时的浓度分布

由于是在充分发展了的流动下发展着的浓度分布，对于高质量流率下流过短管的层流流动，其浓度变化被限制在近壁处很狭窄的区域内，该区域内的速度分布可认为是线性的，因此

$$\left(\frac{du}{dy}\right)_{y=0}=C \quad \text{或} \quad u=C(R-r) \tag{5-30}$$

将壁面浓度恒定下的浓度分布式(5-29) 以局部 Sh 及平均 Sh_{am} 表示

$$Sh = \frac{k_\rho z}{D_{AB}} = \frac{D}{0.893} \times \left(\frac{C}{9D_{AB}z}\right)^{\frac{1}{3}} \qquad (5\text{-}31)$$

及

$$Sh_{am} = \left(\frac{k_\rho D}{D_{AB}}\right)_{am} = 1.615 D \left(\frac{C}{8D_{AB}z}\right)^{\frac{1}{3}} \qquad (5\text{-}32)$$

按牛顿流体层流下速度分布式 $u = u_{max} \left[1 - \left(\frac{r}{R}\right)^2\right]$，进口段作层流流动，有

$$C = \left(\frac{du}{dy}\right)_{y=0} = -\left(\frac{du}{dy}\right)_{y=R} = \frac{4u}{R} = \frac{8u}{D} \qquad (5\text{-}33)$$

将式(5-33) 分别代入式(5-31) 及式(5-32) 中，得

$$Sh = 1.077 \left(\frac{D}{z}\right)^{\frac{1}{3}} (Re \times Sc)^{\frac{1}{3}} \qquad (5\text{-}34)$$

$$Sh_{am} = 1.615 \left(\frac{D}{z}\right)^{\frac{1}{3}} (Re \times Sc)^{\frac{1}{3}} \qquad (5\text{-}35)$$

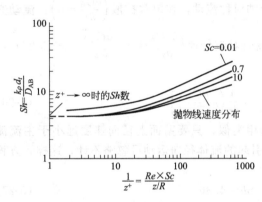

图 5-9 壁面有均匀通量的管内
层流传质的局部舍伍德数

当流动亦处于进口段，即速度边界层和浓度边界层均处于发展着的，对均匀壁面浓度，Glodberg 对方程进行数值求解，以 z^+ 作为无量纲距离，$z^+ = \frac{z/R}{Re \times Sc}$，$Sh - \frac{1}{z^+}$ 曲线示于图 5-9。Sh 计算式中传质系数的定义以壁面浓度与主体浓度对数平均值作为推动力。浓度进口段的长度 L_c 可近似地表示为 $L_c = 0.05 Re \times Sc$，计算表明，进口段的传质速率强于充分发展段。

例 5-5　管内进口段传质[3]

内径为 25.4mm 萘铸管，空气以 0.9 m/s 进入管内，空气平均压力为 101.353kPa，温度 318.15K，当空气中萘蒸气浓度达到：(1) 3.59×10^{-4} kg/m³ (10% 饱和)；(2) 8.97×10^{-4} kg/m³ (25% 饱和)。

试估计空气经历的管长。在该温度压力下相关物理性质是：

$$\rho_A = 1.111 \text{kg/m}^3, \mu_A (318.15K, 1atm) = 1.94 \times 10^{-5} \text{N} \cdot \text{s/m}^2$$

$$Sc = 2.457, D = 0.0688 \times 10^{-4} \text{m}^2/\text{s}$$

解　(1) $Re = \dfrac{25.4 \times 10^{-3} \times 0.9 \times 1.111}{1.94 \times 10^{-5}} = 1309$

流动为层流，假设处于进口段，速度、浓度边界层均在发展着，对均匀壁面浓度，利用 Glodberg 数值求解的 $Sh - \dfrac{Re \times Sc}{z/R}$ 曲线如图 5-9 所示。下面计算相关参数。

$$\frac{Re \times Sc}{z/R} = \frac{1309 \times 2.457 \times 25.4}{2z} = \frac{40845.9}{z}$$

壁面上扩散通量

$$N_{Aw} = \frac{\pi d_t^2 U \Delta \rho_A}{4 \pi d_t z} = \frac{25.4 \times 0.9 \times 3.59 \times 10^{-4}}{4z} = \frac{0.0021}{z}$$

$$\Delta \rho_{Atm} = \frac{(0.00359 - 0) - (0.00359 - 0.000359)}{2.3 \lg[0.00359/(0.00359 - 0.000359)]} = 0.00341 \quad (\text{kg/m}^3)$$

$$(Sh)_{lm} = \frac{N_{Aw}}{\Delta\rho_{Atm}} \times \frac{d_t}{D} = \frac{0.0021 \times 25.4 \times 10^{-3}}{0.0034 \times (0.0688 \times 10^{-4})z} = \frac{2273.58}{z}$$

即 $x = \dfrac{2273.58}{Sh_{lm}}$, $\dfrac{Re \times Sc}{z/R} = \dfrac{792.58}{z}$

在图 5-9 中，$Sc = 2.457$ 时，经试差可以查得所需求取的 z 值。

$$z = 137.16mm, \frac{Re \times Sc}{z/R} = 297.8, Sh_{lm} = 16.6$$

所得 Sh_{lm} 的值是渐近值 3.66［式(5-35)］的 4.5 倍，表明质量传递的进口段效应。计算给出速度和浓度进口段的长度分别为 1730mm 和 4290mm；大于所得 z 值，因而计算起始所作假设合理。

（2）计算步骤与（1）相同

$$z = \frac{6155.82}{Sh_{lm}}, \frac{Re \times Sc}{z/R} = \frac{40845.9}{z}$$

由图 5-9

$$z = 621.8mm, \frac{Re \times Sc}{z/R} = 65.7, Sh = 9.9$$

在 621.8mm 管长，壁面平均通量

$$N_A = \frac{\pi d_t^2 U \Delta\rho_A}{4\pi d_t z} = \frac{25.4 \times 0.9 \times 8.97 \times 10^{-4}}{4 \times 621.8} = 0.00297 \quad [kg/(m^2 \cdot h)]$$

5.2.3 泰勒分散

前面两个实例分别就气体-液膜、液体-管壁之间的质量传递（在暂不考虑界面的情况下）进行了讨论。此处将考察两种互溶液体（或气体）即无相界面情况下的扩散。在液体中注入另一种互溶液体，由于扩散和流动的作用，注入物质将随时间分散及扩展，研究这种过程的传质规律不仅对环境保护具有重要意义，可用于预测有害物扩散的规律及其危害程度的估计，同时还可以测量速度、扩散系数及反应器中流体的停留时间分布。

物质在互溶的另一液体中分散，为对流及扩散共同作用，具有非定常扩散的特征，通常将这种可溶物质的分散过程称为泰勒分散（也称泰勒扩散）。为阐明机理，作如下讨论。在 $t=0$ 时刻，将有色液体（溶质 A）注入充分发展的层流水流（B）中，溶质在流动着的水中分散，其所占有的体积轮廓线将因对流及扩散作用随时变化着，直至最终溶液完全被分散在液流中。图 5-10 表明：在 $t_1 > 0$ 的很短时刻中，A 在 B 中分散仅仅是轴向浓度梯度导致的轴向分子扩散，这种分散如同静止介质中的扩散。当 $t_2 > t_1$ 时，由于轴向对流作用在分散过程中渐趋显著，以致在高流动速率下轴向对流成为控制作用，溶质 A 浓度分布如同速度分布一样呈现抛物线状。值得注意的是，截面上速度的变化扩展了 A 的轴向分散区域，显然轴向对流使径向浓度梯度增大，径向分子扩散作用增强，因此，当 $t_3 > t_2$ 时，径向分子扩散在分散过程中起作用，导致溶质段的前锋因径向分子扩散作用而降速（即组分 A 从管中心高速区移向壁面低速区），而溶质段的后端得以加速（即 A 从壁面低速区向中心高速区移动），径向分子扩散的净作用使混合区的两端收缩，轴向对流作用使混合区扩展。与浓度梯度造成的扩散不同，径向扩散作用阻碍着 A 的轴向分散，随着时间的延续，径向分子扩散继续抑制由对流和扩散造成的轴向分散，使混合区更趋均匀。最后，至 t_4 很大时，达准平衡态，此时径向扩散及轴向扩散对分散过程都有贡献，其净作用如同流体作活塞流，而事实上流体具有径向速度分布。随着时间进一步增加，其作用只是增加混合区长度。

为便于进行数学处理，作如下假定：

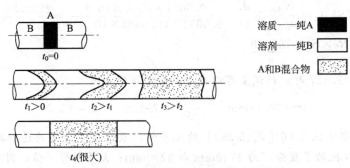

(a) 在充分发展的层流运动下溶剂B中分散与时间的关系

(b) 径向分子扩散

图 5-10 泰勒扩散的形成

① 稀溶液；

② 层流流动不因加入溶质有所变化，流动速度仅随径向而变化；

③ 物质传递只是由于轴向对流和径向扩散，其他传递机理可忽略不计。

溶质沿圆管的分散在横截面附近对称地扩展，这是二维非定常扩散问题。在圆管内取一环状微元体作质量衡算，得

$$\frac{\partial C_A}{\partial t} = -\frac{1}{r} \times \frac{\partial (N_{Ar} r)}{\partial r} + \frac{\partial N_{Az}}{\partial z}$$

按假设条件3，传质由轴向对流和径向扩散组成，上式可简化为

$$\frac{\partial C_A}{\partial t} = -\frac{1}{r} \times \frac{\partial}{\partial r}(r J_A) - \frac{\partial}{\partial z}(C_A u_{z,\max}) \tag{5-36}$$

代入费克定律，得到扩散方程式

$$\frac{\partial C_A}{\partial t} + u_{z,\max} \frac{\partial C_A}{\partial z} = D_{AB} \left[\frac{1}{r} \times \frac{\partial}{\partial r} \left(r \frac{\partial C_A}{\partial r} \right) + \frac{\partial^2 C_A}{\partial z^2} \right] \tag{5-37}$$

以相对于平均速度移动的坐标轴进行考察最为方便，在该坐标系中

$$u_{z,\max} = 2U \left(1 - \frac{r^2}{R^2} \right) - U = U \left(1 - \frac{2r^2}{R^2} \right) \tag{5-38}$$

于是，扩散方程式(5-37)可转化为

$$\frac{\partial C_A}{\partial t} + U \left(1 - \frac{2r^2}{R^2} \right) \frac{\partial C_A}{\partial z'} = \frac{D_{AB}}{r} \times \frac{\partial}{\partial r} \left(r \frac{\partial C_A}{\partial r} \right) + D_{AB} \frac{\partial^2 C_A}{\partial z^2} \tag{5-39}$$

式中，z' 为移动坐标轴

$$z' = z - Ut \tag{5-40}$$

为解扩散方程，泰勒作了两个假定：①流动相对于平均速度 U 移动坐标轴是准定常的；②相对于坐标轴的浓度变化是纯径向的。这样，流过任意平面 z' 的平均速度为零，因此通过该平面的质量传递仅取决于浓度的径向变化，即在较长时间后，C_A 与 z 无关，$\frac{\partial C_A}{\partial z'}$ 与 r 无关，从而式(5-39)成为

$$\frac{1}{r} \times \frac{\partial}{\partial r} \left(r \frac{\partial C_A}{\partial r} \right) = \frac{U}{D_{AB}} \left(1 - \frac{2r^2}{R^2} \right) \frac{\partial C_A}{\partial z'} \tag{5-41}$$

相应的边界条件有

$$
\begin{cases}
r=R, \dfrac{\partial C_A}{\partial r}=0 \\
r=0, C_A=C_{A0}（有限值）
\end{cases}
$$

将式(5-41)积分，所得解为

$$C_A = C_{A0} + \frac{UR^2}{4D_{AB}}\frac{\partial C_A}{\partial z'}\left(\frac{r^2}{R^2} - \frac{1}{2}\times\frac{r^4}{R^4}\right) \tag{5-42}$$

沿管截面平均浓度为

$$\overline{C}_A = \frac{1}{\pi R^2}\int_0^R C_A\times 2\pi r\mathrm{d}r = \frac{2}{R^2}\int_0^R C_A r\mathrm{d}r \tag{5-43}$$

将式(5-42)代入式(5-43)，并积分，得

$$\overline{C}_A = C_{A0} + \frac{1}{3}\times\frac{UR^2}{4D_{AB}}\times\frac{\partial C_A}{\partial z'} \tag{5-44}$$

联立式(5-42)及式(5-44)，消去 C_{A0}，可得以下浓度关系式

$$C_A = \overline{C}_A + \frac{UR^2}{4D_{AB}}\times\frac{\partial C_A}{\partial z'}\left(-\frac{1}{3}+\frac{r^2}{R^2}-\frac{1}{2}\times\frac{r^4}{R^4}\right) \tag{5-45}$$

式(5-45)表明，当径向变化很小时 $C_A \approx \overline{C}_A$。

通过任意截面 z'，溶质的平均质量通量为

$$\overline{J}_A = \frac{1}{\pi R^2}\int_0^R C_A u'\times 2\pi r\mathrm{d}r = 2\int_0^1 C_A u'\frac{r}{R}\mathrm{d}\left(\frac{r}{R}\right) \tag{5-46}$$

式中，u' 为相对于移动坐标轴 z' [式(5-40)] 的速度，将式(5-45)代入式(5-46)，并以 $\dfrac{\partial \overline{C}_A}{\partial z'}$ 代替 $\dfrac{\partial C_A}{\partial z'}$，积分，解得

$$\overline{J}_A = -\frac{U^2 R^2}{48 D_{AB}}\times\frac{\partial \overline{C}_A}{\partial z'} \tag{5-47}$$

式(5-47)表明平均溶质浓度分布被相对于 U 移动的平面分散，如同分子扩散过程那样，常以有效扩散系数形式表示为

$$D_{\text{eff}} = \frac{U^2 R^2}{48 D_{AB}} \tag{5-48}$$

式中，D_{eff} 为泰勒分散系数，它不是物理常数，与流动特征有关，其值正比于轴向对流和径向分子扩散之比，是系统内物质轴向散布速率的度量。

从运动坐标系的质量守恒，可得

$$\frac{\partial \overline{C}_A}{\partial t} = -\frac{\partial \overline{J}_A}{\partial z'} \tag{5-49}$$

将式(5-47)代入式(5-49)，有

$$\frac{\partial \overline{C}_A}{\partial t} = D_{\text{eff}}\frac{\partial^2 \overline{C}_A}{\partial z'^2} \tag{5-50}$$

式(5-50)即为轴向分散方程，其有效区域为

$$4\frac{L}{R} \geqslant Pe \geqslant 7 \tag{5-51}$$

泰勒应用一长约 1.5m、内径为 0.5mm 的毛细管进行实验，其中水流速度为 0.05m/s，

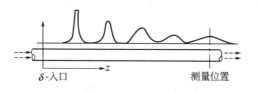

图 5-11　沿毛细管不同位置上示踪物的平均浓度分布（得自泰勒扩散模型）

示踪物高锰酸钾在毛细管内的水流中分散，所得结果如图 5-11 所示。在毛细管进口处引入一个 δ 函数，即 $t=0$ 处于水流中引入示踪物（N 为物质的量），有

$$t=0,\ \bar{C}=\frac{N}{\pi R^2}\delta(z) \tag{5-52}$$

由上述初始条件得式(5-50)的解为

$$\bar{C}=\frac{\dfrac{N}{\pi R^2}}{\sqrt{4\pi D_{\text{eff}}t}}\exp\left[-\frac{(z-Ut)^2}{4D_{\text{eff}}t}\right] \tag{5-53}$$

实验测得加入溶质后某瞬间的浓度分布，由式(5-53)则可算得 D_{eff} 值，并用此求取扩散系数 D_{AB}。

测量在空气、水或其他流体中的分散系数，经整理标绘于图 5-12，不同研究者有 3 倍或更大的差别，通常认为 $Re>30000$，在轴向

$$\frac{DU}{D_{\text{eff}}}=2 \tag{5-54a}$$

在径向

$$\frac{DU}{D_{\text{eff}}}=600 \tag{5-54b}$$

由此可知，径向分散系数是较小的。

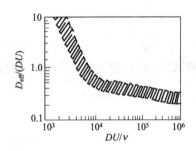

图 5-12　管内轴向分散

例 5-6　圆管内分散过程

有一直径为 10cm、长为 3km 的管线，用于输送气体，当管线中以 5m/s 的速度相继引入不同气体，试问经多长距离后气体才会混合。

解　假设有一种气体先充满管线，然后突然泵送第二种气体，由于管线长度比管径大得多，管内有良好的径向混合，只是在轴向有显著的浓度变化。选取坐标原点位于两种气体的初始界面上，并按平均的气体速度移动，这样，由移动着的微元作质量衡算，有

$$\frac{\partial \bar{C}_{\text{A}}}{\partial t}=D_{\text{eff}}\frac{\partial^2 \bar{C}_{\text{A}}}{\partial z^2} \qquad ①$$

相应的边界条件

$$\begin{cases} t=0,Z>0 & \bar{C}_{\text{A}}=\bar{C}_{\text{A0}} \\ t>0,Z=0 & \bar{C}_{\text{A}}=\bar{C}_{\text{A0}} \\ \qquad Z\to\infty & \bar{C}_{\text{A}}=\bar{C}_{\text{A}\infty} \end{cases}$$

式中，$\bar{C}_{\text{A0}}$ 为气体平均浓度。式①与式(1-107)形式完全一致，仅是扩散系数已为分散系数 D_{eff} 代替，显然有类似解，其形式为

$$\frac{\bar{C}_{\text{A}}-\bar{C}_{\text{A0}}}{\bar{C}_{\text{A}\infty}-\bar{C}_{\text{A0}}}=\text{erf}\left[\frac{z}{\sqrt{4D_{\text{eff}}t}}\right] \qquad ②$$

若气体性质按空气计，则

$$Re=\frac{DU}{\nu}=\frac{0.1\times 5}{15\times 10^{-6}}=3.3\times 10^4$$

由图 5-12 查得管内轴向分散时

$$\frac{D_{eff}}{DU}=0.4$$

所以

$$D_{eff}=0.4\times0.1\times5=0.2\quad(m^2/s)$$

当 $z=\sqrt{4D_{eff}t}$ 时，浓度已有显著变化，所以

$$z=\sqrt{4\times0.2\times\left(\frac{3000}{5}\right)}=\sqrt{480}=21.9\quad(m)$$

即在不到管线 1% 长度上气体已混合。

5.3　对流传质基本理论

工程上的质量传递主要是对流传质，研究对流传质理论也就特别重要。对流传递经常是在两相甚至多相间进行，因而如前所述：相边界的构型与运动流体的流型是质量传递的决定性因素。质量传递中所涉及的相边界，在几何上除了有固定的平面、各种形状的颗粒外，还有界面形状可变的液膜、气泡、液滴等，考察简单几何条件下的传质行为是掌握各种工程设备传质特性的基础。有时传质相界面是在两相流体运动过程中形成的，两相的运动状态均将影响传质行为。因此，动量传递基本理论即边界层理论、湍流理论应是对流传质理论的基础，对于相际传递，还将探讨两相流动以及与相际界面现象有关的理论。

本节，首先阐述传质边界层的概念及有关计算，然后介绍湍流扩散，壁面附近湍流传质模型，质量与动量、热量传递的类似，最后分析界面附近的两相行为，建立简化的相际传质模型，并论述相际传质的基本理论。

5.3.1　传质边界层

将流动边界层的概念推广到质量传递过程，引入传质边界层的概念，运用质量衡算的方法可建立微分方程，计算边界附近的浓度分布，求出扩散通量、传质系数等质量传递的重要性能参数，在此基础上概括分析边界附近层流状态下各种可能的速度场及其对传质过程的影响，从而进一步了解流动与传质的关系。

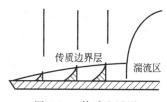

图 5-13　传质边界层

5.3.1.1　壁面传质边界层的形成与发展

当流体流过物体表面时，若伴有表面溶解、蒸发或升华等现象，某组分将从表面进入流体，形成的浓度分布如图 5-13 所示，在表面附近出现明显的浓度梯度，离开表面一定距离后浓度基本上不再变化。这一特性表明表面附近的浓度场可以划分为浓度显著变化和浓度基本不变的两个区域。浓度剧变的这一区域称为浓度边界层或传质边界层。其厚度定义为

$$y=\delta_c,\ C_A-C_{A0}=99\%(C_{Aw}-C_{A0}) \tag{5-55}$$

与流动边界层相仿，传质边界层沿流动方向发展、增厚，在流动状态发展为湍流时厚度增长更为急剧。传质边界展的厚度（δ_c）与流动边界层的厚度（δ）一般并不相等，取决于 Sc。

即

$$\frac{\delta}{\delta_c}=Sc^{\frac{1}{3}} \tag{5-56}$$

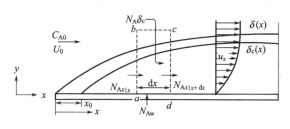

图 5-14　积分浓度边界层模型

Sc 的数值不仅表征了系统两个物理常数的相对大小,更重要的是代表了边界附近速度分布与浓度分布的特征,表明了这两个分布的相互关系。在 Sc 大时,即高黏流体,速度分布将成为拉长的抛物线。在传质边界层中对流传递与分子传递同样重要,可以用无量纲数 Pe 表明两种机理作用的相对大小

$$Pe = \frac{UL}{D_{AB}} \approx \frac{UL}{\nu} \times \frac{\nu}{D_{AB}} \approx Re \times Sc \tag{5-57}$$

Pe 很小,表明该质量传递过程中以分子扩散机理为主;而 Pe 很大,则表明以对流传递为主。由于 Pe 是 Re 与 Sc 的乘积,对于液体,Sc 达 10^3 量级,Re 即使很小,Pe 也相当大,这就是说,即使在较小的 Re 时也存在传质边界层。

5.3.1.2 传质边界层的近似计算

应用薄壳质量衡算法建立传质边界层的积分关系,可近似计算传质边界层厚度 δ_c、浓度分布和传质系数。

定常流动下,在边界层中取控制体 $abcda$,如图 5-14 所示,z 方向为单位宽度,对组分 A 作质量衡算,得

$$\int_0^{\delta_c} (N_{Ax}|_x dy \times 1 + N_{A\delta_c} \times 1 dx + N_{Aw} \times 1 dx) = \int_0^{\delta_c} N_{Ax}|_{x+\Delta x} dy \times 1$$

上式两边除以面积 $1 dx$,有

$$\frac{d}{dx} \int_0^{\delta_c} N_{Ax} dy = N_{A\delta_c} + N_{Aw} \tag{5-58}$$

式中,x 方向主体流的摩尔通量:$N_{Ax} = C_A u_x$

通过控制体顶面主要是外流流体带入 $\quad N_{A\delta_c} = -D_{AB}\left(\dfrac{dC_A}{dy}\right)_{y=\delta_c} + C_{A\delta_c} U_0 \approx C_{A\delta_c} U_0$

自固体壁面进入的摩尔通量:$N_{Aw} = -D_{AB}\left(\dfrac{dC_A}{dy}\right)_{y=0} + C_{Aw} u_{yw}$

式中,u_{yw} 为组分 A 通过表面注入主流的速度。

将上述各项代入式(5-58),可得

$$\frac{d}{dx} \int_0^{\delta_c} C_A u_x dy = C_{A\delta_c} U_0 + C_{Aw} u_{yw} - D_{AB}\left(\frac{dC_A}{dy}\right)_{y=0} \tag{5-59}$$

边界层中流体性质保持不变,并考虑连续性方程

$$\frac{d}{dx} \int_0^{\delta} u_x dy = U_0 + u_{yw} \tag{5-60}$$

再将式(5-60)代入式(5-59),经整理可得

$$\frac{d}{dx} \int_0^{\delta} (C_{A\delta_c} - C_A) u_x dy = D_{AB}\left(\frac{dC_A}{dy}\right)_{y=0} + u_{yw}(C_{A\delta_c} - C_{Aw}) \tag{5-61}$$

式(5-61)即为传质边界层积分关系式。求解式(5-61)需先假定边界层内的速度分布和浓度分布,通常采用多项式逼近作近似计算。

前已述及,由四常数多项式逼近所得流体沿平壁层流流动时的速度分布为

$$\frac{u_x}{U_0} = \frac{3}{2} \times \frac{y}{\delta} - \frac{1}{2}\left(\frac{y}{\delta}\right)^3 \tag{3-96}$$

$$\delta = 4.64 \sqrt{\frac{\nu x}{U_0}}$$

仿照速度分布,浓度分布也以四常数多项式逼近,即

$$C_A - C_{Aw} = a + by + cy^2 + dy^3 \tag{5-62}$$

由边界条件

$$\begin{cases} y=0, C_A-C_{Aw}=0, \dfrac{\partial^2}{\partial y^2}(C_A-C_{Aw})=0 \\ y=\delta, C_A-C_{Aw}=C_{A0}-C_{Aw}, \dfrac{\partial}{\partial y}(C_A-C_{Aw})=0 \end{cases}$$

得浓度分布

$$\frac{C_A-C_{A0}}{C_{A0}-C_{Aw}}=\frac{3}{2}\left(\frac{y}{\delta_c}\right)-\frac{1}{2}\left(\frac{y}{\delta_c}\right)^3 \quad (0\leqslant y\leqslant\delta_c) \tag{5-63}$$

上式对 y 取导数，得壁面处浓度梯度

$$\frac{dC_A}{dy}\bigg|_{y=0}=\frac{3}{2}\times\frac{C_{A0}-C_{Aw}}{\delta_c} \tag{5-64}$$

为求出式(5-64)中扩散边界层厚度 δ_c，将速度分布式(3-96)及浓度分布式(5-63)代入式(5-61)，假设 $u_{yw}=0$，等式右边第二项可忽略，经整理，有

$$U_0\frac{d}{dx}\left[\frac{3}{20}\left(\frac{\delta_c}{\delta}\right)^2-\frac{3}{280}\left(\frac{\delta_c^4}{\delta^3}\right)\right]=\frac{3}{2}\times\frac{D_{AB}}{\delta_c}$$

忽略高阶小项，再积分，最后得到

$$\frac{\delta}{\delta_c}=Sc^{1/3} \tag{5-65}$$

于是，扩散边界层厚度

$$\delta_c=\frac{\delta}{Sc^{1/3}}=4.64\sqrt{\frac{\nu x}{U_0}}Sc^{1/3} \tag{5-66}$$

由扩散通量式

$$N_{Ay}=J_{Ay}=-D_{AB}\frac{dC_A}{dy}\bigg|_{y=0}=-\frac{3}{2}D_{AB}\frac{C_{A0}-C_{Aw}}{\delta_c} \tag{5-67}$$

结合式(5-4)，则有

$$k_c^0=\frac{-D_{AB}\dfrac{dC_A}{dy}\Big|_{y=0}}{C_{Aw}-C_{A0}}=\frac{3}{2}\times\frac{D_{AB}}{\delta_c} $$

式中，k_c^0 为无净流动下的传质系数。再将式(5-66)代入，有

$$k_c^0=0.332\frac{D_{AB}}{x}Re_x^{1/2}Sc^{1/3} \tag{5-68}$$

沿平壁长度平均传质系数

$$k_{cm}^0=\frac{1}{L}\int_0^L k_c^0 dx=0.664\frac{D_{AB}}{L}Re_L^{1/2}Sc^{1/3}=2k_c^0 \tag{5-69}$$

无量纲化表达，则有

$$Sh=\frac{k_{cm}^0 L}{D_{AB}}=0.664Re_L^{1/2}Sc^{1/3} \tag{5-70}$$

以上为不存在法向流动或这一流动很小（$u_{yw}\approx0$）而可不计时的传质关系式。若考虑传质引起的组分 A 垂直于平面的流动，即 $u_y=u_{yw}\neq0$，求解式(5-61)，所得浓度分布示于图5-15，图中给出不同 u_{yw} 下的浓度分布曲线，由 $y=0$ 处（表面上）的曲线斜率 A 可估算传质系数，其一般关系式为

$$Sh_x=\frac{k_c^0 x}{D_{AB}}=ARe_x^{1/2}Sc^{1/3} \tag{5-71}$$

表 5-1 列出了以流动参数 $\beta=\dfrac{u_{yw}}{U_0}\sqrt{Re_x}$ 为参变量的浓度分布曲线在表面上斜率近似值。

表 5-1　浓度分布曲线在表面上的斜率近似值

$\frac{u_{yw}}{U_0}\sqrt{Re_x}$	0.60	0.50	0.25	0.0	−2.5
A	0.01	0.06	0.17	0.332	1.64

式(5-71) 表明流体沿平壁作层流流动时的对流传质规律，当颗粒直径大于传质边界层厚度（大颗粒扩散）时，它也适用于颗粒传质。

在图 5-15 中以流动参数 $\beta=\frac{u_{yw}}{U_0}\sqrt{Re_x}$ 表明组分 A 流动方向，物质从平壁表面注入流体，β 为正值；自主流流体吸出，β 为负值。当 u_{yw} 为正，如气体通过多孔固体表面向外扩散或者液体通过多孔平壁的蒸发等情况，传质使浓度分布曲线更为平坦；当 u_{yw} 为负，如在平板表面上的冷凝，传质使浓度分布曲线更为陡峭。平壁上局部传质系数与流动参数关系如图 5-16 所示，物质注入流体使 k_c 减小，吸出使 k_c 增加。由图可知 k_c/k_c^0 随 β 增大而减小，这是

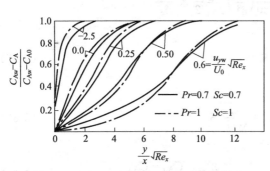

图 5-15　平壁上层流时无因次浓度分布

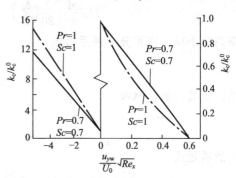

图 5-16　平壁上局部传质系数
与流动参数关系

因为 β 增大，传质边界层厚度增厚，致使边界层内浓度梯度减小，从而削弱传质，也就是说，β 增大，使传质阻力变大。反之，β 减小，传质阻力减少，增强了传质。据此，工程上为保护高温燃烧室的壁面，利用平壁表面上液体的蒸发对壁面进行冷却的"发散冷却"是一个具体应用实例。

例 5-7　传质边界层计算

水以 0.1m/s 流过苯甲酸平壁，苯甲酸溶解于水为扩散控制，已知苯甲酸-水系统扩散系数为 $1\times10^{-9}\,\mathrm{m^2/s}$，试求：（1）层流边界层长度；（2）临界点处流动边界层及浓度边界层厚度；（3）临界点处局部传质系数及全长平均传质系数。

解　（1）层流边界层长度

若取平壁上 $Re_{cr}=300000$，则临界点长度

$$x_{cr}=\frac{300000\nu}{U}=\frac{3\times10^5\times1\times10^{-6}}{0.1}=3\quad(\mathrm{m})$$

（2）临界点处 δ 及 δ_c

由式(3-100) 得

$$\delta=4.64\sqrt{\frac{\nu x_{cr}}{U_0}}=4.64\sqrt{\frac{1\times10^{-6}\times3}{0.1}}=0.025\ (\mathrm{m})=25\quad(\mathrm{mm})$$

由式(5-65) 得

$$\delta_c=\frac{\delta}{Sc^{1/3}}=\frac{0.025}{\left(\frac{1\times10^{-6}}{1\times10^{-9}}\right)^{1/3}}=0.0025\ (\mathrm{m})=2.5\quad(\mathrm{mm})$$

由计算可知，浓度边界层厚度仅为流动边界层的 $1/10$。

（3）局部传质系数及平均传质系数

由式（5-68）

$$k_c^0 = 0.323 \frac{D_{AB}}{x}(Re_{cr})^{1/2}(Sc)^{1/3}$$

$$= 0.323 \frac{1 \times 10^{-9}}{3}(3 \times 10^5)^{1/2}\left(\frac{1 \times 10^{-6}}{1 \times 10^{-9}}\right)^{1/3} = 5.9 \times 10^{-7} \quad (\text{m/s})$$

由式（5-69）

$$k_{cm}^0 = 2k_c^0 = 2 \times 5.9 \times 10^{-7}\,\text{m/s} = 11.8 \times 10^{-7}\,\text{m/s}$$

例 5-8　浓度边界层厚度的发展[2]

沿平壁的流体流动在板前缘形成流动边界层，x_0 距离之后（$x = x_0$），由于壁面溶解，形成浓度边界层。假定速度分布 $\dfrac{U_x}{U} = \dfrac{y}{\delta}$，浓度分布可以一阶多项式表示，试求浓度边界层厚度 δ_c 与距离 x 的函数关系。

解　浓度边界层的积分关系式，由式（5-61），$u_{yw} = 0$，可得

$$U(C_{A\delta_c} - C_{Aw})\frac{d}{dx}\int_0^{\delta_c}\left(1 - \frac{C_A - C_{Aw}}{C_{A\delta_c} - C_{Aw}}\right)\frac{u_x}{U}dy = D_{AB}\left(\frac{dC_A}{dy}\right)_{y=0} \qquad ①$$

边界层中的浓度分布可写为

$$C_A - C_{Aw} = a + by$$

$$y = 0, u_x = 0, C_A = C_{Aw}$$

由边界条件

$$y = \delta_c, \ u_x = U, \ C_A = C_{A\delta_c}$$

可得

$$\frac{C_A - C_{Aw}}{C_{A\delta_c} - C_{Aw}} = \frac{y}{\delta_c}$$

将线性浓度分布和速度分布带入式①，得到

$$U(C_{A\delta_c} - C_{Aw})\frac{d}{dx}\int_0^{\delta_c}\left(1 - \frac{y}{\delta_c}\right)\frac{y}{\delta}dy = \frac{D_{AB}(C_{A\delta_c} - C_{Aw})}{\delta_c} \qquad ②$$

假定浓度边界层比流动边界层薄，只需积分 δ_c，当 $y > \delta$，积分为零，积分式②，得到

$$\frac{1}{6} \times \frac{d}{dx}\left(\frac{\delta_c^2}{\delta}\right) = \frac{D_{AB}}{\delta_c U} \qquad ③$$

令 $\eta = \dfrac{\delta_c}{\delta}$，方程式③成为

$$\frac{d}{dx}(\eta^2 \delta) = \frac{6D_{AB}}{\eta \delta U} \qquad ④$$

微分给出

$$\eta^2 \frac{d\delta}{dx} + 2\delta\eta \frac{d\eta}{dx} = \frac{6D_{AB}}{\eta \delta U}$$

或

$$\eta^3 \delta \frac{d\delta}{dx} + 2\delta^2 \eta^2 \frac{d\eta}{dx} = \frac{6D_{AB}}{U} \qquad ⑤$$

由动量边界层积分关系式，考虑所给速度分布，可得

$$\delta \frac{d\delta'}{dx} = \frac{6\nu}{U}$$

$$\delta^2 = \frac{12\nu x}{U}$$

由此方程式⑤成为

$$\eta^3 + 4x\eta^2 \frac{\mathrm{d}\eta}{\mathrm{d}x} = \frac{D_{AB}}{\nu} \qquad ⑥$$

式⑥是 η^3 的一阶线性微分方程式，其解为

$$\eta^3 = \frac{D_{AB}}{\nu} + \frac{C}{x^{3/4}} \qquad ⑦$$

在 $x = x_0$，$\delta_c = 0$，由此给出 $\eta = 0$，所以

$$\eta^3 = \frac{D_{AB}}{\nu}\left[1 - \left(\frac{x_0}{x}\right)^{3/4}\right]$$

从而得到浓度边界层厚度与 x 的函数关系

$$\delta_c = \delta(Sc)^{-\frac{1}{3}}\left[1 - \left(\frac{x_0}{x}\right)^{3/4}\right]^{1/3} \qquad ⑧$$

5.3.1.3　边界附近流场与浓度场关系的进一步分析

前面简介了传质边界层理论，并计算了简单流动情况下的传质特性。这些计算表明，下列流动参数对传质过程特别重要[4]。

① 界面速度（u_i）及平行于界面的流体速度（u_x）。

② 垂直于界面的速度梯度 $\left(\frac{\partial u_x}{\partial y}\right)_{y=0}$。

③ 传质表面附近垂直于界面的速度（u_{yw}）。

依据流场的速度梯度和界面速度特征，可区分为六种不同情况（见图 5-17），将它们汇集一起比较分析，有利于进一步了解流动与传质的相互关系，还可用于估计实际工程传质过程的特征与性能。

下面讨论层流流动下六种不同流场的传质规律。

（1）流体平行界面作均匀流动　在这种流动状况下，流体速度 $u_x = u_i$，$u_y = 0$，边界层以速度 u_i 运动。Higbie 将这种流动作为半无限大介质中的非定常扩散问题进行分析，得解为

$$\frac{C_A}{C_{A0}} = 1 - \mathrm{erf}\left(\frac{y}{\sqrt{4D_{AB}t}}\right), t = \frac{x}{u_i} \qquad (5\text{-}72)$$

$$k_c^0 = \sqrt{\frac{D_{AB}}{\pi t}} = \sqrt{\frac{D_{AB}u_i}{\pi x}} \qquad (5\text{-}73)$$

$$k_{cm}^0 = \frac{1}{L}\int_0^x k_c^0\,\mathrm{d}x = 2k_c^0$$

无量纲化得

$$Sh_x = \frac{k_c^0 x}{D_{AB}} = \frac{1}{\sqrt{\pi}}\left(\frac{u_i x}{\nu}\right)^{1/2}\left(\frac{\nu}{D_{AB}}\right)^{1/2}$$
$$= 0.564 Re_x^{1/2} Sc^{1/2} \qquad (5\text{-}74)$$

液体射流及前述层流降膜下的气体吸收均属于这类传质问题，因此它们的传质规律式(5-19) 与式(5-74) 完全相同。

（2）流场速度梯度恒定　在这种流动状况下，流体速度 $u_x = cy$，即速度梯度 $\frac{\partial u_x}{\partial y} = c$（$c$ 为常数），$u_y = 0$，界面速度 $u_i = 0$，且具有定常的边界层流动。Lévêque 给出这一流动问题的解，为

$$k_c^0 = 0.539\left(\frac{cD_{AB}^2}{x}\right)^{1/3} \qquad (5\text{-}75)$$

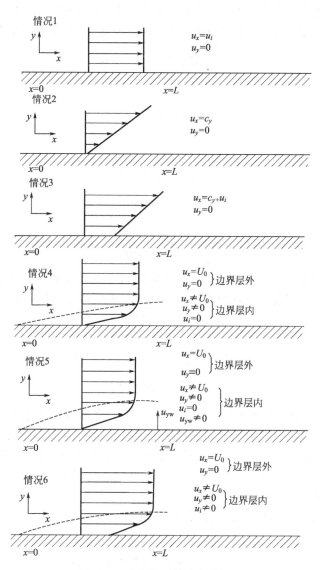

图 5-17 边界附近层流流动状况

$$k_{cm}^0 = \frac{3}{2} k_c^0 \tag{5-76}$$

$$Sh_x = \frac{k_c^0 x}{D_{AB}} = 0.539 \left(\frac{cx^2}{D_{AB}} \right)^{1/3} \tag{5-77}$$

（3）**流场速度梯度恒定兼有界面速度** 对此情况，流体速度 $u_x = u_i + cy$，$u_y = 0$，界面速度 $u_i \neq 0$，已有完整解。当 c 足够小或 u_i 足够小两种极限情况，正是上述（1）或（2）的情况，因此，它们的解可作为近似解。传质系数分别由式(5-73)或式(5-75)进行计算，误差均在 15% 以内。一般说来，若 c 的量级与 u_i/L 的量级相同，可用 Peclet（贝克莱）数 $\left(Pe = \dfrac{u_i L}{D_{AB}} \right)$ 作判别。若气泡或液滴直径不小于 1cm，速度不低于 0.1m/s，不论对气体（$D_{AB} \approx 10^{-5}\,\mathrm{m^2/s}$）或液体（$D_{AB} \approx 10^{-9}\,\mathrm{m^2/s}$），只要 $\dfrac{D_{AB}}{u_i L} < 1$，就可应用渗透理论。但对直径和速度更小的气泡，渗透理论不再适用。

（4）流场具有边界层流动特征　这种流动状况，远处流体速度 $u_x = U_0$，$u_y = 0$，界面速度 $u_i = 0$。如前所述，对于平行于平壁的对流传质，运用边界层理论，可导出界面上剪切应力

$$\tau_W = 0.332\left(\frac{U_0 x}{\nu}\right)^{-1/2}(\rho U_0^2) \tag{5-78}$$

边界层厚度关系式

$$\frac{\delta}{\delta_c} = Sc^{1/3} \tag{5-79}$$

传质系数

$$k_c^0 = 0.332\frac{D_{AB}}{x}Re_x^{1/2}Sc^{1/3} \tag{5-80}$$

$$k_{cm}^0 = 2k_c^0 \tag{5-81}$$

无量纲化，得

$$Sh_x = \frac{k_c^0 x}{D_{AB}} = 0.332 Re_x^{1/2}Sc^{1/3} \tag{5-82}$$

上式对于平壁上的对流传质，当 $Sc \gg 1$ 时，能给出相当准确的结果。对于分散的固体颗粒，悬浮颗粒或不太密的"固化"液滴也可适用。关键在于颗粒与流体间的相对速度 u_x 难于确定，该速度主要取决于搅拌器的类型、转数、直径和颗粒直径。

（5）流场具有边界层流动特征，界面处有法向流动（$u_{yw} \neq 0$）　在这种流动状况下，远处流体速度 $u_x = U_0$，$u_{yw} \neq 0$，界面速度 $u_i = 0$。已知前述，其解为

$$Sh = \frac{k_c x}{D_{AB}} = A Re_x^{1/2}Sc^{1/3} \tag{5-83}$$

（6）流场具有边界层流动特征，兼有界面速度　这种情况即远处流体速度 $u_x = U_0$，$u_y = 0$，界面速度 $u_i \neq 0$。该流场介于 $u_i = 0$ 的④情况及 $u_x = u_i$ 的①情况之间。已有分析解。当 $Sc > 200$，若界面速度 $u_i > 10\% U_0$，可用渗透理论（①情况的解）。若 $Sc = 1$，取有效气速与膜表面流速之和（$U_0 + u_i$）为定性气速，可用边界层理论（④情况的解）预测气相传质系数，其结果已为实验证实。

由上述分析可知，边界附近的速度场特征决定了传质规律。表 5-2 列出了传质过程在工程中的实际应用。

表 5-2　边界附近层流下的传质过程

情　况	流体流动状况	界面状况	传　质　过　程
1	$u_x = u_i$	$u_i \neq 0$	非定常扩散、液体射流、层流降膜
2	$u_x = cy$	$u_i = 0$	平面流动传质
3	$u_x = u_i + cy$	$u_i \neq 0$	气泡、液滴传质
4	$u_x = U_0, u_y = 0$	$u_i = 0$	平行平面、固体颗粒、（固化）液滴传质
5	$u_x = U_0, u_{yw} \neq 0$	$u_i = 0$	伴有扩散流动平面传质（发散冷却）
6	$u_x = U_0, u_{yw} \neq 0$	$u_i \neq 0$	气液两相流动传质

5.3.2　湍流传质

工程上的多数流动属于湍流，因而研究湍流传质有重要意义。湍流理论是湍流传质分析的基础。本节借鉴第 3 章中对湍流速度脉动的分析，引入涡流扩散系数分析湍流传质的一般规律，讨论壁面附近湍流传质模型，着重寻求湍流传质的扩散通量和传质系数的表达式，最后介绍质量传递与热量传递、动量传递之间的类比。

5.3.2.1　涡流扩散系数

湍流运动时存在着强烈的速度脉动，若湍流场浓度不均匀，则浓度也将随着时间和空间

有不规则的脉动。仿照湍流瞬时速度的分解公式，瞬时浓度可写为

$$C_A = \overline{C_A} + C'_A \tag{5-84}$$

式中，$\overline{C_A}$ 为浓度的时均值，它的定义亦相仿于时均速度的定义；C'_A 为浓度脉动值，表示瞬时浓度和时均浓度之间的偏差。

流体微团脉动导致的湍流扩散通量 J_A 与湍流附加应力有相似的形式

$$J_A = -\overline{u'_y C'_A} \tag{5-85}$$

或

$$j_A = -\overline{u'_y \rho'_A} \tag{5-86}$$

仿照费克定律形式，引入涡流扩散系数

$$\varepsilon_D = -\frac{J_{Ay}}{\dfrac{\partial C_A}{\partial y}} \tag{5-87}$$

则有

$$J_A = -\varepsilon_D \frac{\partial C_A}{\partial y} \tag{5-88}$$

式中，ε_D 与 D_{AB} 本质不同，前者表征流体微团脉动引起的物质传递，后者表示随机分子运动引起的物质传递。两者的数值相差也很大，D_{AB} 为一定系统的物理性质，如果不考虑浓度等因素对 D_{AB} 的影响，则 D_{AB} 在整个流场中系恒量。但 ε_D 是由湍流运动的特性决定的，与 Re 有关，而且随着离开固体表面的距离而变化，因而湍流脉动引起的物质传递也随距离改变。这样，ε_D 也与离开固体表面的距离有关。

涡流扩散系数 ε_D 与涡流黏度系数 ε_M 类似，两者数值略有差异，比值 $\varepsilon_D/\varepsilon_M$ 在 0.5～2.0 范围中变化。由管内传热、传质的实验数据进行关联，给出

$$\frac{\varepsilon_D}{\nu} = \frac{0.00090(y^+)^3}{[1+0.0067(y^+)^2]^{1/2}} \quad (0 < y^+ < 45) \tag{5-89}$$

这类关系式可用于湍流浓度分布的计算。测得湿壁塔中 ε_D 沿径向分布如图 5-18 所示。

5.3.2.2　湍流中扩散物质的分布

湍流脉动引起的物质传递，可以通过 ε_D 和表示湍流运动特性的物理量联系起来。例如，从混合长概念出发，在壁面近似有

$$l(y) \sim k_y \tag{5-90}$$

由前述动量传递已知，脉动速度的量级为平均速度在混合长量级距离上的变化，即

$$u'_y \approx \Delta u_x \approx \frac{\partial u_x}{\partial y} l \tag{5-91}$$

对应有

$$C'_A = l_D \frac{\partial C_A}{\partial y} \tag{5-92}$$

若 l（混合长）$\approx l_D$（传质时混合长），将式（5-92）及式（5-92）代入式（5-85），可得

$$J_A = -l^2 \frac{\partial u_x}{\partial y} \times \frac{\partial C_A}{\partial y} \tag{5-93}$$

于是可从式（5-88）导出

$$\varepsilon_D \approx l^2 \frac{\partial u_x}{\partial y} \approx y^2 \frac{\partial u_x}{\partial y} \tag{5-94}$$

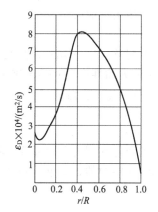

图 5-18　湿壁塔中涡流扩散系数沿径向分布

这样湍流脉动引起的扩散通量

$$J_A = -\varepsilon_D \frac{\partial C_A}{\partial y} = \beta_0 y^2 \frac{\partial u_x}{\partial y} \times \frac{\partial C_A}{\partial y} \tag{5-95}$$

式中，β_0 为比例常数。

由湍流运动平均速度分布规律，可得

$$u_x = \frac{u_*}{\sqrt{\alpha}} \ln \frac{u_* y}{\alpha \nu}$$

代入式(5-95)，得

$$J_A = \beta u_* y \frac{dC_A}{dy} \tag{5-96}$$

式中，$\beta = \frac{1}{\sqrt{\alpha}} \beta_0$。

考察物质自 $y=0$ 处传入半无穷空间，显然扩散流 J_A 既与坐标 x 无关，亦与离平面的距离（坐标 y）无关，否则就违反物质守恒定律。这样，$J_A =$ 常数。将式(5-96)积分，于是湍流边界层中浓度的对数分布为

$$C_{At} = \frac{J_A}{\beta u_*} \ln y + C_l \tag{5-97}$$

式(5-97)表明，在沿无穷大平面流动的湍流中形成时均浓度对数分布律，与速度分布对数律类似，但两者所包含的常数是完全不同的。

对于边界层外湍流核心区，可以认为湍流运动尺度与到壁面的距离无关，在湍流核心区中速度和浓度值均不变，因此，在 $y=\delta$ 时，$C_A = C_{A0}$，由此可求得式(5-97)中 C_l，得到湍流边界层中浓度的对数分布

$$C_{At} = \frac{J_A}{\beta u_*} \ln \frac{y}{\delta} + C_{A0} \tag{5-98}$$

式(5-98)表明，C_{At} 不仅与到壁面的距离有关，而且与沿平壁的流动距离 x 有关（即由 u_* 及 δ 给出的与 x 的关系）。

5.3.2.3 壁面附近湍流传质模型

在壁面附近很小的距离内，即黏性底层中，对数律不再适用，认识这个特性有利于了解壁面附近的传质机理。对薄层中流动的认识，大致上有两种观点：一是薄层中完全无湍流脉动，传质仅取决于分子扩散；二是存在湍流脉动，但逐渐衰减。下面按后一观点给出分析结果。

朗道（Landau）及列维奇（Levich）认为在黏性底层中湍流运动逐渐衰减。在 $\delta > y > \delta_b$（δ_b 为黏性内层）的湍流区域内，浓度分布对数律仍可适用[5]。

$y < \delta_b$，扩散通量为

$$J_A = -\varepsilon_D \frac{\partial C_A}{\partial y} \tag{5-88}$$

并且和边界层的上面部分一样，湍流脉动传递的速率大大超过分子扩散传递的速率。为计算黏性底层中的 ε_D，将式(5-94)以 u_*、δ_b 及 y 表示，有

$$\varepsilon_D \approx \frac{u_* y^4}{\delta_b^3} \tag{5-99}$$

事实上，在黏性底层中 ε_D 随趋近壁面距离 y 呈四次方迅速地减小，因此在距壁面的某一距

离上（δ_i），涡流扩散系数很小，有

$$\varepsilon_{D\delta_i} = \nu u_* \frac{\delta_i^4}{\delta_b^3} = D_{AB} \tag{5-100}$$

在 $y < \delta_i$ 时，涡流扩散系数小于分子扩散系数，物质传递机理是分子扩散。

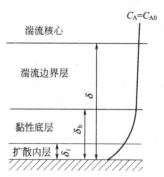

图 5-19 湍流中物质的浓度分布

湍流中物质的浓度分布如图 5-19 所示。湍流边界层外，湍流核心区域中浓度不变。湍流边界层内，浓度分布呈对数律缓慢地变化，分子扩散不起显著作用，物质传递依靠湍流脉动。黏性底层中湍流脉动很小，$\varepsilon_M < \nu$，但是当 $D_{AB} \ll \nu$ 时，湍流脉动虽小，所传递的物质还是远大于分子扩散，只是在黏性底层的最里面，即 $y < \delta_i$ 处，分子扩散机理才开始超过湍流扩散，此区域称为扩散内层。

根据各区域湍流脉动所起的作用，可分别得出各自的浓度分布。

湍流边界层
$$C_{At} = \frac{J_A}{\beta u_*} \ln \frac{y}{\delta} + C_{A0} \quad (\delta_c > y > \delta_b) \tag{5-98}$$

黏性底层
$$C_{Ab} = \frac{J_A \delta_i}{D_{AB}} + \frac{J_A \delta_b^3}{3\nu u_*} \left(\frac{1}{\delta_i^3} - \frac{1}{y^3} \right) \quad (\delta_b > y > \delta_i) \tag{5-101}$$

扩散内层
$$C_{Ai} = \frac{J_A}{D_{AB}} y \quad (\delta_i > y) \tag{5-102}$$

由式(5-98) 及式(5-101) 导出扩散通量

$$J_A = \frac{D_{AB} C_{A0}}{-\dfrac{D_{AB}}{\beta u_*} \ln \dfrac{\delta_b}{\delta} + \dfrac{\delta_b^2 D_{AB}}{3\nu u_*} \left(\dfrac{1}{\delta_i^3} - \dfrac{1}{\delta_b^3} \right) + \delta_i} \tag{5-103}$$

扩散内层厚度则可由式(5-101) 导出

$$\delta_i = \left(\frac{D_{AB} \delta_b^3}{\gamma u_*} \right)^{1/4} \tag{5-104}$$

当 $Sc \gg 1$，比例常数 β、γ 近似为 1，简化式(5-103)，扩散通量近似表示为

$$J_A = \frac{D_{AB} C_{A0}}{\dfrac{4}{3} \delta_i} = \frac{C_{A0} u_*}{\dfrac{4}{3} \times 10^{3/4} \gamma^{-1/4} Sc^{3/4}} \tag{5-105}$$

上式无量纲化为

$$Sh \approx \sqrt{f Re} \times Sc^{1/4} \tag{5-106}$$

因此，考虑黏性底层中湍流脉动作用，当 $Sc \gg 1$ 时，物质传递的主要扩散阻力集中在黏性底层区的扩散内层 δ_i，扩散通量正比于 $D_{AB}^{3/4}$，而非正比于 D_{AB}。扩散系数的幂次较低具有确定含义：D_{AB} 愈低，δ_i 越小，表示湍流脉动大于分子扩散，所引起的物质传递区域越靠近壁面。既然湍流传递较分子传递更为有效，因此 D_{AB} 的减小将因湍流传递作用的增强而部分地得到补偿。

比较层流及湍流状态时扩散通量关系式可知，湍流状态下扩散通量正比于速度（或 Re）的较高幂次（接近于 1），而层流下则正比于速度的平方根；湍流时扩散通量正比于 $D_{AB}^{3/4}$，而层流时正比于 $D_{AB}^{2/3}$。由此可知，扩散通量对分子扩散系数的依赖关系不仅没有消失，而且是表现得更为明显。这一点具有很重要的实践意义，混合条件的改善减低了远离壁面流动区域在扩散总阻力中的作用。

5. 3. 2. 4 质量、热量、动量传递的类比

湍流运动的复杂性使求解湍流传质问题成为难题。为了确定湍流传质系数，研究者们寻求了各种方法，类比法为其中之一。类比法直接建立了阻力系数、对流传热系数与传质系数之间的简单关系式，这样，实际湍流传递问题就可利用比较容易测得的壁面阻力系数，通过类比法计算传质系数。此外，类比法也是通过研究传质掌握传热规律的重要手段，这是因为传质研究可以在等温条件下进行，从而避免了热传导的影响。

应用类比法需要满足：①物性恒定；②系统内无能量或质量产生；③无辐射传热；④无黏性耗散；⑤稀溶液、低传质速率下，即传质不影响速度场。

对流传递的一般表达式如下。

质量
$$N_A = -(D_{AB} + \varepsilon_D)\frac{dC_A}{dy} \tag{5-2}$$

热量
$$q = -(a + \varepsilon_H)\frac{d(\rho C_p T)}{dy} \tag{4-68}$$

动量
$$\tau = -(\nu + \varepsilon_M)\frac{d(\rho u)}{dy} \tag{3-121}$$

从中可看出，它们都包含有分子扩散和对流扩散传递，即各个过程所传递的物理量都与其相应的传递特征量梯度成正比，并且都沿负梯度方向传递。由此可认为对流传递过程的传递机理相类似，这为建立"三传"类比奠定了基础。

1874 年雷诺首先提出动量传递与热量传递在机理上是类似的，给出类比式
$$St = \frac{f}{2} = \frac{h}{\rho C_p U_0} \tag{5-107}$$

同理，将类比概念推广至动量与质量传递之间，有
$$St = \frac{f}{2} = \frac{k_c^0}{U_0} \tag{5-108}$$

雷诺假设湍流流动分子扩散与涡流扩散相比可略而不计，进一步将类比概念推广至动量、热量和质量三者之间的类比，且 $\varepsilon_M \approx \varepsilon_H \approx \varepsilon_D$，则有
$$St = \frac{k_c^0}{U_0} = \frac{h}{\rho C_p U_0} = \frac{f}{2} \tag{5-109}$$

根据雷诺假设，湍流传递一直延伸到壁面，因此只有在 $Sc \approx 1$ 的系统中式(5-109) 才是正确的。后经许多研究者作了改进，对黏性底层、湍流流动分区模型等影响给予修正，提出了其他类比法。

① 普朗特-泰勒（Prandtl-Taylor）类比 对于 $Sc \neq 1$ 系统，考虑了固体壁面附近的黏性底层，导出
$$St = \frac{k_c^0}{U_0} = \frac{f}{2}\frac{1}{1 + 5\sqrt{\frac{f}{2}}(Sc - 1)} \tag{5-110}$$

但上式仍不能满足大 Sc 系统，其他一些研究者如卡门（Karman）、舍伍德（Sherwood）等作了进一步改进。

② 奇尔登-科尔本（Chilton-Colburn）类比 将阻力系数与传质系数的实验数据关联，得到
$$j_D = \frac{k_c^0}{U_0}Sc^{2/3} = \frac{f}{2} \tag{5-111}$$

式中，j_D 为传质 j 因素。类似也有传热 j_H 因素，f、j_H、j_D 三者间关系为

$$j_D = j_H = \frac{f}{2} \quad (\text{无压差阻力系统}) \tag{5-112}$$

$$j_D = j_H \neq \frac{f}{2} \quad (\text{有压差阻力系统}) \tag{5-113}$$

上两式将对流传热和传质关联在一个表达式中，这样可应用某一个传递现象的实验数据确定另一个传递现象的有关未知参数。

大多数的类比式都经过实验验证，图 5-20 给出了其中一部分。值得提出的是弗兰德和梅茨纳（Friend-Metzner）提出的传热传质类比式

$$St = \frac{\dfrac{f}{2}}{1.20 + 11.8 \sqrt{\dfrac{f}{2}}(Pr - 1) Pr^{1/3}} \tag{5-114}$$

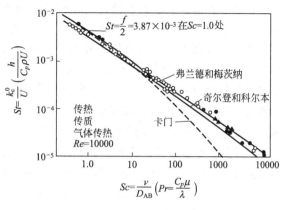

图 5-20 St 与 Sc 及 Pr 关系

该式不仅与传热数据吻合得很好，而且将式中 Pr 用 Sc 代替后，与高 Sc 系统的传质数据也相吻合。

类比律的发现是传递现象研究的重要成就，不仅在科学上而且在实用上有一定的意义。湍流状态下类比律的准确性受到湍流理论的制约。假定 $\varepsilon_D = \varepsilon_M$，是造成与实际偏差的重要原因，二者之间的关系实际上与 Sc 有关。对靠近壁面的流动结构，至今缺乏足够了解。层流内层的概念应予放弃，已获公认，因为即使 $y^+ = 0.1$ 也不能证实二维定态结构。壁面附近湍流猝发和条带结构的发现，对理解边界层内外层之间的相互作用有重要意义。在清晰描述壁面附近流场之前，进一步改善现有类比律是很困难的。

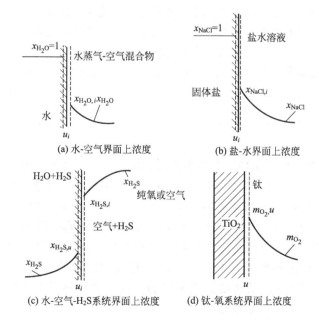

图 5-21 界面浓度

5.3.3 相际传质

混合物分离以及复相化学反应等生产过程均涉及两相之间的物质传递。两相间存在界面，物质必须通过界面从一相转入另一相，因而界面行为是认识相际传质的起点，然后考察相主体与界面间的物质传递，以构成完整的相际传质理论。由于界面极薄，难以不受干扰地进行直接观察和测定，对复杂的界面现象至今还缺乏清晰的描述，这样，只能在相当简化的基础上建立表示过程主要特征的模型。最早，路易斯（1916 年）及惠奇曼（1923 年）提出了双膜论，获得了较为广泛的应用，但仍不完善。一些研究者提出了改进，如溶质渗透、表面

更新等概念。近年来，随着湍流理论特别是界面附近湍流结构认识的深入，提出了旋涡模型，对传递过程的解释更为清楚，但定量处理还有不少困难。下面将主要介绍双膜论的有关论点及相际传递计算的主要关系式[1]。

5.3.3.1 界面浓度与传递推动力

前已指出，浓度差是质量传递的推动力。当存在相界面时，界面浓度是不连续的，两相之间的传递不能简单地以两相之间的浓度差作为推动力，而必须考虑界面浓度以及界面平衡现象。鉴于这一问题的重要性，下面就气-液、液-固等几种不同情况作较详细的分析。

考虑真实界面的两侧各有假想界面，它们与真实界面无限接近，如图 5-21 所示。图（a）表示的是空气-蒸汽混合物与水接触，界面上两相处于平衡，从而可以决定两相组成。忽略水中溶有少量空气，即 $x_{H_2O,L} = 1$，根据平衡关系可以决定气相 $y_{H_2O,G}$。

界面上温度连续，两相温度相等，即 $T_L = T_G$，该温度下饱和蒸气压为 p_{H_2O}，设总压为 p，由 $y_{H_2O} = p_{H_2O}/p$ 可计算 $y_{H_2O,G}$。图（b）表示固体盐溶解于水，若盐为纯物质，即 $x_{NaCl} = 1$，在界面温度下，液相表面处水溶液中盐与固相盐之间热力学平衡为盐的溶解度。若界面温度为 30℃，水中盐的溶解度为 3.63g，因此，该温度下界面液相盐浓度。

$$w_{NaCl,L} = 36.3/(100 + 36.3) = 0.266$$

图（c）是硫化氢-空气混合物与水的接触，H_2S 被 H_2O 吸收。稀溶液时，气体的溶解服从亨利定律

$$p_A = H_A x_A \tag{5-115}$$

即气相硫化氢组成 y_{H_2S} 与其液相组成 x_{H_2S} 成正比。可将式（5-115）改写为

$$y_A = \frac{H_A}{p} x_A = m x_A$$

式中，亨利系数 H_A 随压力 p 及组成 x_A 变化，但在稀溶液时变化较小。

图（d）表示氧气在金属钛中的溶解。表面上形成 TiO_2 垢层。气相存在 O_2 时，界面钛中氧浓度为 $w_{O_2} = 0.143$，其值与温度及氧分压无关。

上述实例中，均系界面平衡时的浓度。维持平衡浓度，两相间无净的质量传递。只有在偏离平衡浓度，存在以平衡浓度为基础的推动力 $C_A - C_A^*$ 时，两相间的传递才得以发生。

传质推动力以某相的主体浓度和另一相主体浓度的平衡浓度的差值表示，即以某相为基准的相际传质总推动力，因此 $y_A - y_A^*$ 和 $x_A^* - x_A$ 分别为以气相为基准和以液相为基准的传质总推动力。相应的传质分系数即为气相传质总系数 K_{0y} 和液相传质总系数 K_{0x}，其速率方程为

$$N_A = K_{0y}(y_A - y_A^*) \tag{5-116}$$

$$N_A = K_{0x}(x_A^* - x_A) \tag{5-117}$$

5.3.3.2 双膜论

双膜论模型的机理是：两相流体分成湍流相主体和相界面附近的层流薄膜两部分，强烈的湍流脉动使膜外的主体浓度均匀，几乎对传质无阻力，传递的所有阻力都集中在膜内，简化了复杂的真实过程。如图 5-22 所示，图中以虚线代替实线所示的过程。膜内传递是定常的分子扩散，且垂直于流动方向；层流薄膜的厚度对液相传递约为 $0.01 \sim 0.1$mm，对气相传递约为 $0.1 \sim$ 1mm，主体的运动速度影响着膜的厚度，在相界面上两相处于平衡状态，无传质阻力。

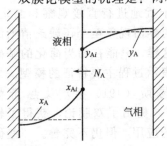

图 5-22　双膜论膜内浓度分布

由上述简化的物理图像，溶质 A 是以分子扩散方式通

过界面两侧的静止膜，即 $N_B=0$，因此，基于气膜的扩散速率为

$$N_A = \frac{D_1 p}{RT \delta_1 y_{Bm}} (y_A - y_{Ai}) \tag{5-118}$$

基于液膜的扩散速率为

$$N_A = \frac{D_2 C}{\delta_2 x_{Bm}} (x_{Ai} - x_A) \tag{5-119}$$

对于气液系统，传质速率方程式可写成

$$N_A = k_y (y_A - y_{Ai}) = k_x (x_{Ai} - x_A) \tag{5-120}$$

由式(5-119)及式(5-121)可得气相传质系数

$$k_y = \frac{D_1 p}{RT \delta_1 y_{Bm}} \tag{5-121}$$

同理，液相传质系数

$$k_x = \frac{D_2 C}{\delta_2 x_{Bm}} \tag{5-122}$$

式中，下标1、2分别表示气相、液相。

鉴于界面上浓度 y_{Ai} 及 x_{Ai} 难以测知，计算扩散速率常用相间传递的总推动力 $y_A - y_A^*$ 或 $x_A^* - x_A$ 为基准，则传质速率方程式可用式(5-116)或式(5-117)，即

$$N_A = K_{0y} (y_A - y_A^*) = K_{0x} (x_A^* - x_A) \tag{5-123}$$

由此，传质总系数与传质系数关系为

$$\frac{1}{K_{0y}} = \frac{1}{k_y} + \frac{m}{k_x} \tag{5-124}$$

$$\frac{1}{K_{0x}} = \frac{1}{k_x} + \frac{1}{mk_y} \tag{5-125}$$

式中，m 为相平衡常数。

以上两式表明，相际传质总阻力 $\frac{1}{K_{0x}}$（或 $\frac{1}{K_{0y}}$）为各相传质阻力之和。

当 m 值很小时，溶质极易溶解于液相，则 $K_{0y} \approx k_x$，为气膜控制系统，强化传质在于降低气相的传质阻力。当 m 值很大时，溶质极难溶于液相，则 $K_{0x} \approx k_x$，为液膜控制系统，强化传质则需降低液相的阻力。

5.3.3.3 传质理论发展

许多研究者试图改进双膜论。早期 Higbie（1935 年）提出了溶质渗透模型，认为相际之间物质传递的过程是湍流涡旋由于脉动从主体运动到界面，在界面上可以运动且假定运动速度均匀，涡旋停留一定时间，溶质渗透到涡旋中，由于停留时间短，扩散过程难以达到恒定，因此传质靠非定常分子扩散。数学推导给传质膜系数。

$$k_L = 2 \sqrt{\frac{D_{AB}}{\pi t_e}} \tag{5-126}$$

式中，t_e 为涡旋在界面平均停留时间。式(5-126)表明，传质膜系数正比于分子扩散系数的平方根，这比双膜论所给结果合理一些。

Danckwerts（1951 年）认为，所有涡旋在界面停留时间的可能性很小，停留不同时间则更为合理。引入表面年龄分布函数概念，导出

$$k_c = \sqrt{S D_{AB}} \tag{5-127}$$

式中，S 为表面更新率。

溶质渗透和表面更新是继双膜论之后较多得到认同而且获得一定应用的传质理论，其成功之处是，这两种传质模型中将湍流的贡献与有效接触时间 t_e 或表面更新率 S 相联系。但是由于相际界面的流动结构所知甚少，t_e、S 和湍流结构的特性之间的关系未曾阐明，t_e 和 S 又难以测定，因而这两种理论有很大局限性就不难理解。

20 世纪 70 年代，根据湍流结构先后提出几种涡旋模型，总体趋势是"以涡代膜"。Lamont 及 Scott 的小涡旋模型，Fortescu 及 Pearson 的大涡旋模型，这些模型在沟通湍流理论和传质机理之间的联系方面作出了有益的尝试。20 世纪 80 年代以来，在湍流理论与测试技术的发展以及液/气界面的气体传递因涉及大气中温室效应而备受重视的背景下，相际传质理论有了新的进步。深入探讨可滑移面附近湍流，发现气/液界面"表面更新涡"与界面附近的有组织运动或猝发事件有很强的关联，很可能界面附近湍流猝发事件是表面更新的实质。基于这些新的发现和认识，可以期待相际传质理论会有新突破。

双膜论虽应用广泛，但是对相边界附近情况过分简化，虚拟膜内完全是分子扩散的作用，因而不完全符合实际情况。由双膜论得到的是 $k \propto D_{AB}$；而实际情况是因表面附近湍流的衰减是逐渐的，$k \propto D_{AB}^n$，n 在 $0 \sim 1$ 之间，实验也证实了这一点。

例 5-9 界面浓度

SO_2 稀溶液气/液平衡，可表示为 $p_A = 25 x_A$，SO_2/空气中的分压以大气压表示，吸收操作在 10atm 下进行，某一位置 $y_A = 0.01$，$x_A = 0.0$ 对应传质系数为 $k_x = 10 \text{kg} \cdot \text{mol}/(\text{m}^2 \cdot \text{h})$；$k_y = 8 \text{kg} \cdot \text{mol}/(\text{m}^2 \cdot \text{h})$。假定等分子逆向传递。试求：(1) 总传质系数 K_{0x}；(2) 界面浓度 x_{Ai} 及 y_{Ai}；(3) 摩尔通量 N_A。

解 (1) $p_A = 25 x_A$，$y_A = \dfrac{p_A}{p}$

所以 $y_A = 2.5 x_A$

将相关数据代入式(5-125)，得

$$\frac{1}{K_{0x}} = \frac{1}{10} + \frac{1}{2.5 \times 8}$$

解得 $K_{0x} = 6.67 \text{kg} \cdot \text{mol}/(\text{m}^2 \cdot \text{h})$

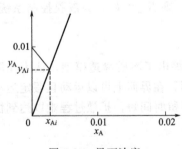

图 5-23 界面浓度

(2) 稀溶液平衡曲线为直线，近似有

$$-\frac{k_x}{k_y} = \frac{y_A - y_{Ai}}{x_A - x_{Ai}} = -\frac{10}{8} = -1.25$$

由斜率及点 (x_A, y_A) 构造直线方程

$$y_A = -1.25 x_A + 0.01$$

与平衡曲线联立求解或作图 (见图 5-23)，由两线交点，得到

$$y_{Ai} = 0.0067$$
$$x_{Ai} = 0.00267$$

(3) 质量通量

$$N_A = k_x(x_{Ai} - x_A) = 10(0.00267 - 0) = 0.0267 \quad [\text{kg} \cdot \text{mol}/(\text{m}^2 \cdot \text{h})]$$

由气相分系数计算

$$N_A = k_y(y_A - y_{Ai}) = 8(0.01 - 0.00267) = 0.0264 \quad [\text{kg} \cdot \text{mol}/(\text{m}^2 \cdot \text{h})]$$

二者稍有差别，是由于界面浓度值引起的。

例 5-10 上升气泡传质[6]

3mm 直径的空气泡自深 0.5m 的容器底部引入水中，空气泡上升速度为 2m/s，泡内压

力为大气压，水温 20℃，氧在水中的 Henry 常数为 4052MPa，扩散系数 $D_L = 2.08 \times 10^{-9}$ $m^2 \cdot s^{-1}$，试计算单气泡上升期间水中的氧吸收量。

解　气泡表面氧的平衡浓度

$$x_s = \frac{1.01325 \times 10^5 \times 0.21}{4.052 \times 10^9} = 5.25 \times 10^{-6}$$

气泡与水接触时间

$$t_e = \frac{0.5}{2.0} = 0.25 \quad (s)$$

主体液体的物质的量浓度

$$C = \frac{1000}{18} = 55.5 \quad (kmol/m^3)$$

传质系数

$$k_L = 2\sqrt{\frac{D_L}{\pi t_e}} = 2\sqrt{\frac{(2.08 \times 10^{-9})}{3.14 \times 0.25}} = 1.0 \times 10^{-4} \quad (m/s)$$

氧传递通量

$$N_A = 55.5 \times 1.0 \times 10^{-4} \times 5.25 \times 10^{-6} = 2.31 \times 10^{-8} \quad [kmol/(m^2 \cdot s)]$$

气泡表面积为

$$A = 3.14 \times (3 \times 10^{-3})^2 = 2.86 \times 10^{-5} \quad (m^2)$$

单气泡上升期间氧吸收量

$$G = 2.31 \times 10^{-8} \times 2.86 \times 10^{-5} \times 0.25$$
$$= 1.65 \times 10^{-10} \quad (mol)$$

5.4　质量传递原理的应用

质量传递现象在化学工业、冶金工业、环境保护、生物医学工程等领域广泛存在，此处选择几个典型实例，运用前面阐述的理论及有关计算进行必要的分析。

5.4.1　分离与传质

化学反应或生物化学反应的生成物往往是混合物，为获得相对较纯的产物必须进行分离操作；有些化学反应要求原料必须很纯，例如聚合反应，这时对单体需要分离和净化。所以工业上经常涉及混合物分离。分离与传质几乎密不可分。吸收、精馏、萃取、吸附等化工上重要的单元操作，尽管设备类型和结构可以千差万别，但均以传质原理为基础。混合物分离系统可以是气-气、液-气、液-液、气-固及液-固等。下面以海水淡化这一膜分离技术（液-固系统）为例，分析混合物分离过程中的传质特性[7]。

5.4.1.1　海水淡化

将海水通过由醋酸纤维素薄膜构成的矩形通道，应用反渗透脱盐，从海水中回收淡水。如图 5-24(a) 所示，在膜的一侧，海水的压力大于渗透压力时，海水流向膜表面，水分及盐分都发生传递，但只有水分能通过薄膜流入压力较低的膜的另一侧，盐分不能通过膜则被阻止在膜表面上，且不断聚集，使膜表面上盐的浓度逐渐增浓，当达到一定浓度值时与主体溶液（海水盐溶液）形成浓度差，此时盐分则向主体溶液反扩散，这就是所谓的反渗透脱盐。

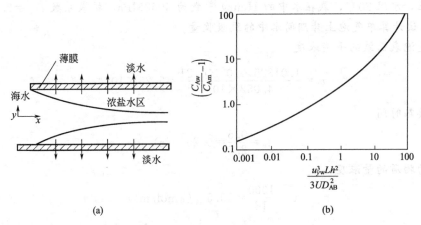

(a)

(b)

图 5-24 壁面上膜的反渗透

膜表面上盐的聚集程度与通道的几何形状及流体流动速度有关。由图 5-24(a) 中可看到海水作平行于平面膜的定常层流流动。设流体以均匀的流速通过薄膜，即 u_{yw} = 常数，这是一个两维 (u_x, u_y) 流动下的传质问题，需由速度场与分子扩散造成的浓度场相结合求解。Bermen 由运动方程导出速度分布为

$$\frac{u_x}{U} = \frac{3}{2}\left(1 - \frac{u_{yw}L}{U}\right)(1 - R^2)\left[1 - \frac{u_{yw}h}{420\nu}(2 - 7R^2 - 4R^4)\right]$$

$$\frac{u_y}{U} = \frac{R}{2}(3 - R^2) - \frac{u_{yw}y}{280\nu}(2 - 3R^3 - R^6) \tag{5-128}$$

式中，u_x、u_y 为任意一点 $R = y/h$ 处的速度分量；$L = x/h$；h 为膜表面间的半间距；U 为层流流动下的平均速度。

由定常扩散方程，可导出

$$\frac{\partial(u_x C_A)}{\partial x} + \frac{\partial(u_y C_A)}{\partial y} - D_{AB}\frac{\partial^2 C_A}{\partial y^2} = 0 \tag{5-129}$$

式中，C_A 为任意点的盐浓度；D_{AB} 为盐在水中的扩散系数。

这样，浓度分布可以由式(5-128)、式(5-129) 及相应边界条件求解。然而求取该方程的解析解十分困难，通常应用数值法求解，如图 5-24(b) 所示，由此可计算得到浓度分布及扩散通量。膜表面聚集盐分越多对操作越不利（此时水分也难以通过薄膜）。在图 5-24(b) 中以比值 C_{Aw}/C_{Am} 表示所测量到的浓度极化程度，其中 C_{Aw} 为膜表面上盐浓度，C_{Am} 为流动方向上从进口到距离 x 内流体中盐浓度的平均值。C_{Aw}/C_{Am} 增大，所需膜面积增大，费用随之增加；为减少浓度极化，需提高平均速度 U，所需功率费用亦随之增加。为此须加以权衡，所得曲线是进行这种设计计算的基础。

上述实例以聚合物膜作介质，进行混合物的选择性分离。这种膜分离过程的应用已相当广泛。涉及工业和生物医学如人工肾，具有类似结构和质量传递原理。含有毒物质的血液低速层流状态进入通道，该通道对毒物可透过，而血液则不能透过。透过的物质被膜外侧渗析液带走，渗析液快速通过，以维持膜透过物质的浓度几乎为零，通道内侧血液中的有害物质沿流动方向降低。通过质量传递分析计算，确定设计参数，例如血液流率、通道间距、长度等。所依据的计算方法，可参照海水淡化过程的计算进行。

5.4.1.2 控制释放

以预定速率控制化合物，如肥料、药物、杀虫剂等的释放，以提高药效和安全性。许多控制释放通过扩散实现（当然还有其他方法）[8]。

具有药物活性的化学试剂溶解于惰性流体中，流体封装于管状膜内（微胶囊），如图 5-25 所示。活性试剂释放于周围环境经历三个步骤：通过惰性的静止的内部流体、多孔薄膜以及膜外气体（空气）。管壁膜一般是内径 $100\mu m$ 的中空纤维，壁厚 $25\mu m$。这样小的空间内的液体可视为静止。其中物质传递仅取决于扩散；膜内传递也可能视为扩散，壁外侧空气流动因对流作用而促使质量传递。从图中区域 I、II、III 的传质阻力及相关知识和方法，不难设计所需释放速率的颗粒。

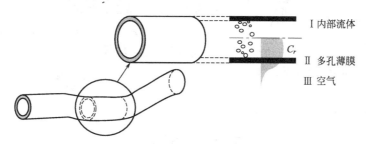

图 5-25 化学试剂的控制释放

5.4.2 反应与传质

扩散不仅涉及物理过程，而且与化学反应关系十分密切。反应物必须克服扩散阻力达到反应区，产物也必须从反应区离开，以维持反应持续进行。化学反应与物质传递的相互作用，因反应特性及两者相对速率呈现复杂的关系。一般来说，当质量传递速率远大于化学反应速率时，称为反应控制，化学动力学因素起决定作用；反之，则为传质控制。研究反应与传质的关系，需对此做出判断[1]。

四类扩散控制的反应如图 5-26 所示。化学反应发生于多孔催化剂，反应物扩散到孔内催化活性点，在活性点上快速反应。反应的总速率决定于扩散。

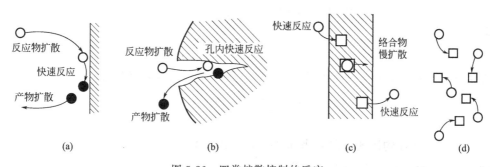

图 5-26 四类扩散控制的反应

在图 5-26（a）中，一反应物缓慢扩散到一固体表面并在此快速反应，这种情况在电化学中常发生。在图 5-26（b）中，一反应物缓慢扩散入催化剂颗粒的孔中并进行快速反应，此反应按均相来模拟。在图 5-26（c）中，一圆形溶质与移动载体快速反应，从而促进溶质通过膜的扩散。在图 5-26（d）中，两种溶质扩散到一起后即快速反应。

以尾气净化为例，为减少汽车尾气中 NO 对大气的污染，必须对尾气进行净化处理。净化通常是在净化器内进行。含有 NO 及 CO 混合气体的尾气通过净化器，尾气中所含的 NO 进行还原反应：$2NO+2CO \longrightarrow N_2+2CO_2$。反应是由反应气体 NO 与净化器中的催化剂表面接触发生的，这一非均相反应过程可看作是气体 NO 通过静止膜的一维定量扩散[9]，如图 5-27 所示。

扩散组分 A(NO) 通过静止膜（$N_B=0$），在催化剂表面发生催化反应，扩散距离为 L。

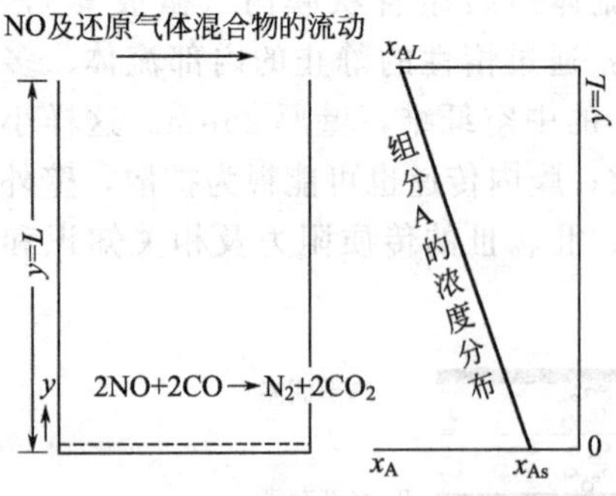

图 5-27　非均相催化系统的扩散

NO 的扩散速率可运用式(1-94)计算，并代入费克定律，改写为

$$N_A = -CD_{Am}\frac{dx_A}{dy} \tag{5-130}$$

设进入反应器的混合气体浓度为 C_{AL}，且混合气体的进入不引起反应器内任何对流流动，气相内也无反应发生，于是定常扩散下有

$$AN_A\big|_y - AN_A\big|_{y+\Delta y} = 0$$

令 Δy 趋于零，取极限，得

$$-\frac{dN_{Ay}}{dy} = 0$$

将式(5-130)代入上式，得

$$\frac{d}{dy}\left(CD_{Am}\frac{dx_A}{dy}\right) = 0 \tag{5-131}$$

若在催化剂表面上发生一级化学反应，取该处反应物浓度为 $C_{Aw} = Cx_{As}$ 时，则反应速率

$$\dot{R}_A = -k''C_{Aw} \tag{5-132}$$

式中，k'' 为反应速率常数。

　　于定常扩散下，组分扩散速率等于反应速率，即

$$N_A = k''C_{Aw} \tag{5-133}$$

故相应边界条件有

$$(\text{i}) y=0, N_{Aw} = -\left(CD_{Am}\frac{dx_A}{dy}\right)_{y=0} = k''C_{Aw}$$

$$(\text{ii}) y=L, C_A = C_{AL} \text{ 或 } x_A = x_{AL}$$

积分式(5-131)，得

$$x_A = C_1 y + C_2$$

由边界条件（i）、（ii）分别得到积分常数 C_1 及 C_2，最后得浓度分布

$$\frac{C_A}{C_{AL}} = \frac{1-k''y/D_{Am}}{1+k''L/D_{Am}} \tag{5-134}$$

　　式中，D_{Am} 为 A 物质通过混合物 m 的平均扩散系数。

由式(5-134)可得 $y=0$，$C_A = C_{Aw}$，所以

$$C_{Aw} = \frac{1}{1+k''L/D_{Am}}C_{AL} \tag{5-135}$$

由式(5-132)得到反应速率

$$\dot{R}_A = -k''C_{Aw} = -\frac{k''C_{AL}}{1+k''L/D_{Am}} \tag{5-136}$$

由此，组分扩散速率为

$$N_A = \frac{C_{AL}}{\dfrac{1}{k''}+\dfrac{L}{D_{Am}}} \tag{5-137}$$

　　式(5-137)即尾气净化速率：对一定净化系统，已知净化器的结构尺寸（L），则可由式(5-137)计算出尾气净化速率或已知处理尾气的净化速率时计算所需净化器的高度。

例 5-11　尾气净化[9]

汽车尾气净化后排放温度为 540℃，压力为 $1.18\times10^5\,N/m^2$，含有 0.20%NO(摩尔分数)，平均分子量为 28，该温度下有效反应速率常数 $k''=228.6\,m/h$，扩散系数 $D_{AB}=0.362\,m^2/h$，试确定 NO 还原速率达到 $4.19\times10^{-3}\,kmol/(m^2\cdot h)$ 时净化反应器高度的最大值。

解　组分（NO）扩散速率由式(5-137)

$$N_A=\dfrac{C_{AL}}{\dfrac{1}{k''}+\dfrac{L}{D_{Am}}} \qquad\qquad ①$$

得尾气浓度　$C_{AL}=\dfrac{p_A}{RT}=\dfrac{px_A}{RT}=\dfrac{1.18\times10^5\times0.002}{8314\times540}=5.26\times10^{-5}\quad(kmol/m^3)$

由式①得净化器高度

$$L=D_{Am}\left(\dfrac{C_{AL}}{N_A}-\dfrac{1}{k''}\right) \qquad\qquad ②$$

$$=0.362\left(\dfrac{5.26\times10^{-5}}{4.19\times10^{-3}}-\dfrac{1}{228.6}\right)=0.296\times10^{-2}\quad(m)=2.96\quad(mm)$$

由计算所得 L 值偏低。

5.4.3　传热与传质

许多过程同时伴有传热和传质，过程较为复杂。本节就传质对传热的影响以两个实例进行分析讨论，目的在于探讨用传质方法解决传热问题。

5.4.3.1　蒸发冷却

将冷流体通过多孔壁面注入高温气流中，并在壁表面向高温气体蒸发吸热，以减弱高温气体对壁面的传热，从而对置于高温气体中的壁面进行有效的冷却，这种冷却称为蒸发冷却，它利用热量和质量的反向传递达到传质削弱传热的目的。这种冷却方法对火箭燃烧室或航天飞行器在回入大气层时免于烧毁是极为有效的方法。

蒸发冷却过程中，通过多孔壁面的冷流体既可以是挥发性液体（或固体亦可），也可以是强制流动的冷流体，冷流体由多孔壁表面向高温气体蒸发进行物质传递，使其由凝聚状态或从多孔壁另一侧的状态转变为与多孔壁表面紧贴的气相状态。这一物理过程相当于组分 A(蒸发物) 通过静止膜的定常扩散，见图 5-28。因此，在远离壁面处蒸汽（A）的传递速率可由式(5-138)求解。令 $N_B=0$ 积分，并将静止膜厚度 δ 代替 L，得到

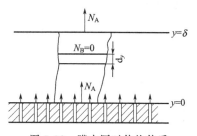

图 5-28　膜内同时传热传质

$$N_{Aw}=\dfrac{CD_{AB}}{\delta}\ln\dfrac{1-x_{A\delta}}{1-x_{Aw}} \qquad\qquad (5-138)$$

扩散组分 A 因蒸汽直接进入气相，也即在垂直多孔壁表面上引起对流传递，伴随产生法向速度分量 u_{yw}，将扩散传递速率以传质分系数形式表达，有

$$J_{Aw}=\dot{k}_x(x_{Aw}-x_{A\delta}) \qquad\qquad (5-139)$$

式中，$\dot{k}_x$ 为有限传质速率下的传质系数。

又按

$$N_A = J_A + x_A(N_A + N_B) \tag{1-94b}$$

对静止膜过程中，$N_B = 0$，则

$$N_{Aw} = J_{Aw} + x_{Aw} N_{Aw} \tag{5-140}$$

将式(5-139)代入式(5-140)，得

$$N_{Aw} = \dot{k}_x(x_{Aw} - x_{A\delta}) + x_{Aw} N_{Aw}$$

由此

$$N_{Aw} = \dot{k}_x \frac{x_{A\delta} - x_{Aw}}{x_{Aw} - 1} \tag{5-141}$$

令 $\beta_m = \dfrac{x_{A\delta} - x_{Aw}}{x_{Aw} - 1}$，代入式(5-141)，则有

$$N_{Aw} = \dot{k}_x \beta_m \tag{5-142}$$

式中，β_m 为穿过表面（静止膜）扩散引起对流的传质推动力。

比较式(5-138)及式(5-140)，可得

$$\dot{k}_x \beta_m = C D_{AB} \ln \frac{1 - x_{A\delta}}{1 - x_{Aw}}$$

再整理得

$$\dot{k}_x \beta_m = \frac{C D_{AB}}{\delta} \ln(1 + \beta_m)$$

所以

$$\dot{k}_x = \frac{C D_{AB}}{\delta} \times \frac{\ln(1 + \beta_m)}{\beta_m} \tag{5-143}$$

由式(5-143)可知，当传质速率为零时，即 x_{Aw} 接近于 $x_{A\delta}$，$x_{Aw} \leqslant 1$，则 $\beta_m \to 0$。对于蒸发（物质离开表面），β_m 为正值，且最高极限值趋于 $+\infty$；对于冷凝（物质注入表面），β_m 为负值，且最低极限值为 -1。将 $\dfrac{\ln(1 + \beta_m)}{\beta_m}$ 定义为对数吹出因子，以此表明法向传递对

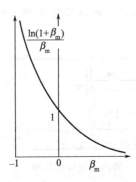

浓度分布的影响。由图 5-29 可看出，当 $\beta_m \to \infty$ 时，$\dfrac{\ln(1 + \beta_m)}{\beta_m} \to$ 0（高蒸发速率）；当 $\beta_m \to -1$ 时，$\dfrac{\ln(1 + \beta_m)}{\beta_m} \to \infty$（高冷凝速率）；当 $\beta_m \to 0$ 时，$\ln(1 + \beta_m) = \beta_m - \dfrac{1}{2} \beta_m^2 + \cdots$。由式(5-143)取极限可得

$$\lim_{\beta_m \to 0} \dot{k}_x = \frac{C D_{AB}}{\delta} = k_x \tag{5-144}$$

图 5-29　对数吹出因子

将式(5-144)代回式(5-143)，得

$$\frac{\dot{k}_x}{k_x} = \frac{\ln(1 + \beta_m)}{\beta_m} \tag{5-145}$$

这样，应用式(5-145)，可由 k_x 值计算相应的 $\dot{k}_x$，然后由式(5-142)可计算冷流体蒸发速率 N_{Aw}。

5.4.3.2　液滴在气相中的蒸发

液滴在气相中蒸发，若不存在热辐射，液滴蒸发所需要的热量来自气相主体，只要液滴与气相存在着温度差（液滴温度低于气相），两者间产生传热。其结果是蒸发引起的扩散质量流必与液滴表面蒸发所必需的、由气相主体传来的热流同时发生，而两股流的方向相反，即蒸发组分由高浓度区的液滴表面向气相传递，而热量则由高温气相向液膜表面传递，这是同时伴有热量和质量传递的过程。

　　单个液滴在气相中蒸发时，在很短的时间间隔内蒸发引起液滴的半径变化很小，因而在很短时间内分析热量传递关系时可忽略半径变化带来的影响，将液滴的蒸发过程看作是与传质无关的刚球而作为准定常处理，为分析讨论带来方便。

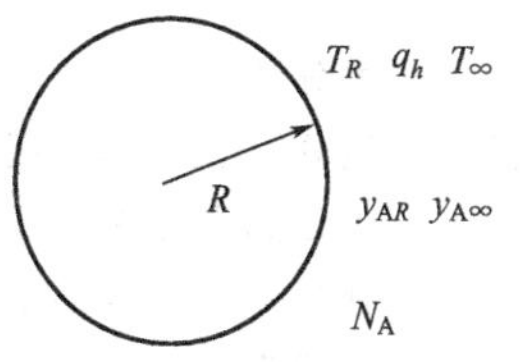

图 5-30　纯液滴蒸发

　　参考图 5-30，考虑纯液滴蒸发至周围气流中，蒸发速率相当于摩尔通量 N_A，在低蒸发速率下

$$N_A = k_y(y_{AR} - y_{A\infty}) \tag{5-146}$$

式中，k_y 是以气相摩尔分数为推动力。蒸发通量所对应的热量供给 q_h 是液体的蒸发潜热

$$q_h = -N_A \Delta H_{VA} \tag{5-147}$$

热通量与质量通量方向相反，ΔH_{VA} 是液体的摩尔蒸发热。热通量以传热系数表示，则有

$$q_h = h(T_\infty - T_R) \tag{5-148}$$

假设液滴足够小，保持均匀温度 T_R。上述三方程结合，得到

$$\frac{y_{AR} - y_{A\infty}}{T_\infty - T_R} = \frac{h}{k_y \Delta H_{VA}} \tag{5-149}$$

式（5-149）表明液滴表面组分和温度的关系。

　　考虑传热与传质之间的类似，有 Chilton-Colburn 类似律，$j_H = j_D$，或

$$\frac{h}{k_y} = C_p \left(\frac{Sc}{Pr}\right)^{2/3} \tag{5-150}$$

这一关系代入式(5-149)

$$\frac{y_{AR} - y_{A\infty}}{T_\infty - T_R} = \frac{C_p}{\Delta H_{VA}} \left(\frac{Sc}{Pr}\right)^{2/3} \tag{5-151}$$

上式右端仅包括系统的物理性质，因此对不同的液体及其周围气体，表面温度 T_R 与表面组分 y_{AR} 之间存在特定的关系。这两个参数之间还有另一关系，即气/液平衡，最常用的形式是

$$y_{AR} = \frac{p_{VA}}{p} = f(T_R) \tag{5-152}$$

式中，p_{VA} 为液体组分 A 的蒸气压，是液体温度的函数。这些关系式可用于估计蒸发液滴的表面温度。

例 5-12　水滴汽化温度

　　小水滴在 1atm、300K 温度的空气中缓慢沉降，空气相对湿度 20%，已知蒸汽压-温度关系以及有关物理性质，空气 $C_p = 1$kJ/(kg·K)，水的 $\Delta H_{VA} = 2280$kJ/kg，$Sc = 0.6$，$Pr = 0.7$。试求水滴表面温度。

　　解　利用式(5-151)，并将单位物质的量的汽化热和热容转化为以单位质量计，得

$$\frac{y_{AR} - y_{A\infty}}{T_\infty - T_R} = \frac{1 \times 29}{2260 \times 18}\left(\frac{0.6}{0.7}\right)^{2/3} = 6.4 \times 10^{-4}$$

式中，数据 29、18 分别为空气和水的相对分子质量。

　　由周围空气的相对湿度（20%）以及在 300K 水的蒸汽压 0.035atm，得到

$$y_{A\infty} = 0.2 \frac{p_{VA}}{p} = 0.007$$

通过试差，求得 $T_R = 287$K，即 14℃，液滴被冷却，相对于周围空气下降13℃，这是显著冷却。

本章主要符号

C_{Ai}	组分 A 的界面浓度，mol/L	j	质量扩散通量
C_A	组分 A 的主体浓度，mol/L	j_H, j_D	传热、传质 j 因素
C_{As}	组分 A 的饱和浓度，mol/L	k	对流传质系数，m/s
C_{Aw}	管壁处组分 A 的浓度，mol/L	$\dot{k}$	有限传质速率下的传质系数，m/s
C_{At}	时均浓度，mol/L	k_x, k_y	液相、气相传质系数，m/s
D_{AB}	组分 A 通过组分 B 进行扩散的扩散系数，m^2/s	k_c	基于摩尔浓度差 ΔC 的传质系数，m/s
D_{eff}	有效扩散系数，m^2/s	k_c^0	无净流动下的传质系数，m/s
D	管径，m	k_{cm}	平均传质系数，m/s
K_{0x}	液相传质总系数，m/s	k''	反应速率常数
K_{0y}	气相传质总系数，m/s	p	压力，Pa
L	几何特征尺度，m	t_e	涡旋在界面平均停留时间，s
L_{eD}	进口段长度，m	u_*	摩擦速度，m/s
N_A	A 物质的扩散通量，$kmol/(m^2 \cdot s)$	u_{Mz}	z 方向摩尔平均速度，m/s
N_{Aw}	壁面附近 A 物质的扩散通量，$kmol/(m^2 \cdot s)$	u_{Mr}	轴向摩尔平均速度，m/s
		u_{yw}	法向流动速度，m/s
Pr	普朗特数	x	液相组成
Pe	贝克莱数	y	气相组成
Re	雷诺数	δ	流动边界层厚度，mm；间壁厚度，mm；液膜厚度，mm
R	气体通用常数		
Sh	舍伍德数	δ_c	扩散（传质）边界层厚度，mm
Sc	施密特数	δ_b	黏性底层厚度，mm
T	温度，K	ε_D	涡流扩散系数，m^2/s
a	比表面积，m^2/m^3	ε_H	涡流传热系数，m^2/s
d_p	球直径，m	ε_M	涡流黏度，m^2/s
h	对流传热系数（传热膜系数），$W/(m^2 \cdot K)$	ν	运动黏度，m^2/s
		ρ	流体密度，kg/m^3
i	相界面		

思 考 题

1. 简述质量传递机理，并比较与热量传递机理的异同。对流扩散可区分为强制对流扩散和自然对流扩散吗？

2. 层流质量传递仍依靠分子扩散，扩散通量还与流动速度相关吗？

3. 引起泰勒扩散的原因何在？如何解释有效扩散系数与管径的关系？

4. 就降膜内扩散，讨论流动与传质的关系。处理降膜扩散问题，作了哪些假定？当液膜运动速度很大时，会引起何种复杂问题？

5. 是否速度边界层的厚度恒大于温度、浓度边界层？试作必要解释。

6. 涡流黏度 ε_M 与涡流扩散系数 ε_D 的比值 $\varepsilon_D/\varepsilon_M \approx 1$ 表示动量传递与质量传递类似，如果该比值大于或小于 1，表明不存在两者之间的类似关系。可否这样理解？请予评述。

7. 什么是 j 因子？j_D、j_H 一定相等吗？

8. 湍流理论的发展如何影响壁面附近传质模型的建立？

9. 阐明与质量传递有关的无量纲数的物理意义。

10. 相际质量传递研究传质动力学，相平衡研究热力学，两者有关联吗？

11. 列出传质系数的量纲、常用传质系数量纲。采用不同推动力，传质系数量纲是否改变？试就气相、液相传质膜系数，总传质系数作必要演练。

12. 如何判别质量传递的控制阻力？对气膜控制、液膜控制，各举数例。

13. 简述化学反应与质量传递的关系。所谓反应控制或扩散控制，其含义是什么？请举例说明。

14. 液膜扩散与气泡传质各有何特点？

15. 举例说明热量、质量同时传递过程中两者如何相互影响。

习　题

5-1　已知液膜表面上扩散通量［式(5-23)］，试计算单位时间内从气体传递到液膜的总量。

5-2　利用上题计算吸收速率，如果 A 在 B 中的溶解度误差在±5％以内，A 在 B 中的扩散系数的误差在±10％以内，则吸收速率的计算误差最大为多少？假设膜尺寸和速度误差在更小的数量级。

5-3　纯氯气泡直径 5mm，1atm，以速度 20cm/s 在 20℃水中上升，该温度下氯在水中的扩散系数为 $1.26×10^{-9}\,m^2/s$，饱和溶解度 0.823g，气泡溶解后尺寸收缩。试求水对氯气的吸收速率（g/s）。已知：水的密度和黏度是 $1000kg/m^3$，$1.155×10^{-3}\,kg/(m\cdot s)$。

5-4　直径 1mm 的小水滴在平均温度 35℃的干空气中以 3m/s 速度降落，该温度下水蒸气的扩散系数为 $0.273×10^{-4}\,m^2/s$，水蒸气分压为 $2.33×10^3\,Pa$。试求单位表面瞬时蒸发速率。

5-5　干空气以 10cm/s 的速率流过尺寸为 10cm×5cm 的湿海绵。流动方向是垂直于长边，空气温度高于海绵。试计算并比较海绵尾端（5cm 处）速度、温度、湿度边界层厚度。已知：平均膜温 20℃，该温度下的空气性质 $\nu=15.89×10^{-6}\,m^2/s$，热扩散度 $a_{air}=2.08×10^{-5}\,m^2/s$，$D_{vapor,air}=2.6×10^{-5}\,m^2/s$。

5-6　空气流过萘管，速度 5m/s，管径 0.1m，温度 20℃。试由 Linton 及 Sherwood 关联式计算萘至空气的传质系数，并与 Re 类比、j 因子关联计算结果比较。

5-7　N_2 以速度 0.3m/s、压力 2.7atm 通过内径为 0.003m、长为 9m 的多孔管，少量苯以恒定速率通过管壁均匀注入气流中，被气体移去。试求苯至 N_2 的质量传递系数。管温 90℃，管内流动充分发展，具有抛物线速度分布。

5-8　见图 5-31，平板涂层，溶质 A 溶解于液体 B 中。如果边界层中速度与浓度分布均可以一阶多项式表示，计算 $x=1m$ 处：(1) 当 $x_0=0$；(2) $x_0=0.5m$ 以及 $x=0.5m$ 处，$x_0=0$ 时的传质系数，并讨论平板不同位置 k_c 变化的物理意义。已知物理性质：$D_{AB}=2×10^{-9}\,m^2/s$，$U=0.1m/s$，$\nu=2×10^{-8}\,m^2/s$。

5-9　球形颗粒的阻力系数在 $20\leqslant Re_P\leqslant300$ 范围内可由下式近似：$C_D=11Re_P^{-1/2}$。假定摩擦阻力的相对量纲在给定 Re 范围内与总阻力的 1/2 相当。试由 Chilton-Colburn 类比律导出 Sh 与 Re、Sc 的函数关系。

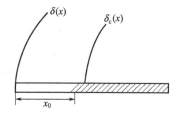

图 5-31　习题 5-8 附图

5-10　间歇气/液接触器测量传质系数。装置如图 5-32 所示。直径 $D=0.14m$，具有严格定义的平面液体表面积。物系为 NH_3-浓 H_2SO_4。空气/NH_3 混合物以流率 $6×10^{-6}\,kmol/s$ 引入装置。温度 298.15K，压力 $1.1×10^5\,Pa$。进口 NH_3 摩尔分数 $y_{A_0}=0.01$，出口 $y_{A_1}=0.003$。假定两相均为理想混合，氨与硫酸之间的反应瞬时完成，硫酸浓度在测定过程中不会改变。试求气相物质传递系数，并计算物质传递模型的流体力学特征参数。(1) 膜模型的气膜厚度；(2) 溶质渗透模型的接触时间；(3) 表面更新模型的更新率。

5-11　特定鼓泡系统的物质传递系数是 $k_L=0.02cm/s$，$k_G=4×10^{-5}\,mol/(cm^2\cdot bar\cdot s)$。作为一级近似，假定这些数值与扩散系数无关。试计算水吸收 O_2，NH_3 以及苯吸收 CO_2 时相对的气相阻力。$1bar=10^5\,Pa$。

5-12　1/8in 葡萄糖颗粒在水中溶解，自由流速度为 0.5ft/s，温度 25℃，葡萄糖在水中扩散系数是 $0.69×10^{-5}\,cm^2/s$。试求传质膜系数。1in=2.54cm，1ft=0.3048m。

5-13　令 k_G 为计算气相摩尔通量的质量传递系数，但推动力是分压。试证明：$k_y=k_G p$。

5-14　层流平板局部质量传递系数（当 $Sc>0.6$）$Sh_x=0.33Re_x^{0.5}Sc^{1/3}$，$\dfrac{k_y x}{CD_{AB}}=0.33\left(\dfrac{Ux\rho}{\mu}\right)^{0.5}\left(\dfrac{\mu}{\rho D_{AB}}\right)^{1/3}$，式中 x 是离平板前缘的距离。试导出平均质量传递系数的表达式（y 为离开表面的垂直距

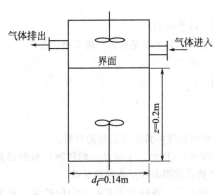

气体排出 ← ... → 气体进入

界面

$z=0.2\text{m}$

$d_i=0.14\text{m}$

图 5-32 习题 5-10 附图

离）。

5-15 空气 100℃，1atm，自由流速度 5m/s，流过 3m 长的平板，该平板由可以升华的萘铸成。（1）决定保持层流边界层的长度；（2）决定传质速率；（3）过渡为湍流的转变点，求该点速度边界层和浓度边界层的厚度。

已知 100℃时，萘 $\rho=1145\text{kg/m}^3$，$\mu=0.59\text{cp}$。

5-16 液体沿管壁呈薄膜状向下流动，气体从中心部分向上，两者逆流接触，液体从混合物中吸收溶质 A，在某点处液体浓度为 $x_A=0.1$，气相主体 $y_A=0.4$，并已知气相 A 的质量传递系数（基于摩尔分数浓度差）为 $1.0\text{lb}\cdot\text{mol/}(\text{h}\cdot\text{ft}^2)$，液相 A 的质量传递系数（基于摩尔分数浓度差）为 $1.5\text{lb}\cdot\text{mol/}(\text{h}\cdot\text{ft}^2)$。试求界面组成以及质量传递通量。（1lb=0.454kg，1ft=0.3048m）

5-17 温度 302.15K，压力 $p=1.52\times10^5\text{Pa}$，气相传质系数是 $k_{AG}=0.035\text{m/s}$，计算稀溶液中推动力为 Δy_A、Δp_A 时的质量传递系数。

5-18 75℃空气流通过 0.05m 长的萘球管，空隙速度 0.6m/s，萘球直径 0.01m，床空隙率 0.5，对流传质系数是 0.057m/s。计算：（1）出口空气的萘浓度；（2）出口空气的饱和度。

75℃萘蒸气压为 5.61mmHg($7.47\times10^2\text{N/m}^2$)。

5-19 利用 Pyrex 玻璃的可渗透性，可从天然气中分离 He。管内半径 R_1，管外半径 R_2，管长 L，天然气从管内通过。He 径向透过管壁，而天然气不能透过，从而达到分离目的。进口处 He 的浓度为 C_{A_1}，出口处为 C_{A_2}。试求单位时间（1h）通过的 He 的物质的量。

参 考 文 献

[1] E. L. Cussler Diffusion Mass Transfer in Fluid Systems，Cambridge University Press，second edition(2000)（中译本，王宁新，姜忠义译. 北京：化学工业出版社，2002.）

[2] A. L. Hines，R. N. Maddox. Mass Transfer Fundamentals and Applications. New Jersey：Prentice-Hall，Inc.，1985.

[3] A. H. P. Skelland. Diffusional Mass Transfer. New York：John-Wiley & Sons，1974.

[4] W. J. Beek，K. M. K. Muttzal，J. W. Van Heuven. Transport Phenomena. second edition. New York：John-Wiley & Sons，1999.

[5] 戴干策，陈敏恒. 物理化学流体动力学（中译本）. 上海：上海科学技术出版社，1965.

[6] Koichi Asano. Mass Transfer. New York：Wiley-VCH Verlag GmbH & Co. KGaA，2006.

[7] Sherwood T. K.，Pigford R. L.，Wike C. R.. Mass Transfer. New York：McGraw-Hill，Inc.，1975.

[8] Middleman S.. An Introduction to Mass and Heat Transfer. New York：John Wiley & Sons，Inc.，1998.

[9] Edwards D. K.，Denny V. E.，Mills A. F.. Transport Process. second edition. New York：McGraw-Hill Book company，1979.

第6章 传递现象基本方程及应用

研究传递现象的规律可以通过实验和计算实现。本书前面几章用薄壳衡算法，主要对一维流动建立了特定条件下的方程，从而计算出传递过程中的速度、温度和浓度分布，这样的处理简单明了。但工程上更多的传递问题是一维模型难以概括的。此外，通过对一般化的基本方程进行简化，以建立某些特定条件下的传递方程并求解，也是研究传递现象的常用方法。为此，本章将用微元体衡算法，对三维流动建立描述传递现象的基本方程，并结合定解条件，给出某些问题的解。

传递现象的基本方程是偏微分方程，因此，本章亦将简略讨论传递现象中涉及的偏微分方程的常用解法。由于传递现象的复杂性，能应用解析法甚至近似法求解的问题颇为有限。现在由于数值法、计算技术的发展，大大扩展了可能求解的范围，因而了解基本方程就更有意义。

本章的结尾以典型的传递问题为例，介绍了对基本方程的简化、求解及应用。

6.1 传递现象基本方程

在速度场、温度场及浓度场中取微元体，分别作质量、能量及动量衡算，即可得到描述传递过程的基本方程[1]。

6.1.1 动量传递微分方程组（运动方程）

描述过程物理量的变化，有三种对时间的导数，即

偏导数 $\partial(\ )/\partial t$：描述在空间某固定位置上括号（ ）内物理量随时间的变化，是空间固定点处该物理量对时间的导数。

全导数 $\mathrm{d}(\ )/\mathrm{d}t$：观察者作任意运动时物理量（ ）随空间位置及时间的变化。

$$\frac{\mathrm{d}(\ )}{\mathrm{d}t}=\frac{\partial(\ )}{\partial t}+\frac{\partial(\ )}{\partial x}\frac{\mathrm{d}x}{\mathrm{d}t}+\frac{\partial(\ )}{\partial y}\frac{\mathrm{d}y}{\mathrm{d}t}+\frac{\partial(\ )}{\partial z}\frac{\mathrm{d}z}{\mathrm{d}t}$$

随体导数 $\dfrac{\mathrm{D}(\ )}{\mathrm{d}t}$：观察者跟随流体运动时所见物理量（ ）随位置和时间的变化。

$$\frac{\mathrm{D}(\ )}{\mathrm{d}t}=\frac{\partial(\ )}{\partial t}+\frac{\partial(\ )}{\partial x}u_x+\frac{\partial(\ )}{\partial y}u_y+\frac{\partial(\ )}{\partial z}u_z$$

式中，u_x、u_y、u_z 为流体微团速度在三个坐标轴上的分量；等号左侧的第一项为局部或当地导数；其余三项为变位或对流导数。

6.1.1.1 连续性方程

在流场中任取一微元立方体为控制体，如图 6-1 所示。依据质量守恒定律

$$\begin{matrix}\text{流体进入微元} & \text{流体流出微元} & \text{流体在微元体内} \\ \text{体的质量流率} & \text{体的质量流率} & \text{的质量累积速率}\end{matrix} \tag{6-1}$$

流体由 x 方向流入微元体的质量流率为 $\rho u_x|_x \Delta y \Delta z$，流出的质量流率为 $\rho u_x|_{x+\Delta x}\Delta y\Delta z$，因此流体沿 x 方向进出微元体的净质量流率为

$$(\rho u_x|_x - \rho u_x|_{x+\Delta x})\Delta y\Delta z$$

同理，沿 y、z 方向的净质量流率分别为

$$(\rho u_y|_y - \rho u_y|_{y+\Delta y})\Delta x\Delta z$$

$$(\rho u_z\big|_z - \rho u_z\big|_{z+\Delta z})\Delta y\Delta z$$

微元控制体内因流体密度随时间变化导致的质量累积速率为

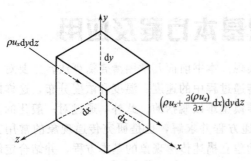

$$\frac{\partial \rho}{\partial t}\Delta x\Delta y\Delta z$$

图 6-1 流场中的微元控制体

将上述各项分别代入式(6-1)，并在两边同时除以 $\Delta x\Delta y\Delta z$，且令 $\Delta x\Delta y\Delta z$ 趋于零，取极限，得

$$-\frac{\partial \rho}{\partial t}=\frac{\partial}{\partial x}(\rho u_x)+\frac{\partial}{\partial y}(\rho u_y)+\frac{\partial}{\partial z}(\rho u_z)$$

$$(6\text{-}2)$$

式(6-2) 称为连续性方程，适用于任何流体，是流体速度场必须满足的条件。展开式(6-2)，整理得

$$\frac{\partial \rho}{\partial t}+u_x\frac{\partial \rho}{\partial x}+u_y\frac{\partial \rho}{\partial y}+u_z\frac{\partial \rho}{\partial z}=-\rho\Big(\frac{\partial u_x}{\partial x}+\frac{\partial u_y}{\partial y}+\frac{\partial u_z}{\partial z}\Big) \tag{6-3}$$

等式左侧为密度 ρ 的随体导致 $\mathrm{D}\rho/\mathrm{D}t$，式(6-3) 可改写为

$$\frac{\mathrm{D}\rho}{\mathrm{D}t}=-\rho\Big(\frac{\partial u_x}{\partial x}+\frac{\partial u_y}{\partial y}+\frac{\partial u_z}{\partial z}\Big) \tag{6-4}$$

对不可压缩流体，ρ 为常数，$\mathrm{D}\rho/\mathrm{D}t=0$，连续性方程简化成

$$\frac{\partial u_x}{\partial x}+\frac{\partial u_y}{\partial y}+\frac{\partial u_z}{\partial z}=0 \tag{6-5}$$

6.1.1.2 黏性流体运动方程（Navier-Stokes 方程）

取如图 6-1 所示的微元控制体，考虑对流传递、分子传递引起的通过各控制面的动量传递速率分量。

（1）对流传递 x 方向输入：$\rho u_x u_x\big|_x\Delta y\Delta z$

输出：$\rho u_x u_x\big|_{x+\Delta x}\Delta y\Delta z$

y 方向输入：$\rho u_y u_x\big|_y\Delta x\Delta z$

输出：$\rho u_y u_x\big|_{y+\Delta y}\Delta x\Delta z$

z 方向输入：$\rho u_z u_x\big|_z\Delta x\Delta y$

输出：$\rho u_z u_x\big|_{z+\Delta z}\Delta x\Delta y$

x 方向上净动量速率则为

$$(\rho u_x u_x\big|_x - \rho u_x u_x\big|_{x+\Delta x})\Delta y\Delta z+(\rho u_y u_x\big|_y - \rho u_y u_x\big|_{y+\Delta y})\Delta x\Delta z$$
$$+(\rho u_z u_x\big|_z - \rho u_z u_x\big|_{z+\Delta z})\Delta x\Delta y \tag{6-6a}$$

类似地，也可写出 y、z 方向上净动量速率的表达式。

（2）分子传递

通过微元体的 x 方向动量分量速率如下。

x 方向输入：$\tau_{xx}\big|_x\Delta y\Delta z$

输出：$\tau_{xx}\big|_{x+\Delta x}\Delta y\Delta z$

y 方向输入：$\tau_{yx}\big|_y\Delta x\Delta z$

输出：$\tau_{yx}\big|_{y+\Delta y}\Delta x\Delta z$

z 方向输入：$\tau_{zx}\big|_z\Delta x\Delta y$

输出：$\tau_{zx}\big|_{z+\Delta z}\Delta x\Delta y$

因而，由分子传递导致 x 方向的动量分量净速率为

$$(\tau_{xx}\,|_{\,x} - \tau_{xx}\,|_{\,x+\Delta x})\Delta y \Delta z + (\tau_{yx}\,|_{\,y} - \tau_{yx}\,|_{\,y+\Delta y})\Delta x \Delta z + (\tau_{zx}\,|_{\,x} - \tau_{zx}\,|_{\,x+\Delta x})\Delta x \Delta y \quad (6\text{-}6b)$$

类似地，也可写出 y、z 方向动量分量净速率表达式。

（3）微元体上的作用力

施加于微元体上的力通常只有流体压力和质量力。令单位质量流体的质量力在 x、y、z 方向上的分量分别为 X、Y、Z，则作用于微元体的 x 方向上的分力总和为

$$(p\,|_{\,x} - p\,|_{\,x+\Delta x})\Delta y \Delta z + \rho X \Delta x \Delta y \Delta z$$

微元体内 x 方向上动量累积速率为

$$\frac{\partial(\rho u_x)}{\partial t}\Delta x \Delta y \Delta z \quad (6\text{-}6c)$$

依据动量守恒定律 $\sum \boldsymbol{F} = \dfrac{\mathrm{d}(m\boldsymbol{u})}{\mathrm{d}t}$，将式（6-6）各项代入，于等式两边除以 $\Delta x \Delta y \Delta z$，并取 $\Delta x \Delta y \Delta z$ 趋于零时的极限，则得 x 方向动量衡算

$$\frac{\partial(\rho u_x)}{\partial t} = -\left(\frac{\partial}{\partial x}\rho u_x u_x + \frac{\partial}{\partial y}\rho u_y u_x + \frac{\partial}{\partial z}\rho u_z u_x\right) - \left(\frac{\partial \tau_{xx}}{\partial x} + \frac{\partial \tau_{yx}}{\partial y} + \frac{\partial \tau_{zx}}{\partial z}\right) - \frac{\partial p}{\partial x} + \rho X \quad (6\text{-}7)$$

同时，可作出 y、z 方向的动量衡算。

式（6-7）等号左侧表示在 x 方向上单位体积动量变化速率，等号右侧的四项分别表示由对流作用、黏性使用（分子传递）导致的单位体积动量变化速率以及作用于单位体积流体的压力和重力。

若 ρ 为常数，并引入连续性方程，上述方程组可写成

$$\rho\frac{\mathrm{D}u_x}{\mathrm{D}t} = -\frac{\partial p}{\partial x} + \rho X - \left(\frac{\partial \tau_{xx}}{\partial x} + \frac{\partial \tau_{yx}}{\partial y} + \frac{\partial \tau_{zx}}{\partial z}\right)$$

$$\rho\frac{\mathrm{D}u_y}{\mathrm{D}t} = -\frac{\partial p}{\partial y} + \rho Y - \left(\frac{\partial \tau_{xy}}{\partial x} + \frac{\partial \tau_{yy}}{\partial y} + \frac{\partial \tau_{zy}}{\partial z}\right) \quad (6\text{-}8)$$

$$\rho\frac{\mathrm{D}u_z}{\mathrm{D}t} = -\frac{\partial p}{\partial y} + \rho Z - \left(\frac{\partial \tau_{xz}}{\partial x} + \frac{\partial \tau_{yz}}{\partial y} + \frac{\partial \tau_{zz}}{\partial z}\right)$$

这是通过微元体衡算导出的动量传递的一般关系式，也是牛顿第二定律（合力＝质量×加速度）的一种表达形式，也就是说这是一组以应力形式表示的黏性流体运动方程，该式适用于任何类型黏性流体的流动。由于方程组中含有 9 个应力分量、3 个速度分量及压力等 13 个变量，变量数与方程数不相等，方程组不封闭。为使封闭，可补充描述应力与应变率关系的本构方程。

对于不可压缩牛顿流体，若应力各向同性以及应力与应变率符合线性关系，可引用牛顿黏性定律的一般表达式：

$$\tau_{xy} = \tau_{yx} = -\mu\left(\frac{\partial u_x}{\partial y} + \frac{\partial u_y}{\partial x}\right)$$

$$\tau_{yz} = \tau_{zy} = -\mu\left(\frac{\partial u_y}{\partial z} + \frac{\partial u_z}{\partial y}\right)$$

$$\tau_{zx} = \tau_{xz} = -\mu\left(\frac{\partial u_z}{\partial x} + \frac{\partial u_x}{\partial z}\right)$$

$$\tau_{xx} = -2\mu\frac{\partial u_x}{\partial x} \quad (6\text{-}9)$$

$$\tau_{yy} = -2\mu\frac{\partial u_y}{\partial y}$$

$$\tau_{zz} = -2\mu\frac{\partial u_z}{\partial z}$$

将式(6-9)代入式(6-8)，并引入连续性方程，得到不可压缩黏性流体运动方程

$$\rho\frac{Du_x}{Dt}=-\frac{\partial p}{\partial x}+\rho X+\mu\left(\frac{\partial^2 u_x}{\partial x^2}+\frac{\partial^2 u_x}{\partial y^2}+\frac{\partial^2 u_x}{\partial z^2}\right)$$

$$\rho\frac{Du_y}{Dt}=-\frac{\partial p}{\partial y}+\rho Y+\mu\left(\frac{\partial^2 u_y}{\partial x^2}+\frac{\partial^2 u_y}{\partial y^2}+\frac{\partial^2 u_y}{\partial z^2}\right) \qquad (6\text{-}10)$$

$$\rho\frac{Du_z}{Dt}=-\frac{\partial p}{\partial z}+\rho Z+\mu\left(\frac{\partial^2 u_z}{\partial x^2}+\frac{\partial^2 u_z}{\partial y^2}+\frac{\partial^2 u_z}{\partial z^2}\right)$$

该组方程称为奈维-斯托克斯方程（N-S方程）。方程式的左端是流体微团运动的惯性力，右端是作用其上的外力，依次为压力、重力及黏性力。因此，该方程组表明了运动流体所受力之间的平衡关系。由于等号左侧随体导数项中含有未知数乘积项，显然这是一组二阶非线性偏微分方程组。

6.1.2 能量传递微分方程（传热方程）

在流场内取流体立方微元体，依据能量守恒定律作衡算，有

$$\begin{array}{c}\text{由对流导致微元}\\\text{体的净能量速率}\end{array}+\begin{array}{c}\text{由热传导导致微元}\\\text{体的净能量速率}\end{array}-\begin{array}{c}\text{流体微元体对外}\\\text{做功的净速率}\end{array}=\begin{array}{c}\text{微元体的总能}\\\text{量累积速率}\end{array} \qquad (6\text{-}11)$$

令 e 为单位质量流体所具有的内能，u 为流体的局部速度，则单位质量流体的能量 E

$$E=e+\frac{1}{2}u^2 \qquad (6\text{-}12)$$

由对流导致微元体的净能量速率为

$$(E\rho u_x|_x-E\rho u_x|_{x+\Delta x})\Delta y\Delta z+(E\rho u_y|_y-E\rho u_y|_{y+\Delta y})\Delta x\Delta z+(E\rho u_z|_z-E\rho u_z|_{z+\Delta z})\Delta x\Delta y$$

由热传导导致微元体的净热量速率为

$$(q_x|_x-q_x|_{x+\Delta x})\Delta y\Delta z+(q_y|_y-q_y|_{y+\Delta y})\Delta x\Delta z+(q_z|_z-q_z|_{z+\Delta z})\Delta x\Delta y$$

若微元体内部有热量生成，令 $\dot{q}$ 为单位体积流体的生成热量速率，则微元体生成的热量速率为 $\dot{q}\,\Delta x\Delta y\Delta z$。

流体微元对抗质量力（如重力）以及表面力（如压力和黏性力）作功，按照"功=作用力×力方向上的距离"或"功率=作用力×力方向上的速度"，可得单位时间内抵抗重力 g 所做的功：

$$-\rho\Delta x\Delta y\Delta z(u_x X+u_y Y+u_z Z)$$

式中，负号表示当 u 与 g 方向相反时流体抵抗重力所做的功。

单位时间内抵抗压力所做净功：

$$(pu_x|_{x+\Delta x}-pu_x|_x)\Delta y\Delta z+(pu_y|_{y+\Delta y}-pu_y|_y)\Delta x\Delta z+(pu_z|_{z+\Delta z}-pu_z|_z)\Delta x\Delta y$$

类似地，单位时间内抵抗黏性力所做净功：

$$\begin{aligned}&[(\tau_{xx}u_x+\tau_{xy}u_y+\tau_{xz}u_z)|_{x+\Delta x}-(\tau_{xx}u_x+\tau_{xy}u_y+\tau_{xz}u_z)|_x]\Delta y\Delta z\\&+[(\tau_{yx}u_x+\tau_{yy}u_y+\tau_{yz}u_z)|_{y+\Delta y}-(\tau_{yx}u_x+\tau_{yy}u_y+\tau_{yz}u_z)|_y]\Delta x\Delta z\\&+[(\tau_{zx}u_x+\tau_{zy}u_y+\tau_{zz}u_z)|_{z+\Delta z}-(\tau_{zx}u_x+\tau_{zy}u_y+\tau_{zz}u_z)|_z]\Delta x\Delta y\end{aligned}$$

微元体的能量积累速率：

$$\frac{\partial}{\partial t}(E\rho)\Delta x\Delta y\Delta z=\frac{\partial}{\partial t}\left(e+\frac{1}{2}u^2\right)\rho\Delta x\Delta y\Delta z$$

将以上各项代入式(6-11)，在等式两边除以 $\Delta x\Delta y\Delta z$，取趋于零时极限，则可得

$$\begin{aligned}\frac{\partial}{\partial t}(E\rho)=&-\left[\frac{\partial}{\partial x}(E\rho u_x)+\frac{\partial}{\partial y}(E\rho u_y)+\frac{\partial}{\partial z}(E\rho u_z)\right]+\left[\frac{\partial q_x}{\partial x}+\frac{\partial q_y}{\partial y}+\frac{\partial q_z}{\partial z}\right]\\&+\rho(u_x X+u_y Y+u_z Z)-\left[\frac{\partial}{\partial x}(pu_x)+\frac{\partial}{\partial y}(pu_y)+\frac{\partial}{\partial z}(pu_z)\right]\end{aligned} \qquad (6\text{-}13)$$

$$-\left[\frac{\partial}{\partial x}(\tau_{xx}u_x+\tau_{xy}u_y+\tau_{xz}u_z)+\frac{\partial}{\partial y}(\tau_{yx}u_x+\tau_{yy}u_y+\tau_{yz}u_z)\right.$$
$$\left.+\frac{\partial}{\partial z}(\tau_{zx}u_x+\tau_{zy}u_y+\tau_{zz}u_z)\right]+\dot{q}$$

在式(6-13)中引入连续性方程，应力与应变率间关系经推演可得适用于不可压缩流体的能量方程式

$$\rho C \frac{\mathrm{D}T}{\mathrm{D}t}=k\left(\frac{\partial^2 T}{\partial x^2}+\frac{\partial^2 T}{\partial y^2}+\frac{\partial^2 T}{\partial z^2}\right)+\dot{q}+\mu\Phi \tag{6-14}$$

$$\Phi=2\left[\left(\frac{\partial u_x}{\partial x}\right)^2+\left(\frac{\partial u_y}{\partial y}\right)^2+\left(\frac{\partial u_z}{\partial z}\right)^2\right]+\left(\frac{\partial u_y}{\partial x}+\frac{\partial u_x}{\partial y}\right)^2+\left(\frac{\partial u_z}{\partial y}+\frac{\partial u_y}{\partial z}\right)^2+\left(\frac{\partial u_x}{\partial z}+\frac{\partial u_z}{\partial x}\right)^2$$

Φ 称为黏性耗散函数，表明流体在流动过程中因黏性内摩擦消耗部分机械功转变的热量。

6.1.3 质量传递微分方程 （扩散方程）

在由组分 A、B 组成的双组分混合物流场内，取立方微元体为控制体，依据质量守恒定律式(6-1)，对组分 A 作质量衡算，有

$$\begin{matrix} \text{微元体内组分} \\ \text{A 的累积速率} \end{matrix}=\begin{matrix} \text{通过微元体组} \\ \text{分 A 的净速率} \end{matrix}+\begin{matrix} \text{微元体内组分 A} \\ \text{的净生成速率} \end{matrix} \tag{6-15}$$

组分 A 在 x、y、z 三个方向上通过微元体的净速率：

$$(n_A|_x-n_A|_{x+\Delta x})\Delta y\Delta z+(n_A|_y-n_A|_{y+\Delta y})\Delta x\Delta z+(n_A|_z-n_A|_{z+\Delta z})\Delta x\Delta y$$

微元体内组分 A 净生成速率：

$$\dot{\gamma}_A\Delta x\Delta y\Delta z$$

式中，$\dot{\gamma}_A$ 为单位体积内组分 A 的净生成率。

微元体内组分 A 的累积速率：

$$\frac{\partial \rho_A}{\partial t}\Delta x\Delta y\Delta z \tag{6-16}$$

将式(6-16)各项代入式(6-15)，等式两边除以 $\Delta x\Delta y\Delta z$，令 $\Delta x\Delta y\Delta z$ 趋于零，取极限，则得

$$\frac{\partial \rho_A}{\partial t}+\left(\frac{\partial n_{Ax}}{\partial x}+\frac{\partial n_{Ay}}{\partial y}+\frac{\partial n_{Az}}{\partial z}\right)=\dot{\gamma}_A \tag{6-17a}$$

式(6-17a) 即质量微分方程 （扩散方程），表明在空间固定点组分 A 因其运动及化学反应导致质量浓度随时间的变化率。类似地，对组分 B，有

$$\frac{\partial \rho_B}{\partial t}+\left(\frac{\partial n_{Bx}}{\partial x}+\frac{\partial n_{By}}{\partial y}+\frac{\partial n_{Bz}}{\partial z}\right)=\dot{\gamma}_B \tag{6-17b}$$

因 $n_A+n_B=n=\rho u$，$\rho_A+\rho_B=\rho$，$\dot{\gamma}_A+\dot{\gamma}_B=0$，将式(6-17a) 及式(6-17b) 相加，可得

$$\frac{\partial \rho}{\partial t}+\frac{\partial(\rho u_x)}{\partial x}+\frac{\partial(\rho u_y)}{\partial y}+\frac{\partial(\rho u_z)}{\partial z}=0 \tag{6-2}$$

式(6-2) 亦即连续性方程。

同理，对组分 A 作摩尔质量衡算，有

$$\frac{\partial C_A}{\partial t}+\left(\frac{\partial N_{Ax}}{\partial x}+\frac{\partial N_{Ay}}{\partial y}+\frac{\partial N_{Az}}{\partial z}\right)=\dot{R}_A \tag{6-18}$$

式中，$\dot{R}_A$ 为单位体积内组分 A 的净摩尔生成率。

为求得浓度分布，可将扩散通量关系式 $N_{Ai}=J_{Ai}+(C_A u_M)_i$ 代入式(6-18)，对不可压缩流体则有

$$\frac{\partial C_A}{\partial t}+\left(u_{Mx}\frac{\partial C_A}{\partial x}+u_{My}\frac{\partial C_A}{\partial y}+u_{Mz}\frac{\partial C_A}{\partial z}\right)+\left(\frac{\partial J_{Ax}}{\partial x}+\frac{\partial J_{Ay}}{\partial y}+\frac{\partial J_{Az}}{\partial z}\right)-\dot{R}_A=0 \qquad (6\text{-}19)$$

式(6-19)为不可压缩流体以物质的量浓度表示的对流扩散微分方程。等式左边第一项为组分 A 浓度随时间的变化率，第二项为因对流引起的质量传递速率，第三项为分子扩散引起的质量传递速率。

结合不同情况，式(6-19) 可作简化：

① 对于无化学反应及 C、D_{AB}、ρ 均为常数的定常流动系统，有

$$u_{Mx}\frac{\partial C_A}{\partial x}+u_{My}\frac{\partial C_A}{\partial y}+u_{Mz}\frac{\partial C_A}{\partial z}=D_{AB}\left(\frac{\partial^2 C_A}{\partial x^2}+\frac{\partial^2 C_A}{\partial y^2}+\frac{\partial^2 C_A}{\partial z^2}\right) \qquad (6\text{-}20)$$

式(6-20)为定常层流流动下扩散方程，已知速度分布及相应边界条件即可求取浓度分布。

② 对于无对流流动，无化学反应，C、D_{AB}、ρ 均为常数的系统，有

$$\frac{\partial C_A}{\partial t}=D_{AB}\left(\frac{\partial^2 C_A}{\partial x^2}+\frac{\partial^2 C_A}{\partial y^2}+\frac{\partial^2 C_A}{\partial z^2}\right) \qquad (6\text{-}21)$$

式(6-21) 称为费克第二定律。

6.2　定解条件

对于给定的过程，需结合定解条件求得方程的解，以了解该过程的传递规律。定解条件包括初始条件和边界条件。

6.2.1　初始条件和边界条件

初始条件指的是过程开始时刻（初始时刻）描述过程各物理量的分布，即 $t=t_0$ 时 u、p、ρ、T 或 C_A 等的分布。

边界条件指的是在空间边界上所求函数必须满足的条件。当流体沿不可穿透的静止固体表面运动时，根据表面无滑移，紧贴壁面处的流体速度 $u=0$；当壁面运动时，壁面处流体与壁面速度相等。

6.2.2　相界面上的边界条件

相际传质时，相与相之间具有相界面，若忽略界面上阻力，在相界面上"势"及"通量"相等，以上标 Ⅰ、Ⅱ 分别表示两相，以下标 i 表示界面，则可写出：

x 方向动量❶

$$u_x^{(\mathrm{I})}\big|_i=u_x^{(\mathrm{II})}\big|_i \qquad (6\text{-}22a)$$

$$\tau_{xy}^{(\mathrm{I})}\big|_i=\tau_{yx}^{(\mathrm{II})}\big|_i \qquad (6\text{-}22b)$$

能量

$$T^{(\mathrm{I})}\big|_i=T^{(\mathrm{II})}\big|_i \qquad (6\text{-}23a)$$

$$q_x^{(\mathrm{I})}\big|_i=q_x^{(\mathrm{II})}\big|_i \qquad (6\text{-}23b)$$

组分 A 的质量

$$C_A^{(\mathrm{I})}\big|_i=mC_A^{(\mathrm{II})}\big|_i(y_{Ai}=mx_{Ai}) \qquad (6\text{-}24a)$$

$$N_{Ay}^{(\mathrm{I})}\big|_i=N_{Ay}^{(\mathrm{II})}\big|_i \qquad (6\text{-}24b)$$

式中，m 可由相平衡求得，为浓度的函数，在较小的浓度范围内通常可取为常数。

从热力学得知，在界面上化学势相等，有

---

❶ 忽略表面张力的影响，若界面上存在表面张力梯度，动量通量将不相等。

$$\overline{G}_A^{(\text{I})}\big|_i = \overline{G}_A^{(\text{II})}\big|_i \tag{6-25}$$

式中，$\overline{G}_A^{(\text{I})}$ 为摩尔自由能或在界面上 I 相内组分 A 的化学势；$\overline{G}_A^{(\text{II})}$ 为界面上 II 相内组分 A 的化学势。

在相界面上还有一些常见边界条件：

对于不可渗透相界面，在界面上通量必为零，即有

① 绝热界面上，有

$$q_x\bigg|_i = 0 \ \text{或} \ \frac{\mathrm{d}T}{\mathrm{d}x}\bigg|_i = 0 \tag{6-26}$$

② 不可渗透固体壁面上，有

$$J_{Ay}\bigg|_i = 0 \ \text{或} \ \frac{\mathrm{d}C_A}{\mathrm{d}y}\bigg|_i = 0 \tag{6-27}$$

③ 气液界面上动量传递，有

$$\tau_{xy}\bigg|_i = 0 \ \text{或} \ \frac{\mathrm{d}u_y}{\mathrm{d}x}\bigg|_i = 0 \tag{6-28}$$

对于界面上非均相化学反应，表面速率

$$\gamma_A = k C_A^n\big|_i \tag{6-29}$$

式中，k 为反应速率常数，n 为反应级数。

6.3　传递微分方程解法

应用理论解析方法处理非线性问题是十分复杂和困难的，至今还没有通用的理论方法适合于处理各种形式的非线性问题，而处理线性问题的方法则较多。本节将介绍常见的几种理论解析方法[2]，即变量置换法、分离变量法及拉普拉斯变换法。

6.3.1　变量置换法

变量置换法是将含 n 个自变量的偏微分方程经适当的变量置换转变为常微分方程进行求解，同时边界条件也相应减少，用以置换的变量一般可由偏微分方程的量纲分析得出。这种方法通常应用于求解无限空间的非定常传递问题。下面以运动平板对静止流体流场的影响为例进行讨论。

无限大平板置于静止的不可压缩流体中，突然加速，使其以速度 U_0 沿 x 方向作等速运动，流体则被带动作平行运动。依据 $u_x\big|_{t=0}=0$，$u_y=0$，$u_z=0$，$\dfrac{\partial(\ )}{\partial y}=0$，$\dfrac{\partial(\ )}{\partial z}=0$，由连续性方程式(6-5) 得 $\dfrac{\partial u_x}{\partial x}=0$，因此黏性流体运动方程式(6-10) 简化为

$$\frac{\partial u_x}{\partial t} = \nu \frac{\partial^2 u_x}{\partial y^2} \tag{6-30}$$

定解条件为

$$\begin{cases} t \leqslant 0, \ y \geqslant 0, & u_x = 0 \\ t > 0, \ y = 0, & u_x = U_0 \\ \quad\quad\ y \to \infty, & u_x = 0 \end{cases}$$

根据量纲分析，引入无量纲变量 $\eta = \dfrac{y}{\sqrt{4\nu t}}$，可将式(6-30) 转为常微分方程。

令 η 与无量纲变量 $\dfrac{u_x}{U_0}$ 的函数关系为

$$\frac{u_x}{U_0} = f(\eta) \tag{6-31}$$

对式(6-30)各项作变量置换，有

$$\frac{\partial u_x}{\partial t} = U_0 \frac{\partial f(\eta)}{\partial t} = U_0 \frac{\partial f(\eta)}{\partial \eta} \frac{\partial \eta}{\partial t} = -U_0 \frac{\eta}{2t} \frac{\partial f(\eta)}{\partial \eta}$$

$$\frac{\partial u_x}{\partial y} = U_0 \frac{\partial f(\eta)}{\partial y} = U_0 \frac{\partial f(\eta)}{\partial \eta} \frac{\partial \eta}{\partial y} = \frac{U_0}{\sqrt{4\nu t}} \frac{\partial f(\eta)}{\partial \eta}$$

$$\frac{\partial^2 u_x}{\partial y^2} = \frac{\partial}{\partial y}\left(\frac{\partial u_x}{\partial y}\right) = \frac{U_0}{4\nu t} \frac{\partial^2 f(\eta)}{\partial \eta^2}$$

将上述各项代入式(6-30)，则得

$$\frac{\mathrm{d}^2 f(\eta)}{\mathrm{d}\eta^2} + 2\eta\left(\frac{\mathrm{d}f(\eta)}{\mathrm{d}\eta}\right) = 0 \quad 或 \quad f''(\eta) + 2\eta f'(\eta) = 0 \tag{6-32}$$

相应边界条件为

$$\begin{cases} \eta = 0, f(\eta) = 1 \\ \eta \to \infty, f(\eta) = 0 \end{cases} \tag{6-33}$$

经以上变换，式(6-30)被转变为易于求解的二阶线性齐次变系数常微分方程式(6-32)。令

$p(\eta) = \dfrac{\mathrm{d}f(\eta)}{\mathrm{d}\eta}$ 代入式(6-32)，方程降阶为

$$\frac{\mathrm{d}p(\eta)}{\mathrm{d}\eta} + 2\eta p(\eta) = 0 \tag{6-34}$$

积分式(6-34)，有

$$\ln p(\eta) = -\eta^2 + c$$

$$p(\eta) = c_1 \mathrm{e}^{-\eta^2} \quad 或 \quad \frac{\mathrm{d}f(\eta)}{\mathrm{d}\eta} = c_1 \mathrm{e}^{-\eta^2} \tag{6-35}$$

再积分式(6-35)，得

$$f(\eta) = c_1 \int_0^\eta \mathrm{e}^{-\eta^2} \mathrm{d}\eta + c_2 \tag{6-36}$$

由边界条件

$$\eta = 0, f(\eta) = 1 \quad 得 \ c_2 = 1$$

$$\eta \to \infty, f(\eta) = 0 \quad 得 \ c_1 = -\frac{1}{\displaystyle\int_0^\infty \mathrm{e}^{-\eta^2} \mathrm{d}\eta} = -\frac{2}{\sqrt{\pi}}$$

将 c_1 及 c_2 代入式(6-36)，经整理得到

$$f(\eta) = 1 - \frac{2}{\sqrt{\pi}} \int_0^\eta \mathrm{e}^{-\eta^2} \mathrm{d}\eta = 1 - \mathrm{erf}(\eta)$$

$$或 \frac{u_x}{U_0} = 1 - \mathrm{erf}\left(\frac{y}{\sqrt{4\nu t}}\right) = \mathrm{erfc}\left(\frac{y}{\sqrt{4\nu t}}\right) \tag{6-37}$$

当 $\eta \geq 2.5$ 时

$$\mathrm{erf}(\eta) = 0.99959$$

$$f(\eta) = \frac{u_x}{U_0} \leq 0.00041 \leq 0.041\%$$

以上分析表明，当 $\eta \geq 2.5$ 时，流体速度极小，可认为流体处于静止状态。因此，只有在

$\eta<2.5$ 的区域内流体才因平板运动而运动，由此可得流动层厚度

$$y=\delta=\eta\sqrt{4\nu t}=2.5\sqrt{4\nu t}=5.0\sqrt{\nu t} \tag{6-38}$$

流动层厚度 δ 随时间变化率则为

$$\frac{d\delta}{dt}=2.5\sqrt{\frac{\nu}{t}}$$

这就是黏性效应的扩散速率。

平板表面上剪切应力

$$\tau_w=\mu\left(\frac{du_x}{dy}\right)_{y=0}=\mu\left(\frac{U_0}{\sqrt{4\nu t}}\frac{df(\eta)}{d\eta}\right)_{\eta=0}=\mu\left[\frac{U_0}{\sqrt{4\nu t}}\left(-\frac{2}{\sqrt{\pi}}e^{-\eta^2}\right)\right]_{\eta=0}$$
$$=-\mu\left(\frac{U_0}{\sqrt{4\nu t}}\frac{2}{\sqrt{\pi}}\right)=-\frac{\mu U_0}{\sqrt{\pi\nu t}} \tag{6-39}$$

所以 $\tau_w=-\dfrac{\mu U_0}{\sqrt{\pi\nu t}}$，负号表示剪切应力方向与平板运动方向相反，即阻止平板运动。

6.3.2　分离变量法

分离变量法是引入 $n-1$ 个分离常数，使含有 n 个自变量的偏微分方程分离成 n 个常微分方程，然后进行求解。下面以大平板的非定常扩散问题为例进行讨论。

厚度为 $2l$ 的大平板，初始浓度为 $C_{A0}=0$，浸入含有组分 A 的液体中，平板两侧表面上浓度变为 C_{Aw}，并在整个扩散过程中不变，物质扩散主要发生在垂直表面的 y 方向上，是一维非定常扩散，扩散方程为

$$D_{AB}\frac{\partial^2 C_A}{\partial y^2}=\frac{\partial C_A}{\partial t} \tag{6-40}$$

初始条件：$t=0$，$-l<y<l$，$C_A=C_{A0}=0$

边界条件：
$$t>0\begin{cases}y=\pm l,&C_A=C_{Aw}\\ y=0,&\dfrac{dC_A}{dy}=0\end{cases} \tag{6-41}$$

定义无量纲浓度 $\theta=\dfrac{C_{Aw}-C_A}{C_{Aw}-C_{A0}}$，代入式(6-40)，得

$$D_{AB}\frac{\partial^2\theta}{\partial y^2}=\frac{\partial\theta}{\partial t} \tag{6-42}$$

由于无量纲浓度为长度及时间的函数，可假定 $\theta(y,t)$ 为仅含距离变量的函数 $Y(y)$ 及仅含时间变量的函数 $X(t)$ 的乘积，即

$$\theta(y,t)=X(t)Y(y) \tag{6-43}$$

式(6-43)必须满足边界条件［式(6-41)］。将 θ 分别对 t 及 y 取导数，有

$$\frac{\partial\theta}{\partial t}=Y\frac{dX}{dt}$$
$$\frac{\partial^2\theta}{\partial y^2}=X\frac{d^2Y}{dy^2}$$

代回式(6-42)，得

$$\frac{1}{Y}\times\frac{d^2Y}{dy^2}=\frac{1}{XD_{AB}}\times\frac{dX}{dt} \tag{6-44}$$

上式左侧仅为 y 的函数，上式右侧仅为 t 的函数，只有当等式两侧均为常数时等式才能够成立，即

$$\frac{1}{Y} \times \frac{\mathrm{d}^2 Y}{\mathrm{d}y^2} = \frac{1}{XD_{AB}} \times \frac{\mathrm{d}X}{\mathrm{d}t} = 常数 = -\lambda^2 \tag{6-45}$$

从数学分析可知，只有特征常数小于零时式(6-45)才有非零解。设该常数为$-\lambda^2$，于是有

$$\frac{\mathrm{d}^2 Y}{\mathrm{d}y^2} + Y\lambda^2 = 0$$

$$\frac{\mathrm{d}X}{\mathrm{d}t} = -\lambda^2 D_{AB} X$$

以上两式均为常微分方程，它们的通解形式分别为

$$Y = c_1 \sin\lambda y + c_2 \cos\lambda y$$

$$X = c_3 \exp(-\lambda^2 D_{AB} t)$$

由解的叠加原理，得到式(6-43)的通解形式为

$$\theta(y,t) = (c_1 \sin\lambda y + c_2 \cos\lambda y) c_3 \exp(-\lambda^2 D_{AB} t)$$

$$或 \quad \theta(y,t) = (A\sin\lambda y + B\cos\lambda y)\exp(-\lambda^2 D_{AB} t) \tag{6-46}$$

式中，c_1、c_2、c_3为积分常数，$A = c_1 c_3$，$B = c_2 c_3$。

为求得特征常数值λ，A、B必须满足定解条件，为此，对式(6-46)求导，结合边界条件解得：

$$A = 0$$

$$\lambda = \left(\frac{2n+1}{2l}\right)\pi$$

$$B_n = \frac{4(-1)^n}{\pi(2n+1)} \quad (n = 1,2,3,\cdots)$$

最后可解得

$$\theta(y,t) = \frac{4}{\pi} \sum_{\pi=0}^{\infty} \frac{(-1)^n}{(2n+1)} \cos\frac{(2n+1)\pi y}{2l} \exp\left[-\frac{(2n+1)^2 \pi^2 D_{AB} t}{4l^2}\right] \tag{6-47}$$

$$或 \frac{C_A - C_{A0}}{C_{Aw} - C_{A0}} = 1 - \frac{4}{\pi} \sum_{\pi=0}^{\infty} \frac{(-1)^n}{(2n+1)} \cos\frac{(2n+1)\pi y}{2l} \exp\left[-\frac{(2n+1)^2 \pi^2 D_{AB} t}{4l^2}\right] \tag{6-48}$$

由此，任意时刻的传递质量

$$G_t = 2(C_{Aw} - C_{A0})l\left\{1 - \frac{8}{\pi^2} \sum_{\pi=0}^{\infty} \frac{1}{(2n+1)^2} \exp\left[-\frac{(2n+1)^2 \pi^2 D_{AB} t}{4l^2}\right]\right\} \tag{6-49a}$$

最大传递量：

$$G_\infty = G_t \big|_{t=\infty} = 2l(C_{Aw} - C_{A0}) \tag{6-49b}$$

所以

$$\frac{G_t}{G_\infty} = 1 - \frac{8}{\pi^2} \sum_{\pi=0}^{\infty} \frac{1}{(2n+1)^2} \exp\left[-\frac{(2n+1)^2 \pi^2 D_{AB} t}{4l^2}\right] \tag{6-49c}$$

式(6-49c)表明任意时刻平板的传质变化规律。

6.3.3 拉普拉斯变换法

拉普拉斯变换法是从偏微分方程中消去对时间的偏导数，使方程简化成只含空间变量的常微分方程进行求解，然后将所得解进行逆变换。拉普拉斯变换对于求解常系数线性偏微分方程极为方便，因此在非定常传递问题中被广泛应用。

应用拉普拉斯变换法可求解管内壁上液膜吸收溶质的非定常扩散过程。由式(5-14a)

$$u_{max} \frac{\partial C_A}{\partial z} = D_{AB} \frac{\partial^2 C_A}{\partial x^2} \tag{6-50}$$

以$t = z/u_{max}$代入式(6-50)，并引入无量纲浓度$F = \dfrac{C_A - C_{A0}}{C_{Ai} - C_{A0}}$，得

$$\frac{\partial F}{\partial t}=D_{AB}\frac{\partial^2 F}{\partial x^2} \tag{6-51}$$

相应边界条件

（ⅰ）$t=0$ 时，　　　　　$F=0$

（ⅱ）$t>0$ 时，　　　　　$x=0$　$F=1$

（ⅲ）$x\to\infty$　　　　　$F=0$

作拉普拉斯变换，式(6-51) 左侧变换为

$$\zeta\left[\frac{\partial F}{\partial t}\right]=sf(x,s)-F(x,0)$$

由边界条件（ⅰ），得

$$\zeta\left[\frac{\partial F}{\partial t}\right]=sf(x,s) \tag{6-52}$$

式(6-51) 右侧变换为

$$\zeta D_{AB}\frac{\partial^2 F(x,t)}{\partial x^2}=D_{AB}\frac{\mathrm{d}^2 f(x,s)}{\mathrm{d}x^2} \tag{6-53}$$

由式(6-51)~式(6-53) 可得

$$sf(x,s)=D_{AB}\frac{\mathrm{d}^2 f(x,s)}{\mathrm{d}x^2} \tag{6-54}$$

式(6-54) 即为以拉普拉斯变换 $f(x，s)$ 为变量的二阶线性常系数齐次微分方程，其通解为

$$f(x,s)=c_1\mathrm{e}^{-\sqrt{s/D_{AB}}\cdot x}+c_2\mathrm{e}^{\sqrt{s/D_{AB}}\cdot x} \tag{6-55}$$

为求取上式中积分常数 c_1 及 c_2，将边界条件(ⅰ) 及(ⅲ) 作拉普拉斯变换。
由边界条件(ⅱ)$x=0$　$F=1$ 得

$$\zeta(F)=\zeta(1)=\int_0^\infty \mathrm{e}^t\times 1\times\mathrm{d}t=\frac{1}{s}=f(0,s)$$

由边界条件 （ⅲ）$x\to\infty$　$F=0$ 得

$$\zeta(F)=\zeta(0)=\int_0^\infty e^t\times 0\times\mathrm{d}t=0=f(\infty,s)$$

将边界条件 （ⅲ） 代入式 (6-55)，得

$$f(x,s)=f(\infty,s)=c_1\mathrm{e}^{-\infty}+c_2\mathrm{e}^{\infty}=0 \tag{6-56}$$

由式(6-56) 可知 $c_2=0$，因此

$$f(x,s)=c_1\mathrm{e}^{-\sqrt{s/D_{AB}}\cdot x} \tag{6-57}$$

再将边界条件(ⅱ) 代入式(6-57)，得

$$f(x,s)=f(0,s)=c_1\mathrm{e}^{-\sqrt{s/D_{AB}}\cdot x}=\frac{1}{s}$$

所以　　　　　　　　　　　　$c_1=\frac{1}{s}$

积分常数 c_1 及 c_2 代入式(6-55)，得通解为

$$f(x,s)=\frac{1}{s}\mathrm{e}^{-\sqrt{s/D_{AB}}\cdot x} \tag{6-58}$$

由拉普拉斯变换表查得式(6-58) 的逆变换为

$$F=\mathrm{erf}c\left[\frac{x}{\sqrt{4D_{AB}t}}\right] \tag{6-59}$$

由此可得任意时刻的浓度分布

$$\frac{C_A - C_{A0}}{C_{Ai} - C_{A0}} = \text{erfc}\left[\frac{x}{\sqrt{4D_{AB}t}}\right] = 1 - \text{erf}\left[\frac{x}{\sqrt{4D_{AB}t}}\right] \tag{6-60}$$

并由 $x=0$ 处对上式求导，得

$$\frac{dC_A}{dx}\bigg|_{x=0} = \frac{C_{A0} - C_{Ai}}{\sqrt{4D_{AB}t}} \tag{6-61}$$

式中， $\sqrt{4D_{AB}t}$ 为渗透液膜的深度。

6.4 典型传递问题的简化处理

对于复杂的传递过程，能够借助运动方程、能量方程及扩散方程进行理论解析求解的问题并不多，例如流体绕有限物体的运动，至今还只能通过简化方程作近似处理，即依据雷诺数很小或很大这两种情况[1]，略去方程中的某些次要项，然后进行解析求解。

6.4.1 低雷诺数下的绕流——爬流近似

低雷诺数下绕流是指物体尺寸很小或流体黏度很大或速度很小（$Re<1$）的极慢流动，又称为爬流。例如细小颗粒、水滴、溶胶粒子等在流体中的运动。

6.4.1.1 流动特征——速度分布与阻力公式

流体以均匀来流速度 U_0 及压力 p_0 绕半径为 a 的小球作极慢流动。$Re<1$，表明这种流动的惯性力相比于黏性力可以忽略。根据定常条件下流体绕球体的轴对称性，选用球坐标 (r, θ, φ) 进行描述，则有 $\frac{\partial(\ )}{\partial t}=0$，$\frac{\partial(\ )}{\partial \varphi}=0$，$U_\varphi=0$。因此，忽略惯性力项，则球坐标系连续性方程和运动方程可简化为

$$\frac{\partial u_r}{\partial r} + \frac{1}{r}\frac{\partial u_\theta}{\partial \theta} + \frac{2u_r}{r} + \frac{u_\theta \cot\theta}{r} = 0$$

$$\frac{\partial p}{\partial r} = \mu\left(\frac{\partial^2 u_r}{\partial r^2} + \frac{1}{r^2}\frac{\partial^2 u_r}{\partial \theta^2} + \frac{2}{r}\frac{\partial u_r}{\partial r} + \frac{\cot\theta}{r^2}\frac{\partial u_r}{\partial \theta} - \frac{2}{r^2}\frac{\partial u_\theta}{\partial \theta} - \frac{2u_r}{r^2} - \frac{2\cot\theta}{r^2}u_\theta\right) \tag{6-62}$$

$$\frac{1}{r}\frac{\partial p}{\partial \theta} = \mu\left(\frac{\partial^2 u_\theta}{\partial r^2} + \frac{1}{r^2}\frac{\partial^2 u_\theta}{\partial \theta^2} + \frac{2}{r}\frac{\partial u_\theta}{\partial r} + \frac{\cot\theta}{r^2}\frac{\partial u_\theta}{\partial \theta} + \frac{2}{r^2}\frac{\partial u_r}{\partial \theta} - \frac{u_\theta}{r^2\sin2\theta}\right)$$

相应边界条件为

（ⅰ）在球体表面上，$\qquad\qquad r=a$，$u_r=0$，$u_\theta=0$

（ⅱ）在离球体无穷远处，$\quad r\to\infty$，$u_r=U_0\cos\theta$，$u_\theta=-U_0\sin\theta$ $\qquad$ (6-63)

式(6-62)为线性偏微分方程组，可以分离变量法求解。

未知数以分离变量表示：

$$u_r = f(r)F(\theta) \tag{6-64a}$$

$$u_\theta = g(r)G(\theta) \tag{6-64b}$$

$$p = \mu h(r)H(\theta) + p_0 \tag{6-64c}$$

由式(6-64a)、式(6-64b)及边界条件(ⅱ)得

$$U_0\cos\theta = f(\infty)F(\theta)$$

$$-U_0\sin\theta = g(\infty)G(\theta)$$

由此可得

$$f(\infty) = U_0, \qquad g(\infty) = U_0$$

$$F(\theta) = \cos\theta, \quad G(\theta) = -\sin\theta$$

于是式(6-64a)和式(6-64b)又可以写为

$$u_r = f(r)\cos\theta, u_\theta = -g(r)\sin\theta \tag{6-65}$$

将式(6-65) 及式(6-64) 代入式(6-62)，即得

$$\cos\theta\left[f' - \frac{g}{r} + \frac{2f}{r} - \frac{g}{r}\right] = 0 \tag{6-66a}$$

$$H(\theta)h' = \cos\theta\left[f'' - \frac{f}{r^2} + \frac{2f'}{r} - \frac{f}{r^2} + \frac{2g}{r^2} - \frac{2f}{r^2} + \frac{2g}{r^2}\right] \tag{6-66b}$$

$$H'\frac{h(r)}{r} = \sin\theta\left[-g'' + \frac{g}{r^2} - \frac{2g'}{r} - \frac{g}{r^2}\cot^2\theta - \frac{2f}{r^2} + \frac{g}{r^2}\csc^2\theta\right] \tag{6-66c}$$

相应边界条件改变为

$$\begin{cases} r=a, & f(a)=0, & g(a)=0 \\ r\to\infty, & f(\infty)=U_0, & g(\infty)=U_0 \end{cases} \tag{6-67}$$

由式(6-66a) ~式(6-66c) 可知，要分离变量 θ 必须有 $H(\theta)=\cos\theta$，于是式(6-64) 改为

$$u_r = f(r)\cos\theta \tag{6-68a}$$

$$u_\theta = -g(r)\sin\theta \tag{6-68b}$$

$$p = \mu h(r)\cos\theta + p_0 \tag{6-68c}$$

然后，整理式(6-66a)~式(6-66c)

$$f' + \frac{2(f-g)}{r} = 0 \tag{6-69a}$$

$$h' = f'' + \frac{2}{r}f' - \frac{4(f-g)}{r^2} \tag{6-69b}$$

$$\frac{h}{r} = g'' + \frac{2}{r}g' + \frac{2(f-g)}{r^2} \tag{6-69c}$$

将函数 g 以函数 f 表示，由式(6-69a) 得

$$g = \frac{r}{2}f' + f \tag{6-70}$$

式(6-70) 代入式(6-69c)，得

$$h = \frac{1}{2}r^2 f''' + 3rf'' + 2f' \tag{6-71}$$

由式(6-69a)~式(6-71)，有

$$r^3 f'''' + 8r^2 f''' + 8rf'' - 8f' = 0 \tag{6-72}$$

令式(6-72) 解的形式为 $f=r^k$，相应写出 f''''、f'''、f'' 及 f'，并代入式(6-72)，得下列代数方程

$$k(k-1)(k-2)(k-3) + 8k(k-1)(k-2) + 8k(k-1) - 8k = 0$$

解得 $k=0$，2，-1，-3。于是式(6-72) 的通解为

$$f = \frac{A}{r^3} + \frac{B}{r} + C + Dr^2 \tag{6-73a}$$

从而有

$$g = -\frac{A}{2r^3} + \frac{B}{2r} + C + 2Dr^2 \tag{6-73b}$$

$$h = \frac{B}{r^2} + 10rD \tag{6-73c}$$

式(6-73) 中常数 A、B、C、D 由边界条件确定，为

$$A = \frac{1}{2}U_0 a^3, \ B = -\frac{3}{2}U_0 a, \ C=U_0, \ D=0$$

常数代入式(6-73)，则有

$$f = \frac{1}{2} U_0 \frac{a^3}{r^3} - \frac{3}{2} U_0 \frac{a}{r} + U_0 \tag{6-74a}$$

$$g = -\frac{1}{4} U_0 \frac{a^3}{r^3} - \frac{3}{4} U_0 \frac{a}{r} + U_0 \tag{6-74b}$$

$$h = -\frac{3}{2} U_0 \frac{a}{r^2} \tag{6-74c}$$

上述函数式代入式(6-68a)～式(6-68c)，则有速度分布及压力分布

$$u_r = U_0 \left[1 - \frac{3}{2} \times \frac{a}{r} + \frac{1}{2} \left(\frac{a}{r} \right)^3 \right] \cos\theta \tag{3-153}$$

$$u_\theta = -U_0 \left[1 - \frac{3}{4} \times \frac{a}{r} - \frac{1}{4} \left(\frac{a}{r} \right)^3 \right] \sin\theta \tag{3-154}$$

$$p = p_0 - \frac{3}{2} \times \frac{\mu U_0}{a} \left(\frac{a}{r} \right)^2 \cos\theta \tag{3-155}$$

由式(3-155)可得到球面($r = a$)的压力分布为

$$p = p_0 - \frac{3}{2a} \mu U_0 \cos\theta$$

球面上的剪切应力分布可由式(6-75)计算

$$\tau_{r\theta} = \mu \left[r \frac{\partial}{\partial r} \left(\frac{u_\theta}{r} \right) + \frac{1}{r} \frac{\partial u_r}{\partial \theta} \right] \tag{6-75}$$

将式(3-184)和式(3-185)代入式(6-75)，得

$$\tau_{r\theta} = -\frac{3}{2} \mu U_0 \sin\theta \frac{a^3}{r^4}$$

球面上($r = a$)得

$$\tau_{r\theta} = -\frac{3}{2a} \mu U_0 \sin\theta$$

流体绕球运动时的总阻力可以由球面上剪切应力及压力在来流方向上的分量进行积分，如图 6-2 所示，$\tau_{r\theta}$ 在流动方向上的分量为 $-\tau_{r\theta}\sin\theta$，$p$ 在流动方向上的分量为 $-p\cos\theta$，球面上微元表面积为 $a^2 \sin\theta d\theta d\varphi$，因而总阻力

$$D = \int_0^{2\pi} d\varphi \int_0^\pi (-p\cos\theta - \tau_{r\theta}\sin\theta) a^2 \sin\theta d\theta$$

$$= 2\pi a^2 \int_0^\pi \left[\left(-p_0 + \frac{3}{2} \times \frac{\mu}{a} U_0 \cos\theta \right) \cos\theta + \left(\frac{3}{2} \times \frac{\mu}{a} U_0 \sin\theta \right) \sin\theta \right] \sin\theta d\theta = 2\pi\mu a U_0 + 4\pi\mu a U_0$$

$$= 6\pi\mu a U_0 \tag{6-76}$$

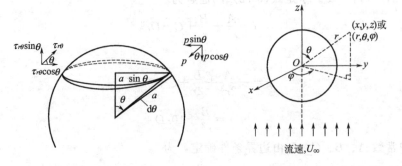

图 6-2　作用于球面上的应力

式(6-76) 即为斯托克斯阻力公式。

6.4.1.2 传质行为——浓度分布与扩散通量

流体绕球体流动,在低雷诺数时,球体附近不存在流动边界层,然而当流体与小球表面进行传质时,若 $p_e \gg 1$,在球体表面附近将出现很薄的传质边界层,浓度变化主要发生在这薄层内。

分析以球坐标描述的扩散微分方程,由于沿 θ 向的扩散比沿 r 向扩散小得多,即 $\dfrac{\partial^2 C_A}{\partial \theta^2} \ll \dfrac{\partial^2 C_A}{\partial r^2}$,所以方程中随 θ 向变化的导数项 $\dfrac{1}{r^2 \sin\theta} \times \dfrac{\partial}{\partial \theta}\left(\sin\theta \dfrac{\partial C_A}{\partial \theta}\right)$ 可忽略不计。

定常流动下边界层扩散微分方程为

$$u_r \frac{\partial C_A}{\partial r} + \frac{u_\theta}{r} \times \frac{\partial C_A}{\partial \theta} = D_{AB}\left(\frac{\partial^2 C_A}{\partial r^2} + \frac{2}{r} \times \frac{\partial C_A}{\partial r}\right) \tag{6-77}$$

由于扩散边界层厚度远小于球半径 a,扩散表面可作为平面处理,按边界层概念只需在 r 趋近于 a 时求解扩散微分方程。以距离球体表面的长度 y 作变量,有

$$y = r - a \text{ 且 } y \ll a$$

式(6-77) 右侧变换为

$$D_{AB}\left(\frac{\partial^2 C_A}{\partial y^2} + \frac{2}{a} \times \frac{\partial C_A}{\partial y}\right)$$

$r \approx a$ 时,有

$$\frac{\partial^2 C_A}{\partial y^2} \gg \frac{2}{a} \times \frac{\partial C_A}{\partial y}$$

流体绕球体表面时的传质是在仅存在切向摩擦的情况下进行的,因此,只需考虑 u_θ 作用

$$u_\theta \frac{1}{a} \times \frac{\partial C_A}{\partial \theta} = D_{AB} \frac{\partial^2 C_A}{\partial y^2} \tag{6-78}$$

根据极慢运动时速度

$$u_\theta = \frac{3}{2} U_0 \frac{y}{a} \sin\theta$$

式(6-78) 经变量置换,可解得浓度分布

$$C_A = \frac{C_{A0}}{1.15} \int_0^z \exp\left(-\frac{4}{9}z^3\right) dz$$

$$z = \sqrt[3]{\frac{3U_0}{4D_{AB}a^2}} \times \frac{y\sin\theta}{\left(\theta - \dfrac{\sin 2\theta}{2}\right)^{1/3}}$$

颗粒表面上扩散通量为

$$J_{Ay} = D_{AB}\left(\frac{\partial C_A}{\partial y}\right)_{y=0} = \frac{D_{AB} C_{A0}}{1.15}\left(\frac{3U_0}{4D_{AB}a^2}\right)^{1/3} \times \frac{\sin\theta}{\left(\theta - \dfrac{\sin 2\theta}{2}\right)^{1/3}} \tag{6-79}$$

总扩散通量为

$$\begin{aligned}
G_A &= \int J_{Ay} dA = \int J_{Ay} 2\pi a^2 \sin\theta d\theta \\
&= \frac{D_{AB} C_{A0} a^{4/3}}{1.15}\left(\frac{3U_0}{4D_{AB}}\right)^{1/3} 2\pi \int_0^\pi \frac{\sin^2\theta}{\left(\theta - \dfrac{\sin 2\theta}{2}\right)^{1/3}} d\theta \\
&= 7.98 C_{A0} D_{AB}^{2/3} U_0^{1/3} a^{4/3}
\end{aligned} \tag{6-80}$$

由此可知，在流体中低速运动的颗粒，其表面物质扩散量正比于 C_{A0}、$U_0^{1/3}$ 及 $a^{4/3}$。

6.4.2 高雷诺数下的绕流——边界层近似

流体在高雷诺数下绕过物体时，壁面附近存在边界层。在边界层内分子传递作用不可忽略，与对流传递同等重要；边界层外则以对流传递为主。这一节将按边界层流动特征简化运动方程，建立边界层方程，求相似解，在此基础上进一步作传热、传质边界层计算。

6.4.2.1 沿平壁边界层流动

流体以均匀来流速度 U_0 沿平壁流动。其运动方程和连续性方程为

$$u_x \frac{\partial u_x}{\partial x} + u_y \frac{\partial u_x}{\partial y} = -\frac{1}{\rho} \times \frac{\partial p}{\partial x} + \nu \left(\frac{\partial^2 u_x}{\partial x^2} + \frac{\partial^2 u_x}{\partial y^2} \right) \tag{6-81a}$$

$$u_x \frac{\partial u_y}{\partial x} + u_y \frac{\partial u_y}{\partial y} = -\frac{1}{\rho} \times \frac{\partial p}{\partial y} + \nu \left(\frac{\partial^2 u_y}{\partial x^2} + \frac{\partial^2 u_y}{\partial y^2} \right) \tag{6-81b}$$

$$\frac{\partial u_x}{\partial x} + \frac{\partial u_y}{\partial y} = 0 \tag{6-81c}$$

这是一组二阶非线性偏微分方程，依据边界层流动的特性 $\delta \ll x$，进行量级比较可简化方程，式(6-81b) 相比式(6-81a) 可予略去。由于高雷诺数下边界厚度 δ 比特征长度 L 小很多，用以分析式(6-81a) 各项的量级可知 $\frac{\partial^2 u_x}{\partial x^2} \sim \frac{U_0}{L^2}$，$\frac{\partial^2 u_x}{\partial y^2} \sim \frac{U_0}{\delta^2}$，因此，两者对比 $\frac{\partial^2 u_x}{\partial x^2} \ll \frac{\partial^2 u_x}{\partial y^2}$，前者在方程中可以略去。流体沿平壁流动，$\frac{\mathrm{d}p}{\mathrm{d}x} = 0$，因此(6-81a) 简化为

$$u_x \frac{\partial u_x}{\partial x} + u_y \frac{\partial u_x}{\partial y} = \nu \frac{\partial^2 u_x}{\partial y^2} \tag{6-82}$$

相应边界条件为

$$\begin{cases} y = 0, & u_x = 0 \quad u_y = 0 \\ y \to \infty, & u_x = U_0 \end{cases}$$

这组方程称为流动边界层微分方程，虽仍是二阶非线性偏微分方程组，但可以相似解法求解。

在边界层流动的不同 x 截面上流动相似，以无量纲速度 $\frac{u_x}{U_0}$ 及无量纲 $\frac{y}{\delta}$ 描述，速度分布图形相同，令其解形式为

$$\frac{u_x}{U_0} = \varphi \left(\frac{y}{\delta} \right) \tag{6-83}$$

具有这样性质的解称为相似解。

令 $\frac{y}{\delta} = \eta$，已知边界层厚度 $\delta \sim \sqrt{\frac{\nu x}{U_0}}$

$$\eta = \frac{y}{\delta} = y \sqrt{\frac{U_0}{\nu x}} \tag{6-84}$$

以 η 对式(6-82) 进行相似变换，再引入流函数概念，上述偏微分方程可转换为常微分方程。

流函数常以 Ψ 表示，对于二维流动，依据流线方程式(1-17)，有

$$u_x \mathrm{d}y - u_y \mathrm{d}x = 0 \tag{6-85}$$

由连续性方程式(6-81c) 得

$$\frac{\partial u_x}{\partial x} = \frac{\partial(-u_y)}{\partial y} \tag{6-86}$$

式(6-86) 正是式(6-85) 为全微分方程的条件，即存在

$$d\Psi = u_x dy - u_y dx = 0$$

因此，由 $d\Psi = \dfrac{\partial \Psi}{\partial x}dx + \dfrac{\partial \Psi}{\partial y}dy$，可得

$$u_x = \frac{\partial \Psi}{\partial y} \qquad u_y = -\frac{\partial \Psi}{\partial x} \tag{6-87}$$

流函数

$$\Psi = \int_0^y u_x dy = \int_0^y U_0 \varphi\left(y\sqrt{\frac{U_0}{\nu x}}\right)dy = \sqrt{U_0 \nu x}\int_0^\eta \varphi(\eta)d\eta$$

令 $\displaystyle\int_0^\eta \varphi(\eta)d\eta = f(\eta)$，则有

$$\Psi = \sqrt{U_0 \nu x}\,f(\eta) \tag{6-88}$$

所以

$$u_x = \frac{\partial \Psi}{\partial y} = \frac{\partial \Psi}{\partial \eta}\times\frac{\partial \eta}{\partial y} = U_0 f'(\eta)$$

$$u_y = -\frac{\partial \Psi}{\partial x} = -\left\{\frac{\partial \Psi}{\partial \eta}\times\frac{\partial \eta}{\partial x} + \frac{\partial \Psi}{\partial x}\times\frac{\partial x}{\partial x}\right\} = \frac{1}{2}\sqrt{\frac{U_0 \nu}{x}}\left[\eta f'(\eta) - f(\eta)\right]$$

$$\frac{\partial u_x}{\partial x} = -\frac{1}{2}\times\frac{U_0}{x}\eta f''(\eta)$$

$$\frac{\partial u_x}{\partial y} = U_0\sqrt{\frac{U_0}{\nu x}}f''(\eta) \qquad \frac{\partial^2 u_x}{\partial y^2} = \frac{U_0^2}{\nu x}f'''(\eta)$$

以上各项代入式(6-82)，则有

$$U_0 f'(\eta)\left[-\frac{U_0}{2x}\eta f''(\eta)\right] + \frac{1}{2}\sqrt{\frac{U_0 \nu}{x}}\left[\eta f'(\eta) - f(\eta)\right]\left[U_0\sqrt{\frac{U_0}{\nu x}}f''(\eta)\right] = \nu\frac{U_0^2}{\nu x}f'''(\eta) \tag{6-89}$$

式(6-89)经整理，得

$$f(\eta)f''(\eta) + 2f'''(\eta) = 0 \tag{6-90}$$

边界条件为

$$\begin{cases} \eta = 0, & f(\eta) = 0 \quad f'(\eta) = 0 \\ \eta \to \infty, & f'(\eta) = 1 \end{cases}$$

经上述相似变换，式(6-82)被变换成 $f(\eta)$ 的三阶非线性常微分方程。布劳休斯将方程解在 $\eta = 0$ 附近展开成级数形式后，经推导，解得速度分布为

$$\frac{u_x}{U_0} = \alpha\eta - \frac{\alpha^2}{2}\times\frac{\eta^4}{4!} + \frac{11}{4}\times\frac{\alpha^3 \eta^7}{7!} - \frac{375}{8}\times\frac{\alpha^4 \eta^{10}}{10!} + \cdots \tag{6-91}$$

式中，α 为常数。由 $y \to \infty$，$u_x = U_0$ 推出 $\alpha = f''(0) = 0.332$。

由于 $\eta = 4.96$ 时 $\dfrac{u_x}{U_0} \approx 0.99$，依据边界层厚度定义，可得

$$\delta = 4.96\sqrt{\frac{\nu x}{U_0}}，即 \qquad \frac{\delta}{x} = 4.96 Re_x^{-1/2} \tag{6-92}$$

壁面上剪切应力

$$\tau_w = \mu\left(\frac{\partial u_x}{\partial y}\right)_{y=0} = \mu\left(\frac{U_0}{\nu x}\right)^{1/2}\left(\frac{\partial u_x}{\partial \eta}\right)_{\eta=0} = \mu U_0\sqrt{\frac{U_0}{\nu x}}f''(0)$$

$$= \alpha\mu U_0\left(\frac{U_0}{\nu x}\right)^{1/2}$$

$$= 0.332\mu U_0\sqrt{\frac{U_0}{\nu x}} \tag{6-93}$$

对于长度 L、宽度为 B 的平壁，摩擦阻力

$$D_F = \int_0^L B\tau_w \, dx = 0.332\mu BU_0 \sqrt{\frac{U_0}{\nu}} \int_0^L \frac{dx}{\sqrt{x}}$$

$$= 0.664BU_0 \sqrt{\mu\rho LU_0} \tag{6-94}$$

将式(6-92)、式(6-94)与动量积分法的近似解式(2-112)、(2-113)对比，两者基本一致。

6.4.2.2 平壁边界层中的传热和传质

温度为 T_0、来流速度为 U_0 的流体流过壁温恒定为 T_w 的平壁。在传热边界层中的能量方程简化为

$$u_x \frac{\partial T}{\partial x} + u_y \frac{\partial T}{\partial y} = \alpha \frac{\partial^2 T}{\partial y^2} \tag{6-95}$$

引入无量纲温度 $\Theta = \dfrac{T_w - T}{T_w - T_0}$，变换式(6-95)，得

$$u_x \frac{\partial \Theta}{\partial x} + u_y \frac{\partial \Theta}{\partial y} = \alpha \frac{\partial^2 \Theta}{\partial y^2} \tag{6-96}$$

边界条件为

$$\begin{cases} y = 0, & \dfrac{u_x}{U_0} = 0 \quad \dfrac{T_w - T}{T_w - T_0} = 0 \\[2mm] y \to \infty, & \dfrac{u_x}{U_0} = 1 \quad \dfrac{T_w - T}{T_w - T_0} = 1 \end{cases} \tag{6-97}$$

类似流动边界层方程的求解，令无量纲温度 Θ 随 $\dfrac{y}{\delta_T}$ 的变化为

$$\Theta = \frac{T_w - T}{T_w - T_0} = \phi\left(\frac{y}{\delta_T}\right) = \phi(\eta) \tag{6-98}$$

由此得出

$$\frac{\partial \Theta}{\partial x} = \frac{\partial \Theta}{\partial \eta} \times \frac{\partial \eta}{\partial x} = -\frac{\eta}{2x} \times \frac{\partial \Theta}{\partial \eta}$$

$$\frac{\partial \Theta}{\partial y} = \frac{\partial \Theta}{\partial \eta} \times \frac{\partial \eta}{\partial y} = \frac{\partial \Theta}{\partial \eta} \sqrt{\frac{U_0}{\nu x}}, \quad \frac{\partial^2 \Theta}{\partial y^2} = \frac{\partial}{\partial y}\left(\frac{\partial \Theta}{\partial y}\right) = \frac{U_0}{\nu x} \times \frac{\partial^2 \Theta}{\partial \eta^2}$$

将上述各项代入式(6-96)，有

$$\frac{d^2 \Theta}{d\eta^2} + \frac{1}{2} Pr f(\eta) \frac{d\Theta}{d\eta} = 0 \tag{6-99}$$

相应的边界条件为

$$\begin{cases} \eta = 0, & T = T_w \quad \Theta = 0 \\ \eta \to \infty, & T = T_0 \quad \Theta = 1 \end{cases}$$

对常微分方程式(6-99)，可采用变量置换法求解。

以变量 $\dfrac{d\Theta}{d\eta} = p$ 置换式(6-99)，方程降价为

$$\frac{dp}{d\eta} + \frac{1}{2} Pr f(\eta) p = 0$$

$$p = C_1 e^{-\frac{Pr}{2}\int f(\eta) d\eta}$$

所以

$$\Theta = \int p \, d\eta = C_1 \int_0^\eta \left\{ \exp\left[\frac{-Pr}{2} \int_0^\eta f(\eta) d\eta\right] \right\} d\eta + C_2$$

由边界条件确定积分常数，则得温度分布为

$$\Theta = \frac{T_{\mathrm{w}} - T}{T_{\mathrm{w}} - T_0} = \frac{\int_0^{\eta} \left[\exp\left(-\frac{1}{2}\right) \int_0^{\eta} Pr f(\eta) \mathrm{d}\eta \right] \mathrm{d}\eta}{\int_0^{\infty} \left[\exp\left(-\frac{1}{2}\right) \int_0^{\infty} Pr f(\eta) \mathrm{d}\eta \right] \mathrm{d}\eta} \tag{6-100}$$

式中，$f(\eta)$ 由速度分布求得。上式表明温度分布与 Pr 有关。Pohlhausen 解出不同 Pr 下温度分布，并得当 $Pr > 0.6$

$$\frac{\delta_T}{x} = 5.0 Re_x^{-1/2} Pr^{-1/3}$$

$$\frac{\delta}{\delta_T} = Pr^{1/3} \tag{4-35}$$

平壁上任意 x 处的传热膜系数

$$h_x = \frac{-k \dfrac{\partial T}{\partial y} \Big|_{y=0}}{T_{\mathrm{w}} - T_0} \tag{4-33}$$

代入无量纲温度 $\Theta = \dfrac{T_{\mathrm{w}} - T}{T_{\mathrm{w}} - T_0}$，则得

$$\frac{\partial T}{\partial \eta} = -(T_{\mathrm{w}} - T_0) \frac{\partial \Theta}{\partial \eta}$$

且

$$\frac{\partial T}{\partial y} = \frac{\partial T}{\partial \eta} \times \frac{\partial \eta}{\partial y} = -(T_{\mathrm{w}} - T_0) \frac{\partial \Theta}{\partial \eta} \sqrt{\frac{U_0}{\nu x}}$$

壁面附近处有

$$\frac{\partial T}{\partial y} \Big|_{y=0} = -(T_{\mathrm{w}} - T_0) \sqrt{\frac{U_0}{\nu x}} \times \frac{\partial \Theta}{\partial \eta} \Big|_{\eta=0} \tag{6-101}$$

式(6-101) 代入式(4-33)，得

$$h_x = \frac{k(T_{\mathrm{w}} - T_0) \sqrt{\dfrac{U_0}{\nu x}} \times \dfrac{\partial \Theta}{\partial \eta} \Big|_{\eta=0}}{T_{\mathrm{w}} - T_0} = k \sqrt{\frac{U_0}{\nu x}} \times \frac{\partial \Theta}{\partial \eta} \Big|_{\eta=0}$$

$$\frac{h_x}{k \sqrt{\dfrac{U_0}{\nu x}}} = \frac{\partial \Theta}{\partial \eta} \Big|_{\eta=0} \tag{6-102}$$

当 $Pr = 0.6 \sim 15$ 时

$$\frac{\partial \Theta}{\partial \eta} \Big|_{\eta=0} = 0.332 Pr^{1/3} \tag{6-103}$$

式(6-103) 代入式(6-102)，经整理得

$$h_x = 0.332 \frac{k}{x} Pr^{1/3} Re_x^{1/2} \tag{6-104}$$

$$Nu_x = \frac{h_x x}{k}$$

$$= 0.332 Pr^{1/3} Re_x^{1/2} \tag{6-105}$$

沿平壁长度 L，平均传热系数

$$h_{\mathrm{m}} = \frac{1}{L} \int_0^L h_x \mathrm{d}x = 0.664 \frac{k}{L} Re_L^{1/2} Pr^{1/3} \tag{6-106}$$

$$Nu_{\mathrm{m}} = \frac{h_{\mathrm{m}} L}{k} = 0.664 Re_L^{1/2} Pr^{1/3} \tag{6-107}$$

对比式(6-107) 与式(4-47)，两者基本一致。

同理，流体沿平壁流动进行传质时的扩散微分方程可简化为

$$u_x \frac{\partial C_A}{\partial x} + u_y \frac{\partial C_A}{\partial y} = D_{AB} \frac{\partial^2 C_A}{\partial y^2} \tag{6-108}$$

边界条件为

$$\begin{cases} y=0, & C_A=C_{Aw} \\ y \rightarrow \infty, & C_A=C_{A0} \\ x=0, & C_A=C_{A0} \end{cases}$$

引入变量 $\eta = \dfrac{y}{\delta_c}$，式(6-108) 转换为

$$\frac{d^2\left(\dfrac{C_{Aw}-C_A}{C_{Aw}-C_{A0}}\right)}{d\eta^2} + \frac{1}{2}Scf(\eta)\frac{d\left(\dfrac{C_{Aw}-C_A}{C_{Aw}-C_{A0}}\right)}{d\eta} = 0 \tag{6-109}$$

由方程可求解浓度分布，并得浓度梯度

$$\left(\frac{dC_A}{dy}\right)_{y=0} = \frac{(C_{A0}-C_{Aw})}{x}0.332Re_x^{1/2} \tag{6-110}$$

传质边界层厚度

$$\frac{\delta_c}{x} = 5.0Re_x^{-1/2}Sc^{-1/3} \tag{6-111}$$

$$\frac{\delta}{\delta_c} = Sc^{1/3} \tag{5-65}$$

当 $u_{yw} \approx 0$ 时

$$N_{Ay} = J_{Ay} = -D_{AB}\left(\frac{\partial C_A}{\partial y}\right)_{y=0} = k_c^0(C_{Aw}-C_{A0})$$

$$\left.\frac{\partial C_A}{\partial y}\right|_{y=0} = (C_{Aw}-C_{A0})\left(0.332\frac{1}{x}Re_x^{1/2}Sc^{1/3}\right) \tag{6-112}$$

所以

$$k_c^0 = 0.332\frac{D_{AB}}{x}Re_x^{1/2}Sc^{1/3} \tag{6-113}$$

$$Sh_x = \frac{k_c^0 x}{D_{AB}} = 0.332Re_x^{1/2}Sc^{1/3} \tag{6-114}$$

$$Sh_m = \frac{k_{cm}^0 L}{D_{AB}} = 0.664Re_L^{1/2}Pr^{1/3} \tag{6-115}$$

比较式(6-115) 与式(5-80)，两者基本一致。

6.5　传递现象与聚合物加工

本章给出了传递现象的基本方程组及定解条件，并就低雷诺数、高雷诺数两种典型流场对基本方程组作简化处理，得到相应的传递规律。为进一步论述基本方程组的应用，结合具体工程问题，在物理分析的基础上确立过程物理模型，然后简化基本方程组，得到数学模型求解方程，从而用计算解决实际问题。随着计算机技术的发展，这种方法可能解决的问题日益广泛。

下面探讨纺丝中的传递现象，作为传递理论和计算方法在聚合物加工中应用的一例。相关详细论述见参考文献 [3]。

将一定黏度的聚合物、溶剂配制成纺丝液。加压，经纺丝孔形成细丝，与热空气接触，

溶剂挥发，从而形成纤维[4]。溶剂传递至空气有三种机理：闪蒸、细丝内的扩散、丝表面与空气间的对流传递。下面分析三种机理的相对作用。参考图 6-3，纺丝液从喷孔射出后发生膨胀。设想任意轴向距离处的截面均为圆形，采用圆柱坐标，最大截面作为原点，$z=0$。随着轴向距离增加，截面因溶液挥发以及转辊拉伸作用而收缩，至 z_w 处溶液蒸发完成。

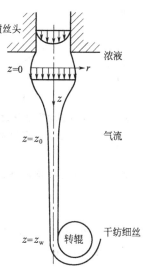

图 6-3 干法纺丝

闪蒸一般仅在喷丝口附近作用显著，假定可以忽略，过程等温，不考虑传热方程，溶剂从中心扩散至表面，被流动空气带走。空气快速吹过纤维，由于强烈的对流传递，可以认为纤维表面上溶剂为零。对溶液挥发起控制作用的是细丝内溶液从中心向表面的扩散。以这一分析为依据，进一步认为纺丝液的径向速度 u_r 相对轴向速度 u_z 很小。因此问题简化为静止液体中溶液组分的非定常分子扩散。

密度 ρ 恒定，方程可以写为：

$$\frac{\partial C_A}{\partial t}=\frac{1}{r}\times\frac{\partial}{\partial r}\left(rD_{Ap}\frac{\partial C_A}{\partial r}\right) \tag{6-116}$$

起始条件为：

$$C_A(r,0)=C_{A0} \tag{6-117}$$

边界条件为：

$$C_A(R,t)=0 \tag{6-118}$$

$$\left(\frac{\partial C_A}{\partial r}\right)_{r=0}=0 \tag{6-119}$$

对所给定解条件，方程可解。求截面平均浓度得

$$\frac{\overline{C_A}}{C_{A0}}=4\sum_{\lambda=1}^{\infty}\lambda_k^{-2}\exp\left(\frac{-\lambda_k^2 D_{Ap}t}{R^2}\right) \tag{6-120}$$

式中，λ_k 是 Bessel 函数 $J_0(\lambda_k)=0$ 的根。假定式(6-120) 的级数很快收敛，仅需保留一项，于是得到

$$\frac{\overline{C_A}}{C_{A0}}=\frac{4}{\lambda_1^2}\exp\left(\frac{-\lambda_1^2 D_{Ap}t}{R^2}\right) \tag{6-121}$$

式中，$\lambda_1=2.4048$。

式(6-121) 中的时间 t 可以表示为

$$t=\frac{z-z_0}{U} \tag{6-122}$$

式中，U 为细丝的速度，假定是匀速的。聚合物的质量流率具有以下关系：

$$m_P=\pi R^2\rho U(1-\overline{C_A}) \tag{6-123}$$

联立方程式(6-120) ～式(6-123)，得到如下方程：

$$\frac{d\overline{C_A}}{dz}=-\frac{\pi\rho\lambda_1^2 D_{Ap}}{m_P}(1-\overline{C_A})\overline{C_A} \tag{6-124}$$

边界条件为：

$$\overline{C_A}(z_0)=\overline{C_{A0}} \tag{6-125}$$

数值求解，所得结果示于图 6-4。结果表明，当 $\overline{C_{A0}}=0.25$，溶剂完全蒸发所需长度约为 10m。

例 6-1 聚合物纺丝[5]

黏度为 μ 的聚合物流体，拉成纤维。液体体积流率为 Q，在 $z=0$ 及 $z=L$ 处直径分别为 d_0、d_L。忽略重力、惯性力、表面张力的影响。试导出向下拉动细丝所需张力。假定任意

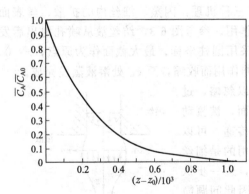

图 6-4 溶剂平均质量分数与起始值之比和
轴向距离的关系

垂直位置轴向速度 u_2 在截面上均匀。u_2 仅依赖于 z，向下方向为正，导出 u_2 与 z 的函数关系。

解 首先确定轴向速度及压力分布。

由连续性方程

$$\frac{1}{r} \times \frac{\partial(ru_r)}{\partial r} + \frac{\partial u_z}{\partial z} = 0 \qquad ①$$

因为 u_z 仅依赖于 z，其轴向导数只是 z 的函数，$\dfrac{du_z}{dz} = f(z)$，所以可以改为

$$\frac{\partial(ru_r)}{\partial r} = -rf(z) \qquad ru_r = -\frac{r^2 f(z)}{2} + g(z) \qquad ②$$

为避免 u_r 在中心速度趋于 ∞，$g(z)$ 必须为零，于是得到

$$u_r = -\frac{rf(z)}{2} \qquad \frac{\partial u_r}{\partial r} = -\frac{f(z)}{2} \qquad ③$$

忽略丝内压力径向变化，仅考虑丝内压力与周围压力差异，外压（表压）为零。由应力分量表达式，在自由面上

$$\sigma_{zz} = -p + 2\mu \frac{du_z}{dz} = -p - \mu f(z) = 0 \qquad ④$$

$$或 \ p = -\mu \frac{du_z}{dz}$$

所以丝内轴向应力为

$$\sigma_{zz} = -p + 2\mu \frac{du_z}{dz} = 3\mu \frac{du_z}{dz} \qquad ⑤$$

纤维轴向张力等于截面积与局部轴向应力的乘积

$$F = A\sigma_{zz} = 3\mu A \frac{du_z}{dz} \qquad ⑥$$

因为重力影响不显著，所以 F 是常数，与轴向位置无关。

下面导出速度的轴向分布。

体积流率与轴向速度的关系是

$$Q = Au_z \qquad ⑦$$

由式⑥、式⑦可得速度的微分方程

$$\frac{1}{u_z} \times \frac{du_z}{dz} = \frac{F}{3\mu \, Q} \qquad ⑧$$

积分

$$\int_{u_{z0}}^{u_z} \frac{du_z}{u_z} = \frac{F}{3\mu \, Q} \int_0^z dz \qquad ⑨$$

已知

$$u_{z0} = \frac{Q}{\frac{\pi}{4}d_0^2} = \frac{4Q}{\pi d_0^2}$$

于是

$$u_z = u_{z0} \exp\left(\frac{Fz}{3\mu Q}\right) \qquad ⑩$$

令 $z = L$，得

$$u_{zL} = \frac{4Q}{\pi d_L^2} = u_{z0} \exp\left(\frac{FL}{3\mu Q}\right) \qquad ⑪$$

改写式⑪

$$F = \frac{3\mu Q}{L} \ln \frac{u_{zL}}{u_{z0}} \qquad ⑫$$

式⑫表明，张力 F 随黏度、流率及牵伸比(draw-down ratio) 增加，而对较长的细丝张力降低。

由方程⑩及式⑫消去 F，得到速度仅依赖于初始指定的变量的表达式

$$u_z = u_{z0} \left(\frac{u_{zL}}{u_{z0}}\right)^{\frac{z}{L}} = u_{z0} \left(\frac{d_0}{d_L}\right)^{\frac{2z}{L}}$$

上式与黏度无关。

本章主要符号

C　浓度，mol/m^3

D　扩散系数，m^2/s

ζ　拉普拉斯算子

Pr　普朗特数

Re　雷诺数

Sc　施密特数

Sh　舍伍德数

T　温度，K

U　速度，m/s

h　传热膜系数，$W/(m^2 \cdot K)$

k　热导率，$W/(m \cdot K)$

p　压力，Pa

$\dot{q}$　单位体积热量生成速率，W/m^3

u_x, u_y, u_z　x、y、z 方向上的速度分量，m/s

Θ　无量纲温度

ρ　密度，kg/m^3

μ　动力黏度，Pa·s

ν　运动黏度，m^2/s

τ　应力，Pa

δ　速度边界层

δ_T　温度边界层

参 考 文 献

［1］ 戴干策，陈敏恒. 化工流体力学. 第二版. 北京：化学工业出版社，2005.

［2］ Hines A. L, Maddox R. N. Mass Transfer: Fundamental and Application. New Jersey: Prentice Hall, Inc. , 1985.

［3］ 戴干策. 聚合物加工中的传递现象. 北京：中国石化出版社，1999.

［4］ Baird D. G. , Collias D. J.. Polymer Processing Principles and Design. Boston: Butterworth Heinenann, 1995.

［5］ Wilkes J. O.. Fluid Mechanics for Chemical Engineers. New Jersey: Prentice Hall, 1999.

附　录

附录一　常见物质黏度

一、水及空气在常压下的黏度

温度/℃	水 $\mu\times10^3$/(Pa·s)	空气 $\mu\times10^3$/(Pa·s)	温度/℃	水 $\mu\times10^3$/(Pa·s)	空气 $\mu\times10^3$/(Pa·s)
0	1.7921	0.01716	60	0.4688	0.01999
20	1.0050	0.01813	80	0.3565	0.02047
40	0.6560	0.01908	100	0.2838	0.02173

二、某些气体及液体在常压下的黏度

物质(气)	温度/℃	黏度 $\mu\times10^3$/(Pa·s)	物质(液)	温度/℃	黏度 $\mu\times10^3$/(Pa·s)
$i\text{-}C_4H_{10}$	23	0.0076	C_3H_6	20	0.647
$n\text{-}C_4H_{10}$	15	0.0084	Br_2	26	0.946
H_2O	100	0.0127	C_2H_5OH	20	1.194
CO_2	20	0.0146	Hg	20	1.547
N_2	20	0.0175	H_2SO_4	25	19.15
O_2	20	0.0203	润滑油	20	172
Hg	380	0.0654	甘油	20	872
$(C_2H_5)_2O$	20	0.245	蓖麻油	20	972

附录二　压力单位换算表

N/m^2(Pa)	bar	kgf/cm² (工程大气压)	Psi	atm (物理大气压)	汞柱		水柱	
					mm	in	m	in
1	10^{-5}	1.019×10^{-6}	14.5×10^{-6}	0.9869×10^{-6}	7.5×10^{-3}	29.53×10^{-6}	1.0197×10^{-4}	4.018×10^{-3}
10^5	1	1.0197	14.50	0.9860	750.0	29.53	10.197	401.8
9.807×10^4	0.9807	1	14.22	0.9678	735.5	28.96	10.01	394.0
6895	0.06895	0.07031	1	0.06804	51.71	2.036	0.7037	27.70
1.0133×10^5	1.0133	1.0332	14.7	1	760	29.92	10.34	407.2
1.333×10^5	1.333	1.360	19.34	1.316	1000	39.37	13.61	535.67
3.386×10^3	0.03386	0.03453	0.4912	0.3342	25.40	1	0.3456	13.61
9798	0.09798	0.09991	1.421	0.09670	73.49	2.892	1	39.37
248.9	0.002489	0.002538	0.03600	0.002456	1.867	0.07349	0.0254	1

注：有时"bar"亦指"dyn/cm²"，即相当于表中之 1/10⁶（亦称"barye"）。

　　1kgf/cm²＝98100N/m²。毫米水银柱亦称"Torr"。

附录三　常见物质的热导率

一、常用固体的热导率

固体	温度/℃	热导率λ		固体	温度/℃	热导率λ	
		W/(m·℃)	kcal/(h·m·℃)			W/(m·℃)	kcal/(h·m·℃)
铝	300	430	198	石棉	100	0.19	0.163
镉	18	94	81	石棉	200	0.21	0.18
铜	100	377	324	高铝砖	430	3.1	2.66
熟铁	18	61	52.5	建筑砖	20	0.69	0.593
铸铁	53	48	41.3	镁砂	200	3.8	3.27
铅	100	33	28.4	棉毛	30	0.050	0.043
镍	100	57	49	玻璃	30	1.09	0.937
银	100	412	354	云母	50	0.43	0.37
钢(1%C)	18	45	38.7	硬橡皮	0	0.15	0.129
船舶用金属	30	113	97.2	铝屑	20	0.052	0.0447
青铜		189	160	软木	30	0.043	0.037
不锈钢	20	16	13.75	玻璃纤维	—	0.041	0.0352
石棉板	50	0.17	0.146	85%氧化镁	—	0.070	0.060
石棉	0	0.16	0.1375	石墨	0	151	130

二、液体的热导率

液体	温度/℃	热导率λ		液体	温度/℃	热导率λ	
		W/(m·℃)	kcal/(h·m·℃)			W/(m·℃)	kcal/(h·m·℃)
醋酸50%	20	0.35	0.3	甘油40%	20	0.45	0.387
丙酮	30	0.17	0.146	正庚烷	30	0.14	0.12
苯胺	0~20	0.17	0.146	水银	28	8.36	7.19
苯	30	0.16	0.1375	硫酸90%	30	0.36	0.314
氯化钙盐水30%	30	0.55	0.478	硫酸60%	30	0.43	0.37
乙醇80%	20	0.24	0.206	水	30	0.62	0.533
甘油60%	20	0.38	0.326	水	60	0.66	0.568

三、几种气体的热导率

气体	温度/℃	热导率λ		气体	温度/℃	热导率λ	
		W/(m·℃)	kcal/(h·m·℃)			W/(m·℃)	kcal/(h·m·℃)
氢	0	0.17	0.146	水蒸气	100	0.025	0.0215
二氧化碳	0	0.015	0.0129	氮	0	0.024	0.0206
空气	0	0.024	0.0206	乙烯	0	0.017	0.0146
空气	100	0.031	0.0266	氧	0	0.024	0.0206
甲烷	0	0.029	0.025	乙烷	0	0.018	0.0155

附录四 常见物系扩散系数

一、某些物系在大气压强下的气相扩散系数

系统	温度/K	扩散系数 $D_{AB} \times 10^4/(m^2/s)$	系统	温度/K	扩散系数 $D_{AB} \times 10^4/(m^2/s)$
空气-CO_2	317.2	0.177	He-异 C_3H_7OH	423	0.677
空气-C_2H_5OH	313	0.145	He-H_2O	307.1	0.902
空气-He	317.2	0.765	H_2-C_2H_3(O)(OH)	296	0.424
空气-正 C_6H_{14}	328	0.093			
空气-正 C_5H_{12}	294	0.071	H_2-NH_3	298	0.783
空气-H_2O	313	0.288		358	1.093
Ar-NH_3	333	0.253		473	1.86
Ar-CO_2	276.2	0.133		533	2.149
Ar-He	298	0.729	H_2-C_6H_6	311.3	0.404
Ar-H_2	242.2	0.562	H_2-环己烷	288.6	0.319
	448	1.76	H_2-CH_4	288	0.694
	806	4.86	H_2-N_2	298	0.784
	1069	8.10		573	2.147
Ar-CH_4	298	0.202	H_2-SO_2	473	1.23
Ar-SO_2	263	0.077	H_2-H_2O	328.5	1.121
CO_2-He	298	0.162	CH_4-H_2O	352.3	0.356
CO_2-N_2	298	0.167	N_2-NH_3	298	0.230
CO_2-NO	312.8	0.128		358	0.328
CO_2-O_2	293.2	0.153	N_2-环己烷	288.6	0.0731
CO_2-SO_2	263	0.064	N_2-SO_2	263	0.104
CO_2-H_2O	307.2	0.198	N_2-H_2O	307.5	0.256
	352.3	0.245		352.1	0.359
CO-N_2	373	0.318	N_2-C_6H_6	311.3	0.102
He-C_2H_6	423	0.610	O_2-C_6H_6	311.3	0.101
He-C_2H_5OH	423	0.821	O_2-CCl_4	296	0.0749
He-CH_3OH	423	1.032	O_2-环己烷	288.6	0.0746
He-CH_4	298	0.675	O_2-H_2O	352.3	0.352
He-N_2	298	0.687			
He-O_2	298	0.729			

二、稀溶液中扩散系数的实验值

溶质 A	溶剂 B	温度/K	$D_{AB} \times 10^9/(m^2/s)$	溶质 A	溶剂 B	温度/K	$D_{AB} \times 10^9/(m^2/s)$
醋酸	丙酮	298	3.31	二氧化碳	乙醇	208	3.42
苯甲酸	丙酮	298	2.62	甘油	乙醇	293	0.51
二氧化碳	戊醇	298	1.91	吡啶	乙醇	293	1.10
水	苯胺	298	0.70	尿素	乙醇	285	0.54
醋酸	苯	298	2.09	水	乙醇	298	1.132
四氯化碳	苯	298	1.92	水	乙二醇	293	0.18
肉桂酸	苯	298	1.12	水	甘油	293	0.0083
乙醇	苯	280.6	1.77	二氧化碳	庚烷	298	6.03
氯乙烯	苯	288	2.25	四氯化碳	正己烷	298	3.70
甲醇	苯	298	3.82	甲苯	正己烷	298	4.21
萘	苯	280.6	1.19	二氧化碳	煤油	298	2.50
二氧化碳	异丁醇	298	2.20	锡	汞	303	1.60
丙酮	四氯化碳	293	1.86	水	正戊烷	288	0.87
苯	氯苯	293	1.25	水	1,2-丙二醇	293	0.0075
丙酮	氯仿	288	2.36	醋酸	甲苯	298	2.26
苯	氯仿	288	2.51	丙酮	甲苯	293	2.93
乙醇	氯仿	288	2.20	苯甲酸	甲苯	293	1.74
四氯化碳	环己烷	298	1.49	氯苯	甲苯	293	2.06
偶氮苯	乙醇	293	0.74	乙醇	甲苯	288	3.00
樟脑	乙醇	293	0.70	二氧化碳	白节油	298	2.11
二氧化碳	乙醇	290	3.20				

三、固体中的扩散系数

溶质 A	固体 B	温度/K	扩散系数 D_{AB}/(m²/s)	溶质 A	固体 B	温度/K	扩散系数 D_{AB}/(m²/s)
H_2	硫化橡胶	298	0.85×10^{-9}	H_2	硫化氯丁橡胶	300	0.180×10^{-9}
O_2	硫化橡胶	298	0.21×10^{-9}	He	SiO_2	293	$2.4 \sim 5.5 \times 10^{-14}$
N_2	硫化橡胶	298	0.15×10^{-9}	He	Fe	293	2.59×10^{-13}
CO_2	硫化橡胶	298	0.11×10^{-9}	Al	Cu	293	1.3×10^{-34}
H_2	硫化氯丁橡胶	298	0.103×10^{-9}				

附录五 误差函数[①]

η	erf(η)(误差函数)	η	erf(η)(误差函数)	η	erf(η)(误差函数)	η	erf(η)(误差函数)
0	0.0	0.40	0.4284	0.85	0.7707	1.6	0.9763
0.025	0.0282	0.45	0.4755	0.90	0.7970	1.7	0.9838
0.05	0.0564	0.50	0.5205	0.95	0.8209	1.8	0.9891
0.10	0.1125	0.55	0.5633	1.0	0.8247	1.9	0.9928
0.15	0.1680	0.60	0.6039	1.1	0.8802	2.0	0.9953
0.20	0.2227	0.65	0.6420	1.2	0.9103	2.2	0.9981
0.25	0.2763	0.70	0.6778	1.3	0.9340	2.4	0.9993
0.30	0.3286	0.75	0.7112	1.4	0.9523	2.6	0.9998
0.35	0.3794	0.80	0.7421	1.5	0.9661	2.8	0.9999

[①] J. Grank. The Mathematics, of Diffusion. London: Oxford Univ. Press, 1958.

附录六 拉普拉斯变换表

序号	变换	函数	序号	变换	函数	序号	变换	函数	序号	变换	函数
1	$\dfrac{1}{s}$	1	4	$\dfrac{1}{\sqrt{s}}$	$\dfrac{1}{\sqrt{\pi t}}$	7	$\dfrac{a}{s^2+a^2}$	$\sin at$	10	$\dfrac{s}{s^2-a^2}$	$\cosh at$
2	$\dfrac{1}{s^2}$	t	5	$\dfrac{1}{s-a}$	e^{at}	8	$\dfrac{s}{s^2+a^2}$	$\cos at$	11	$\dfrac{1}{s}e^{-(k/s)}$	$J_0(2\sqrt{kt})$
3	$\dfrac{1}{s^n}$	$\dfrac{t^{n-1}}{(n-1)!}$	6	$\dfrac{1}{(s-a)^2}$	te^{at}	9	$\dfrac{a}{s^2-a^2}$	$\sinh at$	12	$\dfrac{1}{s}e^{-k\sqrt{s}}(k>0)$	$\mathrm{erfc}\left(\dfrac{k}{2\sqrt{t}}\right)$